J. M. Steinacker (Hrsg.)

Rudern

Sportmedizinische
und sportwissenschaftliche Aspekte

4. Symposium der Sektion „Wissenschaft und Lehre"
des Deutschen Sportärztebundes in Verbindung
mit dem Deutschen Ruderverband, der Sportärzteschaft
Württemberg und der Universität Ulm

Ulm, den 31.10. und 1.11.1987

Wissenschaftliches Komitee:
J. M. Steinacker
W. Fritsch
V. Nolte
R. E. Wodick

Springer-Verlag Berlin Heidelberg GmbH

Dr. med. Jürgen Michael Steinacker
Abteilung Innere Medizin VI – Sport- und Leistungsmedizin
Medizinische Klinik und Poliklinik der
Universität Ulm
Steinhövelstraße 9
7900 Ulm

CIP-Titelaufnahme der Deutschen Bibliothek
Rudern : sportmed. u. sportwiss. Aspekte ; Ulm, d. 31.10. u.
1.11.1987 / in Verbindung mit d. Dt. Ruderverb. ... Wiss.
Komitee: J.M. Steinacker ... – Berlin ; Heidelberg ; New York
; London ; Paris ; Tokyo : Springer, 1988
    (... Symposium der Sektion "Wissenschaft und Lehre" des Deutschen
    Sportärztebundes ; 4)

NE: Steinacker, Jürgen M. [Hrsg.]; Deutscher Sportärztebund / Sektion
    Wissenschaft und Lehre: ... Symposium der ...

ISBN 978-3-540-18971-8   ISBN 978-3-642-93375-2 (eBook)
DOI 10.1007/978-3-642-93375-2

© Springer-Verlag Berlin Heidelberg 1988
Originally published by Springer-Verlag Berlin Heidelberg New York in 1988

2119/3140/543210

Inhaltsverzeichnis

Biomechanik

Krafttraining

Trainingsplanung und Trainingssteuerung

Verzeichnis der erstgenannten Autoren

Affeld, Klaus, Prof. Dr.-Ing.
  Technische Universität Berlin, Hermann-Föttinger-Institut
  Straße des 17. Juni 135, 1000 Berlin 12

Bartmus, Ulrich, Dr.
  Lehrstuhl für Sportmedizin der Ruhr-Universität Bochum
  Postfach 102148, 4630 Bochum 1

Baur, Jürgen, Priv. Doz. Dr. rer. soc.
  Universität Paderborn, FB 2 – Sportwissenschaft
  Warburger Straße 100, 4790 Paderborn

Birkner, Wolfgang, Dr. med.
  Heidenheimer Str. 76, 7900 Ulm

Buhl, Claudia, Dr. med.
  Institut für Sportmedizin der Justus-Liebig-Universität Gießen
  Kugelberg 62, 6300 Gießen

Bunc, Václav, Dr.
  Physical Culture Research Institute Charles University
  újezed 450, CS-11807 Prag 1, CSSR

Dörfler, Günther
  Flugmedizinisches Institut der Luftwaffe, Abteilung I –
  Fachgruppe Innere Medizin
  Fliegerhorst, 8080 Fürstenfeldbruck

Fritsch, Wolfgang, Dr.
  Fachgruppe Sportwissenschaft der Universität Konstanz
  Postfach 5560, 7750 Konstanz

Fritsch, Vreni
  Zur Alten Kirche 4, 7760 Radolfzell 17

Galster, Harald
  Hoheneggstraße 102, 7750 Konstanz

Görres, Hans-Peter, Dipl. Psych.
  Meisenbachstraße 7, 8089 Emmering

Hänyes, Bernd
Universität Hamburg, Fachbereich Sportwissenschaft
Mollerstraße 10, 2000 Hamburg 13

Hartmann, Ulrich, Dr.
Institut für Kreislaufforschung und Sportmedizin
Deutsche Sporthochschule, Carl-Diem-Weg, 5000 Köln 41

Helbing, Gerd, Prof. Dr. med.
Abt. für Unfallchirurgie, Klinikum der Universität Ulm
Steinhövelstraße 9, 7900 Ulm

Held, Franz
Sportzentrum der TU München
Connollystraße 32, 8000 München 40

Hinkel, Martin
Fachbereich Sportwissenschaft der Universität Hamburg
Mollerstraße 10, 2000 Hamburg 13

Hollmann, Wildor, Prof. Dr. med. Dr. h. c.
Institut für Kreislaufforschung und Sportmedizin
Deutsche Sporthochschule, Carl-Diem-Weg, 5000 Köln 41

Howald, Hans, PD. Dr. med.
Forschungsinstitut der Eidgenössischen Turn- und Sportschule
CH-2532 Magglingen, Schweiz

Kindermann, Wilfried, Prof. Dr. med.
Abteilung Sport- und Leistungsmedizin der Universität des Saarlandes
Postfach, 6600 Saarbrücken

Körndle, Hermann, Dr.
Universität Regensburg, Lehrstuhl für Psychologie II
Postfach, 8400 Regensburg

Kreiß, Friedhelm
Friedrich-Wilhelm-Straße 22, 4100 Duisburg 1

Lehnertz, Klaus, Prof. Dr.
Gesamthochschule Kassel, Fachbereich Sportwissenschaft
Heinrich-Plett-Straße 40, 3500 Kassel

Lippens, Volker
Universität Hamburg, Fachbereich Sportwissenschaft
Mollerstraße 10, 2000 Hamburg 13

Lormes, Werner
Abt. Sport- und Leistungsmedizin, Medizinische Klinik und Poliklinik
der Universität Ulm, Steinhövelstraße 9, 7900 Ulm

Maassen, Norbert, Dr. med.
Abt. Sport- und Arbeitsphysiologie, Med. Hochschule Hannover
Konstanty-Gutschow-Straße 8, 3000 Hannover 61

Mader, Alois, Prof. Dr. med.
 Institut für Kreislaufforschung und Sportmedizin
 Deutsche Sporthochschule, Carl-Diem-Weg, 5000 Köln 41

Marx, Ulrich, Dr. med.
 Abt. für Angewandte Physiologie, Universität Ulm
 Postfach 4066, 7900 Ulm

Michalsky, Raban J. W.
 Abt. Sport- und Leistungsmedizin, Medizinische Klinik und Poliklinik
 der Universität Ulm, Steinhövelstraße 9, 7900 Ulm

Nilsen, Thor S.
 Centro Nationale di Canottaggio
 I-05038 Piedoluco, Italien

Nolte, Volker, Dr.
 Seebacherstraße 82, 6702 Bad Dürkheim

Nowacki, Paul E., Prof. Dr. med.
 Institut für Sportmedizin der Justus-Liebig-Universität Gießen
 Kugelberg 62, 6300 Gießen

Rütten, Manfred, Dr. med.
 Arzt für Orthopädie
 Karlsbau (Karlsplatz), 7800 Freiburg

Schichl, Klaus, Dr.-Ing.
 Technische Universität Berlin, Hermann-Föttinger-Institut
 Straße des 17. Juni 153, 1000 Berlin 12

Steinacker, Jürgen M., Dr. med.
 Abt. Sport- und Leistungsmedizin, Medizinische Klinik und Poliklinik
 der Universität Ulm, Steinhövelstraße 9, 7900 Ulm

Stork, Hans-Martin, Dr.
 Universität Dortmund, Fachbereich 16/Sport
 Otto-Hahn-Straße 3, 4600 Dortmund 50

Szögy, Adalbert, Prof. Dr. med.
 Sportmedizinisches Institut Frankfurt
 Otto-Fleck-Schneise 10, 6000 Frankfurt 71

Üeberschär, Michael
 Alexanderstraße 43 a, 2900 Oldenburg

Urhausen, Axel, Dr. med.
 Abt. Sport- und Leistungsmedizin der Universität des Saarlandes
 6600 Saarbrücken

Willimczik, Klaus, Prof. Dr.
 Abteilung Sportwissenschaft der Universität Bielefeld
 Postfach 8640, 4800 Bielefeld 1

Winkler, Joachim, Dr.
Institut für Angewandte Sozialforschung der Universität zu Köln
Greinstraße 2, 5000 Köln 41

Zsidegh, Miklós, Dr.
Ungarische Universität für Körperkultur
Postfach 69, Budapest 1525, Ungarn

Einleitung

Die Idee zu diesem Buch entstand aus unserer wissenschaftlichen Arbeit über Probleme der Leistungsdiagnostik und Trainingssteuerung, eigenen Erfahrungen und vielen Gesprächen und Diskussionen mit Trainern und Sportlern über die Grundbedingungen menschlicher Leistungsfähigkeit im Sport. Es erschien interessant, verschiedene Aspekte der Sportmedizin und Sportwissenschaften am konkreten Beispiel einer Sportart, hier des Ruderns, zu diskutieren. Diese Idee entwickelten wir dann in einem wissenschaftlichen Komitee mit Herrn Dr. W. Fritsch und Herrn Dr. V. Nolte sowie mit der Unterstützung von Herrn Prof. Dr. Dr. R. E. Wodick zum Konzept dieses Symposiums.

Erster Anlaß war dann das 20jährige Bestehen der Universität Ulm und das 100jährige Bestehen des Ulmer Ruderclub „Donau". Der Deutsche Sportärztebund unter der Präsidentschaft von Herrn Prof. Dr. Dr. h. c. W. Hollmann, speziell seine Sektion „Forschung und Lehre an den Hochschulen" unter Herrn Prof. Dr. H. Rieckert haben uns dann beauftragt, unter diesem Thema die diesjährige wissenschaftliche Tagung der Sektion, die regelmäßig im Jahr zwischen den Deutschen Sportärztekongressen stattfindet, durchzuführen. Ein besonderer Anlaß war dabei das 75. Jubiläum der Gründung des Deutschen Sportärztebundes in Oberhof/Thüringen.

Das Symposium und der Druck des vorliegenden Bandes wären nicht möglich gewesen ohne die Unterstützung vieler Beteiligter, insbesondere des Vereins zur Förderung der Sportmedizin, der Sportärzteschaft Württemberg und des Deutschen Ruderverbandes, Bereich Wissenschaft und Lehre, der Universität Ulm, wichtiger Sponsoren und vor allem durch ein aktives Organisationskomitee, aus dem besonders Frau Dr. M. Grünert-Fuchs, Herr W. Lormes und Herr U. Steinacker herausgehoben werden sollen. Die Struktur dieses Symposiums und dieses Buches haben dann die Autoren durch ihre interessanten Beiträge bestimmt. Allen Beteiligten sei hier nochmals gedankt.

Ich hoffe, daß mit diesem Buch exemplarisch die Vielfalt, die Farbigkeit und die Schönheit der Beschäftigung mit dem Thema „menschliche Bewegung in unserer Natur" und damit das Anliegen von Sport und Sportmedizin dargestellt werden kann.

Zur Problematik dieses Buches und der Sportart Rudern

Körperliche Bewegung ist ein wesentliches Element des Lebens. Sportliche Bewegung wird für immer mehr Menschen eine Erfahrung. Die Betrachtung von Sport

J. M. Steinacker (Hrsg.)
Rudern
© Springer-Verlag Berlin Heidelberg 1988

kann aber nicht nur auf die Bewegung selbst beschränkt werden. Sport ist eine komplexe Forderung an Körper und Geist. So kann Sport eine wichtige Rolle im Erleben des Menschen spielen und daher auch ein wichtiges Mittel der Erziehung sein. Sport kann aus vielen Motiven heraus getrieben werden, sei es aus der Freude an der Bewegung und am Spiel, als Ausgleich zum beruflichen Alltag, aus dem Wunsch, seine Grenzen kennenzulernen, aus der Freude am Wettkampf und am sportlichen Erfolg. Die Rolle des Sports für das psychische und physische Wohlbefinden des Menschen wurde gerade von der Medizin entdeckt und erforscht. Sport ist aber auch eine wichtige kulturelle Leistung, die mit der Entwicklung einer Gesellschaft entsteht und die soziologischen und ökonomischen Bedingungen widerspiegelt, unter denen Sport betrieben wird.

Das Erleben von Sport ist immer ein Ganzheitliches. Der Vergleich sportlicher Leistung und der Wunsch nach sportlichem Erfolg werfen aber die Frage auf, wie sportliche Leistungsfähigkeit gemessen, analysiert und verbessert werden kann. Dies ist der Beginn der Sportmedizin und der Sportwissenschaften, die überwiegend mit naturwissenschaftlichen Methoden die Probleme des Sports bearbeiten. Durch systematische Aufgliederung von Teilaspekten sportlicher Leistungsfähigkeit werden Modelle geschaffen und durch Beobachtungen und Experimente überprüft. Erst diese systematische Vorgehensweise gibt die Grundlagen für neue Erkenntnisse. Dabei läßt gerade der Naturwissenschaftler nicht außer acht, daß seine Arbeiten nur im Kontext betrachtet werden können, wie die Abb. 1 zeigt.

Durch die systematische Erweiterung des Wissens und Könnens über die Phänomene des Sports kommen Teile der Sportwissenschaften sicher in Grenzbereiche der ethischen Grundlage des Handelns. Das ständige Reflektieren dieser Grundlagen ist damit eine Voraussetzung für die Wissenschaft im Sport.

Wenn also das Auftrennen und Aufgliedern zum Erreichen einer größeren Kenntnis wissenschaftliche Methode ist, so ist das Zusammenfügen zu einem Gesamtbild eine genauso wichtige Aufgabe. Dies ist Ziel dieses Buchs. Dabei werden die Schwer-

Abb. 1. Teilaspekte sportlicher Leistungsfähigkeit

punkte der wissenschaftlichen Arbeit der beteiligten Autoren widergespiegelt und sowohl Schwachpunkte wie auch die Stärken sportmedizinischer und sportwissenschaftlicher Arbeit dargestellt.

Rudern ist ein exemplarisches Beispiel für die Rolle von Sport in unserer Gesellschaft. Rudern selbst ist eine besonders günstige Fortbewegungsart auf dem Wasser und deswegen wirtschaftlich als Arbeitsform bis zur Erfindung von Maschinen wichtig. Durch die hohe körperliche Belastung und fast monotone Bewegungsform erschien Rudern zunächst als Gegenbild einer Sportart.

Rudern findet sich in fast allen Kulturen, besonders in den antiken Gesellschaften des Mittelmeerraums, als Fortbewegungsmittel. Die Entwicklung des Ruderns erreicht in besonderen Kriegsschiffen der Griechen, den Trieren, einen ersten Höhepunkt. Drei Ruderreihen übereinander, insgesamt 170 Ruderer in einem Boot von knapp 40 m Länge erforderten besondere Fertigkeiten des Bootsbaus, der Rudertechnik und des Trainings der Mannschaften. Interessant scheint, daß solch hohe Leistungen von den freien Bürgern der griechischen Stadtstaaten, die dort ihren Dienst ableisteten, erbracht wurden oder später auch von berufsmäßigen Mannschaften. Auch sportliche Wettkämpfe waren bekannt. Erst als sich die Militärtechnik weiterentwickelte und keine solch diffizilen Boote und komplexen Manöver mehr erforderte, wurden für die Boote zunehmend Sklaven eingesetzt und das Ruderboot degenerierte zur Galeere.

Die Entwicklung des Ruderns als komplexe Bewegungsform ist dann wieder ein Phänomen einer zunehmend emanzipierten Gesellschaft des 19. Jahrhunderts in England. Erst diese freien Bürger konnten eine Arbeitsform als Sport und ästhetisches Vergnügen empfinden und leiteten damit eine zweite Blütezeit des Ruderns als Amateursport ein. Diese soziologischen und psychologischen Besonderheiten des Ruderns, die auf eine gründliche Bearbeitung warten, sind ein Grund für die Betonung des Amateurstatus im Rudern, ohne den wohl das Rudern selbst als Sport kaum denkbar wäre.

Rudern ist also weit mehr als viele andere Sportarten verwandt mit körperlicher Schwerarbeit. Dabei umfaßt Rudern viele Aspekte, eine Bewegung nahe an der Natur, eine Auseinandersetzung mit dem Medium Wasser, die Möglichkeit zur Selbsterfahrung und fast zur Meditation in der Bewegung, aber andererseits wieder die absolute Konzentration im Wettkampf. Es ist somit eine Sportart, die besonders dem Sportler selbst, nicht so sehr dem Zuschauer, entgegenkommt. Diese Besonderheiten haben schon traditionell zu einer besonders starken Beschäftigung der Ruderer mit ihrem Sport geführt, die sich in einer großen Zahl von Veröffentlichungen äußert.

Ein Buch über Rudern erscheint deswegen interessant, um vor dem Hintergrund dieser Anforderungen und am Beispiel dieser Sportart in einem interdisziplinären Ansatz verschiedene Gebiete der Sportmedizin und Sportwissenschaften zu einer komplexen Darstellung des sporttreibenden Menschen zusammenzuführen.

Ulm, Juli 1988   Jürgen M. Steinacker

Literatur

1. Hollmann W, Hettinger T (1980) Sportmedizin – Arbeits- und Trainingsgrundlagen, 3. Aufl. Schattauer, Stuttgart
2. Körner T, Schwanitz P (Hrsg) (1985) Rudern. Sportverlag, Berlin/DDR
3. Lenk H (1972) Perspectives of the philosophy of sport. In: Baitsch H et al. (eds) The scientific view of sport. Springer, Berlin Heidelberg New York
4. Morrison JS, Coates JF (1986) The Athenian Trireme. Cambridge University Press Cambridge
5. Rieckert H (Hrsg) (1987) Sportmedizin – Kursbestimmung. Springer, Berlin Heidelberg New York Tokyo
6. Ueberhorst H (Hrsg) (1983) 100 Jahre Deutscher Ruderverband. Philler, Minden
7. Williams JPG, Scott AC (eds) (1967) Rowing – A scientific approach. Kaye & Ward, London

75 Jahre organisierte deutsche Sportmedizin

W. Hollmann

Historische Entwicklung

Im Jahre 1911 fand in Dresden eine „Internationale Hygiene-Ausstellung" statt, welche eine eigene „sportwissenschaftliche Abteilung" enthielt. Ihr Leiter war Dr. Mallwitz. Aufgrund des außerordentlichen nationalen und internationalen Echos beschloß man, vom 20.9.–23.9. 1912 in Oberhof in Thüringen eine erste Sportärztetagung durchzuführen. Sie nannte sich „1. Kongreß zur wissenschaftlichen Erforschung der Leibesübungen". Die Tagung leitete der Berliner Internist Prof. Dr. F. Kraus. Interessant ist auch aus heutiger Sicht die Wahl der Kongreßthemen: Sportübertreibung – hygienischer Wert des Schulturnens – internationale oder nationale Olympien – die körperliche Ertüchtigung der Frau – Einfluß dauernder körperlicher Anstrengungen auf das Herz – das Elektrokardiogramm bei Schwimmern – Sport und Herz – ärztliche Erfahrungen bei olympischen Spielen – Golf und Gesundheit – Sport und Doping – weibliches Geschlecht und Sport – Leibesübungen und Landjugend – Winterkuren und Wintersport – Skilauf – spiegelphotographische Methode von anthropometrischen Messungen – Sport und Sexualität – Wert der Physiologie für die Leibesübungen.

Im Rahmen dieser Tagung erfolgte die Gründung des „Deutschen Reichskomitees zur wissenschaftlichen Erforschung der Leibesübungen". Damit war zum erstenmal in der internationalen Medizingeschichte ein „Sportärzteverband" ins Leben gerufen worden.

Die Preußische Landesturnanstalt und das Deutsche Stadion in Berlin in Grunewald stellten 1913 den ersten hauptamtlichen Sportarzt an. Von da an galt offiziell die Bezeichnung „Sportarzt".

Am 15. Mai 1920 wurde die erste Sporthochschule der Welt, die „Deutsche Hochschule für Leibesübungen" in Berlin, Vorläuferin der Deutschen Sporthochschule in Köln, gegründet. Neben ihrer praktischen Aufgabe, der Ausbildung von Turn- und Sportlehrern, sollte sie eine Forschungsstätte für medizinische und pädagogische Fragen sein. Hierzu erfolgte die Gründung einer „Abteilung für Gesundheitspflege" in der Hochschule. Erster Rektor der Hochschule war von 1920–1932 der Ordinarius für Chirurgie an der Berliner Universität, Prof. Dr. August Bier, ein eifriger Vorkämpfer für die Leibesübungen. Ihm folgte im Amt ein weltweit noch bekannterer Chirurg, Prof. Dr. Ferdinand Sauerbruch.

Auf der Sportärztetagung 1925 wurde erstmals der Gedanke eines „Sportfacharztes" diskutiert. Zur Weiterbehandlung dieser Überlegung wurde ein „Ausschuß für

J.M. Steinacker (Hrsg.)
Rudern
© Springer-Verlag Berlin Heidelberg 1988

das Sportarztwesen" gegründet, welcher generelle Richtlinien zur Ausbildung des Sportarztes entwickeln sollte.

Maßgeblich von der deutschen Sportärzteschaft wurde die Gründung eines internationalen Sportärzteverbandes betrieben, der im Februar 1928 in St. Moritz/Schweiz entstand.

Im Jahre 1929 gehörten dem Sportärztebund schon 2600 Mitglieder an. Für die inhaltliche Bedeutung von Wortschöpfungen ist interessant, daß auf der 7. Sportärztetagung in München 1930 ein Unterschied gemacht wurde zwischen einem sportärztlichen und einem sportwissenschaftlichen Teil. Dabei verstand man unter dem Begriff „Sportwissenschaft" ausschließlich einen Kreis von 47 ärztlichen Wissenschaftlern, die auf dem Gebiete des Sports Forschungen durchführten. Somit war also zur damaligen Zeit der heute anders genutzte Begriff „Sportwissenschaft" für einen bestimmten medizinischen Teilbereich reserviert. Bei den weitaus meisten Angehörigen dieses wissenschaftlichen Arbeitskreises handelte es sich um Ordinarien.

Bereits 1924 war die erste sportmedizinische Fachzeitschrift der Welt in Deutschland erschienen; 1928 richtete man an den Universitäten von Hamburg und Leipzig offizielle Dozenturen für Sportmedizin ein. Erstere erhielt der Schweizer Knoll, die letztere Arnold.

Nachdem der „Deutsche Ärztebund zur Förderung der Leibesübungen" nach 1933 in „Deutscher Sportärztebund" umgetauft worden war, beraubte man ihn seiner Selbständigkeit und gliederte ihn in den NS-Ärztebund ein.

In der Bundesrepublik Deutschland erfolgte die Wiedergründung des Deutschen Sportärztebundes am 14.10.1950 in Hannover, im Jahre 1952 die Wiederaufnahme des Deutschen Sportärztebundes in den Weltverband für Sportmedizin (FIMS).

Vornehmlich galt es, den in den vergangenen 1½ Jahrzehnten verlorengegangenen Anschluß an den wissenschaftlichen und praktischen Sportärztestandard mancher anderer Länder wiederzugewinnen. Der Erreichung dieses Zieles in wissenschaftlicher Hinsicht dienten vor allem die Sportärztekongresse 1955 in Augsburg, 1957 in Hamburg, 1959 in Nürnberg, 1963 in Münster sowie besonders der vom Deutschen Sportärztebund ausgerichtete Kongreß des Weltverbandes für Sportmedizin (FIMS) im Jahre 1966 in Hannover. Auf diesem von 2000 Ärzten aus 44 Nationen beschickten Kongreß bestätigte sich die Erkenntnis, daß die Sportmedizin der Bundesrepublik Deutschland besonders in der Forschung ihre einstige Weltgeltung wieder erreicht hatte.

Um die Bezeichnung „Sportarzt" im Sinne einer e.V.-Institution führen zu dürfen, bedurfte es zunächst lediglich des Diploms des Deutschen Sportärztebundes. Hierzu genügten noch in den 50er und 60er Jahren die Vollapprobation als Arzt und der Nachweis der Teilnahme an mindestens 4–5 sportmedizinischen Wochenend-Fortbildungsveranstaltungen sowie an einem sportmedizinischen Kongreß. Um die Qualität des Sportarztes zu verbessern, konstruierten wir 1967 in Verbindung mit dem Deutschen Sportbund die Zusatzbezeichnung „Sportmedizin", welche 1970 in der gewünschten Form vom Deutschen Ärztetag gebilligt wurde. Von nun an konnten die Landesärztekammern diese Zusatzbezeichnung vergeben.

Voraussetzung ist z.Z. die Teilnahme an 240 Stunden sportärztlicher Fortbildung, unterteilt in jeweils 120 Stunden Theorie und Praxis.

Derzeit gehören dem Deutschen Sportärztebund etwa 8000 Ärzte an. Von ihnen dürften ca. 3000 die von den Landesärztekammern verliehene Zusatzbezeichnung

Sportmedizin besitzen. Daneben existiert nach wie vor das vom Deutschen Sportärztebund verliehene Sportarztdiplom.

Der Deutsche Sportärztebund ist heute auch identisch mit der „Deutschen Gesellschaft für Sportmedizin".

Die verschiedenen Aufgabenstellungen des Sportärztebundes werden primär über Sektionen bearbeitet. Sie befassen sich mit Prävention, Rehabilitation, Behindertensport, Frauensport, Sport in der Kindheit und Jugend, Seniorensport, Wissenschaft und Lehre, Hochleistungssport, Doping, Breitensport und Gesundheit. Daneben gibt es einen Verband deutscher Hochschulsportärzte und spezielle Kommissionen, die mit dem deutschen Sportärztebund verzahnt sind. Ein „Verein zur Förderung der Sportmedizin" nimmt die materielle Unterstützung des Deutschen Sportärztebundes wahr. Das geschieht auch vom Bundesministerium des Inneren, welches den Deutschen Sportärztebund als selbständige gesundheitsfördernde Einrichtung anerkennt.

Sportmedizinische Forschung

Zentrum der sportmedizinischen Forschung und Wissenschaftstätigkeit sind die sportmedizinischen Institute und universitären Einrichtungen.

Entscheidenden Anteil am forscherischen und auch praxisbezogenen Aufschwung der bundesdeutschen Sportmedizin besitzt die Gründung des Kuratoriums für die Sportmedizinische Forschung der Bundesrepublik Deutschland im Jahre 1955. Erstmals konnten 1956 von diesem Kuratorium bescheidene Forschungsmittel zur Verfügung gestellt werden, deren Größenordnung im Laufe der Jahre wuchs.

Die Aufgaben des Kuratoriums waren:
- Förderung und Belebung der sportmedizinischen Forschung;
- Koordinierung der einzelnen Forschungsaufgaben;
- die Bearbeitung von Fragen im Bereich der sportmedizinischen Forschung sowie
- die Entscheidung über die Verwendung der dem Kuratorium zur Verfügung stehenden Geldmittel.

Als Ergebnis der Forschungsarbeit resultierten innerhalb der ersten 7 Jahre seit dem Beginn der regelmäßigen Mittelvergabe ca. 150 experimentell fundierte Publikationen in wissenschaftlichen Fachzeitschriften. Schon Mitte des Jahres 1965 war die Zahl von 250 Publikationen überschritten.

Zur Verbreiterung der Forschungsbasis auf dem Gebiete des Sports wurde 1963 in der Deutschen Sporthochschule Köln das Zentralkomitee für die Forschung auf dem Gebiete des Sports gegründet. Darin fand neben dem sportmedizinischen Schwerpunkt auch die sportpädagogische Forschungsrichtung Berücksichtigung.

In den nachfolgenden Jahren wuchs die sportbezogene Forschung in Breite und Tiefe rapide an. Daher kamen in der zweiten Hälfte der 60er Jahre Überlegungen auf, eine zentrale Institution, am besten in Verbindung mit dem Staat (Bundesregierung), aufzubauen, welche die Funktion des Zentralkomitees sowie Zusatzaufgaben im Bereich des Sports übernehmen sollte.

Der Errichtungserlaß des Bundesministers des Inneren vom 10.10.1970 sah schließlich die Errichtung eines Bundesinstituts für Sportwissenschaft in seinem

Geschäftsbereich vor. Als Sitz wurde die Nähe der Sporthochschule gewählt, um eine enge Kooperation zu gewährleisten.

In den späten 60er und besonders in den 70er Jahren entstanden zahlreiche sportmedizinische Einrichtungen an deutschen Universitäten. Heute existieren an 38 von 39 bundesrepublikanischen Universitäten sportmedizinische Institutionen von unterschiedlichem akademischen Grad. Sie reichen von Lehrstuhlinhabern bis hin zu Lehrbeauftragten für Sportmedizin.

In den 60er Jahren setzten sich mehr und mehr sportmedizinische Forschungsergebnisse in der Praxis durch. Das betraf sowohl die kardiologische Prävention mit der Zunahme von ausdauertrainierenden Personen (u. a. Jogging), propagiert von der Sportmedizin und basierend auf sportmedizinischen Forschungsergebnissen, als auch die Ausbreitung der Frühmobilisierung, z. B. nach Herzinfarkt, der Bewegungstherapie und der aktiven Rehabilitation sowohl im internistischen als auch im chirurgisch-orthopädischen Bereich.

Heute existieren in der Bundesrepublik Deutschland mehr als 1500 ambulante Herz-Trainingsgruppen zur Durchführung eines ärztlich bewachten Trainings, und die Zahl steigt ständig weiter an. Trainingsgruppen für Hyper- und Hypotoniker, Diabetiker, Übergewichtige sowie für gesunde Senioren sind bereits hier und da vorhanden. Mehr und mehr entwickelt sich zur Zeit das Gebiet „Krebs und Sport".

Untersuchungssystem im Leistungs- und Hochleistungssport

Ab 1975 ging man in der Bundesrepublik dazu über, Leistungskader nach bestimmten Gesichtspunkten zusammenzustellen.

Auf Bundesebene wurden A-Kader (Weltniveau), B-Kader (nationales Niveau) und C-Kader (entwicklungsfähige Sportler sowie internationales Niveau im Juniorenbereich) unterschieden. Daneben entwickelte man später auf Landesebene D-Kader, die als Durchgangsstationen für Bundeskader anzusehen sind und im Rahmen der Talentsuche und -förderung Aussicht besitzen, den bundeseinheitlichen Kader zu erreichen. A-Kader- bis C-Kader-Angehörige müssen sich jährlich 1–2 sportmedizinischen Untersuchungen normierter Art unterziehen. Diese beziehen sich sowohl auf die Beurteilung des allgemeinen Gesundheitszustandes als auch auf die der körperlichen Leistungsfähigkeit.

Darüber hinaus soll soweit wie möglich versucht werden, sportartspezifische Leistungsdiagnosen zu erstellen und in Verbindung mit den zugehörigen Trainern eine Trainigsberatung, Traingsüberwachung und im Bereich des Möglichen eine Trainingssteuerung wissenschaftlich kontrollierter Art vorzunehmen. Den höchsten Stand der Entwicklung stellt die Trainigssteuerung dar.

Die gerade auch in der Bundesrepublik Deutschland erhobenen Forschungsbefunde schufen die Grundlage zur Verantwortbarkeit und Durchführung der „Trimm"- und „Trimming 130"-Programme des Deutschen Sportbundes sowie für die mediengetragenen Empfehlungen zur Aufnahme von Training oder Sport in breitesten Bevölkerungsschichten.

Die mit den genannten Forschungsprogrammen verbundenen Entwicklungen auf dem Gebiet der ärztlichen Diagnostik und auch Therapie befruchteten zahlreiche klassische medizinische Fachdisziplinen (Kardiologie, Innere Medizin insgesamt, Orthopädie, Pädiatrie, Geriatrie, Pharmakologie, Biochemie, Endokrinologie, Neurologie, Gynäkologie u. a.).

Der Sport ist ein nicht mehr wegzudenkender kultureller Bestandteil unseres Lebens geworden.

Mit ihm ist die leistungsdiagnostische, präventive, therapeutische und rehabilitative Bedeutung der Sportmedizin gewachsen, die buchstäblich mehr Bewegung in die technisierte „Sitzgesellschaft" gebracht hat als irgendeine andere Institution.

Wissenschaft und Sport –
die Sportorganisation und die Wissenschaften

F. Kreiß

Sport und Wissenschaft

Fragen des Sports, der Sportpraxis wie der Sportorganisation, sind so komplex
geworden, daß sie ohne die Hilfe verschiedenster Wissenschaftsbereiche nicht beantwortet werden können. Immer lauter und immer deutlicher werden die Forderungen
der Sportorganisation nach Grundlagenforschung und nach der Vorlage von Forschungsergebnissen, die geeignet erscheinen, die geforderte sportliche Leistung zu
optimieren sowie bei der Lösung weiterer Problemfelder dienlich zu sein. Dabei ist
das Feld der Probleme so offen, daß sehr unterschiedliche Wissenschaften gefordert
sind. Ein äußerlich sichtbares Zeichen für die Notwendigkeit wissenschaftlicher
Zuarbeitung für die Verbände und den Sport sowie für die Koordination verschiedener wissenschaftlicher Arbeitsfelder war die Gründung des *Bundesinstituts für Sportwissenschaft.*

Bis zu diesem Punkt wird deutlich, daß die Fragen an die Wissenschaft aus dem
Sport gestellt werden. Der Sport und die Sportorganisationen haben ein vitales
Interesse daran, ihre Fragen beantwortet zu bekommen und Hilfe bei der Lösung der
Probleme zu erfahren.

Dabei tut sich ein weites Feld wissenschaftlicher Ansätze auf. Aus der Entwicklung
heraus wird ein deutlicher Wandel in der wissenschaftlichen Problemstellung erkennbar, dieses sei am Beispiel des Deutschen Ruderverbandes sichtbar gemacht: In
einem ersten Zugriff sind mit einem besonderen Schwerpunkt Fragen der Leistungsmedizin angegangen worden. Es liegt eine reichhaltige Literatur über medizinische
Fragestellungen zum Rudersport vor. Zu medizinischen Fragestellungen treten
Bemühungen zur Klärung von Problemen der Bootstechnik. Ein weiterer Schritt
mündet ein in die Biomechanik.

Man erkennt, daß Wissenschaftsbereiche, die ihre Heimat in den Naturwissen-
schaften finden, einen besonders hohen Stellenwert eingenommen haben und noch
einnehmen, als ob man die Probleme des Sports lediglich auf naturwissenschaftlicher
Basis lösen könne. Ein derartiger Ansatz vernachlässigt die Tatsache, daß im Zen-
trum des Sports der diesen ausübende Mensch steht. Eine Vernachlässigung der
Geisteswissenschaften, der Psychologie und Soziologie, verkürzt in unzulässiger
Weise das Problem. „Eine sportliche Leistung ... ist stets Ausdruck der gesamten
Persönlichkeit und muß als ein Komplex, bestehend aus einer Vielzahl einzelner
Fähigkeiten und Bedingungen gesehen werden" ([4], S. 19).

„Der Deutsche Ruderverband kann selber keine Forschung betreiben. Er kann
initiieren, beraten, Problemfelder aufreißen" ([6], S. 56). Damit wird es notwendig,

J. M. Steinacker (Hrsg.)
Rudern
© Springer-Verlag Berlin Heidelberg 1988

daß Einzelfragen koordiniert werden, um einen geforderten integrativen Ansatz der wissenschaftlichen Arbeit zu ermöglichen. Diese Koordinierungsarbeit muß zunächst die Sportorganisation, wie z.B. der Deutsche Ruderverband, gemeinsam mit dem Bundesinstitut für Sportwissenschaft leisten. Darüber hinaus ergibt sich hieraus die Forderung an die Wissenschaften, diese Notwendigkeit integrativer Forschung zu erkennen.

Wissenschaft und Sport

„Ich glaube, daß der Sport, indem er künstlich Extremsituationen herstellt, ein unersetzliches Beobachtungs- und Experimentierfeld schafft für physiologische, psychologische, soziologische Untersuchungen und eine Art normativer Grundlagenforschung, die Werterlebnisse, Wertvorstellungen, Wertbegriffe analysiert" ([2], S. 351). Diese besondere Funktion des Sports ist in der Vergangenheit vielfach von einzelnen Wissenschaften ausgenutzt worden. Die besondere Situation, in der sportliche Spitzenleistung erbracht wird, reizt selbstredend isolierte Untersuchungen und Fragestellungen anzubringen. Derartige Arbeiten blieben in der Regel ohne Auswirkung, sie dienten der Theoriebildung; der Sport wurde und wird bei einer derartigen Arbeits- und Denkweise ausgenutzt. Für uns steht fest, daß eine Theorie nur dann brauchbar ist, wenn sie sich ständig in der Praxis bewähren muß, ständig an der Praxis überprüft wird.

Damit wird deutlich, daß Forschung im Sport und in der Sportwissenschaft immer Zweckforschung sein soll. Dieser Forderung ist die Sportwissenschaft bislang nicht hinreichend entgegengekommen. Von der Praxis losgelöste Fragestellungen und Untersuchungen waren Verbänden und Athleten zuweilen eher hinderlich als fördernd in ihrer Arbeit.

Das Problem der immer weiteren Ausdifferenzierung der Sportwissenschaft in einzelne Disziplinen fördert diese Problematik. Sie führt dazu, daß eine immer differenziertere wissenschaftstheoretische Selbstvergewisserung stattfindet, der wissenschaftliche Selbstfindungsprozeß ausufert in Fragestellungen und Problembereiche, die weit ab von den Forderungen des Sports angesiedelt sind. „Hinzu kommt … eine relative Trennung der sporttheoretischen von der sportpraktischen Ausbildung" ([3], S. 11). Der Sportorganisation ist eine Diskussion des Inhalts gleich, ob man nun mit einer gewissen Berechtigung von Sportwissenschaft oder eher von Sportwissenschaften reden solle. Die Sportorganisation vermißt, daß
- es keine einheitliche sportwissenschaftliche Theoriebildung gibt,
- kein einheitliches organisatorisches Modell sportwissenschaftlicher Forschungs- und Lehrinstitutionen zu finden ist.

Die Sportorganisation versteht Sportwissenschaft als einen interdisziplinären Wissenschaftsbereich, der in komplexen Untersuchungsansätzen und Fragestellungen die Probleme des Sports lösen hilft. Die Forderungen des Sports an die Wissenschaft heben ab auf
- Sicherung der Praxisrelevanz sportwissenschaftlicher Forschung durch problemorientierten Zugang zum Gegenstandsbereich,
- Systematisierung der Vielfalt der Einzelergebnisse und Verknüpfung in einen einheitlichen integrativen Ansatz.

Dieser Ansatz kann z. B. in der einzelnen Sportart liegen, aber auch übergreifende Problemstellungen über mehrere Sportarten hin erfassen.

Diese Forderung nach der Zweckorientierung wissenschaftlichen Arbeitens im Sport schließt nicht aus, daß die extreme Belastungssituation des Spitzensports z. B. dazu verhilft, Erkenntnisse zu gewinnen, die ihre Relevanz in der normalen Lebenssituation finden. Nur, wissenschaftliches Forschen im Sport darf kein Selbstzweck sein. Darüber hinaus sei noch einmal darauf verwiesen, daß die Probleme des Sports nicht nur aus dem Blickwinkel der Naturwissenschaften, der Medizin gelöst werden können; Fragen der Soziologie, Psychologie, Philosophie, der Ideologie und Ethik, der Sinngebung des Sports erfahren eine immer größer werdende Bedeutung. Darüber hinaus befassen sich notwendigerweise mehr und mehr Bereiche wie die Rechtswissenschaften, Wirtschaftswissenschaften und Organisationswissenschaften mit dem Sport – diese um so mehr, je weiter die Entwicklung des Profisports um sich greift.

All dieses macht deutlich, daß der Sport ein komplexes Feld darstellt, in dem sich alle Inhalte menschlichen Seins widerspiegeln. „Ich glaube, daß der Sport Leistungsfähigkeit und Glücksbilanz der Menschen einer zivilisierten Gesellschaft entscheidend verbessern kann" ([1], S. 182).

Wissenschaft und Sportpraxis

Wissenschaftliches Denken und wissenschaftlich orientierte Arbeitsweise ist in der Sportpraxis weitgehend fremd. Die Praxis wird vielfach von der Intuition bestimmt, nicht aber von abstrakten Modellen.

So überrascht die immer wieder aufkommende Theorie-Praxis-Diskussion im Sport nicht. Ausgehend von der Praxis des Trainerhandelns im Sport kann man diese Kontroverse so strukturieren, daß deutlich wird, wie Trainerhandeln eigentlich auf vier Ebenen abläuft:

Auf der untersten Ebene stellt sich Handeln als Tun in der realen Situation dar.

Die darauf aufbauende Ebene führt schon zur Reflexion von Alltagsfragen, es kommt zu Prozessen der Bewußtmachung, die Reflexion orientiert sich am Detail.

In der dritten Ebene kommt es zur Grundlagenforschung, die allgemein anwendbare Erkenntnisse unter übergreifendem Aspekt aufarbeitet und damit langfristig immer wieder anwendbar macht; in den Ebenen darunter werden immer wieder nur Teilfragen aktualitätsbezogen diskutiert.

So ist z. B. das Forschungsgebiet der Trainingslehre – auch im Rudersport – nur unwesentlich über den Stand „anekdotischer" Beschreibung interessanter Detailfragen hinausgelangt, da die Forschung unter Berücksichtigung des gesamten Umfeldes aussteht. Theorien mittlerer Reichweite sind selten.

In der letzten Ebene kommt es zu Sinnfragen, die geeignet erscheinen, größere Zusammenhänge herzustellen.

„Trainertätigkeit ist in vielen Fällen in der ersten und zweiten Ebene angesiedelt" ([7], S. 46).

Es ist für den Sport, für den Erfolg im Sport und auch für die Organisationen des Sports wichtig, daß wissenschaftliches Denken und wissenschaftliche Modelle dazu dienen, Einsichten in größere Zusammenhänge des Handlungsfeldes herzustellen „und die Fähigkeit vermitteln zu helfen, die konkreten Probleme der Person-

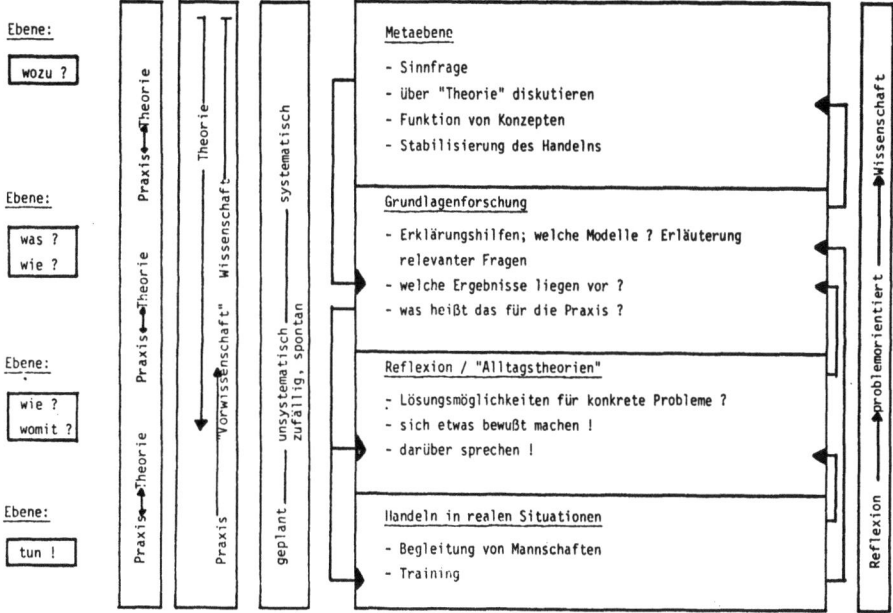

Abb. 1. Ablauf des Trainerhandelns [7]

Umwelt-Beziehung, der sportlichen Anforderungen, des sportlichen Handelns und Kommunizierens auf der höheren Ebene eines Modells zu betrachten und zu lösen" ([5], S. 5).

Wissenschaftliches Denken und wissenschaftliche Modelle vernachlässigen den Einzelfall, sie leiten aus konkretem Handeln überzeitliche Regeln ab, sie ersetzen Handeln durch Denken; damit stabilisieren sie die Praxis. Wissenschaftliches Denken und die Anwendung wissenschaftlicher Arbeitsweisen lösen die Ergebnisse des Handelns aus der Ebene der Intuition und des Zufalls, sie machen sie damit berechenbarer, kontrollierbarer und letztendlich erst steuerbar.

Wissenschaft und Trainerausbildung

Aus dem vorher Gesagten leitet sich ab, daß für den Bereich der Trainerausbildung wissenschaftliche Grundlagen und die Vermittlung wissenschaftlicher Arbeitsweisen einen besonderen Stellenwert haben. Der Trainer muß ein „Verständnis für wissenschaftliche Fragestellungen und Positionen entwickeln, um ... den kritischen Umgang mit Forschungsbeiträgen zum Sport zu ermöglichen, mit denen der Trainer auf jeder Ebene konfrontiert wird" ([4], S. 37).

Die Voraussetzungen für die Umsetzung eines solchen Zieles sind auf der einen Seite die Kompetenz des Trainers, auf der anderen Seite das Bestreben der Wissenschaften, ihre Ergebnisse sowohl praxisrelevant als auch verständlich in der Darstellung vorzulegen. Die Kommunikation zwischen Wissenschaft und umsetzendem Praktiker ist somit von besonderer Bedeutung. Das heißt auf der einen Seite, daß der

Trainer Zugang findet zum wissenschaftlichen Vokabular; das heißt aber auch, daß die Wissenschaft den Zugang zu ihren Erkenntnissen nicht durch die Art der Präsentation versperrt.

Die Diskussion führt weiter zu einem Umdenken in der Ausbildung auf allen Ausbildungsstufen. Es darf kein Unterschied mehr gemacht werden zwischen theoretischen und praktischen Ausbildungsteilen. „Wir gehen von einer integrativen Didaktik/Methodik aus" ([7], S. 46). In den verschiedenen Situationen und Rollen ist der werdende Trainer Lernender (er erlernt eine Fertigkeit), Lehrender (er arbeitet ein Gymnastikprogramm aus), Information Aufnehmender (er erarbeitet sich eine theoretische Grundlage), Handelnder (er übt seine Sportart aus) und die Praxis Reflektierender (er denkt in der Diskussion über das Handeln nach).

Theorie in der Ausbildung ist zum einen reflektierte Praxis, zum anderen legt sie allgemeine Grundlagen, die die Voraussetzung selbständigen Handelns sind.

Um derartige Ausbildungsziele anstreben zu können, erwarten die Sportorganisationen von den Wissenschaften die Entwicklung geeigneter Lehrmaterialien, in denen die wissenschaftlichen Grundlagen und Erkenntnisse für die Traineraus- und -fortbildung umgesetzt sind. Das Beispiel der Studienbriefe der Trainerakademie Köln ist hier ein erster Schritt.

Literatur

1. Adam K (1975) Leistungssport. Sinn und Unsinn. Nymphenburger Verlangshandlung, München
2. Adam K (1978) Ansprache bei der Verleihung des Dr. phil. h. c. durch die Universität Karlsruhe. In: Lenk H (Hrsg) Leistungssport als Denkmodell. Fink, München
3. Carl C, Kayser D, Mechling H, Preising W (1984) Handbuch Sport, Bd 1. Schwann, Düsseldorf
4. Friedrich E, Grosser M, Preising R (1988) Einführung in die Ausbildung von Trainern an der Trainerakademie. Studienbrief 1. Hrsg. Trainerakademie Köln e. V. Hofmann, Schorndorf
5. Hagedorn G (o. J.) Wissenschaftliche Modelle zur Deutung der sportlichen Praxis. Studienbrief 3. Hrsg. Trainerakademie Köln e. V.
6. Kreiß F (1982) Forschung im und für den Deutschen Ruderverband. Rudersport 3:55–56
7. Kreiß F (1983) Trainerausbildung zwischen Theorie und Praxis. Rudersport 3:46

Allgemeine sportmedizinische Aspekte zum Rudern

W. Hollmann

Der Erkenntnisstand in der Forschung schreitet durchweg von der Erfassung des Globalen zur Analyse des Details fort. So verhält es sich auch mit der Erforschung der körperlichen Leistungsfähigkeit des Menschen. Erst ab 1949 war außerhalb der physiologischen nun die klinische Routineuntersuchung in der Lage, die Leistungsfähigkeit von Herz, Kreislauf, Atmung und Stoffwechsel mittels einer hierfür entwickelten spiroergometrischen Meßapparatur präzise beurteilen zu können. Die technischen Voraussetzungen gestatteten Messungen allerdings nur bis zu einer Größenordnung von ca. 3000 ml/min Sauerstoffaufnahme. Ab 1954 konnten bereits Meßwerte bis zu einer Sauerstoffaufnahme von 5000 ml/min präzise erfaßt werden, bis Ende der 50er Jahre solche von 6000 ml/min, die auch zur Beurteilung der Höchstleistungsfähigkeit von Weltklassesportlern in Ausdauersportarten ausreichten. In den 70er Jahren traten dann sportartspezifische Ergometer, tragbare Gasstoffwechselapparaturen und spezifische Feldtests hinzu, welche nunmehr auch eine sportartbezogene Leistungsdiagnostik gestatteten. – So war es im Zuge dieser Entwicklung logisch, daß sich die sportmedizinische Forschung mehr und mehr Detailparametern zuwenden konnte.

Die ersten internationalen offiziellen Ruderwettkämpfe fanden 1893 statt. Erstmals bei Olympischen Spielen wurden 1900 Ruderregatten ausgetragen. 1974 organisierte man erste internationale Meisterschaften von sog. Leichtgewichtsruderern, deren Körpergewicht einen Maximalwert von 72,5 kg nicht überschreiten darf. – Die ersten internationalen Ruderregatten für Frauen fanden 1954 statt. Erst bei den Olympischen Spielen 1976 durften Frauen sich an Ruderwettkämpfen beteiligen.

Bekanntlich kommt es im Rudern darauf an, in möglichst kurzer Zeit das Boot über eine 2000 m lange Distanz zu bringen. Die Bootsgeschwindigkeit hängt ab von der Schlagfrequenz und der Durchzugsdistanz. Letztere wird ihrerseits wieder modifiziert von der aufgewandten Kraft, dem Ruderwinkel, der Durchzugszeit, dem Widerstand, der Trägheit und der Gesamtmasse. Diese biomechanischen Daten benötigen als Voraussetzung die biologische Leistungsfähigkeit des Ruderers bzw. die der Rudermannschaft. Von den motorischen Beanspruchungsformen sind im Rudern enthalten: Koordination, Flexibilität, dynamische Kraft, lokale und allgemeine aerobe und anaerobe Ausdauer. Hiervon sind die allgemeine und lokale aerobe Ausdauer sowie die dynamische Kraft am wichtigsten. Die Belastungsdauer liegt im Wettkampf zwischen ca. 5,5 und 8 min. Demnach handelt es sich um die allgemeine aerobe Kurzzeitausdauer, die man für den Zeitraum von 3–10 min veranschlagt. Entscheidender, leistungsbegrenzender Faktor ist die maximale Sauerstoffaufnahme

J. M. Steinacker (Hrsg.)
Rudern
© Springer-Verlag Berlin Heidelberg 1988

und ihr Prozentsatz, welcher möglichst lange erbracht werden kann. Dieser wird mit der aerob-anaeroben Schwelle gemessen.

Leistungsbegrenzende Faktoren für die maximale Sauerstoffaufnahme sind das Herzzeitvolumen, die Größenordnung der arteriovenösen O_2-Differenz (periphere Utilisation), die ventilatorische Leistungsfähigkeit, die maximale Diffusionskapazität in der Lunge, das Blutvolumen und der Total-Hämoglobingehalt. Modifizierende externe Faktoren seien hier nicht aufgeführt.

Leistungsbegrenzende Faktoren für die lokale aerobe dynamische Ausdauer sind das intrazelluläre O_2-Angebot, entscheidend bestimmt von der Summe der lokalen Gefäßquerschnitte und dem Myoglobingehalt, ferner das Mitochondrienvolumen, die Koordination und die Größenordnung der intramuskulären Glykogendepots.

Die dynamische Kraft wird begrenzt von der Größenordnung der statischen Kraft, der zu überwindenden Masse nach Gewicht, Form und Größe, der Kontraktionsgeschwindigkeit, der Koordination, den anthropometrischen Daten (Hebelverhältnisse) und in Verbindung hiermit der Körperposition sowie von der Muskelvordehnung.

Die entscheidende Größe für die maximale Sauerstoffaufnahme ist unter den genannten leistungsbegrenzenden Faktoren das Herzzeitvolumen. Dementsprechend benötigt der Ruderer ein möglichst großes Herz. Während die Werte der Normalperson bei 750–800 ml liegen, erreichen Weltklasseruderer Herzgrößen zwischen 1100 und 1500 ml. Mit diesen großen Herzen könnten maximale Herzzeitvolumina um 40 l gefördert werden.

Die maximale Sauerstoffaufnahme ihrerseits ist nach der absoluten und der relativen zu differenzieren. Die absolute weist beim Weltklasseruderer Werte zwischen 6000 und 6900 ml/min auf, während die relative aufgrund des hohen Körpergewichts dieser Ruderer nur Größenordnungen von 68–72 ml/kg · min^{-1} ausmacht. Da die maximale Sauerstoffaufnahme die engste Korrelation zur Größenordnung des Körpergewichts besitzt, muß der Ruderer möglichst schwer sein, da hierdurch automatisch eine überdurchschnittlich günstige Voraussetzung für die maximale O_2-Aufnahme gegeben ist. Da das Körpergewicht vom Boot getragen wird, ist es im Gegensatz zum Laufen nicht limitierend. Daher ist in dieser Sportart die absolute maximale Sauerstoffaufnahme weitaus wichtiger als die relative.

Rudern ist – wenn man so will – die leistungsphysiologisch unangenehmste, ja „gemeinste" Sportart. In der genannten Form werden gleichermaßen Kraft und aerobe Ausdauer benötigt. Kraft setzt aber einen möglichst großen Muskelfaserquerschnitt voraus. Gelingt es durch Krafttraining, den Muskelfaserquerschnitt zu verdoppeln, so wächst das Volumen der betreffenden Muskelfaser um das Achtfache. Andererseits muß aber ein möglichst hoher O_2-Partialdruck im arteriellen Blut an die Mitochondrie der Muskelzelle herangebracht werden. Der pO_2 nimmt aber proportional zum Quadrat der Entfernung ab. Infolgedessen stehen sich beide diametral entgegen.

In der Muskulatur wird bekanntlich zwischen langsamen und schnellen Muskelfasern unterschieden. Erstere sind speziell für Ausdauerleistungen geeignet, letztere für Schnellkraftleistungen. Der Weltklasseruderer verfügt im Durchschnitt über ca. 70% langsamer Muskelfasern, d. h. etwa 20% mehr als die Durchschnittsperson. Das ist auch insofern verständlich, als bei einer Schlagzahl von 33/min die dynamische Kraft jeweils etwa 0,9 s beansprucht wird. Dabei werden speziell die langsamen

Muskelfasern belastet. Die schnellen Muskelfasern sind bei Beanspruchung der Maximalkraft im Einsatz. Der Weltklasseruderer verfügt über bemerkenswert wenige FTb-Fasern, welche in besonderer Weise über die Glykolyse funktionieren.

Die aufgewandte dynamische Kraft des Weltklasseruderers liegt beim Durchzug zwischen 700 und 900 N, was einer maximalen statischen Kraft von etwa 2250 N entspricht. Mißt man bei Durchschnittspersonen die simultane Kraft beider Beine, kommt man im Durchschnitt auf einen um 15–25% niedrigeren Wert, als es der Summierung der Einzelbeinwerte entspricht. Der Ruderer hingegen erreicht tatsächlich den rechnerisch möglichen Maximalwert, was vermutlich eine Folge der simultanen Beanspruchung beider Beine ist.

Aus gesundheitlicher Sicht stellt Rudern im Bereich der inneren Medizin ein hervorragendes Trainingsmittel für Herz, Kreislauf, Atmung und Stoffwechsel dar. Orthopädisch gefällt die Entwicklung der Muskelkraft. Andererseits können unter hier nicht zu nennenden Voraussetzungen Schäden an der Wirbelsäule drohen. Inwieweit holländische Untersuchungen zutreffen, nach denen Frauen-Hochleistungsruderinnen pulmonal durch Rudern geschädigt werden können, muß noch offen bleiben.

Weiterführende Literatur

Hagermann FC, Connors MC, Gault JA, Hagerman GR, Polinski WJ (1978) Energy expenditure during simulated rowing. J Appl Physiol 45:87

Hollmann H, Schürch P, Heck H, Liesen H, Mader A, Rost R, Hollmann W (1987) Kardiopulmonale Reaktionen und aerob-anaerobe Schwelle bei verschiedenen Belastungsformen: Drehkurbelarbeit im Stehen, Tretkurbelarbeit, Fahrradergometerarbeit, Kletterstufen- und Laufbandbelastung. Dtsch Z Sportmed 38/4:144

Hollmann W, Hettinger T (1980) Sportmedizin – Arbeits- und Trainingsgrundlagen. Schattauer, Stuttgart New York

Mader A, Hollmann W (1977) Zur Bedeutung der Stoffwechselleistungsfähigkeit des Eliteruderers im Training und Wettkampf. Leistungssport 9 [Beiheft]:8–62

Secher NH (1983) The physiology of rowing. J Sports Sci 1:23–53

Aufbau und Entwicklung eines nationalen Hochleistungsprogramms im Rudersport – Verwaltungs-, psychologische und politische Aspekte der nationalen Entwicklungsphase

T. Nilsen

Einleitung

Die höchsten Fernsehzuschauerraten in Europa und Nordamerika werden während Weltmeisterschaften und Olympischen Spielen gemessen. Die Massenmedien, wie Fernsehen, Radio, Zeitschriften und Tageszeitungen, investieren enorme Summen in der Berichterstattung über wichtige Sportereignisse. Diese Ereignisse füllen Hauptzeiten im Fernsehen und Radio und Seite über Seite in Zeitschriften und Tageszeitungen. Die Besucherzahl bei Spitzensportveranstaltungen ist noch nie so hoch gewesen wie im Moment. Menschen, die an Sport interessiert sind, finden Gefallen daran, Sport von hohem Niveau zu sehen.

Aufgrund dieses allgemeinen Interesses am Spitzensport möchte man annehmen, daß diese Form von Sport reichliche Unterstützung aus öffentlichen und privaten Quellen erhält, und daß Organisationen, die Sportaktivitäten leiten, ihre Aufmerksamkeit hauptsächlich dem Spitzensport zuwenden. Eine weitere Annahme wäre, daß die meisten westlichen Länder über Programme für den Hochleistungssport verfügen, und daß diese Programme mit einer gewissen Selbstverständlichkeit geschaffen und praktisch eingesetzt werden.

In Wirklichkeit sieht die Situation leider ganz anders aus. Aus verschiedenen Gründen – geschichtlichen, politischen, wirtschaftlichen und verwaltungsmäßigen – werden Hochleistungsprogramme nicht obligat von westlichen Ländern erstellt und durchgeführt. Natürlich variieren auch die Voraussetzungen von Land zu Land und verhindern die Durchsetzung dieser Programme. Für die Erstellung und Inkraftsetzung eines Hochleistungssportprogrammes sollte ein gemeinsamer Denkprozeß oder ein Paradigma verfolgt werden. In diesem Beitrag wird ein Entscheidungs-Paradigma mit Beispielen und Vorschlägen zur Erstellung eines nationalen Hochleistungssportprogrammes vorgestellt.

Interesseneinheit

Die notwendige Grundlage für den Aufbau und die Entwicklung eines Planes ist das Anvisieren eines gemeinsamen Zieles. Je nach dem im Lande herrschenden System stehen folgende Teilnehmer zur Wahl: Athleten, Trainer, Manager, Klubs; örtliche, regionale und nationale Regierungsorganisationen, Sportverbände, der Nationale Sportverband, das Nationale Olympische Komitee und sogar politische Parteien.

J.M. Steinacker (Hrsg.)
Rudern
© Springer-Verlag Berlin Heidelberg 1988

Bei der Zusammenkunft diverser Interessengruppen werden unterschiedliche Interessen repräsentiert, und eine Einigung über ein gemeinsames Ziel für ein Hochleistungssportprogramm ist oft schwierig. Bedeutend einfacher ist dies in sozialistischen Ländern, in denen Erfolge im Hochleistungssport eine internationale Demonstration des politischen Systems darstellen und direkt von der nationalen Regierung überwacht und unterstützt werden. Die örtlichen, regionalen und anderen Sportorganisationen müssen das Ziel eines internationalen Leistungsgrades unterstützen.

Einzelne Gruppen können verschiedene Beiträge zum Zielsetzungsprozeß präsentieren. Diese können von historischen Präzedenzfällen, Unterhaltungsaktivitäten, Gesundheitsbewußtsein bis hin zur unvermeidlichen finanziellen Einschränkung reichen. Ein gutes Beispiel eines historischen Präzendenzfalles, der das Ziel eines internationalen Hochleistungssports verhindert, ist das Universitäts- und Hochschulruderprogramm in den USA und in Großbritannien. Die Universitäten und Hochschulen investieren große Summen von Geld in die Erfüllung ihrer Ruderprogramme bei regionalen und nationalen Sportveranstaltungen. Oft überschreiten die verwendeten Geldbeträge und das durch Universitätsruderprogramme hervorgerufene Zuschauerbewußtsein bei weitem das Budget und die Leistungen des internationalen Ruderprogrammes. Dieses hat zur Folge, daß eine Menge Talent und Energie dem internationalen Wettbewerb vorenthalten wird.

Manchmal wird die mangelnde Bevölkerungsdichte eines Landes als Grund angegeben, einer Vereinheitlichung des Zieles im Hochleistungssport zu widerstehen. Ein Beispiel dafür ist Norwegen, ein Land mit geringer Einwohnerzahl, das eine weitläufige Athletenbasis geschaffen hat, aber nicht in der Lage ist, Hochleistungssportniveau zu erreichen. Von 4 Mio. Einwohnern sind 1,7 Mio., d. h. 40%, Mitglieder von Sportverbänden. Dies bedeutet eine hohe Erfolgsquote für das Regierungsprogramm „Sport für alle", aber das Problem besteht darin, daß Hochleistungssport über den Bemühungen, Sport der Masse zugänglich zu machen, vernachlässigt worden ist.

Nach der Bildung von Interessengemeinschaften und einer getroffenen Entscheidung über das gemeinsame Ziel für Hochleistungssport, mit festgesetzten Zwischenzielen, die dem nationalen Milieu und den Interessengruppen angepaßt sind, kann das hier beschriebene Paradigma für den Entwicklungsprozeß angewandt werden, um ein „Nationales Modell" zu schaffen, das auf die Bedürfnisse und Ziele des entsprechenden Landes abgestimmt ist.

Entwicklungsprozeß

Der Entwicklungsprozeß für ein „Nationales Modell" kann vereinfacht wie folgt beschrieben werden:

Analyse + Planung + Handlungsentscheidung + Ausführung = Resultate

Dieser Verlauf in der Entwicklung des Modells schließt folgendes ein:
1. die Identifizierung und Analyse der notwendigen Faktoren für Höchstleistungen,
2. ein aktives Diskussions- und Planungsstadium,
3. die Entscheidung, den Plan durchzuführen,
4. die Ausführung des Plans.

Die Analyse, der Überblick und die Revision des Modells muß Vergangenheits-, Gegenwarts- und Zukunftspolitik der Teilnehmer, sowie auch spätere Forschungs- und Entwicklungsmöglichkeiten in Betracht ziehen.

Es muß hervorgehoben werden, daß die Teilnehmer eine verbindliche Entscheidung treffen müssen, sich mit dem Plan und der Entwicklung eines Modells zu befassen, und aktive Teilnehmer in der Durchführung des Programms zu sein.

Eine positive Einstellung ist unbedingt notwendig, um den Aufbau und den Zukunftserfolg des Programms zu sichern.

Um Unterstützung zu gewährleisten, ist eine Untersuchung der einzelnen Bestandteile dieses Vorganges notwendig.

Analyse

Mögliche zu analysierende Faktoren in der Entwicklung eines Hochleistungsprogramms sind in Tabelle 1 zusammengestellt.

Die wichtigsten Elemente sind hierbei aufgeführt, aber es besteht durchaus die Möglichkeit, diese Aufstellung noch zu erweitern.

Bei der Erstellung einer Faktorenliste mit Prioritätsordnung sollten die Identifizierung eines Athleten und die notwendigen Faktoren zur Entwicklungssteigerung des Athleten an erster Stelle liegen. Dies wiederum verlangt als Voraussetzung, daß das gemeinsame Ziel der Teilnehmer „Höchstleistung" ist. Verschiedene Faktoren in Bezug auf die individuellen Ansprüche für die Programmauswertung werden in Betracht gezogen. Daher spielen die wirtschaftliche, erzieherische, industrielle, politische und sogar militärische Struktur der Gesellschaft und die daraus resultierenden Einstellungen eine große Rolle bei der Entwicklung des Programms.

Tabelle 1. Wichtige Faktoren bei der Entwicklung eines Hochleistungsprogramms

1. Athleten mit Talent und Ehrgeiz
2. Allgemeine Akzeptierung des Hochleistungssports
3. Zielsetzung
4. Trainings- und Wettkampfsportanlagen
5. Material
6. Medienkontakt
7. Ausbildung und Arbeitsbedingungen
8. Finanzielle Unterstützung
9. Trainingsmilieu für Klub- und Nationalmannschaftstraining
10. Wissenschaftliche Forschung und Testverfahren
11. Unterstützungssystem I – Trainer, Führungskräfte und Bootsmänner
12. Unterstützungssystem II – Ärztestab, Physio- und Psychotherapeuten

Organisation

Die Sportorganisation zur Entwicklung der Athleten ist den üblichen Organisationssystemen ähnlich. Das System umschließt eine Vorstands-, Verwaltungs- und technische Struktur, spezifische Verantwortungsbereiche für die Programme und Unterstützungsdienste, sowie eine Berichts- und Kommunikationsstruktur, um die Bestandteile des Systems zu lenken und zu überwachen.

Die Systeme für Sport und Unternehmen weisen Ähnlichkeiten auf, aber Sportorganisationen müssen besonders auf die speziellen Verhältnisse in den einzelnen Ländern Rücksicht nehmen. Dies wird noch mehr hervorgehoben durch die Tatsache, daß sich die meisten Sportvereinigungen in der Mehrheit aus Freiwilligen zusammensetzen, die im Idealfall von einer kleinen Gruppe professioneller Funktionäre unterstützt werden. Ein philosophisches Verständnis der Bedürfnisse, der Kontributionen und der Ansichten dieser, sich manchmal in Konflikt befindenden Gruppen, ist daher von Nöten. Es muß z. B. erkannt werden, daß eine Person, die freiwillig im Sportbereich tätig ist, Sport normalerweise als eine Art Hobby für Abende oder Wochenenden ansieht, während Professionelle den Versuch machen, eine gewisse Normalität in ihrem Arbeitsplan beizubehalten. Beide Gruppen müssen Verständnis und Anpassungsfähigkeit zeigen, um eine wirksame Verwaltung oder Organisation zu schaffen. Ein erfolgreiches Programm hängt von vielen Stunden harter Arbeit beider Gruppen ab.

Ein nationales Modell (Abb. 1)

Das nationale Organisationsmodell des italienischen Ruderverbandes wird als Beispiel eines Modelles vorgestellt, das aufgrund der besonderen, in Italien bestehenden Verhältnisse entwickelt worden ist. Dieses Modell folgt der exekutiven Struktur des Verbandes und des Olympischen Komitees (CONI), die die finanziellen Mittel zur Verfügung stellen. Die beiden Hauptsektoren, der Verwaltungssektor und der technische Sektor, dienen den Bedürfnissen der Verbandsmitglieder, nämlich den einzelnen Klubs.

Diese Sektoren werden von Professionellen geleitet, die, mit Bezug auf die Bedürfnisse der Klubs und selbstverständlich auch der Athleten und der Trainer, die nationalen Programme (Training, Testverfahren, Auswahl und Trainerausbildung) entwerfen, überwachen und durchführen.

Das italienische Modell zeigt eine hochgradig zentralisierte Struktur, die jegliche Art von Aktivität leitet, vom Rudern für Kinder bis zur internationalen Teilnahme der Senioren. Die Lehrprogramme werden von den gleichen Personen vorbereitet und durchgeführt, um eine konsequente und uniforme Philosophie in allen Aspekten der technischen Aktivität beizubehalten.

Es ist zu bemerken, daß alle Personen, Professionelle und Freiwillige, ein gemeinsames Ziel im Programm haben. Dieses Ziel ist die Erreichung von hervorragenden sportlichen Leistungen der Athleten, zu Beginn auf lokaler und regionaler Ebene und später auf nationaler und internationaler Ebene.

Die beschriebene Organisationsstruktur ist nicht unbedingt eine der besten, aber sie ist den in Italien bestehenden Verhältnissen angepaßt. Aber, kein Plan und keine Organisationsstruktur ist besser als die Personen, die in und mit dieser Struktur arbeiten müssen. Erfolge und Niederlagen hängen in hohem Maße von der Auswahl der Mitarbeiter ab, denen die Verantwortung für Entwurf und Durchführung des Programms übertragen wird.

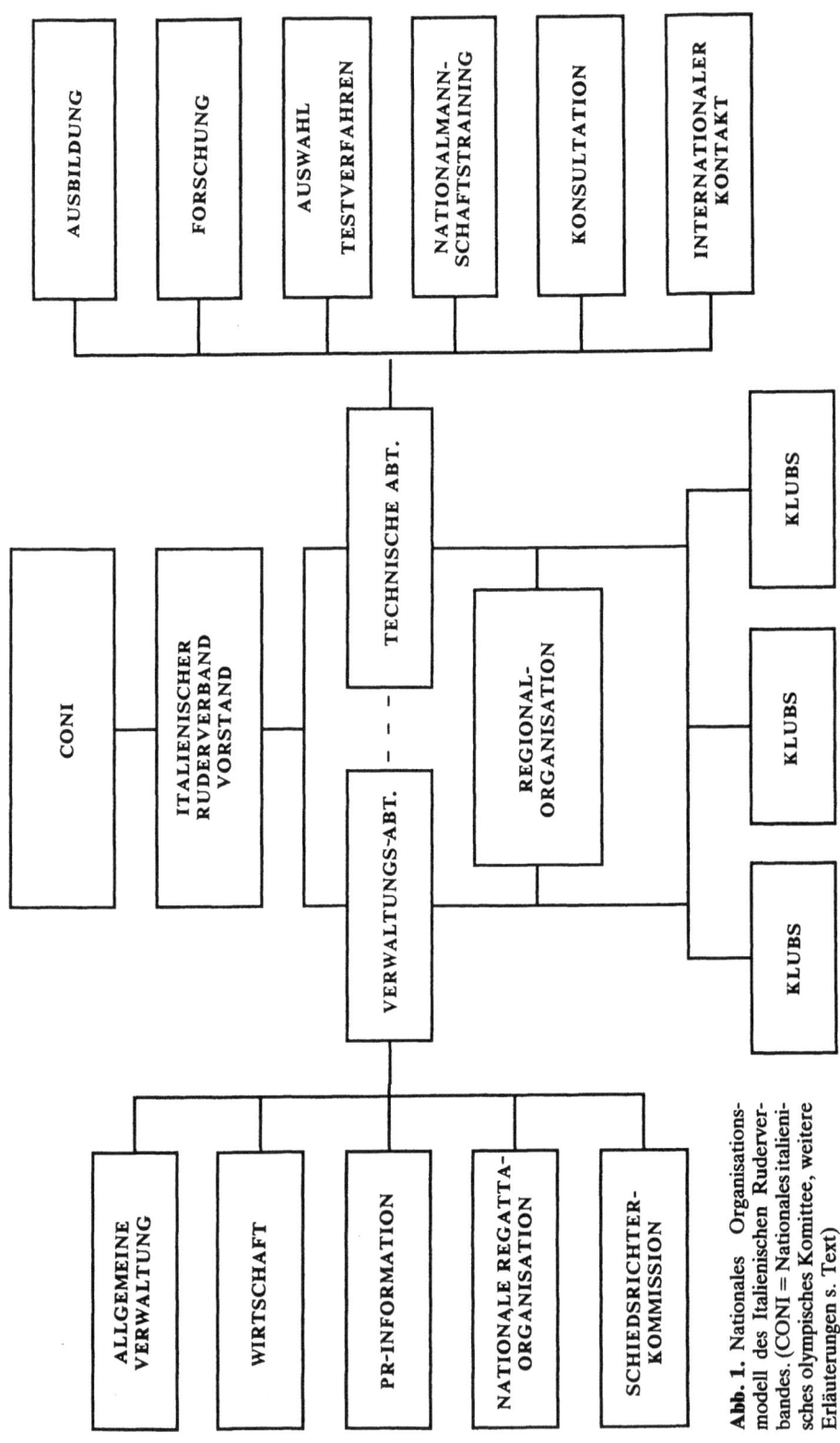

Abb. 1. Nationales Organisations-modell des Italienischen Ruderver-bandes. (CONI = Nationales italieni-sches olympisches Komittee, weitere Erläuterungen s. Text)

Personalauswahl

Die Entwicklung des Plans und die Personalauswahl finden zu Beginn oft gleichzeitig statt. Dadurch reflektiert der Plan die Politik der Teilnehmer durch eine Demonstration der Fähigkeiten des verantwortlichen Personals für Entwurf und Durchführung des Plans.

Aufbau und Entwicklung eines erfolgreichen Plans beruhen normalerweise auf einer Organisation mit solider Struktur, die eine gewisse Elastizität besitzt, basierend auf Forschung und Ausbildung sowie dem richtigen Einsatz des vorhandenen und des neuen Personals.

Der richtige Einsatz des Personals in bestimmten Positionen sollte seine persönliche und die Organisationsentwicklung fördern. Dies ist oft eine schwierig zu überwindende Hürde, da es ein klares Bild der Erfordernisse einer Position und der Kapazitäten einer entsprechenden Person erfordert.

Die in der Tabelle 2 gezeigte Aufstellung von Fähigkeiten sollte beachtet und prioritätsmäßig für die Position geordnet werden.

Tabelle 2. Mögliche Auswahlkriterien für Positionen im Sport

1. Erfahrung in Verwaltung	13. Kontakte mit dem Schul-
2. Ausbildung	und/oder Militärsystem
3. Persönliche Erfahrungen im Sport	14. Einsatzbereitschaft
4. Trainererfahrungen	15. Anerkennung unter Athleten und Trainern
5. Kommunikationsfähigkeiten	16. Anerkennung unter Klubleitern
6. Ausbildung oder Erfahrung in Psychologie	17. Anerkennung durch das sportpolitische System
7. Alter	18. Internationale Anerkennung
8. Familiensituation	19. Lehrfähigkeiten
9. Gesundheitszustand	20. Motivierfähigkeit
10. Sprachfähigkeiten	21. Persönliche Motivierung
11. Internationale Kontakte	22. Kreativität
12. Kontakte mit Gewerbe und Industrie	23. Persönliches Verhalten

Zusammenfassung

Die Akzeptierung eines Ziels, der Entwurf und die Durchführung eines Plans, sowie der richtige Einsatz qualifizierten Personals wird die erwünschten Resultate erbringen. Dieser Prozeß ist oft lang und mühsam. Das Verfahren macht stetige Nachprüfungen, Analysen und Revisionen notwendig, um alle Hürden zu überwinden und erreichbare Ziele zu erlangen. Diese Ziele erhöhen sich mit wachsender Erfahrung des Personals, bis die Struktur reift, um das höchste Ziel zu erreichen – internationaler Spitzenerfolg.

Organisationsstrukturen und Verbandshandeln – Zur Frage struktureller und funktionaler Besonderheiten in freiwilligen Organisationen am Beispiel des Deutschen Ruderverbandes

J. Winkler

Einleitung: Tragen Strukturen Schuld?

Über Strukturen in Zeiten zu schreiben, in denen das individuelle Handeln im Vordergrund der Aufmerksamkeit steht; in denen der Zeitgeist uns in der Vorstellung wiegt, der rationale Egoist bestimme seine eigene Welt des Erfolges, scheint auf den ersten Blick unerhört. Aber gerade in diesen Zeiten scheint, wenn trotz individueller Höchstleistungen Erfolge ausbleiben, namentlich im Sport, nicht das Individuelle Schuld zu tragen, sondern *die* Strukturen. Diese eigenartige Ambivalenz, dieses eigenartige Schwanken zwischen Individuum und Struktur, zwischen Teil und Ganzem, prägt häufig die Argumentationen bei der Zuschreibung von Folgen menschlichen Handelns. Dies gilt gerade bei der Analyse ungewollter, nichtintendierter Folgen, oder – wie es die Franzosen plastischer ausdrücken – bei der Analyse der «effets pervers». Die Individualisierung des Erfolges und die Vergesellschaftung des Verlustes zeigen sich häufig in den Argumentationsfiguren, die in den unterschiedlichsten gesellschaftlichen Bereichen zur Legitimation der Folgen verwendet werden: etwa in der Wirtschaft, in der Politik oder im Sport. Erfolge haben kompetente Unternehmer, charismatische Politiker, und Ausnahmeathleten. Bei Mißerfolgen haben Strukturprobleme, eine widrige Wählerstruktur, und Verbandsstrukturen, inkorporiert durch nichtsnutzige Funktionäre, schuld. Dabei wird eines vergessen: Strukturen hindern nicht nur, sondern ermöglichen auch. Handeln ist eingebettet und gebunden an Strukturen, die Handlungsspielräume ermöglichen, erweitern, aber auch begrenzen können.

Eine Strukturkrise des Sports?

Gerade in den letzten Monaten wird im deutschen Sport von einer *Strukturkrise* geredet. Dramatische Einbrüche in der Leichtathletik etwa, vorhersehbare weitere Katastrophen in Seoul 1988, die verzweifelten Versuche, an goldene Zeiten anzuknüpfen, so etwa im Rudern, erzeugen einen stetig wachsenden Druck auf die Entscheidungsträger, über Strukturen nachzudenken oder Strukturänderungen in Angriff zu nehmen. Aber vor der Frage, wie Strukturen neu zu modellieren sind, stehen die Fragen: Wie sehen die derzeitigen Strukturen denn z.Z. tatsächlich aus, wo zeigen sich u.U. dabei Defizite? Eine Antwort sei bereits vorweggenommen – beim deutschen Sport handelt es sich nicht um ein *erstarrtes* System, das über Bord zu werfen sei, sondern um ein in Bewegung befindliches System, das bereits Anpassun-

J. M. Steinacker (Hrsg.)
Rudern
© Springer-Verlag Berlin Heidelberg 1988

gen an unterschiedliche Gegebenheiten vollzogen, aber noch nicht das notwendige Gleichgewicht gefunden hat.

Ein grundsätzliches Strukturproblem

Die Situation in den deutschen Sportverbänden ist durch ein Aufeinandertreffen zweier unterschiedlicher Strukturprinzipien in einer Organisation gekennzeichnet. Auf der einen Seite findet sich eine *tradierte* Form der Organisationsstruktur, die sich bisher legitimiert hat durch Bewährung, und auf der anderen Seite gewinnt zunehmend eine *neue* Form der Organisationsstruktur an Boden, die in anderen gesellschaftlichen Bereichen, in denen Handeln der Erwerbstätigkeit dient, üblich ist. Die erstere basiert auf einem demokratisch-kollegialen Strukturmodell, das für alle Vereine und Verbände gilt. Das letztere hingegen gründet auf einem hierarchisch-monokratischen Strukturmodell, das in Unternehmen und Behörden zu finden ist [3]. Die Situation in den deutschen Sportverbänden ist gekennzeichnet durch das gleichzeitige Vorhandensein dieser beiden Strukturprinzipien in einem Organisationstyp: auf der einen Seite der Primat der Ehrenamtlichkeit und auf der anderen Seite die Notwendigkeit der Hauptamtlichkeit. Hier finden wir einen strukturell angelegten Konflikt. Dieser hat unterschiedliche Gründe und Ursachen und zeitigt unterschiedliche Folgen. Verschärft wird dieser Konflikt entweder durch das Beharren auf dem bisher Bewährten und/oder durch das Plakatieren des Neuen.

Ursprünge und Folgen der strukturell angelegten Konflikte

Die Ursprünge des skizzierten Phänomens liegen in zwei grundsätzlichen Entwicklungen des Sports in den letzten 20–25 Jahren: zum einen in der in den 60er Jahren beginnenden und in der Folgezeit forcierten staatlichen Förderung des Sports, vor allem des Leistungssports, und zum zweiten in der – etwas verzögert einsetzenden – privatwirtschaftlichen Instrumentalisierung des Sports als Werbemedium. Beides bewirkte – neben der Tatsache, daß Geld in Umlauf kam – eine Funktionsänderung des Sports allgemein: er war nicht mehr Gegenstand privater Interessen der Sportler, Trainer und Funktionäre, sondern wuchs in öffentliche Dimensionen. Durch die staatliche Förderung wurden ihm Funktionen gesellschaftlicher Repräsentation auf internationaler Ebene, durch die privatwirtschaftliche Werbung ökonomische Funktionen zugeschrieben. Das Handeln der Sportverbände war nicht mehr nur durch eigene Interessen bestimmt, sondern mußte sich zunehmend Ansprüchen von außen öffnen, nicht nur des Geldes wegen. Die Einbeziehung der relevanten Umwelt – als Ansprechpartner – führte zu einer Politisierung der Verbandsfunktion [4] und zu einer komplexer werdenden Umwelt. Was nichts anderes bedeutet als: die Bezugsgruppen und -partner werden zahlreicher, deren Ansprüche einflußreicher, die Entscheidungssituationen komplizierter. Um diese Situation zu bewältigen, war – und dies ist eine organisationssoziologische Erkenntnis, die bisher immer wieder belegt wurde – eine Strukturänderung, eine Anpassung der Binnenstrukturen notwendig, um die Handlungsspielräume zu erweitern, um überhaupt adäquat auf die Anforderungen eingestellt zu sein. Die sich differenzierende Umwelt erfordert eine Differenzierung der Innenwelt [2]. Ausdruck fand dies in einer Umgestaltung und Erweiterung der Verbandsgremien und in der Entscheidung, vermehrte und gewandelte Aufgaben durch mehr Hauptamtlichkeit zu bewältigen und in dem Eingeständnis, Sport auch als – verkaufbares – Gut zu betrachten. Diese Entscheidungen sind, wie bereits angemerkt, vor 20 Jahren gefallen. Heute geht es darum, die Folgen dieser Entscheidungen zu bewältigen, denn es ist auch zu nichtintendierten Folgen gekommen, zu perversen Effekten. Auf der funktionalen Ebene kam es zu Instrumentalisierungen: der Sport als Vehikel der Gesellschafts- und auch der Außenpolitik (Politisierung) bzw. der Sport als Vehikel wirtschaftlicher Werbe- und Vermarktungsstrategien (Kommerzialisierung). Auf diese funktionalen Aspekte soll nicht weiter eingegangen werden, aber, was für die Lösung der anstehenden Probleme wichtig ist zu vermerken, auf interne Folgen dieser Prozesse. Im Laufe der Einstellung auf neue Erfordernisse kam es zu Tendenzen der Bürokratisierung und der Professionalisierung. Formale Regelungen der Mittelbewirtschaftung, wie sie in staatlichen Anstalten üblich und wohl auch erforderlich sind, wurden durch staatliche Förderung in die Sportverbände induziert, bürokratische Regelung und Verhaltensmuster erzeugt. Die Notwendigkeit kontinuierlicher und fachgerechter Bewältigung der Aufgaben bewirkte zudem Prozesse der Verberuflichung und Professionalisierung vor allem im Leistungssport. Dadurch wurden vor allem vier Problembereiche installiert, d. h. wurden strukturell angelegt, die nach ihren dichotomen Polen folgendermaßen gekennzeichnet werden können: Ehrenamtlichkeit – Hauptamtlichkeit, Verbandsautonomie – Quasi-Behörde (Inkorporierung in den Staat), Amateurismus – Professionalismus, Breitensport – Leistungssport.

Dem ersten Problembereich widmen wir uns im folgenden.

Ein zentrales Strukturproblem: Ehren- und Hauptamtlichkeit

Von Bedeutung für die Einschätzung der Problematik von Ehren- und Hauptamtlichkeit ist die Ausgestaltung erstens des ehrenamtlichen, zweitens des hauptamtlichen Bereiches und drittens die Anbindung beider Bereiche. Dabei werden erst durch einen Vergleich zwischen verschiedenen Sportverbänden die wichtigen Punkte deutlich, besonders im Hinblick auf den Deutschen Ruderverband, der uns in diesem Rahmen hier interessiert. Die ehrenamtlichen Bereiche der deutschen Sportverbände haben eine unterschiedliche Gestalt: sie unterscheiden sich in der Art und Zahl der Gremien und in der Zahl der ehrenamtlichen Positionen. (Zur Struktur des DRV s. Abb. 1). Diese bewegt sich zwischen 44 beim Deutschen Skiverband und 186 beim Deutschen Schwimmverband. Der Deutsche Ruderverband bewegt sich mit 138 mit an der Spitze. Diese hohe Zahl ist bedingt durch die hohe Zahl an Gremien und durch einen hohen Anteil an Berufungen. Für eine effektive Entscheidungssituation scheint diese Zahl zu hoch, da Entscheidungsverläufe auf Grund allein der Quantität länger dauern. Der hauptamtliche Bereich ist mit einer Positionenzahl in der Geschäftsstelle von 8,5 im Vergleich zu anderen Sportverbänden sichtbar geringer (DSB: 90; DLV: 17; DSkiV: 15; DSchwimmV: 6).

Das Verhältnis der Positionen im ehren- und hauptamtlichen Bereich im DRV (138:8,5 bzw. 16:1) zeigt eine eher ungünstige Relation im Vergleich zu anderen vergleichbaren Sportverbänden (DSB 1:1; DLV 4:1; DSkiV 3:1; DSchwimmV

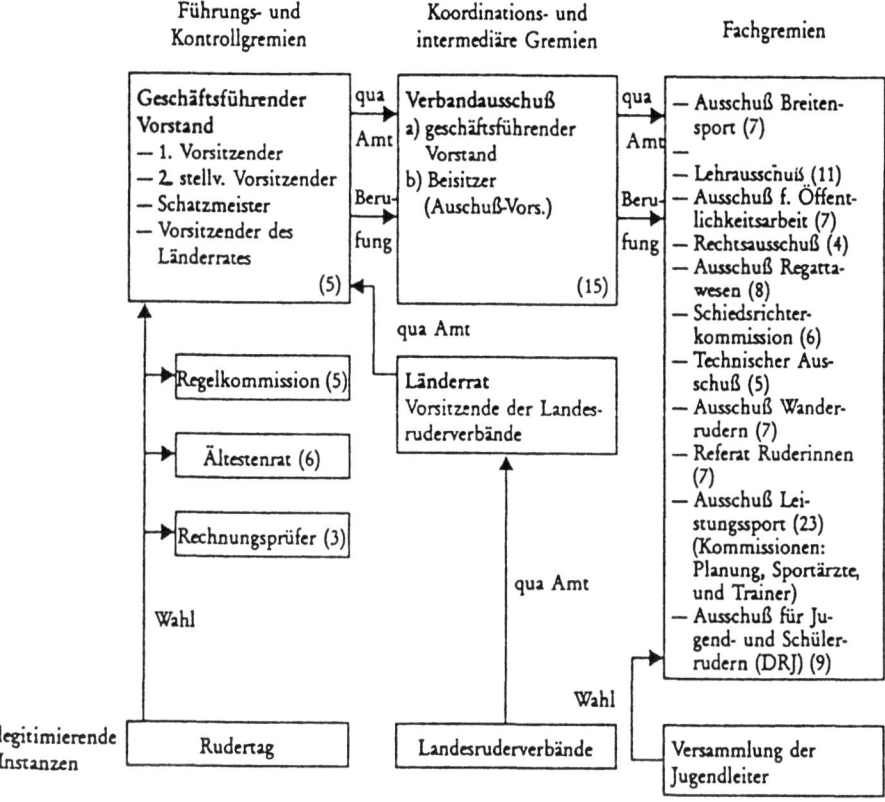

Abb. 1. Strukturskizze des ehrenamtlichen Bereichs des Deutschen Ruderverbandes (Quelle: [5], S. 113)

31:1). Dies deutet auf ein zu geringes Ausmaß hauptamtlicher, d. h. kontinuierlicher Tätigkeit im DRV (s. hierzu Tabelle 1).

Die Anbindung beider Bereiche folgt in den Sportverbänden entweder dem Muster einer zentralen oder dem einer dezentralen Anbindung. Beim DRV liegt zwar im Prinzip eine zentrale Anbindung vor (Entscheidungen des Geschäftsführenden Vorstandes gehen über den Hauptgeschäftsführer in der Geschäftsstelle ein). Diese wird aber durch die relative Autonomie der Deutschen Ruderjugend und des Bereiches Leistungssport gebrochen. Hier entsteht die Gefahr einer unkoordinierten Verselbständigung dieser Bereiche, die durch zusätzliche Integrationsleistungen, die wiederum Arbeitskraft und Zeit kosten, aufgefangen werden muß. Die Dominanz der ehrenamtlichen Struktur, der geringe Ausbau der Hauptamtlichkeit sind einer kontinuierlichen Abwicklung der Verbandsgeschäfte nicht dienlich. Diese Organisationsstruktur hindert ein effektives Verbandshandeln.

Tabelle 1. Zahl der ehrenamtlichen Positionen und hauptamtlichen Mitarbeiter in ausgewählten Sportverbänden

Verband	ehrenamtliche Position (c)	hauptamtliche Mitarbeiter (b)	(b):(c) (gerundet)
DSB	99	90	1: 1
LSB Bremen	84	10	1: 8
LSB Rheinland-Pfalz	115	18	1: 6
LSB Nordrhein-Westfalen	144	86	1: 2
DLV	64	17	1: 4
DRV	138	8,5	1:16
DSV	44	15	1: 3
DSchwimmV	186	6	1:31

(Quelle: [5], S. 137; für die Zahlen DRV [1])

Konsequenzen für das Verbandshandeln

Für den DRV ergeben sich m. E. folgende Konsequenzen, um eine verbesserte Verbandsleistung zu ermöglichen, um die Organisationsstruktur auf die notwendigen Bedingungen des Verbandshandeln einzustellen:

1. Eine weitere Reduzierung der ehrenamtlichen Positionen, um Entscheidungsverläufe zu verkürzen,
2. eine Ausweitung der Hauptamtlichkeit, um den Grad der kontinuierlichen Bewältigung der Aufgaben bzw. der Durchführung der Entscheidungen zu erhöhen und
3. eine Einbeziehung der Hauptamtlichen in Entscheidungsprozesse, um vorhandene und noch zu gewinnende Kompetenzen adäquat einzusetzen. Das letztere bedeutet allerdings auch neue Kontrollmechanismen für die hauptamtliche Tätigkeit, etwa durch die Wahl führender hauptamtlicher Leistungsträger.

Die vorgestellten analytischen Skizzen und deren Konsequenzen müssen in diesem Rahmen zwangsläufig rudimentär bleiben (siehe [5]), aber ein letzter Schluß sei erlaubt. Die gewandelten Aufgaben des Sports, die gewandelten Ansprüche an den Sport durch neue Ansprechpartner, erfordern eine Anpassung der Strukturen, um Handlungsspielräume adäquat zu erweitern. Strukturen sind weder schuld noch Garant für Erfolg. Schuldig werden höchstens die Akteure, die nicht bereit sind, die Strukturen auf neue Erfordernisse einzustellen.

Literatur

1. Deutscher Ruderverband (1985) Strukturplan des DRV. Verbandsdrucksache, Hannover
2. Luhmann N (1972) Funktionen und Folgen formaler Organisation, 2. Aufl. Duncker & Humblot, Berlin
3. Mayntz R (1968) Bürokratische Organisationen. Kiepenheuer & Witsch, Köln
4. Teubner G (1978) Organisationsdemokratie und Verbandsverfassung. Mohr, Tübingen
5. Winkler J, Karhausen R, Meier R (1985) Verbände im Sport. Hofmann, Schorndorf (Schriftenreihe des Bundesinstituts für Sportwissenschaft, Bd 43)

Leistungsphysiologie und Leistungsdiagnostik

Leistungsphysiologische Grundlagen des Ruderns

H. Howald

Aus der Sicht der Leistungsphysiologie und -biochemie ist das Rudern eine der faszinierendsten Sportarten. Wie in allen anderen Disziplinen war im Laufe der Zeit auch bei den Ruderern eine erstaunliche Leistungssteigerung zu verzeichnen. Seit 1893 werden von der FISA internationale Meisterschaften über die klassische 2000-m-Strecke organisiert. Damals konnte ein Rennen im Einer noch in einer Zeit von über 8 min und ein solches im Achter in 6½ min gewonnen werden. Heute sind die Sieger in allen Bootsklassen um mehr als 1 min schneller, d. h. die Zeiten verbesserten sich um durchschnittlich 0,01 min pro Jahr [11]. Neben Verbesserungen auf den Sektoren Material und Technik sind diese Leistungssteigerungen in erster Linie auf die gezieltere Auswahl der heutigen Ruderer und den massiv erhöhten Trainingsaufwand zurückzuführen.

Im Wettkampf über die Distanz von 2000 m muß der Ruderer in der Lage sein, am Innenhebel seines Riemens oder seiner beiden Skulls bei jedem der 200–250 Schläge eine Kraft von durchschnittlich 100 kp zu entwickeln. Dies ergibt eine Gesamtlast von 20–25 t, welche je nach Bootsklasse in einer Zeit von nur 5½–7 min bewegt werden muß! Solche Leistungen sind nur möglich, wenn neben den rudertechnischen Fähigkeiten auch die Konditionsfaktoren Kraft, Ausdauer (aerobe Kapazität) und Stehvermögen (anaerobe Kapazität) optimal ausgebildet sind.

Physiologische Voraussetzungen für Spitzenleistungen im Rudern

In Tabelle 1 sind getrennt nach Geschlecht und für die im Rudern gültigen Gewichtsklassen die physiologischen Sollwerte zusammengestellt, welche die Voraussetzung für ein erfolgreiches Abschneiden auf internationaler Ebene bilden. Es handelt sich dabei soweit bekannt um Mittelwerte aus verschiedenen Publikationen [3, 4, 10, 12], die teilweise in erstaunlichem Maße übereinstimmen.

Seit der weltweiten Einführung des Ruderergometers nach Gjessing hat sich als einfachste Vergleichsgröße die Leistung bei Maximalbelastung über 6 min erwiesen. Medaillenchancen bei FISA-Meisterschaften kann sich nach allen bisherigen Erfahrungen nur ausrechnen, wer als Ruderin oder Ruderer die in der Tabelle angegebenen Standards erreicht. Ein Ausnahmekönner wie Pertti Karpinnen leistet 500 W und erreicht eine maximale Sauerstoffaufnahme ($\dot{V}O_{2max}$) von 6,9 l/min (Nilsen, persönliche Mitteilung).

Angaben über die Verteilung der Muskelfasertypen sind leider für das Leichtgewichtsrudern nicht verfügbar. Es darf aber mit großer Wahrscheinlichkeit angenom-

J. M. Steinacker (Hrsg.)
Rudern
© Springer-Verlag Berlin Heidelberg 1988

Tabelle 1. Anthropometrische und leistungsphysiologische Kenngrößen international erfolgreicher Ruderinnen und Ruderer (offene und leichte Gewichtsklasse)

		Männer offen	Männer leicht	Frauen offen	Frauen leicht
Größe	(cm)	192	181	173	167
Gewicht	(kg)	90	70	70	57
Fettanteil	(%)	9	7	18	13
6-min-Leistung	(W)	390	370	300	250
Ventilation	(l/min)	200	170	170	130
$\dot{V}O_{2max}$	(l/min)	6,1	5,2	4,1	3,5
	(ml/min/kg)	68	75	59	60
Laktat$_{max}$	(mmol/l)	18	16	16	16
ST-Fasern	(%)	70	?	65	?
Peak torque	(Nm)	320	270	220	200
Power 1 min	(Nm)	6600	5800	4500	4000
	(Nm/kg)	75	80	65	70

men werden, daß auch die leichten Ruderer überwiegend langsame Fasern des Typs I (slow twitch, ST) aufzuweisen haben, wie dies für alle Sportarten mit Ausdauercharakter der Fall ist [7]. Typisch für die Muskulatur des Ruderers ist dabei, daß nicht nur die relativ wenigen schnellen Fasern des Typs II (fast twitch, FT) sondern auch die langsamen Fasern als Folge des gezielten Krafttrainings eine stark vergrößerte Querschnittsfläche zeigen. Die Faserhypertrophie kommt durch eine Volumenzunahme der Myofibrillen zustande [9] und ist unbedingte Voraussetzung für die mit isokinetischen Meßgeräten nachzuweisenden, sehr hohen maximalen Drehmomente ("peak torque") in der Streckmuskulatur des Oberschenkels (Tabelle 1). Im Vergleich mit anderen krafttrainierten Sportlern weisen sich Ruderer aber auch über eine überdurchschnittliche Kraftausdauer aus (Power 1 min), welche auf ein durch das intensive Dauerleistungstraining hervorgerufenes, günstiges Verhältnis zwischen Fibrillenvolumen und Mitochondrienvolumen zurückgeführt werden kann. Die Muskelfaser ist also durchaus in der Lage, auf die sehr unterschiedlichen Trainingsreize zu antworten und sich so den ruderspezifischen Anforderungen anzupassen.

In Analogie zu experimentellen Untersuchungen über die Auswirkungen eines intensiven Ausdauertrainings auf die menschliche Skelettmuskulatur [8] darf angenommen werden, daß das Mitochondrienvolumen nicht nur in den Typ-I-Fasern, sondern in verhältnismäßig sogar ausgeprägterem Maße auch in den Typ-II-Fasern, zunimmt. Damit werden alle Fasern in die Lage versetzt, einen größeren Anteil der benötigten Energie über den an die Mitochondrien gebundenen, oxydativen Stoffwechsel bereitzustellen. Indirekt kann dies anhand der bei gleicher Belastungsintensität geringeren Laktatproduktion und der damit verbundenen Verbesserung der sog. anaeroben Schwelle nachgewiesen werden [5].

Biochemische Vorgänge im Wettkampf

Jede Regatta über die Strecke von 2000 m kann gewissermaßen als biochemisches Experiment betrachtet werden, laufen doch während des Wettkampfs die in Abb. 1

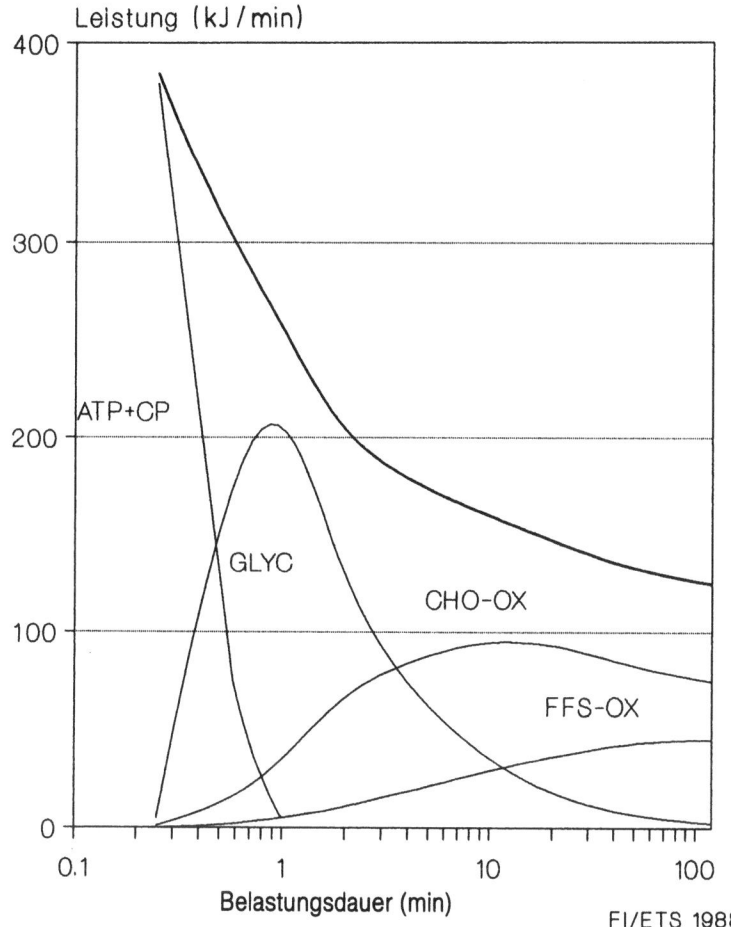

Abb. 1. Energieausbeute und zeitliche Verhältnisse im Stoffwechsel des menschlichen Skelett-muskels (Erklärungen im Text)

dargestellten, energieliefernden Prozesse des Muskelstoffwechsels geradezu lehr-buchmäßig ab. Aus taktischen Gründen ist der Ruderer in der Startphase gezwungen, aus dem Stillstand sofort eine sehr große Energiemenge freizusetzen, was dem Muskel durch Abbau seiner Vorräte an Kreatinphosphat (CP) auch gelingt. Nach etwa 20 Schlägen sind jedoch diese Vorräte erschöpft und können erst nach dem Rennen wieder aufgebaut werden. Inzwischen ist aber die Energieproduktion über die anaerobe Glykolyse (GLYC), also den Abbau von Glykogen und Glukose zu Pyruvat (Brenztraubensäure) voll angelaufen. Es kann zwar auf diesem Stoffwechsel-weg immer noch sehr viel Energie gewonnen werden, doch ist er leider mit der unangenehmen Tatsache verbunden, daß als Endprodukt Laktat (Milchsäure) ent-steht. Die Konzentration dieser Säure innerhalb der Muskelzelle darf die Grenze von 30 mmol/g nicht über- oder einen pH-Wert von 6,30 nicht unterschreiten, da sonst im Sinne eines Schutzmechanismus der weitere Glukoseabbau auf der Stufe des Enzyms Phosphofruktokinase (PFK) blockiert wird und so auch die Nachlieferung von Energie in Form von ATP zum Erliegen kommt. Das in den Muskelfasern gebildete Laktat erscheint rasch auch im Blut, und es werden hier schon nach 1–2 min Konzentrationen über 10 mmol/l erreicht. Der Ruderer muß sich in dieser Phase des Rennens an seine individuelle Toleranzschwelle für Laktat herantasten und befindet sich diesbezüglich auf einer Art Gratwanderung zwischen optimaler Energieausbeute und massivem Leistungseinbruch wegen zu hoher lokaler und allgemeiner Säurekonzentration.

Sofort beim Start beginnen auch die aeroben Stoffwechselprozesse, d. h. die Oxydation von Kohlenhydraten (CHO-OX) und freien Fettsäuren (FFS-OX), anzulaufen. Bei gut trainierten Ruderern wird spätestens nach 2 min bereits der maximale Sauerstoffumsatz erreicht, und es kann auf diesem Wege der sehr hohe Energieumsatz von 36 kcal/min gesichert werden [4]. Die Energieausbeute ist in dieser Situation in erster Linie eine Frage des zur Verfügung stehenden Mitochondrienvolumens in der beanspruchten Muskulatur. Es scheint einem Naturgesetz zu entsprechen, daß in den Muskelzellen 4–5 ml Sauerstoff pro ml Mitochondrienvolumen pro Minute verbraucht werden können [6]. Ein größerer Gesamtumsatz ist demnach nur über die bereits erwähnte Vergrößerung des Mitochondrienvolumens durch gezieltes Ausdauertraining zu erreichen. Die verbesserte oxydative Kapazität der Muskelfasern löst zur Sicherstellung der Sauerstoffversorgung in der Folge auch eine verbesserte Kapillarisierung und eine Zunahme des Herzminutenvolumens mit entsprechender Herzvergrößerung aus, doch ist der limitierende Faktor nach neueren Ansichten eindeutig im zellulären Bereich, d. h. im vorhandenen Mitochondrienvolumen, zu sehen. Ab der dritten Rennminute wird beim Rudern demnach die Leistung durch den maximal möglichen Umsatz insbesondere von Pyruvat in den Mitochondrien bestimmt. Wird aus der anaeroben Glykolyse mehr Pyruvat angeliefert, als die Mitochondrien verwerten können, kommt es zu einem weiteren Anstieg der bereits kritischen Laktatkonzentration mit den bereits geschilderten prekären Folgen. Das in jeder Regatta zu beobachtende Zurückfallen schwächerer Mannschaften etwa bei halber Renndistanz läßt sich so aus biochemischer Sicht leicht verstehen. Die zusätzlich aus den anaeroben Prozessen zu gewinnende Energie darf erst in der Endphase des Rennens wieder in Anspruch genommen werden, wenn die damit verbundene maximale Ansäuerung in Kauf genommen werden kann. Damit ist aber auch gesagt, daß der erfolgreiche Ruderer neben einer hohen aeroben Kapazität auch auf eine sehr gute Azidosetoleranz angewiesen ist, welche er sich vor allem im Hinblick auf die Wettkampfperiode mit Intervallbelastungen im maximalen Intensitätsbereich aneignet. Die höchsten, nach Halbfinal- und Finalläufen bei Ruderweltmeisterschaften gemessenen Blutlaktatkonzentrationen liegen bei Werten von 20–25 mmol/l (Hagerman, persönliche Mitteilung).

Möglichkeiten zur Dosierung der Trainingsintensität

Im Training geht es darum, die komplexen Eigenschaften Technik, Kraft, aerobe und anaerobe Kapazität optimal zu entwickeln und aufeinander abzustimmen. Da zur Erreichung dieses Ziels nicht unbeschränkt Zeit zur Verfügung steht, gilt es, die leistungsbestimmenden Faktoren nach Maßgabe ihrer Bedeutung im Wettkampf zu fördern. Nachdem heute die Trainingsdauer kaum mehr gesteigert werden kann, kommt einer optimalen Dosierung der Trainingsintensität eine immer größere Bedeutung zu.

Der Ruderer braucht nicht ein Maximum, sondern ein Optimum an Kraft, wobei die Trainer in der Regel für die einzelnen Muskelgruppen über entsprechende Erfahrungswerte verfügen. Sobald dieses Optimum mit Hilfe großer Lasten in kürzeren Serien zu 7–8 Wiederholungen erreicht ist, kann zur Steigerung der Kraftausdauer und der lokalen anaeroben Kapazität unter entsprechender Reduktion der Last auf längere Serien mit bis zu 70 Wiederholungen übergegangen werden.

80% der Wettkampfleistung werden durch die aerobe Kapazität des Ruderers bestimmt und ebenso groß ist der Anteil des Ausdauertrainings am gesamten Trainingsumfang. Die eingangs beschriebenen Anpassungsvorgänge in den Muskelfasern im Sinne einer Vergrößerung des Mitochondrienvolumens in allen Fasertypen lassen sich theoretisch am besten durch eine Ausdauerbelastung in demjenigen Intensitätsbereich auslösen, in welchem der oxydative Stoffwechsel in den Mitochondrien seinen maximalen Umsatz erreicht. Da dieser Umsatz in der Trainingspraxis nicht selbst gemessen werden kann, ist man auf indirekte Methoden angewiesen, wie sie z. B. in der Bestimmung der sog. anaeroben Schwelle und in entsprechenden Kontrollen der Blutlaktatkonzentration während des Trainings zur Verfügung stehen. Eine ganze Reihe von Beiträgen dieses Bandes ist diesem Thema gewidmet, und es soll deshalb an dieser Stelle nicht weiter auf die Trainingssteuerung über das Blutlaktat eingegangen werden.

Die Hauptschwierigkeit aller Laktatmethoden liegt in der Tatsache begründet, daß wahrscheinlich jeder Sportler eine individuelle anaerobe Schwelle und damit einen individuell verschiedenen optimalen Intensitätsbereich für die Belastung im Training aufweist. Dies läßt sich unschwer an der Vielzahl der Schwellenkonzepte ablesen, welche in den letzten Jahren in der Sportmedizin weltweit entwickelt worden sind. Ferner gilt es zu bedenken, daß nicht jedem Ruderer und jedem Trainer regelmäßig ein Laboratorium für Laktatbestimmungen zur Verfügung steht. Aus diesen Gründen sind neuere Methoden, wie z. B. der in Italien entwickelte und bereits in vielen Sportarten mit Erfolg angewendete Conconi-Test, sehr zu begrüßen [1]. Es wurden zwar Möglichkeiten zur Anwendung dieses Tests auf dem Wasser publiziert [2], doch sind die dazu notwendigen äußeren Bedingungen nach eigenen Erfahrungen in den wenigsten Fällen realisierbar und wegen wechselnder klimatischer Verhältnisse auch nicht ausreichend standardisierbar. Wir haben deshalb eine Methode zur Durchführung des Conconi-Tests auf dem Ruderergometer entwickelt (Schnyder, unveröffentlichte Ergebnisse): der Ruderer beginnt mit einer Leistung von 200 W, welche in regelmäßigen Abständen um 10–15 W gesteigert wird. Einzige Meßgröße ist die Herzfrequenz, welche mit dem Sport-Tester PE3000 sehr zuverlässig erfaßt, gespeichert und später direkt mit Hilfe eines Computerprogramms ausgewertet werden kann (Abb. 2). Nach Conconi soll die Leistungszunahme dadurch erfolgen, daß eine gleiche Arbeit in immer kürzerer Zeit erbracht wird. Am Ruderergometer läßt sich dies am einfachsten realisieren, wenn dem Ruderer ein akustisches Signal vorgegeben wird, bei dessen Ertönen er z. B. 100 Umdrehungen des Schwungrades erreicht haben soll. Nach jeweils 500 Umdrehungen werden die Zeitintervalle zwischen den Signalen entsprechend dem gewünschten Leistungszuwachs kürzer. Ein derartiges Pacingprogramm kann leicht mit Hilfe eines Computers generiert und auf Tonband aufgenommen werden.

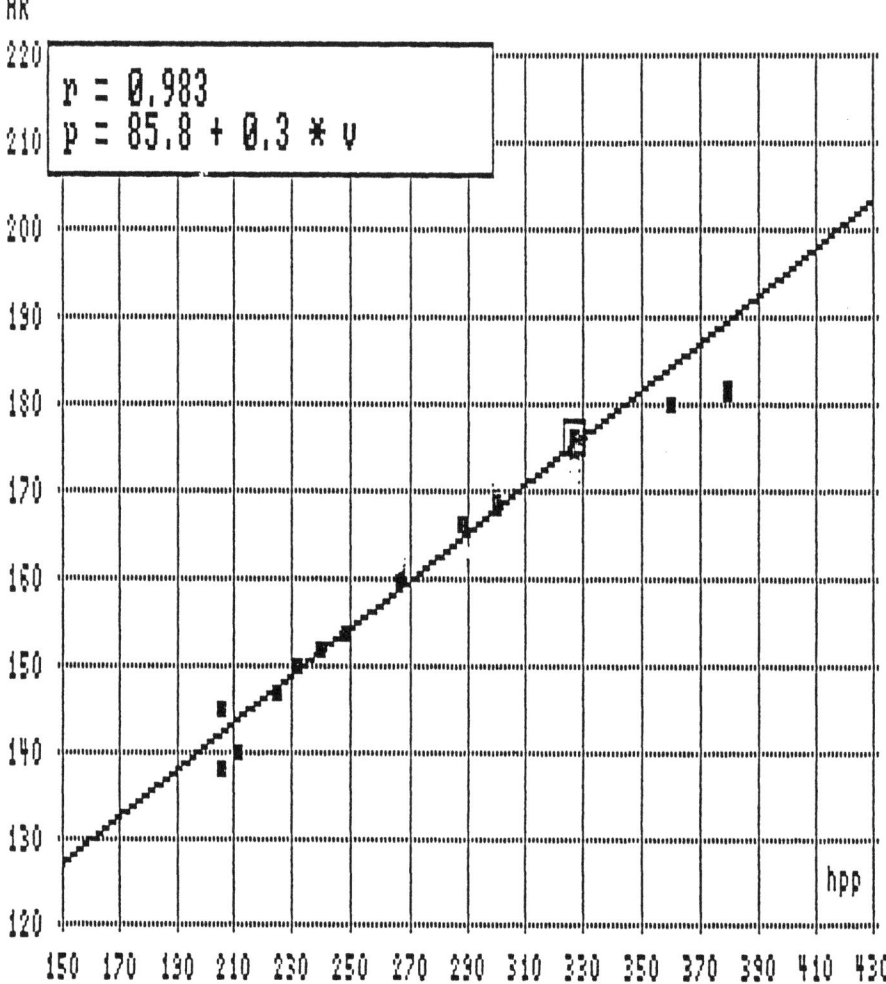

Abb. 2. Conconi-Test auf dem Ruderergometer (Erklärungen im Text)

Nach Conconi ist die anaerobe Schwelle erreicht, wenn die sehr enge lineare Beziehung zwischen momentaner Leistung und Herzfrequenz verloren geht. Bei dem in Abb. 2 gezeigten Ruderer ist dies bei einer Leistung von nicht ganz 330 W der Fall. Die bei dieser Belastungsintensität resultierende Herzfrequenz von 176 Schlägen/min dient bei der Ausarbeitung von Trainingsempfehlungen als Referenz. Nach bisherigen Erfahrungen kann problemlos während 30 min mit 95% oder 60 min mit 90% dieser Schwellenfrequenz belastet werden. Individuell bewegen sich die Blutlaktatkonzentrationen bei einem solchen herzfrequenzgesteuerten Training auf Werten zwischen 2 mmol/l und solchen von 8 mmol/l. Entscheidend ist dabei, daß die Laktatkonzentration während der Belastung ein Plateau erreicht, was bedeutet, daß zwischen Laktatproduktion und -elimination ein Gleichgewichtszustand herrscht (Abb. 3). Es darf angenommen werden, daß in dieser Situation in den Mitochondrien die

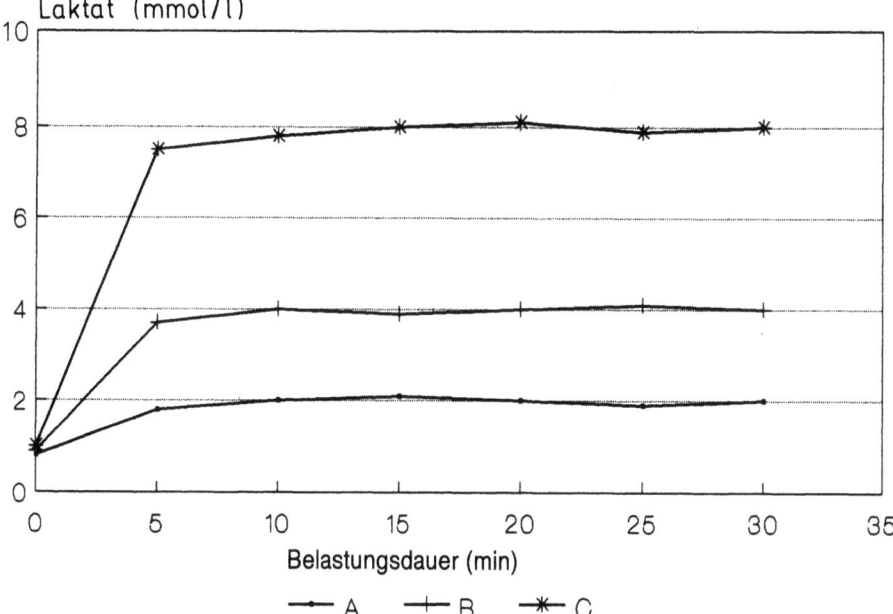

Abb. 3. Individuelle Blutlaktatkonzentrationen bei einem herzfrequenzgesteuerten Training von 30 min Dauer. Alle 3 Ruderer befinden sich in einem Gleichgewichtszustand bezüglich Laktatproduktion und -elimination

maximal mögliche oxydative Umsatzrate erreicht ist und somit im optimalen aeroben Intensitätsbereich trainiert wird. Für die tägliche Trainingspraxis genügt die Kontrolle über die Herzfrequenz, womit der Ruderer vom Labor und von den äußeren Bedingungen unabhängig wird.

Literatur

1. Conconi F, Ferrari M, Ziglio PG, Droghetti P, Codeca L (1982) Determination of the anaerobic threshold by a noninvasive field test in runners. J Appl Physiol 52:869–873
2. Droghetti P, Borsetto C, Casoni I et al. (1985) Noninvasive determination of the anaerobic threshold in canoeing, cross-country skiing, cycling, roller and ice-skating, rowing, and walking. Eur J Appl Physiol 53:299–303
3. Hagerman FC (1984) Applied physiology of rowing. Sports Med 1:303–326
4. Hagerman FC, Falkel JE (1987) Testing the energy systems. Am Rowing 5/6:46–49
5. Hoppeler H, Howald H, Conley K, Lindstedt ST, Claassen H, Vock P, Weibel ER (1985) Endurance training in humans: Aerobic capacity and structure of skeletal muscle. J Appl Physiol 59:320–327
6. Hoppeler H, Lindstedt ST (1985) Malleability of skeletal muscle tissue in overcoming limitations: Structural elements. J Exp Biol 115:355–364
7. Howald H (1982) Training-induced morphological and functional changes in skeletal muscle. Int J Sports Med 3:1–12

8. Howald H, Hoppeler H, Claassen H, Mathieu O, Straub R (1985) Influences of endurance training on the ultrastructural composition of the different muscle fiber types in humans. Pflügers Arch 403:369–376

9. Lüthi JM, Howald H, Claassen H, Rösler K, Vock P, Hoppeler H (1986) Structural changes in skeletal muscle tissue with heavy-resistance exercise. Int J Sports Med 7:123–127

10. Rodriguez FA (1986) Valutazione cineantropometrica di canottieri pesi leggeri di livello internazionale. Tesi Spec Med Sport, Universita degli Studi di Roma

11. Secher NH (1973) Development of results in international rowing championships 1893–1971. Med Sci Sports 5:195–199

12. Secher NH (1983) The physiology of rowing. J Sports Sci 1:23–53

Methoden für die Leistungsdiagnostik und Trainingssteuerung im Rudern und ihre Anwendung

J. M. Steinacker

Einleitung

Zur Beurteilung der Leistungsfähigkeit von Sportlern versucht jeder Trainer nicht nur die Wettkampfergebnisse, sondern auch andere Meßmethoden einzusetzen, wie Ruderzeiten über Meßstrecken, Lauftests oder Tests an der Hantel. Zur differenzierten Analyse der körperlichen Leistungsfähigkeit hat die Sportmedizin verschiedene Methoden entwickelt, mit denen im Labor- und im Feldtest ein Leistungsbild des Sportlers erstellt und mit anderen Athleten verglichen werden kann [4, 8, 14, 25]. Aus langjährigen Erfahrungen haben sich empirisch und wissenschaftlich begründete Zielvorstellungen über die Anforderungen an den Ruderer im Wettkampf gebildet [5, 14, 21]. Die Analyse der Trainingswirkungen im Vergleich mit dem angestrebten Leistungsprofil führt dann zu einer Verbesserung der Auswahl von Trainingsmethoden [6, 27, 32]. Dieser Regelungsprozeß wird als „Trainingssteuerung" bezeichnet.

Parameter für die Leistungsdiagnostik

Die Anforderungsstruktur beim Rudern ist komplex und kann grob mit der Fähigkeit beschrieben werden, eine möglichst hohe Leistung über die Strecke von 2000 m zu erbringen. Dabei ist eine hohe Sauerstoffaufnahme und damit hohe Leistung über die gesamte Dauer von 5,5–8 min nach maximaler anaerober alaktazider und laktazider Belastung am Start notwendig [10, 11, 14, 21, 24]. Die konditionellen Faktoren der sportmotorischen Leistungsfähigkeit werden durch verschiedene Testverfahren gemessen. Je umfassender ein Testverfahren die sportartspezifische Leistungsfähigkeit erfaßt, desto schlechter eignet es sich zur Differenzierung von einzelnen Fähigkeiten. Umgekehrt sind Verfahren zur Analyse von speziellen motorischen Fähigkeiten sehr genau, erfassen jedoch bei zunehmender Differenzierung immer kleinere Teile der Leistungsfähigkeit (Abb. 1). In Tabelle 1 sind die wichtigsten Meßparameter aufgezählt, mit denen die Anpassung des Herzkreislaufsystems und indirekt der metabolischen und strukturellen Kapazität der Muskulatur und des Körpers erfaßt werden können [3, 7, 12, 26, 30]. Diese werden auch zur Trainingssteuerung genutzt.

Die aerob-anaerobe Schwelle kennzeichnet den Bereich, in dem bei ansteigender Leistung die aerobe Energiebereitstellung zunehmend von anaeroben Stoffwechselprozessen ergänzt wird. Die hier verwendete fixe Schwelle von 4 mmol/l Vollblutlaktat (2,8 mmol/l Plasmalaktat) ist sehr einfach zu ermitteln, vereinfacht aber die

J. M. Steinacker (Hrsg.)
Rudern
© Springer-Verlag Berlin Heidelberg 1988

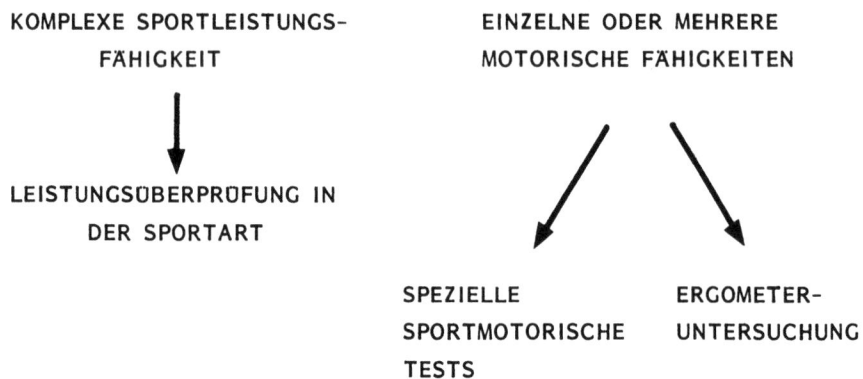

Abb. 1. Testverfahren für die sportmotorische Leistungsfähigkeit

Tabelle 1. Einige sportphysiologische Meßparameter zur Erfassung der sportlichen Leistungsfähigkeit

Komplexe Sportleistungsfähigkeit – spezielle Ausdauer:	
– Zeit über Wettkampfstrecke	(t)
– Leistung über Wettkampfzeit auf dem Ruderergometer	(P_{max})
Differenzierte Beurteilung der metabolischen Beanspruchung:	
– Laktat-Leistungskurve	(LLK)
Aerobe Leistungsfähigkeit:	
– Maximale Sauerstoffaufnahme	$(\dot{V}O_{2max})$
– spezifische aerobe Ausdauerleistungsfähigkeit = aerobe und aerob-anaerobe Schwelle	(AS; AAS)
Anaerobe Leistungsfähigkeit:	
– alaktazide Kapazität:	
Maximale Kraft	(F_{max})
Leistung über kurze Zeit (< 20 s)	(P_{max})
– laktazide Kapazität:	
Leistung über mittlere Zeit (40 s)	(P_{max})
Laktatbildungsgeschwindigkeit	(dLa/dt)
maximale Laktatkonzentration	(La_{max})
Intensitätskontrolle:	
– Herzfrequenz	(Hf)
– Laktat-Herzfrequenzkurve	

tatsächlichen physiologischen Vorgänge [2, 3, 7, 31], zu den physiologischen Grundlagen s. den Beitrag von Howald, S. 31 und [7, 14, 22]. Laktat wird meist als Vollblutlaktat bestimmt. Die Plasmakonzentration von Laktat liegt aber niedriger [3, 25, 29]. Bei der Beurteilung z.B. der Leistung oder der Sauerstoffaufnahme, sind auch die körpergewichtsbezogenen Relativwerte, vor allem bei Leichtgewichtsruderer wichtig.

Testverfahren zur Bestimmung der speziellen Ausdauerleistungsfähigkeit im Rudern

Die Testverfahren werden von den zur Verfügung stehenden Bedingungen und Geräten bestimmt. Dabei soll sich der Aufwand immer an der Leistungsklasse der zu untersuchenden Athleten orientieren. Nur die sportartspezifische Belastung kann für die Trainingssteuerung relevant sein [9, 15, 17, 22, 25, 30].

Als Ruderergometer wird das mechanisch gebremste Ergometer mit Schwungrad nach Gjessing eingesetzt. Dieses Ergometer erlaubt eine exakte Messung der Leistung und simuliert die Ruderbewegung ausreichend gut [20]. Windradergometer sind schwierig kalibrierbar, elektrodynamisch gebremste Ergometer mit zufriedenstellender elektronischer Regelung noch zu teuer, Ruderbecken zu aufwendig. Die Leistungsmessung im Ruderboot ist wegen ihrer Komplexität bis jetzt nur speziellen Fragestellungen in der Biomechanik vorbehalten [20, 24].

Der Zwei-Streckentest (2ST)

Der Zweistreckentest erfolgt als Maximaltest über 6 min mit einer Vorbelastung über 8 min. Dabei soll die Vorbelastung so eingestellt werden, daß sie im Bereich der AAS liegt, da die Laktat-Leistungskurve (LLK) oberhalb der AAS annähernd linear verläuft [15].

Der Vorteil der längeren Belastungsdauer ist, daß das Laktat nach der Vorbelastung sicher im Steady state gemessen wird und somit die AAS sehr genau bestimmt werden kann [15, 17, 31]. Die Maximalbelastung ist eine wettkampfähnliche komplexe anaerobe und aerobe Bealstung mit Laktatakkumulation, zunehmender Azidose, starker psychischer Beanspruchung und damit motivationsabhängig [25, 31].

Problematisch ist, daß die Vorbelastung nahe an der AAS liegen, diese aber erst im Test bestimmt werden soll und sich eventuell seit dem letzten Test stark geändert hat. Bei zu niedriger Vorbelastung wird die AAS auch zu niedrig bestimmt. Eine Berechnung der LLK ist aber nur bei vergleichbarer Ausbelastung zuverlässig. Da die maximale Belastung eines Athleten nicht häufiger als 3- bis 4-mal im Jahr sinnvoll ist, schränkt dies die regelmäßige Anwendung vom Maximaltests ein [17, 27, 31].

Der Mehrstufentest (MST)

Dieser Test ist von standardisierten Testverfahren auf dem Fahrradergometer [14] oder Laufband für das Ruderergometer von uns abgeleitet worden [25, 26]. Der Ruderer erhält Belastungsvorgaben und steigert als Leistungsruderer beginnend mit 200 W seine Leistung nach je 3 min um je 50 W bis zur Ausbelastung. Als Anhalt dient ein Leistungsmeßgerät oder die Umdrehungszahl des Schwungrades. In den Pausen zwischen den Belastungen wird Laktat abgenommen. Der Vorteil ist, daß für submaximale Belastungen mehrere Laktat-Leistungswerte für eine exakte Berechnung der LLK und der AAS vorliegen. Da bei der Stufendauer von 3 min Laktat etwas akkumulieren kann, ist die LLK gegenüber dem 2ST nach rechts verschoben und die AAS etwa um 20 W höher als beim 2ST [17, 31]. Für die Trainigssteuerung genügen auch submaximale Belastungen, die wegen der niedrigen psychischen Beanspruchung auch motivationsunabhängig häufiger durchgeführt werden können [3, 7, 22, 25].

Der Conconi-Test

Bei gleichförmig ansteigender Belastung nimmt die Herzfrequenz zuerst linear, dann aber langsamer zu. Die Arbeitsgruppe von Conconi hat gezeigt, daß der Punkt, an dem die Herzfrequenzkurve abflacht, eine Beziehung zur AAS zeigt [4]. Dadurch sind einfache Belastungstests möglich, die in der Praxis aber oft mit Einschränkungen verbunden sind. Wichtig ist eine Steigerung der Belastung in kleinen Stufen und kleinen Intervallen ohne Pause, wobei die Stufen gleichmäßig durchgehalten werden müssen. Im Ruderboot stören Umwelteinflüsse wie Wind oder Strömung. Auf dem Ergometer ist ein Conconi-Test in Ergänzung zur Laboruntersuchung möglich, kann sie aber nicht ersetzen.

Die Übertragbarkeit von Laborergebnissen – Feldtests

Jeder Ergometertest erfolgt unter der Voraussetzung, daß sich die Ergebnisse auch auf das Rudern im Ruderboot übertragen lassen [6]. Dadurch, daß auf dem Ruderergometer der Ruderer in einem ortsfesten System seinen Körper beschleunigen muß, ist die Beanspruchung für eine bestimmte Leistung und Schlagzahl auf dem Ergometer höher als im Boot. Die Differenz ließe sich verringern, wenn das Ergometer auf Rollen gelagert wäre [16, 28, 29].

Da eine Leistungsmessung im Ruderboot nicht dauernd zur Verfügung steht, erfolgt die Bestimmung der Laktat-Herzfrequenz-Beziehung. Im Ruderboot wird dann zur Trainingssteuerung die Herzfrequenz genutzt. Für die Trainingsteuerung im Ruderboot ist die im Mehrstufentest auf dem Ruderergometer bestimmte Herzfrequenz i. allg. voll ausreichend [29].

Wir haben einen stufenförmigen Feldtest im Kleinboot vorgeschlagen, bei dem auf einer 1000-m-Strecke nach jeder Bahn die Intensität durch Steigerung der Schlagzahl erhöht wird. Laktat wird nach jeder Wende abgenommen. Dabei zeigt sich, daß die aerob-anaerobe Schwelle im Feldtest etwas niedriger (Hf etwa 3–5/min) als im MST bestimmt wird [29]. Dies soll bei Trainingsempfehlungen beim MST berücksichtigt werden. Der Feldtest im Ruderboot ist sehr aufwendig und die Ergebnisse werden stark von Umweltbedingungen beeinflußt. Nur bei technisch gut rudernden Mannschaften sind brauchbare Ergebnisse zu erwarten. Bei Mannschaften internationaler Leistungsklasse sollte die Trainingsintensität mit Herzfrequenzprofilen und Laktatkontrollen überprüft werden. Damit können die Ruderer ihr Beanspruchungsgefühl verbessern und kontrollieren [13, 18, 29]. Jeder Ruderer im Leistungstraining, für den solche Tests nicht in Frage kommen, kann aber seine Intensität durch Herzfrequenzmessungen effektiv überprüfen, wobei das Selbstmessen auch trainiert werden muß, da es oft fehlerhaft vorgenommen wird. Besonders der individuelle Herzfrequenzabfall von 5–15 Schlägen/min in den ersten 15 s nach Beendigung einer Belastung sollte bekannt sein [22, 29]. Deswegen sollten zumindestens zeitweise Herzfrequenzmeßgeräte im Training eingesetzt werden, die auch im Rudern genaue Messungen erlauben. Die Kontrolle der effektiven Beanspruchung im Training ist eine wichtige Voraussetzung für jeden Trainingserfolg und für die Trainingssteuerung [3, 5, 22, 25].

Die Leistungsdiagnostik im Querschnittsvergleich und in der Selektion

Die Selektion von Mannschaften ist nicht die primäre Aufgabe des Leistungsphysiologen, der aber begründete und genaue Verfahren für einzelne sportmotorische Eigenschaften zur Verfügung stellt. die Komplexität der Bewegungsanforderung Rennrudern ist nur aus einer ganzheitlichen Betrachtung sinnvoll zu erfassen. Dies ist in der Regel die Aufgabe eines entsprechend qualifizierten Trainers [5, 6].

Die physiologische Leistungsfähigkeit ist eine notwendige Voraussetzung für den Wettkampferfolg im Rudern [10, 14, 23, 32]. Mindestanforderungen und Richtwerte für Schwergewichts- (SG) und Leichtgewichtsruderer (LG) im internationalen Bereich sind derzeit: 6-min-Leistung SG 390 W, LG 350 W, $\dot{V}O_{2max}$ SG 65 ml/kg · min, LG 70 ml/min·min, die AAS etwa 85% der Maximalwerte. Manche sportmotorischen Fertigkeiten, wie die Maximalkraft, brauchen nur bis zu einem Optimum entwickelt werden, da eine weitere Steigerung u. U. keine positiven Effekte bewirkt [10, 15, 19, 22, 24].

Die Frage, ob ein Test auch für die Fragestellung relevant und spezifisch ist, also die Frage nach der Validität, wird oft vergessen [1]. Die Genauigkeit und Zuverlässigkeit eines Verfahrens (Reproduzierbarkeit und Reliabilität) muß bekannt sein. Bewertungen und Selektionen sind innerhalb eines Meßfehlers nicht sinnvoll. Mit einem Ruderergometer wird die Leistung mit etwa ± 2% Genauigkeit gemessen, bei 350 W sind dies ± 7 W [20, 25]. Tests sollen ohne äußere Störeinflüsse objektiv messen. Deswegen ist eine Laboruntersuchung oft wertvoller als ein Feldtest [24, 29].

Über die Bedeutung von Belastungsintensitäten auf die spezielle Ausdauer des Ruderers

Eine beobachtende Studie – Untersuchungsablauf

15 Ruderer des Leichtgewichtsprojekts im Vierer und Achter (Nationalmannschaft) wurden in der 25. Woche vor dem ersten Saisonhöhepunkt, der internationalen Rotsee-Regatta in Luzern, mit einem Mehrstufentest auf dem Ruderergometer belastet. Ausgewertet wurden die AS und die AAS. Die Ruderer absolvierten erfolgreich die Regatta. Die Studenten der Mannschaft (ST) bildeten danach einen Achter, der bei der Studentenweltmeisterschaft (Universiade) die Silbermedaille erringen konnte. Die übrigen Ruderer trainierten weiter (TR). Vor dem gemeinsamen Trainingslager Anfang August (30. Woche) erfolgte wieder ein MST, danach (33. Woche) wieder ein MST und ein 2ST vor der Weltmeisterschaft, auf der der Weltmeistertitel im Vierer und die Silbermedaille im Achter erreicht wurden.

Für die einzelnen Gruppen wurde aus den Trainingsprotokollen die durchschnittliche Belastung aus Training und Wettkämpfen errechnet.

Ergebnisse der Studie – Das Verhalten der aerob-anaeroben Schwelle

Die beiden Gruppen waren beim Leistungstest in der 25. Woche homogen und unterschieden sich nicht in der AAS (Mittelwert 292 W, ST 293 W, TR 289 W, p < 0,01). Bis zum Test in der 30. Woche fielen die Werte für die AAS in beiden Gruppen, in der Gruppe ST auf 269 W, bei TR gering auf 284 W. Im Trainingslager dann

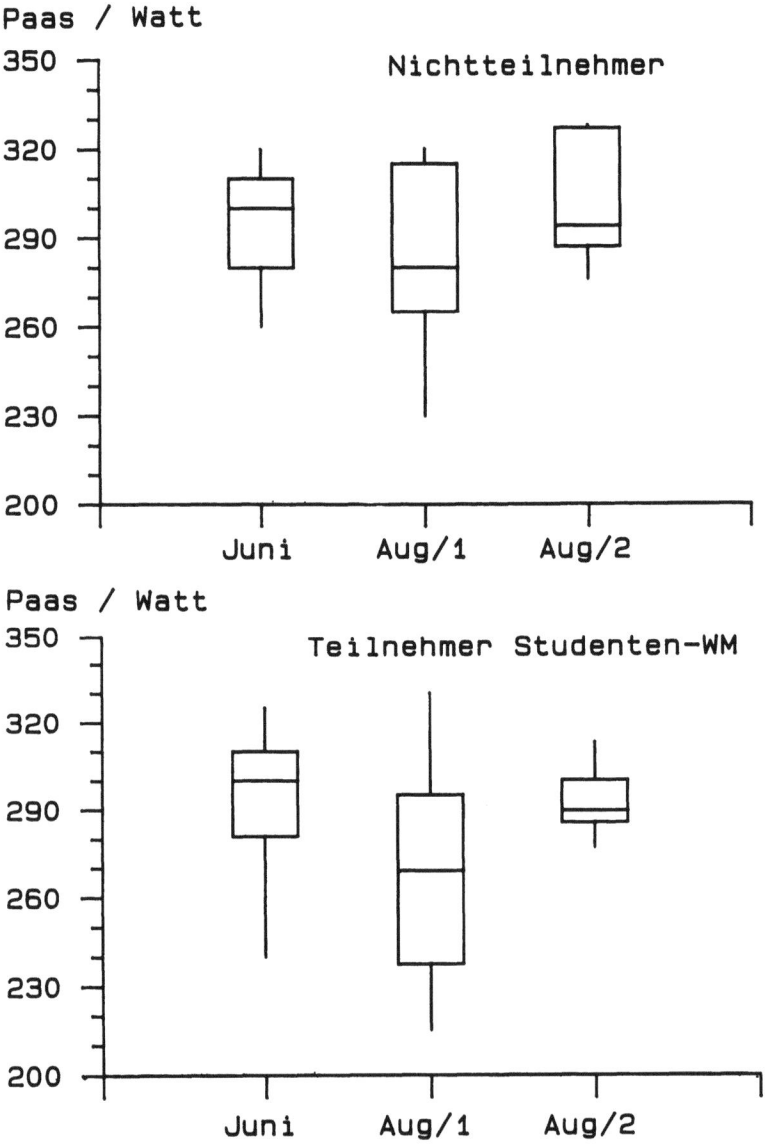

Abb. 2. Leistung an der aerob-anaeroben Schwelle Paas bei zwei Gruppen von Leistungsruderern, Teilnehmern (n = 8, *oben*) und Nichtteilnehmern (n = 7, *unten*) an der Studenten-Weltmeisterschaft, bei drei Untersuchungen. Darstellung als Box- and Whisker-Plot, der Median ist die Mittellinie zwischen den Rechtecken, die die 2. und 3. Quartile kennzeichnen, die senkrechten Linien darauf sind die 1. und 4. Quartile, Kreuze sind Einzelwerte

Anstieg auf 293 W (ST) und 303 W (TR) (Abb. 2). Die Veränderung der AAS über den ersten Zeitraum als D-AAS ist als Histogramm in Abb. 3 aufgetragen. Hier unterschieden sich die Gruppen statistisch signifikant, dagegen nicht in der 6-min-Leistung am Ende des Trainingslagers (ST 367 ± 5, TR 367 ± 12 W). Von den Ruderern erreichten dabei ein Drittel persönliche Bestwerte.

Die Trainings- und Wettkampfbelastungen sind strukturiert [5, 6] in Abb. 4 dargestellt. Die Gruppe ST hatte durch zwei große internationale Regatten einen höheren Anteil von anaeroben, intensiven Belastungseinheiten (II) absolviert. In der Gruppe TR wirkte sich aber das vermehrte extensive und intensive Ausdauertraining (Kategorie IV und V) deutlich im Belastungsprofil und im Gesamtumfang aus. Im Trainingslager wurde von der Gruppe ST tendenziell etwas extensiver als von der Gruppe TR trainiert, was sich im Belastungsprofil niederschlägt.

Durch diese Beobachtung kann an einer größeren, homogenen Gruppe der Effekt von verschiedenen Belastungen auf die AAS unter realistischen Bedingungen dokumentiert werden. Die Studenten erreichten auch während des Trainingslagers nicht die Verbesserungen der AAS wie die Kontrollgruppe TR. Auch die aerobe Schwelle zeigte in den beiden letzten Tests den höheren aeroben Trainingszustand der Gruppe TR (AS 245 W ± 19,2, bei ST 232 W ± 27,8). Ergänzt werden muß, daß das Trainingsziel der Gruppe nicht allein auf die Verbesserung der AAS, sondern auf das Wettkampfziel ausgerichtet war und auch andere Trainingssteuerungsparameter genutzt wurden. Besonders muß die Homogenisierung der AAS in der Gesamtgruppe herausgehoben werden, die durch das gemeinsame Training bewirkt wurde und die Richtigkeit der zu Grunde liegenden Trainingssteuerungskonzepte beweist [5, 6, 17, 25].

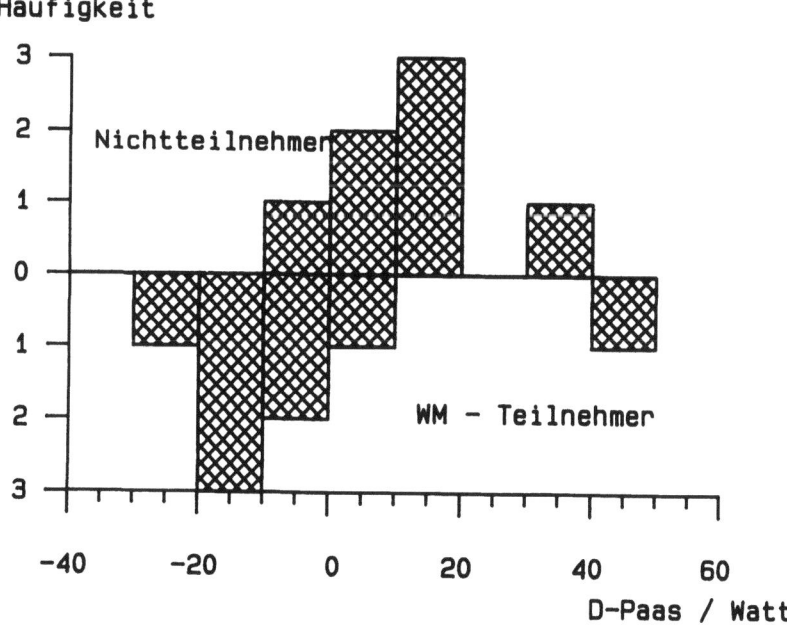

Abb. 3. Häufigkeit der Änderung der aerob-anaeroben Schwelle D-Paas bei den beiden untersuchten Gruppen von Ruderern aus Abb. 2

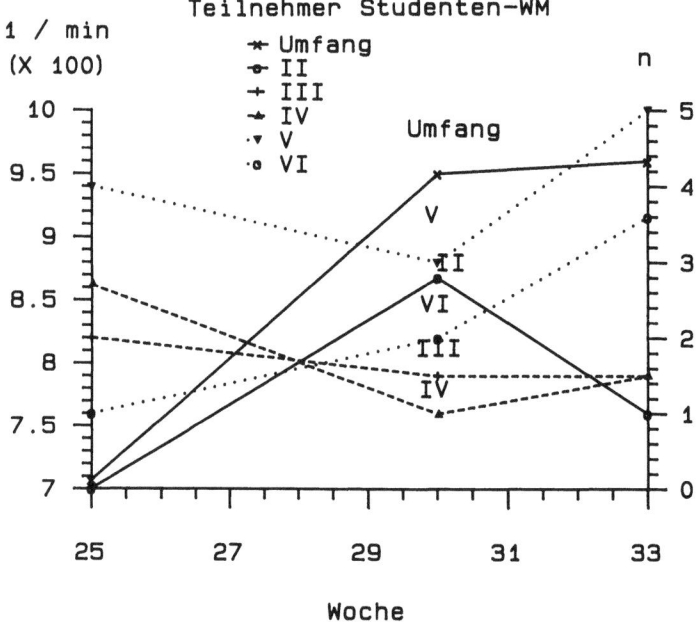

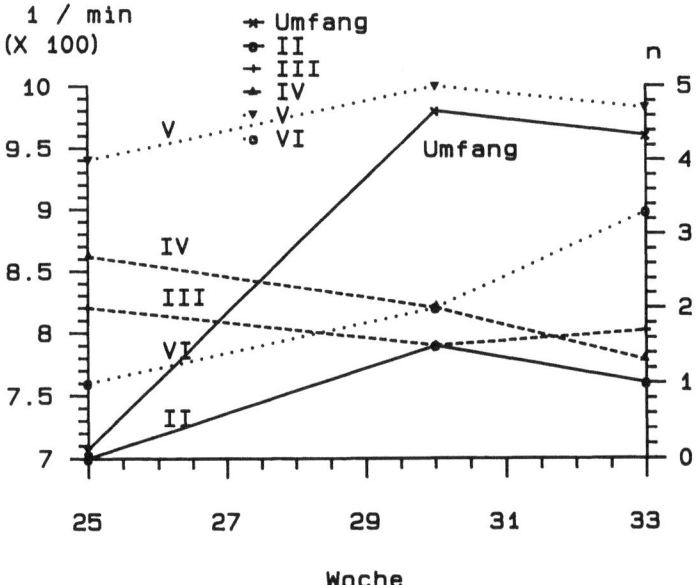

Abb. 4. Trainingsumfang in Minuten pro Woche (linke Achse) und gegliedert in Kategorien des Trainings (Anzahl pro Woche, rechte Achse) bei den zwei untersuchten Gruppen von Ruderern mit und ohne Teilnahme an der Studenten-Weltmeisterschaft. Eingezeichnet sind Mittelwerte für die Zeiträume, die zur Übersichtlichkeit mit Linien verbunden sind

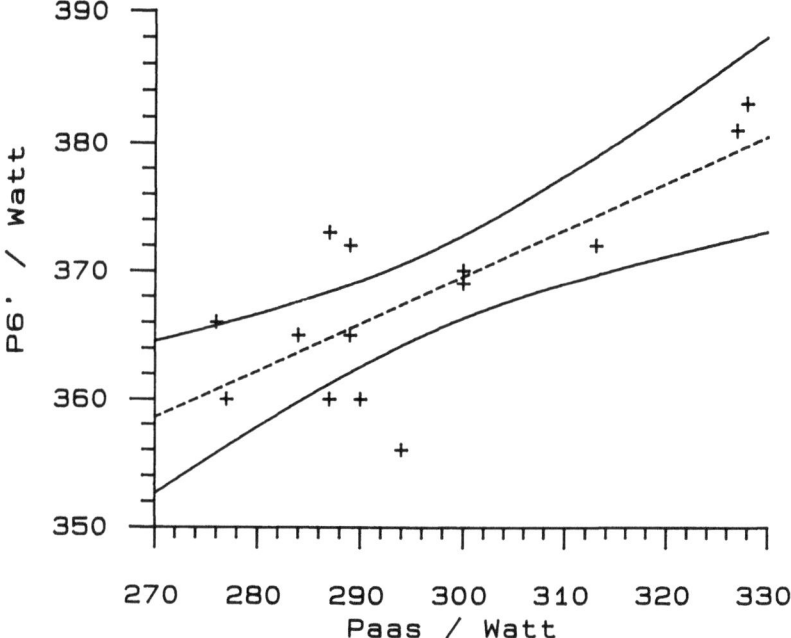

Abb. 5. Leistung über 6 Minuten *(P6')* gegen die aerob-anaerobe Schwelle *(Paas)* bei 14 Leichtgewichtsruderern, eingezeichnet ist die Regressionsgerade: y = 0,37 x + 260 (r = 0,76)

In Abb. 5 ist die Abhängigkeit der Maximalleistung über 6 min von der AAS dargestellt, für das kleine homogene Kollektiv ergibt sich eine signifikante Korrelation von 0,76 (p < 0,05). Die Laktatkonzentration im Maximaltest lag bei 12,8 mmol/l (s ± 2,2) (Vollblut 17,0 mmol/l, s ± 2,96) und ist bei höherer Ausdauerleistungsfähigkeit niedriger (Abb. 6). Die Werte eines Ruderers mit der niedrigsten AAS und eines der Ruderer mit der höchsten AAS im Achter aus einer spiroergometrischen Untersuchung sind in Abb. 7 dargestellt. Der Unterschied zwischen mehr laktazid und eher aerober Veranlagung wird aus den Laktatleistungskurven deutlich.

Die Längsschnittuntersuchung zur Trainingssteuerung

Nur mit der Längsschnittuntersuchung von Sportlern ist die Leistungsentwicklung gut zu beurteilen. Ergänzend ist eine genaue Dokumentation und Analyse des Trainings mit Hilfe von Trainingsprotokollen zu fordern [6, 9, 17, 21, 27].

Ein typisches Beispiel einer Längsschnittuntersuchung ist in Abb. 8 dargestellt. Die maximale Leistung über 6 min ist meist wenig verändert, aber auch motivationsabhängig [27, 31]. Die Leistung an der aerob-anaeroben Schwelle schwankt, abhängig von Trainingsintensität und -umfang. Sie steigt vor allem in der Vorbereitungsperiode und fällt in der Wettkampfsaison oft ab. Deutlich ist eine jahreszeitliche Schwankung der maximalen relativen Sauerstoffaufnahme mit einem Anstieg bis in die Wettkampfsaison um bis zu 15 ml/min · kg [9, 10, 18]. Die Vorbereitung der Tests darf nicht vergessen werden. Die Athleten sollten am Tag vor der Untersuchung bei kohlenhy-

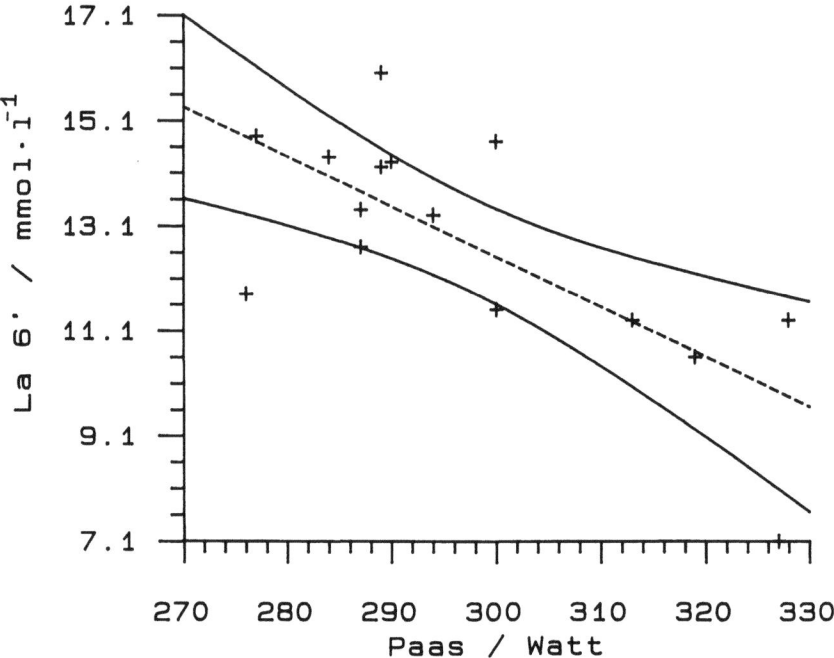

Abb. 6. Maximales Laktat beim 6'-Maximaltest *(La 6')* gegen die aerob-anaerobe Schwelle *(Paas)* bei 15 Leichtgewichtsruderern, eingezeichnet ist die Regressionsgerade: $y = -0,095 \, x + 41,02$ $(r = -0,72)$

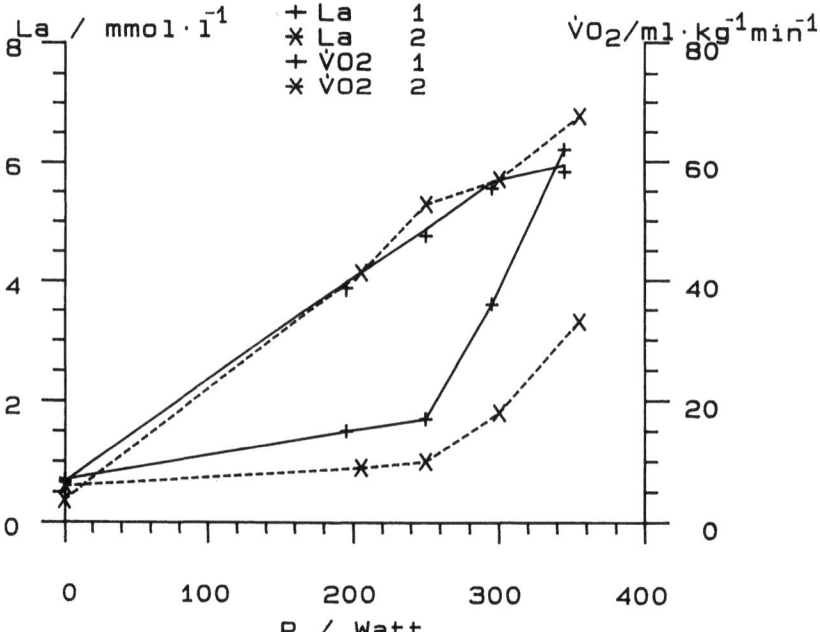

Abb. 7. Laktatkonzentration *La* und Sauerstoffaufnahme $\dot{V}O_2$ bei zwei Ruderern des Leichtgewichtsachters, Ruderer 1 [AAS 280 W, max. Leistung 365 W bei La 14,4 mmol/l (Vollblut 19,2 mmol/l)] und Ruderer 2 [AAS 335 W, max. Leistung 370 W bei La 9,9 mmol/l (Vollblut 13,2 mmol/l)]

dratreicher Kost extensiv trainieren, um die Glykogenspeicher aufzufüllen [17, 25], da sonst die LLK vom Glykogengehalt der Muskulatur beeinflußt wird [2]. Deswegen erfolgt eine sportmedizinische Untersuchung nicht nüchtern.

Bei international erfolgreichen Ruderern sollte ein Mehrstufentest jeden zweiten Monat erfolgen, wobei wir etwa drei bis vier spiroergometrische Messungen anstreben, da die maximale $\dot{V}O_2$ am Ende der Vorbereitungsperiode und zu Beginn der Wettkampfsaison ein wichtiger Leistungsparameter ist [10, 15, 21, 23]. In diesem Zeitraum erfolgt auch ein Maximaltest nach einem submaximalen MST, in Abhängigkeit von speziellen Anforderungen des Trainers eventuell auch öfter. Bei jugendlichen Ruderern muß kontrolliert werden, daß die Leistungsparameter harmonisch zunehmen. Bei erfahrenen, älteren Athleten sind über die Zeit oft nur noch geringe Änderungen von maximaler Sauerstoffaufnahme, maximaler Leistung oder Leistung an der aerob-anaeroben Schwelle zu verzeichnen. Gerade hier ist eine genaue Analyse notwendig, um Verbesserungsmöglichkeiten in der Trainings- und Belastungsstruktur aufzufinden [17, 18, 31].

Der Sportmediziner stellt in diesem Ablauf einen Partner dar, der dem Sportler und Trainer Meßergebnisse im Kontext der gesamten Leistungs- und Trainingsentwicklung interpretiert. Durch die direkte Rückkopplung lernen die Sportler ihr Training und dessen Wirkungen zu verstehen und zu analysieren und treffen dabei selbst ihre auf eigene Erfahrung abgestützten Entscheidungen. In diesem Lernprozeß ist der Leistungsphysiologe und Sportmediziner der externe Fachmann für biomedizinische Meßtechnik und Gesundheitsfragen. Neben der Leistungsanalyse ist bei den regelmäßigen Untersuchungen auch die sorgfältige sportmedizinische Betreuung und Beratung für die Athleten bedeutsam und darf nicht vergessen werden.

Schlußfolgerungen für die Trainingsplanung

Die Wichtigkeit der Ausdauerleistungsfähigkeit

Über eine Analyse der Beanspruchungsstruktur beim Ruderwettkampf ergibt sich die besondere Wichtigkeit der aeroben Leistungsfähigkeit und dabei besonders die Ausdauerleistungsfähigkeit, die im Wettkampf einen Anteil von etwa 70–85% der gesamten Energiebereitstellung hat [14, 21, 24]. So findet sich auch hier eine signifikante Korrelation zwischen der AAS und der 6-min-Leistung von 0,76 (Abb. 5), bei anderen Untersuchungen von 0,6–0,92 [17, 27, 32]. Wolf u. Roth haben mit einem Regressionsmodell für die Fahrtzeit im Kleinboot über 1000 m gezeigt, daß für diese kurze Strecke die Leistung an der AAS etwa 60% und die ruderspezifische Maximalkraft etwa 12% der Leistung im Boot erklären [32]. Wenn auch Modelle stark von der Struktur der vorliegenden Daten abhängen, bestätigt sich immer wieder die große Rolle der Ausdauerleistungsfähigkeit [14, 19, 22]. Bei der hier untersuchten Gruppe kann mit einer mittleren Variabilität von 11 W (Standardfehler ± 5,4 W) aus der AAS auf die mögliche Maximalleistung geschlossen werden.

Bei höherer Ausdauerleistungsfähigkeit nehmen die anaerobe Leistungsfähigkeit und die Laktatbildungsfähigkeit ab [3, 7, 22], wie die Laktatwerte für den mit maximaler Motivation absolvierten Test zeigen (Abb. 6). Dabei findet sich noch eine beträchtliche Variabilität mit einer Spannweite von 8,9 mmol/l (Vollblut 11,8 mmol/l).

Daher ist es schwer, aus Testergebnissen oder Modellen für den Wettkampf maximal erreichbare Laktatkonzentrationen vorherzusagen. Am Beispiel der Abb. 7 können zwei extreme LLK für stärkere laktazide oder mehr aerobe Energiebereitstellung verglichen werden. Für den anaerob veranlagten Ruderer 1 bedeutet diese Kurve im Verlauf von 7 Jahren Ausdauertraining einen Bestwert mit einer auch maximalen 6-min-Leistung, der nicht überschritten werden konnte. Der aerob veranlagte Ruderer 2 konnte auch schon höhere Leistungen erbringen.

Anaerobe Kapazität

Ein bestimmtes Kraftniveau und eine anaerobe Leistungsfähigkeit ist beim Rudern als Kraftausdauersport besonders für den Start, für Zwischenspurts oder den Endspurt wichtig. Das Training anaerober Kapazität wird meist empirisch vom Trainer geplant und bei Trainingssteuerungsempfehlungen selten berücksichtigt. Wenn auch meistens anaerobe Trainingsbelastungen in der Praxis während der Wettkampfsaison überwiegen, besteht doch die Möglichkeit, daß bei einseitigem Grundlagenausdauertraining die anaerobe Kapazität so gemindert wird, daß eine niedrigere Wettkampfleistung resultiert.

Beim Ruderwettkampf akkumulieren durch die Laktatbildung am Start H^+-Ionen aus dem anaeroben Stoffwechsel [8, 11, 14, 21]. Die neuromuskuläre Koordination und damit die Qualität der Bewegungsausführung und von taktischen Entscheidungen wird dabei beeinträchtigt. Daher ist eine gewisse Azidosetoleranz notwendig und erfordert ein Training auch bei hohen Laktatspiegeln.

Trainingskonzepte aus leistungsphysiologischer Sicht

Die maximale aerobe Leistungsfähigkeit hängt außer von strukturellen Voraussetzungen vor allem vom Trainingsumfang ab [12, 14, 22]. So ist ein Anstieg der $\dot{V}O_{2max}$ während der Trainingssaison zu verzeichnen [9, 18]. Ausgeprägte Schwankungen der $\dot{V}O_{2max}$ im Laufe der Saison, wie sie bei westlichen Mannschaften des Amateurbereichs oft gefunden werden, beruhen auf einer zu starken Periodisierung des Trainingsumfangs mit zu großen Pausen im Herbst. Im Winter wird meist das Rudertraining witterungsbedingt zusätzlich eingeschränkt, mit einem Abfall der $\dot{V}O_{2max}$ und der AAS (Abb. 8). Deswegen wird die Leistungsentwicklung immer wieder unterbrochen.

Durch überwiegendes Training der laktaziden Kapazität wird zwangsläufig die aerobe Kapazität verringert. Die Steigerung der Laktatbildungsfähigkeit bewirkt aber nach kurzer Zeit eine Verschiebung der LLK zu niedrigeren Werten. Deswegen sollte das vorrangige Ziel des Trainings in der Vorbereitungsphase sein, eine hohe Grundlagenausdauer zu erreichen. Durch maßvoll eingesetzte intensive Belastungen werden auch die anaerobe Kapazität und die Schnellkraft trainiert, um eine zu einseitige Entwicklung der aeroben Kapazität zu vermeiden. Das Ziel des Rudertrainings wird sein, mit einer hohen Grundlagenausdauer und einer optimal entwickelten maximalen aeroben Kapazität die spezielle Vorbereitungsphase abzuschließen [5, 22].

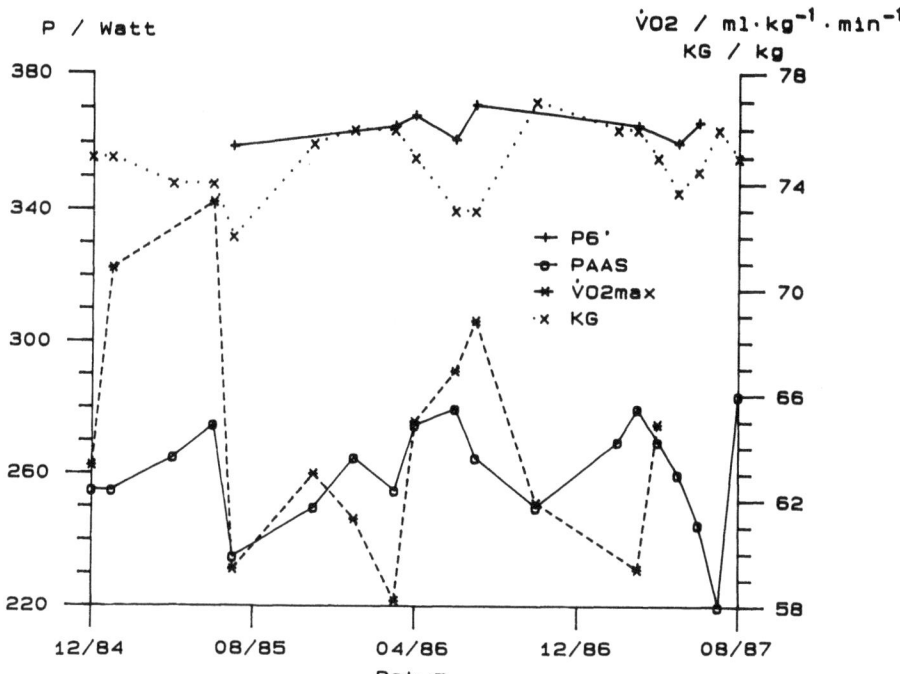

Abb. 8. Leistung an der aerob-anaeroben Schwelle (PAAS), relative maximale Sauerstoffaufnahme $\dot{V}O_{2max}$ und das Körpergewicht KG bei einem international erfolgreichen Leichtgewichtsruderer im Längsschnitt über 3 Jahre. Beim Test 6/85 keine Ausbelastung, deswegen die niedrige $\dot{V}O_{2max}$

Training der wettkampfspezifischen Ausdauer ist umfangmäßig beschränkt und wird erst vor den Zielwettkämpfen vermehrt eingesetzt werden. Bei intensivem Training müssen besonders die Pausengestaltung und die Periodisierung beachtet werden, da hohe Laktatspiegel abgebaut werden müssen und auch die „Restitution funktionell-morphologischer Störungen" [22] Zeit braucht [6, 14]. In dem Zeitraum vor dem Zielwettkampf fällt auch die AAS um etwa 5–10% bezogen auf die Maximalleistung. Dies kann toleriert werden, da ein gewisser Anstieg der anaeroben Leistungsfähigkeit sinnvoll für den Wettkampf ist. Bei längerem intensiven Training nimmt aber die Ausdauerleistungsfähigkeit immer stärker, oft dann auch die maximale aerobe Kapazität und konsekutiv zuerst unmerklich, dann deutlich die Wettkampfleistung ab. Bei großen Anteilen intensiver und laktazider Belastungen von bis zu 50% in der Wettkampfsaison [6] folgt dies zwangsläufig, wie wir zeigten [17, 27]. Die Wiedererarbeitung des Ausdauerniveaus und damit einer Voraussetzung für weiteren Wettkampferfolg ist dann eventuell langwierig. Damit ergibt sich auch die Notwendigkeit, Schwerpunkte einer Wettkampfsaison sauber zu definieren.

Die Fähigkeit, Saisonschwerpunkte anzusteuern, ist ein wesentlicher Teil der Trainings- und Wettkampferfahrung erfolgreicher Mannschaften und deren Trainern. Nachwuchsmannschaften unterliegen einem Selektionsdruck und absolvieren somit viele Wettkämpfe. Der effektive Belastungsumfang (nicht die Intensität) auf Regatten ist durch Anfahrt und Trainingsbeschränkungen oft sehr gering und wird meist überschätzt. Bei einer längeren Saison ist dann schnell ein Leistungsabfall zu erwarten.

Probleme der Trainingskategorisierung für die Trainingssteuerung

Jede Trainingssteuerung ist nur so gut, wie exakt die Regelungsgröße, das Training, erfaßt wird. Ruderer bringen oft die tatsächliche Beanspruchung nicht mit der Belastungsvorgabe in Übereinstimmung [13]. Deswegen ist dann auch die Protokollierung durch die Athleten fehlerhaft. Die Fähigkeit, den Trainingsplan in seinen Inhalten zu realisieren, ist sicher eine wesentliche Voraussetzung für internationalen Erfolg [5, 6, 13, 22].

Das bisherige, seit 1981 im DRV genutzte Kategorisierungssystem von Trainingsbelastungen nach Fritsch [5, 6] hat eine Systematisierung der Trainingsarbeit von beachtlichem Ausmaß bewirkt, wie sie unbedingte Voraussetzung für sportlichen Erfolg ist. Dieses System hat als Skalierung die Bootsgeschwindigkeit und ist dadurch eindeutig in Kategorien I–VI bestimmbar, wobei II die Renngeschwindigkeit ist. Meist wird auch nur die Trainingseinheit in ihrer Gesamtheit gewertet, wobei Mischtrainingsformen schlecht erfaßt werden können. Manche Einheiten werden von den Ruderern wenig differenziert, wie IV und III, also aerobe Ausdauerarbeit und intensive aerobe und anaerobe Ausdauerarbeit. Extensive Ausdauerarbeit erfolgt meist unter den angegebenen Schwellenwerten, da die Kategorien V und VI unzureichend unterschieden werden [13]. In den von uns eingesehenen Protokollen fehlt auch weitgehend die Kategorie I, Entwicklung der anaeroben Kapazität (Abb. 4).

Eine Fortentwicklung der bestehenden Strukturierung zur Aufnahme bisheriger Erfahrungen und metabolischer Gesichtspunkte erscheint aus leistungsphysiologischer Sicht notwendig. Eine Verbesserung wäre die differenzierte Angabe von Belastungszeiten und -beanspruchungen für eine Einheit, obwohl dadurch das einfache Ausfüllen der Protokolle erschwert wird. Deswegen sollte ein solcher Modus erst bei erfahrenen Ruderern durchgeführt werden.

Ein Diskussionsvorschlag zur Fortentwicklung der Trainingsstrukturierung ist in Tabelle 2 dargestellt, wobei Angaben zur Periodisierung, Wiederholungszahl und

Tabelle 2. Modifiziertes System für die Erfassung von Belastungen im Rudertraining. Laktatkonzentrationen in Vollblutlaktat

Kategorie	Intensität	Ungef. Laktat-konzentration	Dauer eines Einzelreizes	Effekt
I a I b	< 110% > 110%	gering gering	< 30 s < 30 s	Schnell- und Reaktivkraft Maximalkraft
II	100–110% maximal	> 8 mmol/l	30 s–2 min	anaerobe, laktazide Leistungsfähigkeit
III	95–105%	> 10 mmol/l	2–7 min	komplexe Rennleistung aerob-anaerob/taktisch
IV	85–95%	4–8 mmol/l	7–15 min	intensive aerobe und aerob-anaerobe Leistung Kraftausdauer
V	70–85%	2–5 mmol/l	15–90 min	extensive aerobe Ausdauer
VI	< 70%	< 2 mmol/l	> 60 min	Grundlagenausdauer

Reizdichte der Literatur entnommen werden können. Sicher ist dieses System auch nicht ausreichend, um alle Trainingsmethoden zu erfassen. Für die Analyse metabolischer Veränderungen wäre es aber sinnvoll [22].

Kraft- und alaktazide Trainingseinheiten sollten als Kategorie I (alaktazide Beanspruchung) definiert werden. Kategorie I a wäre Schnell- und Reaktivkrafttraining, I b Maximalkrafttraining. Dabei könnten auch Kurzserien im Ruderboot gut erfaßt werden. In einem Bereich II werden anaerobe laktazide Belastungen subsumiert, Kategorie III erfaßt dann die komplexe Ruderleistungsfähigkeit über die Strecke. Für das Ausdauertraining sind hier drei Kategorien vorgesehen. Damit ist im Gegensatz zur DDR eine bessere Differenzierung von intensivem Ausdauertraining möglich, wie es von vielen erfolgreichen westlichen Mannschaften genutzt wird. Da dieser Vorschlag auf einem bereits gut eingeführten und bekannten Modell beruht, wäre ein Übergang zwischen den Trainingsstrukturierungsmethoden einfach.

Schlußbemerkung

Die wissenschaftlichen Methoden der Trainingssteuerung haben viele der Erfolge im Leistungssport mibewirkt. Wichtig ist dabei die Bereitschaft der Beteiligten, der Aktiven, Trainer und Sportmediziner, ihre Vorstellungen und Methoden immer wieder zu überprüfen, eventuell zu verändern und aus der Zusammenarbeit zwischen Praktikern und Wissenschaftlern immer wieder gegenseitig zu lernen.

Literatur

1. Börder R, Ulmer HV (1983) Zur Aussagefähigkeit von Leistungsmessungen mit der Meßdolle im Ruderbecken. Rudersport 101:749–752
2. Braumann KM, Busse M, Maasen N (1987) Zur Interpretation von Laktat-Leistungskurven. Leistungssport 17:35–38
3. DiPrampero PE (1973) Grundlagen der anaeroben Energiebereitstellung und der O_2-Schuld bei körperlichen Höchstbelastungen. Med Sport 8:1–13
4. Droghetti P, Borsetto C, Casoni I et al. (1985) Noninvasive determination of the anaerobic threshold in canoeing, cross-country skiing, cycling, roller and iceskating, rowing and walking. Eur J Appl Physiol 53:299–303
5. Fritsch W (1981) Zur Entwicklung der speziellen Ausdauer im Rudern. In: Nickel H (Hrsg) Rudern. Beiheft zu Leistungssport 26:4–32
6. Fritsch W (1985) Trainingssteuerung im Rudern. Rudersport 103: Trainerjournal 80:I–XI
7. Hagberg JM (1984) Physiological implications of the lactate threshold. Int J Sports Med (Suppl) 5:106–109
8. Hagerman FC, Connors MC, Gault JA, Hagerman GR, Polinski WJ (1978) Energy expenditure during simulated rowing. J Appl Physiol 45:87–93
9. Hagerman FC, Staron RS (1983) Seasonal variations among physiological variables in elite oarsmen. Can J Appl Sport Sci 8:143–148
10. Hagerman FC (1984) Applied physiology of rowing. Sports Med 1:303–326
11. Kindermann J, Haralambie G, Kock J, Keul J (1973) Säure-Basen-Haushalt und Lactatspiegel im arteriellen Blut nach olympischen Wettkämpfen. Med Welt 24:1176–1178
12. Larson L, Forsberg A (1980) Morphological muscle charaktristics in rowers. Can J Appl Sport Sci 5:239–244
13. Lormes W, Michalsky RJW, Grünert-Fuchs M, Steinacker JM (1988) Belastung und Beanspruchungsempfinden im Rudern. (In diesem Buch, S. 322)

14. Mader A, Hollmann W (1977) Zur Bedeutung der Stoffwechselleistungsfähigkeit des Eliteruderers in Training und Wettkampf. Beiheft zum Leistungssport 9:8–62
15. Mader A, Hartmann A, Hollmann W (1986) Einfluß eines Höhentrainings auf die kardiopulmonale Leistungsfähigkeit in Meereshöhe, dargestellt am Beispiel der deutschen Ruder-Nationalmannschaft. In: Hollmann W (Hrsg) Zentrale Themen der Sportmedizin. Springer, Berlin Heidelberg New York Tokyo, S 276–290
16. Martindale WO, Robertson DGE (1984) Mechanical energy in sculling and rowing an ergometer. Can J Appl Sport Sci 9:153–163
17. Marx U (1988) Untersuchungen zur Trainingssteuerung im Rudern mit einem Mehrstufentest und einem Zweistreckentest. Dissertation, Universität Ulm
18. Michalsky RJW, Lormes W, Grünert-Fuchs M, Wodick RE, Steinacker JM (1988) Die Leistungsentwicklung von Ruderern im Längsschnitt. (In diesem Buch, S. 307)
19. Mickelson TC, Hagerman FC (1982) Anaerobic thresholds measurements of elite oarsmen. Med Sci Sports Exerc 14:440–444
20. Nolte V, Mader A, Klauck J (1983) Vergleich biomechanischer Merkmale der Ruderbewegung auf dem Gjessing-Ergometer und im fahrenden Boot. In: Sport: Leistung und Gesundheit (Dtsch. Sportärztekongreß 1982). Deutscher Ärzteverlag, Köln, S 513–518
21. Roth W, Hasart E, Wolf W, Pansold B (1983) Untersuchungen zur Dynamik der Energiebereitstellung während maximaler Mittelzeitausdauerbelastung. Med Sport 23:107–114
22. Roth W (1985) Physiologische Grundlagen und Prinzipien der Vervollkommnung der konditionellen Fähigkeiten. In: Körner T, Schwanitz P (Hrsg) Rudern. Sportverlag, Berlin (DDR), S 151–159
23. Secher NH, Vaage O, Jensen K, Jackson RC (1983) Maximum aerobic power in oarsmen. Eur J Appl Physiol 51:155–162
24. Secher NH (1983) The physiology of rowing. J Sports Sci 1:23–53
25. Steinacker JM, Marx TR, Fiegenbaum FA, Wodick RE (1983) Die Ruderspiroergometrie als eine Methode der sportartspezifischen Leistungsdiagnostik. Dtsch Z Sportmed 34:333–342
26. Steinacker JM, Marx TR, Thiel U (1984) A rowing ergometer test with stepwise increased workloads. In: N Bachl, L Prokop, R Suckert (eds) Current topics in sports medicine. Urban & Schwarzenberg, München, pp 175–187
27. Steinacker JM, Marx U, Grünert M, Lormes W, Wodick RE (1985) Vergleichsuntersuchungen über den Zweistufentest und den Mehrstufentest bei der Ruderspiroergometrie. Leistungssport 15:47–51
28. Steinacker JM, Marx TR, Marx U, Lormes W (1986) Oxygen consumption and metabolic strain in rowing ergometer exercise. Eur J Appl Physiol 55:240–247
29. Steinacker JM, Michalsky R, Grünert-Fuchs M, Lormes W (1987) Feldtests im Rudern. Dtsch Z Sportmed (Sonderheft) 38:19–26
30. Stromme SB, Ingjer F, Meen HD (1977) Assessment of maximal aerobic power in specifically trained athletes. J Appl Physiol 42:833–837
31. Urhausen A, Weiler B, Kindermann B (1987) Laktat- und Katecholaminverhalten bei unterschiedlichen ruderergometrischen Testverfahren. Dtsch Z Sportmed (Sonderheft) 38:11–19
32. Wolf WV, Roth W (1987) Validität spiroergometrischer Parameter für die Wettkampfleistung im Rudern. Med Sport 27:162–166

Danksagung: Ich bedanke mich bei den beteiligten Ruderern, ihren Trainern und allen Mitarbeitern der Abt. für Sport- und Leistungsmedizin und der Abt. für Angew. Physiologie für ihre Mitarbeit und ihr Engagement.

Möglichkeiten der Trainingsüberwachung im Rudersport*

W. *Kindermann* und A. *Urhausen*

Einleitung

Die Aufgaben der Sportmedizin im Leistungs- und Hochleistungssport bestehen u. a. darin, die Gesundheit der Athleten zu erhalten, Aussagen über die aktuelle Leistungsfähigkeit und die zu erwartende Leistungsentwicklung zu tätigen sowie trainingsbegleitende und -steuernde Maßnahmen durchzuführen. Während Gesundheitsuntersuchung und Leistungsdiagnostik im Labor seit langem mit etablierten Methoden erfolgen [3], wurden trainingsbegleitende Maßnahmen mit zunehmender Häufigkeit erst in den letzten Jahren eingeführt, wobei die Validität einzelner Methoden z. T. noch umstritten ist und vieles noch nicht als wissenschaftlich abgesichert gelten kann. Im folgenden soll ein Überblick über die Möglichkeiten trainingsüberwachender Maßnahmen im Rudersport gegeben werden.

Übersicht über geeignete Parameter zur Trainingsüberwachung (Tabelle 1)

Kontrollen von Laktat und Herzfrequenz während verschiedener Trainingsformen gehören zu den gebräuchlichsten Methoden der Belastungskontrolle [6, 8, 10] und werden in diesem Beitrag nicht speziell abgehandelt. Konzentrationsmessungen von Harnstoff und Kreatinkinase (CK) im Blut zwischen den Trainingseinheiten bzw. -tagen werden seit einigen Jahren z. T. systematisch durchgeführt und stellen momentan zusammen mit Laktat und Herzfrequenz die am häufigsten verwendeten Parameter zur Trainingssteuerung dar. Bestimmungen von Katecholaminen im venösen Blut während Belastung sowie von Testosteron und Kortisol zwischen den Trainingsein-

Tabelle 1. Geeignete Parameter zur Trainingsüberwachung

● LAKTAT	–	Intensität
● HERZFREQUENZ	–	Intensität
● HARNSTOFF	–	Metabolische Belastung
● KREATINKINASE (CK)	–	Muskuläre Belastung
● KATECHOLAMINE	–	Nervale Belastung
● TESTOSTERON/KORTISOL	–	Metabolische Belastung

Weitere Parameter: AMMONIAK, KREATININ ....

* Mit Unterstützung des Bundesinstitutes für Sportwissenschaft, Köln

J. M. Steinacker (Hrsg.)
Rudern
© Springer-Verlag Berlin Heidelberg 1988

heiten sind aufwendige Methoden, die noch in der Erprobung stehen. Messungen der Konzentrationen von Ammoniak und Kreatinin im Blut wurden bisher nur vereinzelt durchgeführt.

Bedeutung von Harnstoff, Kreatinkinase, Katecholaminen sowie Testosteron und Kortisol zur Trainingsüberwachung

Harnstoff

Ein zunehmender Harnstoffanstieg innerhalb einer Trainingsphase deutet auf eine zu hohe Trainingsbelastung hin und erfordert eine Trainingsreduktion, wenn ein Leistungsrückgang vermieden werden soll. Als oberer Grenzwert im Blutserum sollte eine Harnstoffkonzentration von 50 mg% (entsprechend 8,3 mmol · 1^{-1}) nicht überschritten werden. Es kann davon ausgegangen werden, daß bei steigender Harnstoffkonzentration während einer Trainingsphase eine katabole Stoffwechsellage mit Abbau von Struktureiweiß und vermehrter Glukoneogenese vorliegt. Differentialdiagnostisch müssen eine erhöhte Eiweißzufuhr und ein eventuell bestehendes Flüssigkeitsdefizit berücksichtigt werden.

In einer früheren Untersuchung konnten wir anhand regelmäßiger Kontrollen der Harnstoffkonzentration im morgendlichen Nüchternserum an Spitzenruderinnen zeigen, daß bei zu hohen Trainingsbelastungen der Harnstoff kontinuierlich ansteigt. Durch sofort einsetzende regenerative Maßnahmen konnte ein Übertraining vermieden werden; die Harnstoffkonzentration fiel wieder ab und verhielt sich in den nachfolgenden Wochen bei adäquater Trainingsdosierung unauffällig [10].

Kreatinkinase (CK)

Einen weiteren Belastungsparameter stellt die CK dar, die vorwiegend im Skelett- und Herzmuskel vorkommt, so daß beispielsweise bei sporttreibenden Patienten differential-diagnostische Schwierigkeiten insbesondere hinsichtlich der Abgrenzung eines Herzinfarktes auftreten können [4]. Im Gegensatz zum Harnstoff weist ein Anstieg der CK-Aktivität auf eine hohe muskuläre Belastung hin, vorausgesetzt es wurden keine ungewohnten Belastungen durchgeführt. Zwischen CK-Aktivität und Harnstoffkonzentration besteht kein Zusammenhang. Beide Parameter sind als Kenngrößen zur Kontrolle der Trainingsbelastung nicht austauschbar.

Wie die Abb. 1 zeigt, kann sogar ein diskrepantes Verhalten zwischen der Höhe der CK-Aktivität und der Harnstoffkonzentration während einer mehrtägigen Trainingsphase auftreten. Während ein kontinuierlicher Harnstoffanstieg in der Regel eine Trainingsreduktion erfordert, ist bei einem Anstieg der CK-Aktivität nicht zwangsläufig eine Senkung von Trainingsintensität und/oder -umfang notwendig. Stattdessen sollten einzelne muskulär besonders belastende Belastungsformen gegen andere – soweit das in den einzelnen Sportarten möglich ist – ausgetauscht werden.

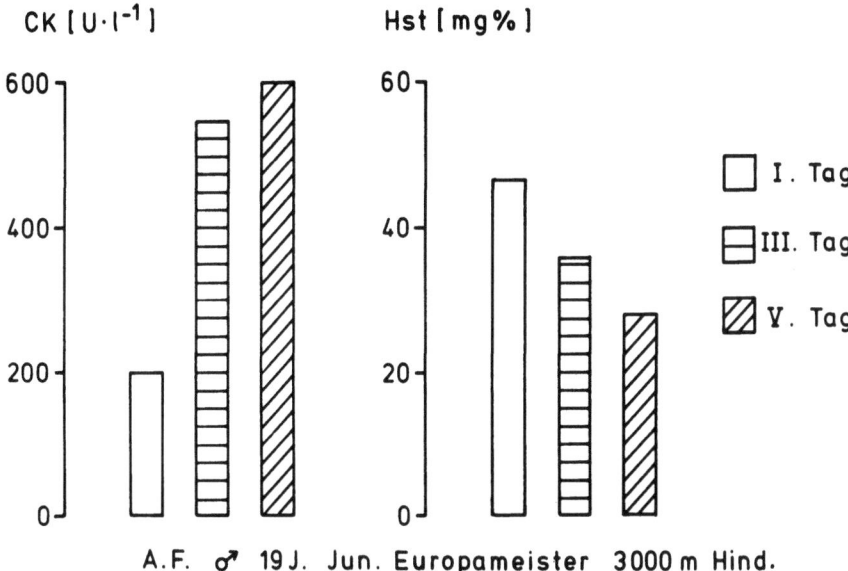

Abb. 1. Verhalten der CK-Aktivität *(linke Bildhälfte)* und Harnstoffkonzentration *(rechte Bildhälfte)* während eines 1wöchigen Trainingslagers bei einem Langstreckenläufer

Katecholamine

Grundsätzlich kann festgestellt werden, daß sich die Katecholamine Adrenalin und Noradrenalin bei stufenweise ansteigender Belastung ähnlich wie Laktat verhalten [5]. Bei einer stufenweise ansteigenden Ruderergometrie liegen allerdings Adrenalin und Noradrenalin, bezogen auf eine gleiche Laktatkonzentration, höher als bei einer in gleicher Weise durchgeführten Fahrradergometrie [12], was möglicherweise auf die größere aktive Muskelmasse zurückzuführen ist.

Bei einem Rudertraining auf dem Wasser mit unterschiedlichen Intensitäten findet sich das in Abb. 2 dargestellte Katecholaminverhalten. Extensives Dauertraining mit einer Laktatkonzentration von knapp $1,5$ mmol $\cdot$ 1^{-1} (weiße Säulen) führt lediglich zu einem Anstieg von Adrenalin und Noradrenalin auf knapp 1 bzw. 3 nmol $\cdot$ 1^{-1}. Damit liegen die Katecholaminkonzentrationen nur geringfügig oberhalb der Ruhewerte, was auf eine nur unwesentliche Beanspruchung des sympathischen Systems hinweist. Demgegenüber ist bei Erhöhung der Intensität auf eine Laktatkonzentration von um 3 mmol $\cdot$ 1^{-1} Laktat (intensives Dauertraining – schraffierte Säulen in Abb. 2) der Anstieg der Katecholamine deutlicher ausgeprägt, so daß die Beanspruchung des vegetativen Nervensystems wesentlich stärker ist als bei einem extensiven Dauertraining.

In Abb. 3 sind Laktat- und Katecholaminverhalten bei einem Rudertraining auf dem Wasser über 9 km bei Männern (linke Bildhälfte) und Frauen (rechte Bildhälfte) dargestellt. Während sich in der Männergruppe Laktat und Katecholamine ähnlich verhalten wie beim intensiven Dauertraining in Abb. 2, ist die Laktatkonzentration in der Frauengruppe nur geringfügig angestiegen, die Katecholamine zeigen dement-

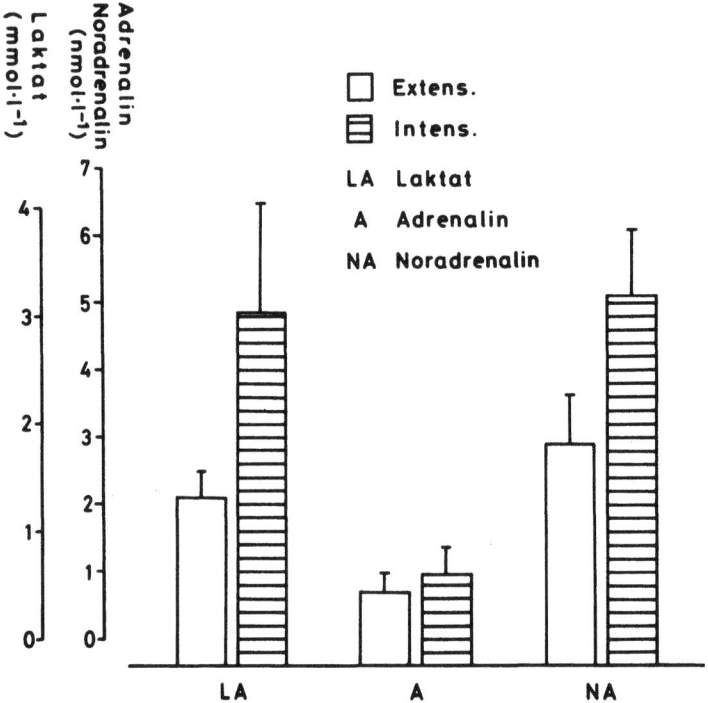

Abb. 2. Verhalten von Laktat, Adrenalin und Noradrenalin im Blut bei extensivem und intensivem Ausdauertraining im Ruderboot

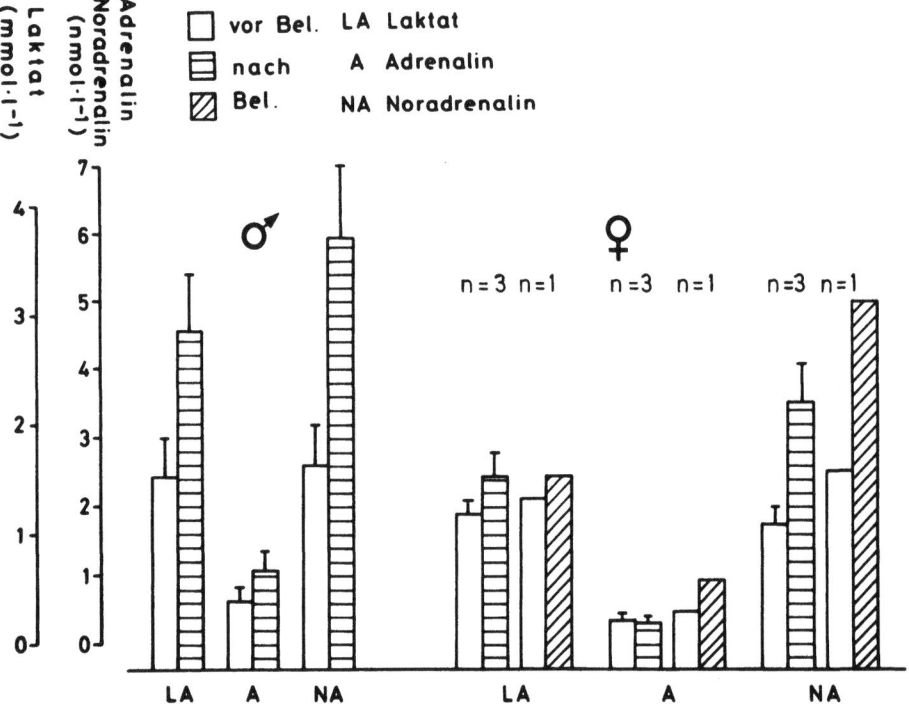

Abb. 3. Verhalten von Laktat, Adrenalin und Noradrenalin bei Ruderern und Ruderinnen während eines Ausdauertrainings über 9 km auf dem Wasser

sprechend keinen (Adrenalin) oder nur einen mäßiggradigen Anstieg (Noradrenalin). Das Trainingsziel, ein intensives Dauertraining durchzuführen, wurde damit nicht erreicht.

Eine Ruderin zeigte ein davon deutlich abweichendes Verhalten. Bei gleicher Laktatkonzentration wie die der anderen untersuchten Ruderinnen (n = 3) stiegen Adrenalin und Noradrenalin wesentlich stärker an. Das bedeutet eine höhere nervale Beanspruchung dieser Athletin, was bei der Festlegung von Trainingsintensitäten auf der Basis von Laktatkonzentrationen berücksichtigt werden muß.

Für die Bedeutung der Katecholamine in der Trainingsüberwachung kann folgendes Fazit gezogen werden:

a) Die Katecholamine korrelieren prinzipiell mit Laktat, so daß theoretisch auch eine Trainingssteuerung mit Katecholaminen denkbar wäre.

b) Bei niedrig intensivem Ausdauertraining besteht analog zu den niedrigen Laktatkonzentrationen keine wesentliche Belastung des vegetativen Nervensystems, so daß Überlastungen nicht zu befürchten sind.

c) Im Einzelfall kann bereits bei niedriger Laktatkonzentration eine relativ hohe sympathische Aktivität vorliegen, was bei der Festlegung von Trainingsintensitäten, die auf Laktatkonzentrationen basieren, beachtet werden muß.

Testosteron und Kortisol

Bei Bestimmung der Gesamttestosteronkonzentration im morgendlichen Nüchternblut während einer 7wöchigen Trainings- und Wettkampfphase bei Ruderern und Ruderinnen fand sich ein Konzentrationsabfall nach der 4. Woche. Eine Regenerationsphase führte insbesondere in der Frauengruppe zu einem vorübergehenden Anstieg von Testosteron (Abb. 4). Wird zusätzlich das "sexual hormone binding globuline" (SHBG) bestimmt und der Quotient Testosteron/SHBG berechnet, der als Maß für freies Testosteron gilt, waren Anstieg in der Regenerationsphase und Abfall nach der 4. Woche noch deutlicher ausgeprägt [11]. Auch der Quotient Testosteron/Kortisol, der Hinweise auf das anabol-katabole Gleichgewicht liefert, zeigte ein ähnliches Verhalten [11].

Möglicherweise signalisieren abfallende Testosteronspiegel eine Überlastung und/oder sind Ausdruck einer ungenügenden Regeneration. Ein Abfall des Quotienten Testosteron/Kortisol nach hartem Training oder Wettkampf wird als Anstieg der katabolen Aktivität diskutiert [1]. Einiges könnte darauf hinweisen, daß ein Abfall von Testosteron Regenerationsvorgänge negativ beeinflußt, da Testosteron über die Glykogensynthetase die Glykogensynthese stimuliert [2], ein Testosterondefizit zu einer Abnahme der Verfügbarkeit energiereicher Phosphate führen kann [9] und darüber hinaus Interaktionen zwischen Androgen- und Kortikoidbindungsstellen im Muskel bestehen [7].

Die vorliegenden Befunde könnten die Spekulationen stützen, Testosteron müsse beim Hochleistungssportler substituiert werden, um Überlastungen und möglichen gesundheitlichen Schäden vorzubeugen. Dem muß entgegengehalten werden, daß trotz niedriger Testosteronkonzentration noch gute Leistungen möglich sind. Die meisten der von uns untersuchten Ruderer und Ruderinnen zeigten trotz erniedrigter Testosteronspiegel gute Wettkampfleistungen. Darüber hinaus sind periphere Hor-

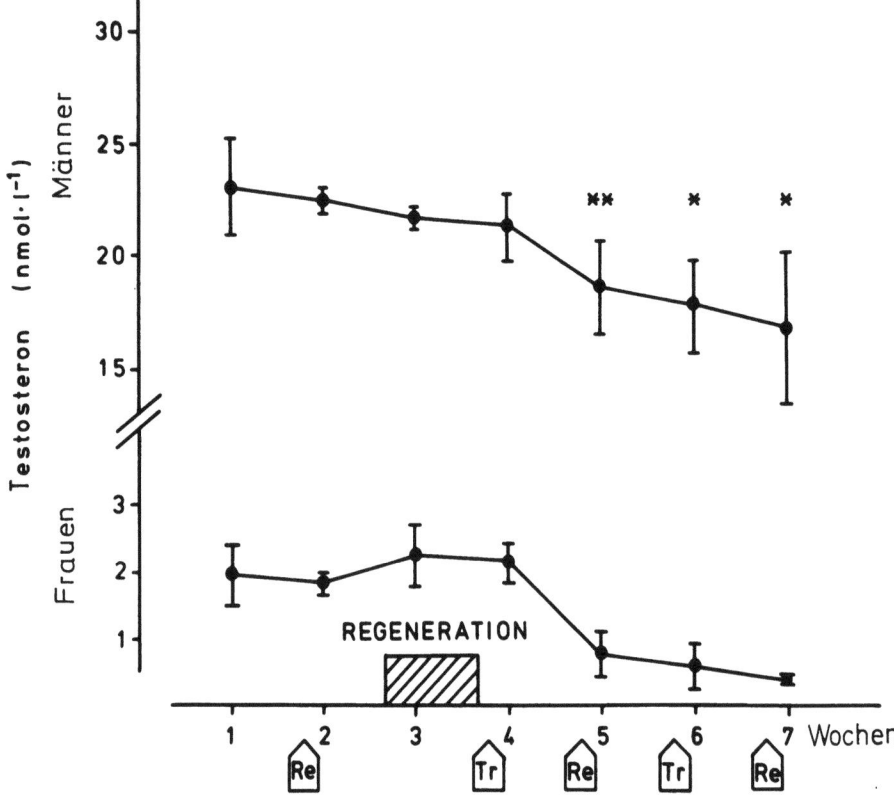

Abb. 4. Verhalten der Testosteronkonzentration im Blut bei Ruderern *(oben)* und Ruderinnen *(unten)* während einer 7wöchigen Trainings- und Wettkampfphase (*Re* Regatta, *Tr* Trainingslager)

monspiegel nur von mangelnder Aussagekraft, wenn nicht gleichzeitig Zahl und Sensitivität der entsprechenden Rezeptoren bekannt sind. Up- und Down-Regulation wurden für zahlreiche Rezeptoren beschrieben. Es ist aber nicht auszuschließen, daß beim Unterschreiten gewisser Grenzkonzentrationen im Blut für Testosteron, freies Testosteron oder den Quotienten Testosteron/Kortisol die Leistungsfähigkeit deutlich abfällt.

Zusammenfassung

Neben Laktat und Herzfrequenz zur unmittelbaren Beurteilung der Belastungsintensität sind Harnstoff und Kreatinkinase die gebräuchlichsten Parameter in der Trainingssteuerung. Als Kenngrößen für die metabolische (Harnstoff) und muskuläre Belastung (Kreatinkinase) sind beide Parameter nicht austauschbar. Die Bestimmung der Katecholamine Adrenalin und Noradrenalin ergibt zusätzlich Hinweise auf die nervale Belastung. Eine Trainingssteuerung über systematische Testosteron- und Kortisolmessungen im Blut scheint prinzipiell möglich zu sein, obwohl momentan noch einige Fragen offen sind. Während der Wettkampfperiode wurde bei Ruderern und Ruderinnen ein zunehmender Abfall der Testosteronkonzentration beobachtet, während in Phasen regenerativen Trainings die Testosteronkonzentration unverändert bleibt oder sogar ansteigt.

Literatur

1. Adlercreutz H, Härkönen M, Kuoppasalmi K et al. (1986) Effect of training on plasma anabolic and catabolic steroid hormones and their response during physical exercise. Int J Sports Med [Suppl] 7:27–29
2. Gillespie CA, Edgerton VR (1970) The role of testosterone in exercise induced glycogen supercompensation. Horm Metab Res 2:364–366
3. Kindermann W (1982) Das sportmedizinische Betreuungssystem im Leistungssport auf Bundes- und Länderebene. Dtsch Z Sportmed 33:336–341
4. Kindermann W, Salas-Fraire O, Sroka G, Müller U (1983) Serumenzymverhalten nach körperlicher Belastung – Abgrenzung von krankheitsbedingten Veränderungen. Herz Kreislauf 15:117–123
5. Lehmann M, Schmid P, Keul J (1985) Plasma catecholamines and blood lactate cumulation during incremental exhaustive exercise. Int J Sports Med 6:78–81
6. Mader A, Hollmann W (1977) Zur Bedeutung der Stoffwechselleistungsfähigkeit des Eliteruderers in Training und Wettkampf. Leistungssport [Beiheft] 7:8–62
7. Meyer M, Rosen F (1975) Interaction of anabolic steroids with glucocorticoid receptor sites in rat muscle cytosol. Am J Physiol 229:1381–1386
8. Steinacker JM, Mischalsky R, Grünert-Fuchs M, Lormes W (1987) Feldtests im Rudern. Dtsch Z Sportmed [Sonderheft] 38:19–26
9. Sutton JR, Coleman M, Casey J, Lazarus L (1973) Androgen responses during physical exercise. Br Med J I:520–522
10. Urhausen A, Müller M, Förster HJ, Weiler B, Kindermann W (1986) Trainingssteuerung im Rudern. Dtsch Z Sportmed 37:340–346
11. Urhausen A, Kullmer T, Kindermann W (1987) A 7-week follow-up study of the behaviour of testosterone and cortisol during the competition period in rowers. Eur J Physiol 56:528–533
12. Urhausen A, Weiler B, Kindermann W (1987) Katecholamin- und Laktatverhalten während mehrstufiger Ruder- und Fahrradergometrie bei Ruderern. In: Rieckert H (Hrsg) Sportmedizin – Kursbestimmung. Springer, Berlin Heidelberg New York, S 699–702

Der Einfluß der Ausdauer auf die 6minütige maximale anaerobe und aerobe Arbeitskapazität eines Eliteruderers

A. Mader, U. Hartmann und *W. Hollmann*

Einleitung

Leistungsphysiologische Tests, auch solche zur Bestimmung der ruderspezifischen maximalen Arbeitskapazität, erlauben nur eine begrenzte Anzahl von Parametern des Energiestoffwechsels bzw. der physiologischen Reaktion des Gesamtkörpers zu messen. Für das Verhältnis von Leistung und metabolischer Belastung oder Ausbelastung wird gemeinhin die maximale Nachbelastungslaktatkonzentration im Ohrkapillarblut als Beurteilungsparameter benutzt. Dies gilt sowohl für die Bestimmung der „Ausdauerleistungsfähigkeit" anhand des Kriteriums einer „anaeroben Schwelle" als auch für die Beurteilung bzw. Abschätzung der „Grenze der Maximalleistung" über das Kriterium der „maximal tolerierbaren Laktatazidose" [6, 7, 8, 9, 11, 12, 14, 15, 19, 20].

Als Maß für die ruderspezifische, auch unter Rennbelastung einsetzbare maximale Leistung wird in Europa die in 6 min auf einem Gjessing-Ruderergometer erreichbare durchschnittliche Maximalleistung (6MML) bestimmt. Für international erfolgreiche Ruderer wird ein unteres Limit von ca. 400 W/6 min als unbedingt notwendig angesehen. Die offiziell oder inoffiziell genannten Höchstleistungen betragen 450–470 W/6 min [6, 19, 25]. Das dabei in den ersten Minuten nach dem Belastungsabbruch aus dem Ohrkapillarblut bestimmte Maximum der Blutlaktatkonzentration repräsentiert sowohl den Grad der Arbeitsazidose als auch den laktaziden Anteil an der 6MML eines Ruderers.

Geht man von der „physiologischen Grenze" der Arbeitsazidose aus, die für kurzdauernde intensive Laufbelastungen (400 m und 800 m) etwa im pH-Bereich um 6,9 und einer korrespondierenden Laktatkonzentration von ca. $21,5 \pm 1,5$ mmol/l liegt [9, 14, 15], werden bei ruderergometrischen Maximaltests so hohe Ausbelastungen, gemessen am Laktat, in der Regel nicht oder nur selten erreicht [7, 12, 14]. Durchschnittlich beträgt das Maximum der Laktatkonzentration nach der 6MML nur $16,0 \pm 2,0$ mmol/l [7], wobei anzunehmen ist, daß anders als bei einem hochklassigen Ruderwettkampf nicht die gleiche Motivation zur Ausbelastung vorhanden ist. Unabhängig von der geringeren Motivation existiert eine Variabilität der Ausbelastbarkeit, gemessen am maximalen Nachbelastungslaktat, die sicher nicht nur motivational erklärbar ist. Eine Extrapolation auf die „erreichbare Leistung bei voller Ausbelastung" über das Laktatleistungsverhältnis ist daher nur bedingt bzw. nicht möglich.

Ein solches Problem existiert dagegen nicht für die Bestimmung der Ausdauerleistungsgrenze anhand des Kriteriums einer „anaeroben Schwelle". Diese ist unabhän-

J. M. Steinacker (Hrsg.)
Rudern
© Springer-Verlag Berlin Heidelberg 1988

gig von der Motivation des Probanden. Zwischen Dauerleistungsgrenze, z. B. bestimmt als Leistung bei 4,0 mmol/l Blutlaktat, und der 6MML existiert ein hoher korrelativer Zusammenhang (R > 0,6). Der Zusammenhang ist jedoch nicht so eng, daß die 6MML im Rahmen der Meßgenauigkeit der Laktatbestimmung vollständig durch die Leistung an der oder an einer anaeroben Schwelle determiniert ist. Dazu ist die verbleibende Variabilität zu groß.

Da es in der Regel nicht entscheidbar ist, ob nach einem 6MML eine bessere als die erzielte Leistung möglich war, muß es andere nicht gemessene oder nicht meßbare Parameter geben, die die maximal mobilisierbare Stoffwechselkapazität limitieren oder deren Begrenzung eindeutig erkennen lassen.

Wenn eine experimentelle Bestimmung bzw. Klärung des Problems nicht möglich ist, kann die Analyse des Verhaltens der nicht meßbaren Parameter z. B. über die Simulation in einem mehr oder weniger komplexen mathematischen Modell erfolgen, das das reale biologische Verhalten hinreichend genau abbildet [4, 16]. Die Abbildung eines realen oder technisch noch zu realisierenden Systems in einem mathematischen Modell und die Simulation seines Verhaltens unter allen denkbaren Bedingungen, ist ein nicht nur notwendiges, sondern auch unverzichtbares Werkzeug zur Analyse solcher Systeme [4, 16].

Bei der Untersuchung des Menschen unter körperlicher Arbeit oder sportlicher Belastung sind der experimentellen Messung sehr enge Grenzen gesetzt, wenn man nicht z. T. unverantwortbare Risiken in Kauf nehmen will. Dies gilt nicht für ein Simulationsmodell. Der „Zusammenbruch der Arbeitsfähigkeit des Modellsystems" beim Erreichen von Grenzsituationen des Energieumsatzes reflektiert im Gegensatz zu demjenigen eines menschlichen Probanden im „Zustand totaler Erschöpfung" sicher sehr viel klarer und exakter die limitierenden Faktoren im Energiestoffwechsel aufgrund der logisch definierten Struktur des Modells und der vollständigen Darstellung des dynamischen Ablaufs aller relevanten Parameter. Sofern im Modell das Verhalten der meßbaren Parameter sowohl im Zeitverlauf (Dynamik) als auch im stationären Bereich (Steady state) quantitativ korrekt berechnet wird und zwischen den „verborgenen" und den „meßbaren" Parametern eine kausale Abhängigkeit existiert, kann daraus geschlossen werden, daß in diesem Fall auch das dynamische Verhalten und die stationäre Einstellung dieser Parameter korrekt berechnet oder simuliert werden.

Wenn sich dann nachweisen bzw. demonstrieren läßt, daß z. B. die Begrenzung der Leistung eindeutig am Verhalten der berechneten Parameter erkennbar ist, kann die Interpretation von experimentellen Befunden durch die Nachsimulation des Verhaltens im Modell „entscheidbarer" gemacht oder die „Ursache der Nichtentscheidbarkeit" aus den „experimentell erfaßbaren Parametern" aufgeklärt werden [15]. Die Nachsimulation eines bestimmten Belastungsverhaltens, das sowohl am Menschen als auch im Tierversuch nur unvollständig experimentell meßtechnisch erfaßbar ist, kann daher sehr wesentlich zur Analyse der funktionalen Abhängigkeit verborgener und meßbarer Parameter und damit zur Lösung oder Klärung offener Fragen beitragen. Da es nicht möglich ist, ein komplexes Modell wie das der Regulation des Energiestoffwechsels in Abhängigkeit von der Kontraktionsleistung im Rahmen dieser Arbeit zu erläutern, können hier nur die Ergebnisse einer Simulation für ruderspezifische Belastungen angewandt auf die 6MML und die Laktatleistungskurve, dargestellt werden.

Bezüglich der Erklärung und Erläuterung der theoretischen Grundlagen des genannten Regulationsmodells des Energiestoffwechsels muß auf andere Publikationen verwiesen werden [17, 18, 21].

Methodik der Simulation und Bestimmung der Parameter für die Simulation

Zur Verwendung im Simulationsmodell müssen reale Meßgrößen, wie die $\dot{V}O_2$ oder die Leistung bezogen auf das Körpergewicht, auf entsprechende Werte je Kilogramm arbeitende Muskelmasse umgerechnet werden. Nimmt man an, daß die Muskelmasse bei Sportlern ca. 45% des Körpergewichts beträgt und davon ca. 80% beim Rudern auch eingesetzt werden, dann ergibt sich ein Umrechnungsfaktor von

$$1/(0,45 \cdot 0,8) = 1/0,36 = 2,8$$

Bei einer real gemessenen $\dot{V}O_2$ für schwergewichtige Ruderer vom Vereinsniveau bis zur Elite von ca. 50–70 ml/min · kg brutto [6, 7, 12, 19, 24, 25] (ca. 45–65 ml/min · kg netto) würde die $\dot{V}O_2$ je kg aktiver Muskelmasse zwischen 126–164 ml/kg · min netto betragen. Die mittlere maximale Leistung am Gjessing-Rudererergometer über 6 min variiert absolut zwischen 300 und 410 W bei einer $\dot{V}O_2$ von 4750 bis ca. 5600 ml/min brutto. Bei einem angenommenen Körpergewicht von 95 kg für den Modellruderer beträgt die relative gewichtsbezogene Leistung dann 3,2–4,3 W/kg. Die Verschiebeleistung für das Körpergewicht von ca. 65 W (= 0,7 W/kg) bei der Schlagzahl 30 S/min ist dabei nicht mitgerechnet, wird aber in der Simulation immer dazuaddiert. Alle weiteren Angaben sind der Tabelle 1 zu entnehmen.

Tabelle 1. Für die Simulation verwendete Annahmen über wichtige Größen

Metabolitgehalte im Muskel (Ruhe)	
ATP	5,1 mmol/kg
PCr	21 mmol/kg
Cr	6 mmol/kg
Laktat	1,8 mmol/kg
pH	7,0
Stoffwechselkapazität	
dLa/dt_{max}	3,0–0,6 mmol/s · kg
$\dot{V}O_{2\ max}$	126–164 ml/min · kg

Im Simulationsmodell werden die Energiebilanzen auf der Ebene des Kreatinphosphatumsatzes (PCr) gerechnet. Die Umrechnung von O_2-Verbrauch bzw. Laktatbildungsrate in das Kreatinphosphatäquivalent kann dem Diagramm der Abb. 1 entnommen werden, das gleichzeitig den Energiefluß darstellt [3, 10]. Zur Simulation des Belastungszeitverlaufs eines rudergometrischen Submaximal- und Maximaltests als Modellinput [U (x, t)] werden 3 e-Funktionen überlagert [21]. Die Lösung der Differentialgleichungen des Modells erfolgt iterativ mittels des Runge-Kutta-Verfahrens. Zur Erfassung der Dynamik der energiebereitstellenden Reaktionen werden folgende Parameter berechnet: der Zeitverlauf der $\dot{V}O_2$, der Laktatbildungsrate (dLa/dt), der Kreatinphosphat- und Adenosintriphosphatkonzentration (PCr,

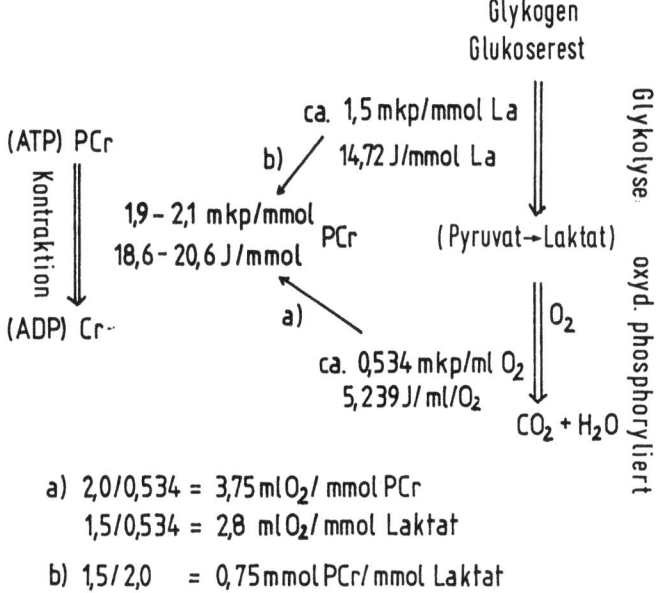

Abb. 1. Energietransfer in einem Energieflußdiagramm. Die Zahlen geben die Umrechnungskoeffizienten der Metaboliten in die jeweiligen Energieäquivalente an. (Nach [2])

ATP). Weiterhin wurden die Zeitverläufe der Laktatkonzentration im Muskel (La$_m$) und Blut (La$_b$) in einem Zweikompartmentmodell [5, 17], sowie des intrazellulären pH-Werts (pH) zur Charakterisierung des internen physikochemischen Milieus berechnet.

Der Vergleich des Verhaltens im Modell mit der Realität erfolgt über die berechnete maximale Nachbelastungslaktatkonzentration im Blut im Verhältnis zur Leistung in Watt nach Rücktransformation in die absolute Leistung am Gjessing-Ergometer. Um mehr als zwei Punkte auf der Laktat-Leistungskurve zu erhalten, wurden ca. 6–9 Belastungsstufen einschließlich der Grenzleistung für eine definierte Stoffwechselkapazität, charakterisiert durch $\dot{V}O_{2max}$ und dLa/dt$_{max}$, berechnet (s. Abb. 7, 8 und 9).

Die Variation der Netto-$\dot{V}O_{2max}$ wurde bereits angegeben. Die Variabilität der laktaziden Stoffwechselkapazität, gemessen an der dLa/dtmax (mmol/s · kg Muskel), entsprach einer normalen laktaziden Stoffwechselkapazität (3,0 mmol/s · kg = ca. 1,0 mmol/l · s Blut), sowie derjenigen einer mittel- und hoch-ausdauertrainierten Person mit reduzierter (1,5 mmol/s · kg = ca. 0,5 mmol/l · s) und stark reduzierter Fähigkeit zur Laktatbildung (0,6 mmol/s · kg = ca. 0,2 mmol/l · s). Bei Simulation des Energiebedarfs für 8 bzw. 6 min je Einzelbelastung wurden die durchschnittlich experimentell bestimmten Energieäquivalente zur Transformation entsprechend Abb. 1 angenommen [3].

Ergebnisse der Simulation

Darstellung der Dynamik der Energiebereitstellung in der Simulation –
allgemeine Aspekte

Die Abb. 2, 3, 5 sowie 9 und 10 zeigen das Verhalten sowohl der Parameter des
Energiestoffwechsels als auch des internen physikochemischen Milieus für eine submaximale im Bereich der anaeroben Schwelle liegende Belastung und für eine maximale erschöpfende Belastung im Muskel. Es ist ersichtlich, daß sich im Falle der
Belastung im Bereich der anaeroben Schwelle entsprechend einem maximalem Lak-
tat-Steady-state eine Konstanz aller Parameter einstellt (Abb. 2). Die relative Konstanz der Laktatkonzentration nach einem anfänglichen Anstieg resultiert aus einem
Gleichgewicht von Bildung und Elimination des Laktats proportional zur Steady-
state-$\dot{V}O_2$ und zum Konzentrationsanstieg des Laktats selbst [18]. Das Maximum des
Nachbelastungslaktats im Blut wird in diesem Falle unmittelbar nach Belastungsabbruch gemessen.

Die Abb. 3 zeigt das Reaktionsmuster einer erschöpfenden Belastung im Bereich
der Leistungsgrenze der Arbeitsmuskulatur. Obwohl noch eine relativ hohe Glykoly-
serate und eine $\dot{V}O_2$ im Bereich des Maximums vorhanden ist, kann die Leistung zum
Ende der Belastung hin nicht mehr aufrechterhalten werden. Die Ursache der Lei-
stungsbegrenzung ist der schleichende Zusammenbruch der ATP-Konzentration als
Folge des Abfalls der PCr-Konzentration auf nahe Null und der damit gegebene
Mangel an Energie am kontraktilen System.

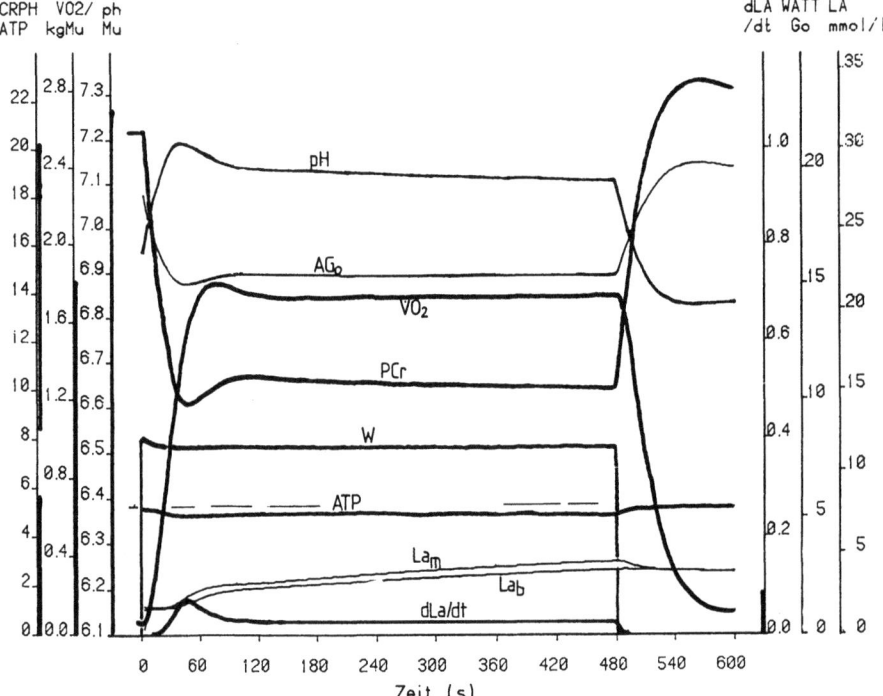

Abb. 2. Dynamik der energiebereitstellenden Reaktionen bei einer submaximalen Belastung, die zu
einem Laktat-Steady state im Bereich der Konzentration von ca. 5 mmol/kg führt

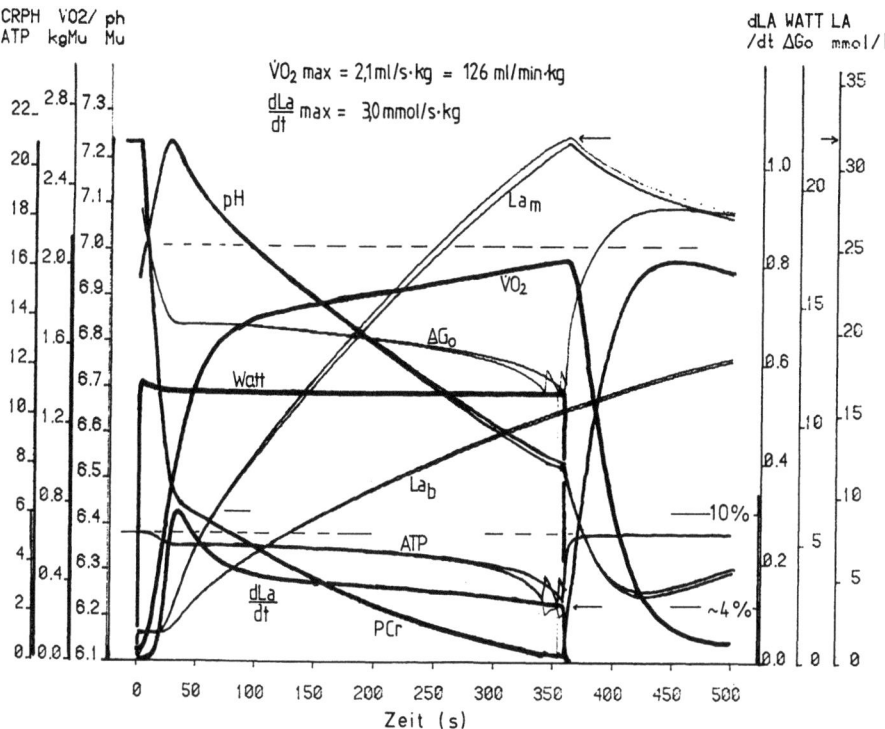

Abb. 3. Dynamik der energiebereitstellenden Reaktionen und des internen physikochemischen Milieus bei Grenzbelastungen bis zum Zusammenbruch des Phosphorylierungspotentials des ATP/PCr-Systems am Belastungsende

Nach dem anfänglich starken Abfall des Kreatinphosphats zur Deckung des O_2-Defizits resultiert der weitere progressive Abfall des PCr's aus zwei Einflüssen:

1. Bei zunehmender intrazellulärer Azidose verschiebt sich das Gleichgewicht der Kreatinkinasereaktion auf die Seite des ATP's [17, 22, 23]. Dies stabilisiert die ATP- auf Kosten der PCr-Konzentration, ermöglicht aber gleichzeitig auch die volle Ausnutzung des PCr-Pools über die zunehmende Azidose.
2. Der trotzdem erfolgende, über die ATP/PCr-Gleichgewichtsverschiebung hinausgehende Abfall der PCr-ATP-Konzentration resultiert aus der Notwendigkeit einer weiteren Atmungs- und Glykolyseaktivierung zur Kompensation eines geringen Energiedefizits gegenüber der Kontraktion. Die Ursache ist wiederum die progressive Hemmung der Glykolyse durch den pH-Abfall als Resultat der Laktatakkumulation [2, 17, 22, 23, 26].

Das relative "Steady state" der Glykolyse bei zunehmender intrazellulärer Azidose läßt sich nur über eine Zunahme der ADP/AMP-Konzentration als aktivierendem Faktor zur Kompensation der pH-bedingten Hemmung bis zum Punkt des Zusammenbruchs der ATP-Konzentration aufrechterhalten [17].

Der schwache weitere Anstieg der ADP-Konzentration bewirkt jedoch auch eine weitere Zunahme der $\dot{V}O_2$ bis nahe an den Bereich der maximalen Oxidationsraten

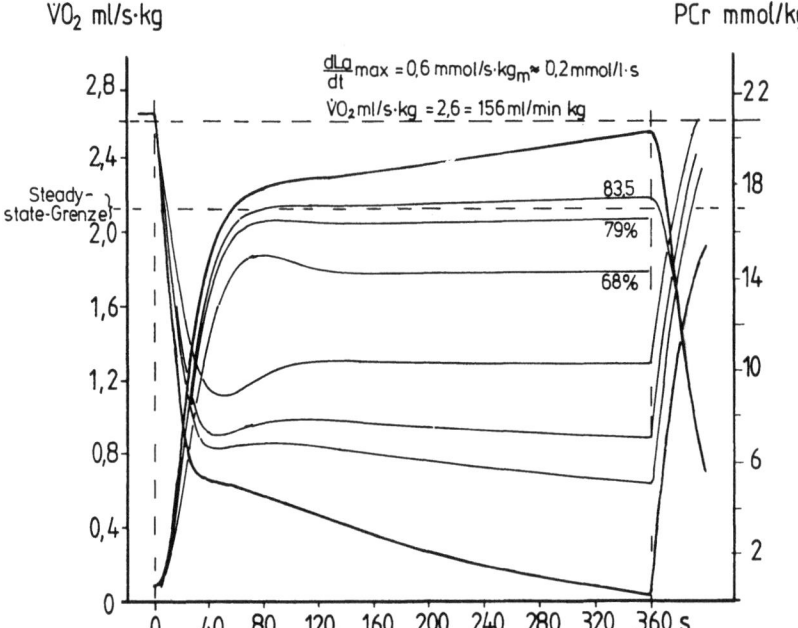

Abb. 4. Dynamik der $\dot{V}O_2$ und der PCr-Konzentration als Funktion submaximaler bis maximaler Belastungen. Der Punkt der Erschöpfung beginnt bei einem PCr-Gehalt nahe Null aus Mangel an energiereichen Phosphaten

der Mitochondrien und ergibt damit auch in der Simulation das im Experiment nachweisbare charakteristische Verhalten der $\dot{V}O_2$ bei konstanter Belastung im Non-steady-state [27]. Das am langsamen Anstieg der $\dot{V}O_2$ erkennbare Non-steady-state resultiert damit aus einem sich langsam entwickelnden Abfall des Phosphorylierungspotentials mit dem Verlust der Fähigkeit, die gegebene Leistung weiter aufrechtzuerhalten.

In einem solchen Zustand gibt es keine „mobilisierbaren autonom geschützten Energiereserven". Die Unfähigkeit, eine gegebene Leistung über einen gegebenen Zeitpunkt hinaus fortsetzen zu können, hat rein energetische Gründe.

Der Übergang vom Steady state zum Non-steady-state ist für eine Laktatleistungskurve in der Abb. 4 für die Belastungszeitverläufe der PCr-Konzentration und der $\dot{V}O_2$ dargestellt.

Die berechnete Laktat-pH-Abhängigkeit entspricht einem muskelbioptisch ermittelten Zusammenhang beider Parameter [23, 26]. Zur Berechnung des Maximums der Blutlaktatkonzentration im Bereich höherer Laktatbildungsraten mußte die Laktatverteilung und Elimination auch in der Nachbelastungszeit berechnet werden, da ein Konzentrationsausgleich bei hoher intrazellulärer Konzentration relativ langsam erfolgt [17, 20]. Das Ergebnis einer solchen Berechnung stimmt gut mit den experimentellen Bestimmungen überein [13]. Das Muster einer solchen Simulation ist in Abb. 5 dargestellt.

Für das verzögerte Auftreten des Laktatmaximums ist einerseits die hohe Konzentrationsdifferenz, andererseits eine Hemmung der Laktatdiffusion durch das Gleich-

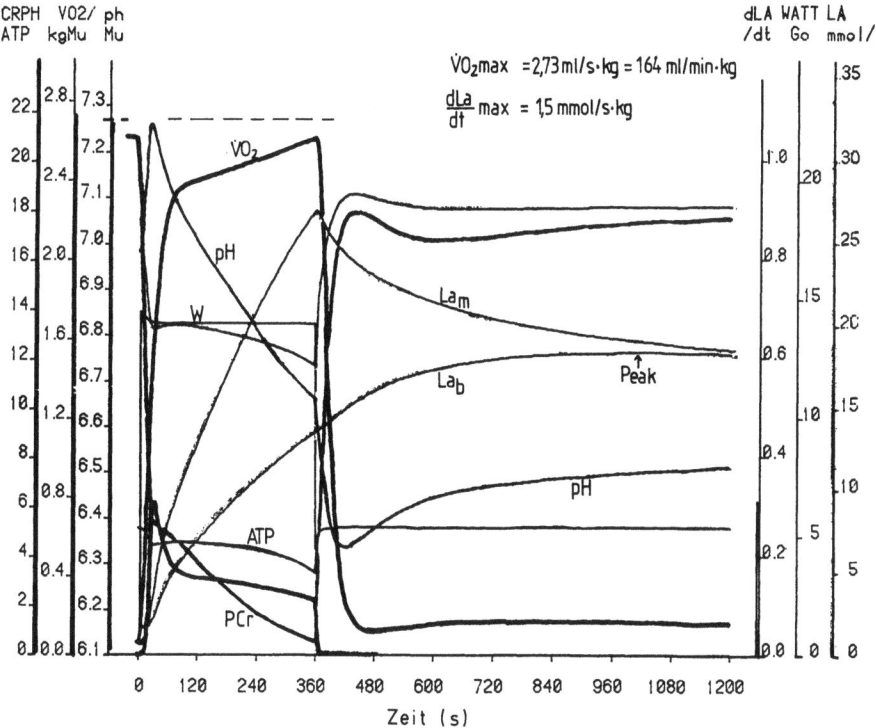

Abb. 5. Maximalbelastung mit Nachbelastungszeitverlauf aller Simulationsparameter. Die Rephosphorylierung des PCr's auf den Ruhewert ist als Folge der intrazellulären Azidose verzögert

gewicht der H^+-Ionenkonzentration zwischen Intra- und Extrazellularraum verantwortlich [17]. Da die Pufferkapazität des Blutes insgesamt nur etwa halb so groß wie die des Muskels ist, gleicht sich die H^+-Ionenkonzentration schneller aus als die Konzentration des Laktatanions [23]. Der Laktatanionen-Efflux wird daher bei höherer Blutlaktatkonzentration zur Wahrung der Elektroneutralität gebremst.

Darstellung der Simulationsergebnisse im Laktat-Leistungsdiagramm

Das Ergebnis der Simulation zeigt einen zur Realität vergleichbaren Anstieg der Laktat-Leistungskurve oberhalb von 4,0 mmol/l Blutlaktat unabhängig von der Leistungsfähigkeit (Abb. 7). Die Darstellung im Laktat-Leistungsdiagramm erlaubt den Vergleich von maximaler Blut- und Muskellaktatkonzentration von submaximaler bis maximaler Belastung (Abb. 6). Es ist ersichtlich, daß bis zu 4–6 mmol/l Blutlaktat wegen des sich entwickelnden Bildungs-Eliminationsgleichgewichts und der damit verbundenen praktisch konstanten Konzentration im Muskel die Konzentrationsunterschiede zwischen Blut und Muskel klein bleiben. In diesem Bereich ist das Blutlaktat bei mehr als 5 min dauernden konstanten Belastungen ein guter Indikator für die im Muskel vorhandene Laktatkonzentration.

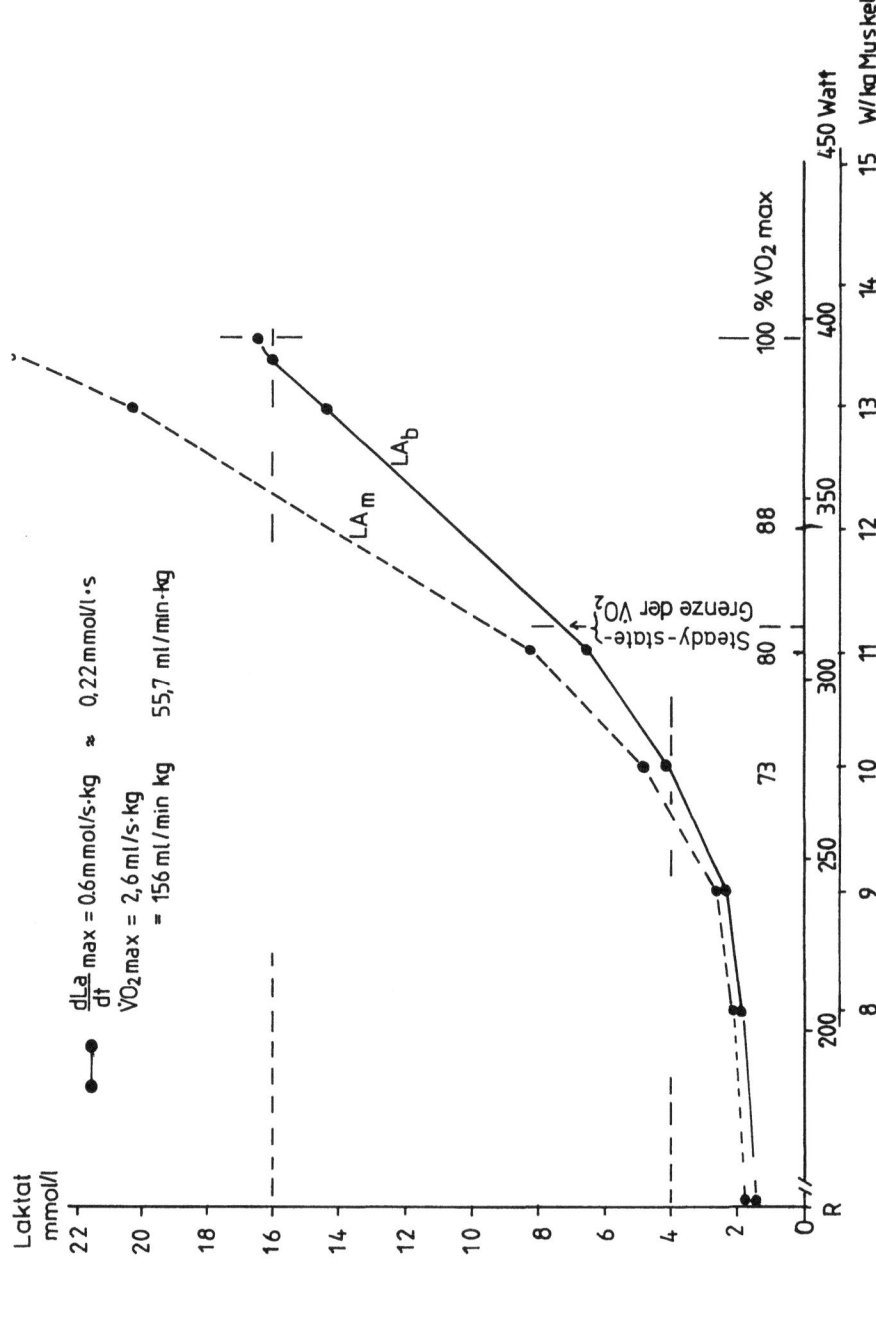

Abb. 6. Differenz von maximaler Muskel- und Blutlaktatkonzentration als Funktion der Leistung. Mit der Zunahme der Leistung und damit der Netto-Laktatbildung wächst die Differenz zwischen Blut- und Muskellaktat

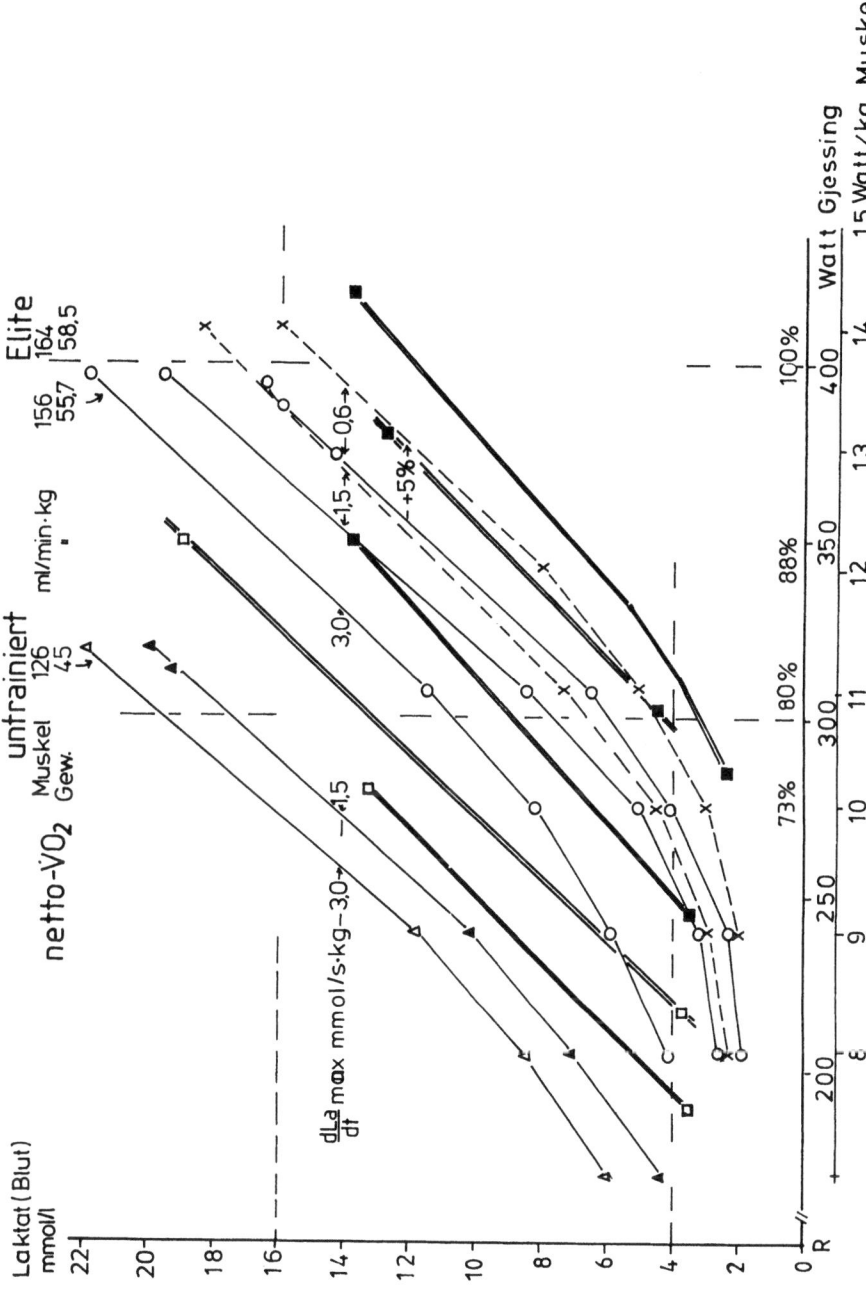

Abb. 7. Laktat-Leistungsverhalten in der Simulation im Vergleich mit dem real beobachtbaren Verhalten bei hohen Leistungsniveau bis zum Durchschnitt von Eliteruderern mit dem für internationale Regatten für erforderlich gehaltenen Leistungsniveau im 6-min-Maximaltest. Die real gemessenen Testgeraden des Zweistufentests sind durch Doppellinien gekennzeichnet

Bei hoher Laktatbildungs- und -akkumulationsrate weichen Muskel- und Blutlaktatkonzentration während und unmittelbar nach Belastung erheblich bzw. zunehmend voneinander ab. Im Bereich niedriger maximaler Muskel- und Blutlaktatkonzentrationen ist die Abhängigkeit zwischen Laktat und Leistung nichtlinear; ab ca. 6 mmol/l Blutlaktat dagegen nahezu linear. Das Ergebnis der Simulation des Laktatleistungsverhaltens entspricht den Ergebnissen realer Untersuchungen insofern, als auch in der Simulation die Lage der Laktatleistungskurve und damit die maximale Leistung in sehr hohem Maße von der $\dot{V}O_{2max}$ abhängt (Abb. 7 und 8). Wenn man die Laktat-Leistungskurve für eine $\dot{V}O_{2max}$ von 126 ml/min · kg Muskel (= 45,0 ml/min · kg KG) und eine dLa/dt_{max} von 3,0 bzw. 1,5 mmol/s · kg berechnet, erhält man ein typisches Ergebnis für einen Ruderer mit Vereinsniveau (Abb. 7).

Die Halbierung der laktaziden Stoffwechselkapazität verbessert das Ergebnis bezüglich der Lage der Laktat-Leistungskurve zwar sichtbar, jedoch wird die 6MML nicht verbessert.

Eine Leistung von 390–400 W (13,7 W/kg Muskel) bei vergleichsweise sehr hoher Ausbelastung 22 mmol/l wird bei einer Netto-$\dot{V}O_{2max}$ von 156 ml/min · kg Muskel (= 56 ml/min · kg KG) und normaler laktazider Leistung erreicht. Die Leistung an der 4,0-mmol/l-Schwelle liegt knapp über 200 W. Ein solches Laktat-Leistungsverhalten wird real wahrscheinlich deswegen nicht beobachtet, weil die sich sehr frühzeitig im Belastungsverlauf entwickelnde sehr hohe allgemeine Azidose einen weiteren schweren Belastungsfaktor darstellt, der eine Herabsetzung der Leistung erzwingt. Eine Halbierung der laktaziden Leistung führt zu einer hohen Ausbelastungslaktatkonzentration von ca. 18 mmol/l bei einer „Schwellenleistung", gemessen an 4,0 mmol/l, von ca. 250 W. Diese entspricht grob gesprochen der real beobachtbaren Laktat-Leistungskurve von Ruderern der nationalen Spitze an der unteren Grenze zum international für erforderlich gehaltenen Niveau mit noch wenig entwickelter Ausdauer. Erst die Abnahme der Fähigkeit zur Laktatbildung auf ein Fünftel ergibt das Laktat-Leistungsverhalten entsprechend dem durchschnittlichen Niveau eines Eliteruderers mit einer 4,0-mmol/l-Schwelle von 285 W und knapp 400 W bei 16 mmol/l maximalem Laktat. Daß die Leistung nicht besser als 400 W sein kann, ist aus der Laktat-Leistungskurve allein weder in der Simulation noch in der Realität erkennbar.

Als Ergebnis der Simulation ist feststellbar, daß allein die Reduzierung der laktaziden Leistungsfähigkeit auf 20% bei angenommener Konstanz der maximalen O_2-Aufnahme eine Verschiebung der Laktat-Leistungskurve um ca. 40–50 W für gleiches Laktat hervorrufen kann, ohne daß sich hierdurch die maximale Leistung, bestimmt an einem PCr-Gehalt nahe Null, nennenswert verbessert oder ändert. Dies bedeutet eine Änderung der Proportion der Energiebereitstellung im arbeitenden Muskel zu Gunsten der aeroben Stoffwechselleistung. Erhöht man dagegen die $\dot{V}O_{2max}$ um ca. 5% von 56 auf 58,5 ml/min · kg KG, so ist der Effekt auf die Lage der Laktat-Leistungskurve ebenso groß, wie derjenige, der aus der Halbierung der laktaziden Leistung resultiert (Abb. 8), jedoch verbessert sich auch die 6MML deutlich.

Als Ergebnis läßt sich feststellen, daß es offenbar zwei Möglichkeiten für eine Verbesserung der Ausdauer gibt, die aus der Laktat-Leistungskurve selbst nicht differenzierbar sind, aber offensichtlich darüber entscheiden, in welchem Maße sich die maximale Leistung verbessert. Ist nur die Fähigkeit des Muskels zur Laktatbildung reduziert, nimmt die 6MML nicht oder nur unwesentlich zu oder bei erheblicher Reduzierung der laktaziden Stoffwechselkapazität sogar ab. Resultiert dagegen die

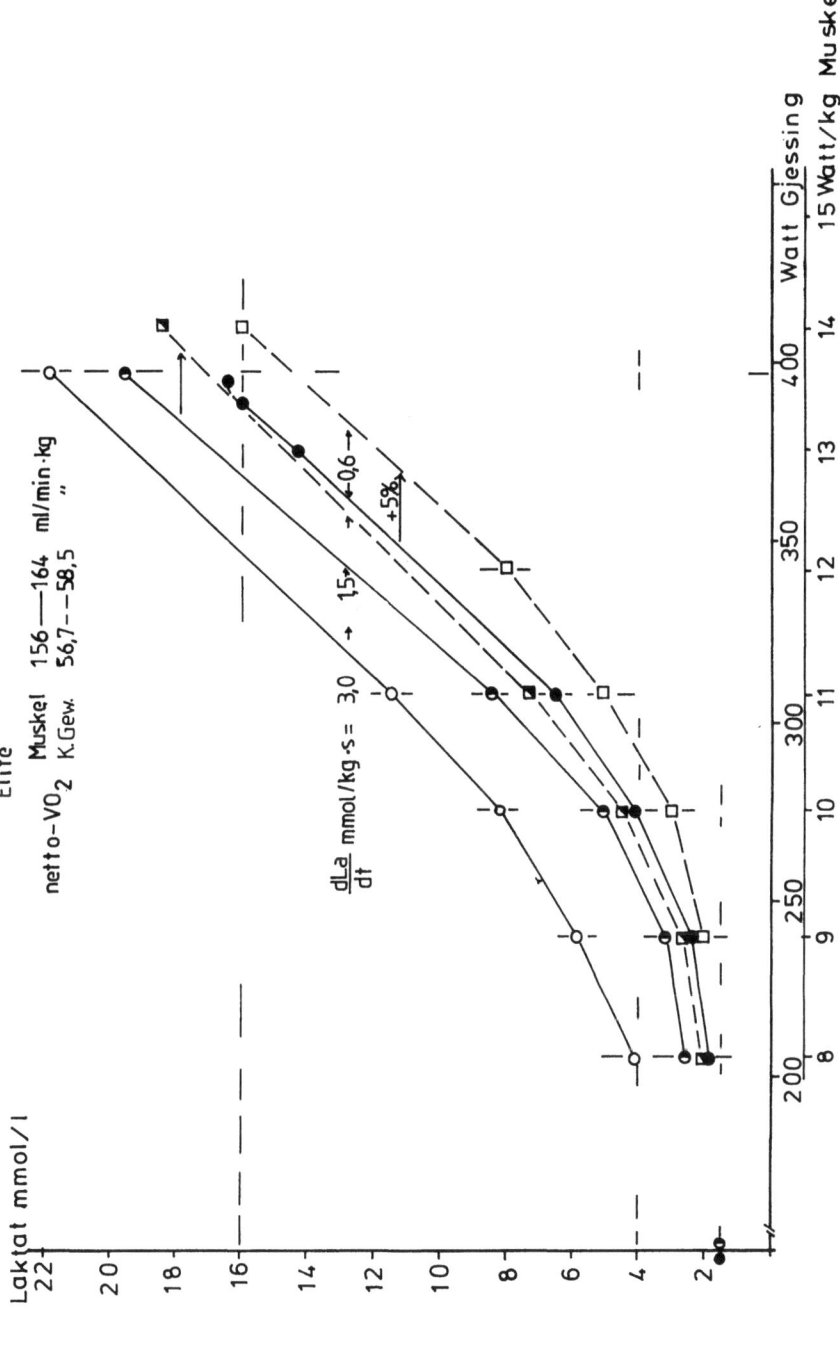

Abb. 8. Laktatleistungsverhalten von Eliteruderern in der Simulation bei Variation der laktaziden Leistungsfähigkeit und konstanter $\dot{V}O_{max}$, sowie Erhöhung der $\dot{V}O_{2\ max}$ um 5%

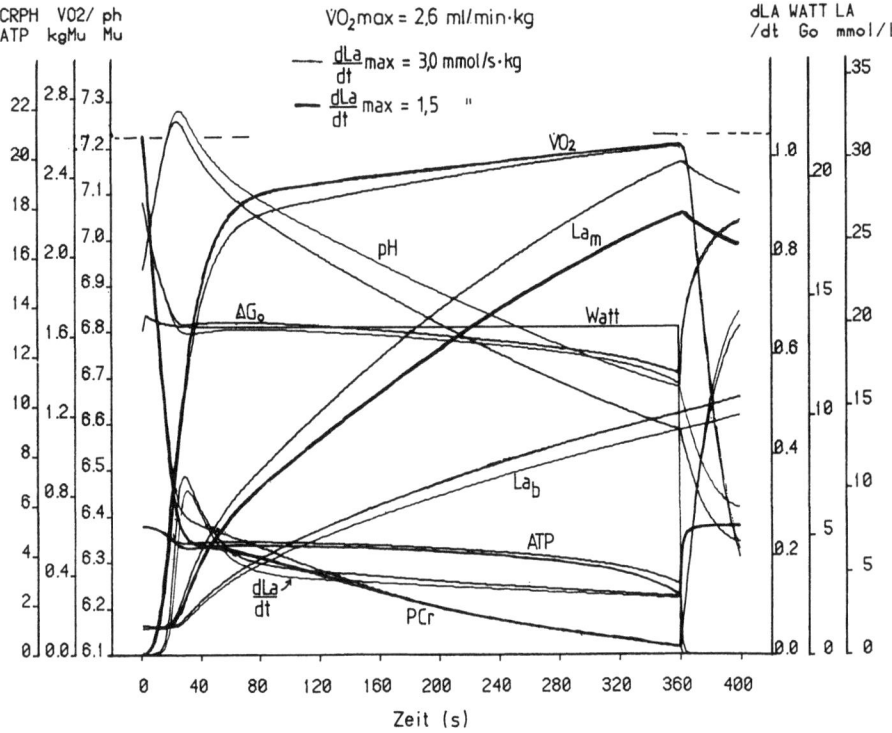

Abb. 9. Vergleich der Belastungsdynamik bei maximaler Leistung, gleicher $\dot{V}O_{2max}$ und halbierter glykolytischer Leistung

Rechtsverlagerung der Laktat-Leistungskurve aus einer größeren $\dot{V}O_{2max}$, so ist auch die 6MML größer, obwohl auch die maximal erreichbare Laktatkonzentration im Muskel und im Blut abnehmen kann. Die Ursache der Rechtsverschiebung der Laktat-Leistungskurve bei gleicher $\dot{V}O_{2max}$, aber halbierter laktazider Leistung läßt sich in der Simulation am Vergleich des dynamischen Verhaltens von $\dot{V}O_2$ und Laktatbildungsrate während der Belastung erkennen (Abb. 9).

Die bei gleicher Leistung geringere Laktatbildungsrate bei halbierter laktazider Leistung führt zu einer schnelleren Aktivierung der $\dot{V}O_2$ und damit zu einer insgesamt höheren O_2-Aufnahme während der Belastungszeit. Auch dieses Verhalten ist aus experimentellen Untersuchungen bekannt. Hochausdauertrainierte Ruderer oder Athleten erreichen die $\dot{V}O_{2max}$ häufig bereits während der 60. und 90. Sekunde der Belastung, ohne weiteren nennenswerten Anstieg während der Belastung [6, 9]. Dagegen ist bei Nichtausdauertrainierten die Phase des schnellen Anstiegs der $\dot{V}O_2$ verlangsamt und die $\dot{V}O_{2max}$ wird, wenn überhaupt, erst am Ende der Belastung erreicht [27].

Daß der Effekt einer Rechtsverschiebung der Laktat-Leistungskurve mit Herabsetzung des maximalen Nachbelastungslaktats bei höherer 6MML keinesfalls immer als Verminderung der glykolytischen Leistung interpretiert werden kann, läßt sich wiederum am Vergleich der Simulationsergebnisse bei angenommener gleicher glykolytischer Leistung, aber hoher und niedriger $\dot{V}O_{2max}$ nachweisen (Abb. 10). Bei im

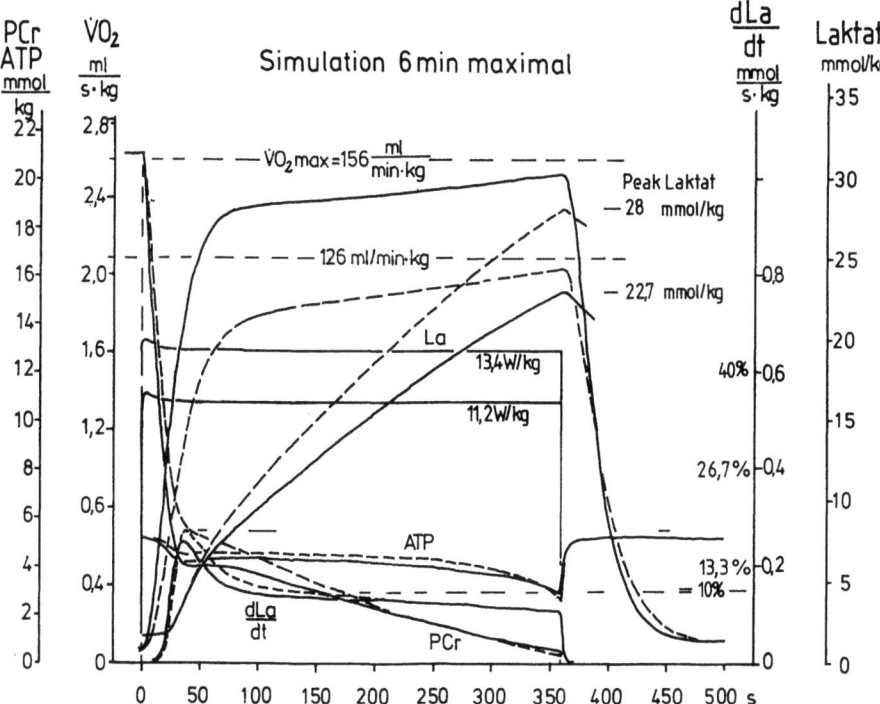

Abb. 10. Vergleich der Parameterzeitverläufe der 6MML bei differenter $\dot{V}O_{2max}$ aber gleicher dLa/dt$_{max}$. Bei höherer $\dot{V}O_{2max}$ wird trotz annähernd gleicher Laktatbildung während der Belastung weniger Laktat akkumuliert

Zeitverlauf fast gleicher Laktatbildungsrate und angenommener gleicher laktazider Leistung wird im Falle der hohen $\dot{V}O_{2max}$ sehr viel weniger Laktat während der Belastungszeit akkumuliert. Die Ursache ist die höhere Laktatoxidation in den Mitochondrien durch die höhere O_2-Aufnahme, die bei hoher intrazellulärer Laktatkonzentration nur Laktat bzw. Pyruvat verbrennen [17, 22]. Da die Nettolaktatbildungsrate aus der Brutto-Laktatbildung abzüglich der $\dot{V}O_2$-proportionalen Laktatelimination resultiert, ist die Menge des akkumulierten Laktats dann sehr deutlich unterschiedlich, wenn die 6MML und damit auch die hierzu notwendige $\dot{V}O_{2max}$ erheblich differieren.

Die Simulation zeigt einige weitere Fakten sehr deutlich. Die normalerweise vorhandene maximale glykolytische Leistung des Skelettmuskels kann bei einer 6MML nur zu 10% bis höchstens 15% ausgenutzt werden (s. Abb. 3 und 10). Die Begrenzung ergibt sich aus dem Akkumulationslimit für Laktat im Bereich von ca. 35 mmol/kg Muskelnaßgewicht [9, 13, 23, 26]. Der intrazelluläre pH ist dann auf ca. 6,4–6,35 abgefallen [9, 23, 26], und die maximale Restaktivität der Glykolyse beträgt ebenfalls nur noch 10–15% des Maximums [2, 26]. Um sie vollständig auszuschöpfen, müßte der ATP-Bestand auf unter 50% abgefallen sein [2, 17, 22, 26].

Dies ist nach allen bisher vorliegenden experimentellen Untersuchungsergebnissen am Muskel in vitro und in vivo mit einem drastischen Abfall der Kontraktionskraft und damit der mechanischen Leistung aus Mangel an ATP verbunden [2, 23, 26].

Für eine optimale Proportion der Energiebereitstellung während einer 6MML ist eine normale dLa/dt_{max} entsprechend ca. 1,0 mmol/l · s eindeutig ungünstig, da die Ausnutzung der maximalen oxidativen Stoffwechselkapazität verhindert wird. Das Optimum dürfte bei etwas weniger als der Hälfte liegen (dLa/dt_{max} ca. 0,5–0,4 mmol/l · s = 32 mmol/l · min). Nimmt die Fähigkeit des Muskels, Laktat zu bilden, weiter ab, kann die laktazide Arbeitskapazität nicht mehr ausgenutzt werden. Trotz geringerem intrazellulären Laktat versagt der Muskel bereits bei niedrigerer Leistung, da ein niedriger Betrag an ATP-Bildung aus der Glykolyse fehlt. Die höhere Ausnutzung der aeroben Kapazität kann diesen Verlust nur z. T. kompensieren.

Abschließende Bemerkungen

Das Verhältnis von Laktat und Leistung ist ein sehr empfindlicher Indikator für trainingsbedingte Änderungen der metabolischen Komponenten der sportlichen Leistung. Es reflektiert zum einen das Verhältnis von laktazider zu aerober Kapazität und stellt damit ein gewisses Maß für die Höhe der aeroben Kapazität dar. Der Effekt eines Rudertrainings, speziell eines Ausdauertrainings, besteht i. allg. in der Verschiebung der Laktatleistungsgeraden nach rechts in den Bereich höherer Leistung [7, 19]. Bei gleicher oder relativ gleicher Ausbelastung, gemessen am maximalen Nachbelastungslaktat, kann eine solche Verschiebung der Laktatleistungsgeraden uneingeschränkt als Steigerung der maximalen metabolischen Arbeitskapazität interpretiert werden.

Eine solche Interpretation ist zumindest dann problematisch, wenn eine Rechtsverschiebung der Laktatleistungskurve trotz hoher Motivation keine bessere Maximalleistung ergibt, weil die erzielbare „Ausbelastung gemessen am Laktat" reduziert ist. In diesem Falle hat der laktatfreie $\dot{V}O_2$-Anteil an der $\dot{V}O_{2max}$ zugenommen, die maximale oxidative Kapazität gemessen an der $\dot{V}O_{2max}$ jedoch nicht [1, 18]. Einer zweifelsfrei nachweisbaren höheren Dauerleistungsfähigkeit steht keine Steigerung der Maximalleistung gegenüber. Bei Ausschluß anderer die Laktatbildung beeinträchtigender Faktoren kann auf eine zu niedrige glykolytische Leistung geschlossen werden. Die Ausdauer ist dann zumindest für die Wettkampfleistung im Rudern zu extrem. Das dazu konträre Verhalten einer relativ schlechten Ausdauerleistung, verbunden mit einer relativ hohen maximalen Leistungsfähigkeit, die über eine hohe Ausbelastbarkeit (d. h. eine hohe bis maximale Laktatazidose) erreicht wird, repräsentiert den nicht genügend ausdauertrainierten Ruderer.

Da es wenig wahrscheinlich ist, daß im Prozeß eines ruderspezifischen Ausdauertrainings nur die laktazide Stoffwechselleistung reduziert oder nur die aerobe gesteigert wird, führt ein solches Training i. allg. sowohl zu einer Steigerung der aeroben Stoffwechselleistung als auch zur Optimierung der Proportion von laktazider zu aerober Leistung durch Abnahme der Glykolyseleistung. Man muß daher nur in dem Extremfall gleicher oder reduzierter 6MML trotz rechtsverschobener Laktatleistungskurve davon ausgehen, daß die Ausdauerentwicklung so groß ist, daß sie das wettkampfspezifische Leistungsvermögen herabsetzt. Auch wenn man die genannten Grenzfälle außer acht läßt, bleibt festzustellen, daß innerhalb gewisser Grenzen das Verhältnis von laktazider und aerober Energiebereitstellung variabel ist, wobei auf experimentellem Wege aus der 6MML nicht bestimmt werden kann, welches die jeweils limitierenden Bedingungen z. B. für die fehlende laktazide Ausbelastbarkeit sind. Bei einem solchen nicht entscheidbaren Problem besteht oft die Tendenz, dieses für die praktischen Bedürfnisse durch „konventionale Erklärungen" zumindest auszugrenzen.

In der Folge wird für die praktische Interpretation leistungsdiagnostischer Befunde das Problem selbst sehr häufig durch nicht gerechtfertigte Vereinfachungen scheinbar gelöst. Dies gilt z. B. für die Erklärung, daß jede Verbesserung der Ausdauerleistungsfähigkeit auch eine Steigerung der für einen sportlichen Wettkampf einsetzbaren Gesamtstoffwechselkapazität darstellt. Sie ergibt sich automatisch, wenn man jede Verschiebung der Laktatleistungskurve nach rechts als Verbesserung der aeroben metabolischen Kapazität interpretiert. Tatsächlich wäre eine solche Behauptung nur dann halbwegs begründet, wenn zwischen Maximalleistung und der Ausdauerleistungsgrenze, z. B. bestimmt als Leistung beim Erreichen von 4,0 mmol/l eine höhere Korrelation als R = 0,95 existieren würde, was nachweislich nicht der Fall ist. In diesem Falle könnte man getrost auf den 6-min-Maximaltest verzichten.

Abkürzungen

W	=	Watt
W/kg	=	Watt/kg
ADP	=	Adenosindiphosphat (mmol/kg)
ATP	=	Adenosintriphosphat (mmol/kg)
AMP	=	Adenosinmonophosphat (mmol/kg)
PCr	=	Kreatinphosphat (mmol/kg)
Cr	=	Kreatin (mmol/kg)
La_b	=	Laktat im Blut (mmol/l)
La_m	=	Laktat im Muskel (mmol/kg)
pH_2	=	intrazellulärer pH der Muskelzelle
Netto-$VO_{2\,max}$	=	leistungsabhängige maximale O_2-Aufnahme ml/min bzw. ml/min · kg
dLa/dt_{max}	=	maximale Glykolyse bzw. Laktatbildungsrate mmol/kg · s (Muskel) bzw. mmol/l · s (bezogen auf die Änderung der Blutkonzentration)
6MML	=	6-min-Maximalleistung

Literatur

1. Åstrand PO, Rodahl K (1977) Textbook of work physiology, 2nd edn. McGraw-Hill, New York
2. Danforth WH (1965) Activation of glycolytic pathway in muscle. In: Chance B, Estabrook RW, Williamson JR (eds) Control of energy metabolism. Academic Press, New York
3. Di Prampero PE (1981) Energetics of muscular exercise. Rev Physiol Biochem Pharmacol 89:144–222
4. Dorf RC (1983) Modern control systems. Addison-Wesley, Reading, Massachusetts
5. Freund H, Gendry P (1978) Lactate kinetics after short strenuous exercise in man. Eur J Appl Physiol 39:123
6. Hagerman FC, Connors MC, Gault JA, Hagermann GR, Plolinski WJ (1978) Energy expenditure during simulated rowing. J Appl Physiol 45 (1):87
7. Hartmann U (1987) Querschnittuntersuchungen an Leistungsruderern im Flachland und Längsschnittuntersuchungen an Eliteruderern in der Höhe mittels eines zweistufigen Tests auf einem Gjessing-Ruderergometer. Hartung-Gorre Verlag, Konstanz
8. Heck H, Mader A, Hess G, Mücke S, Müller R, Hollmann W (1985) Justification of the 4-mmol/l lactate threshold. Int J Sports Med 6:117–130
9. Hermansen L, Osnes JB (1972) Blood and muscle pH after maximal exercise in man. J Appl Physiol 32:304

10. Hickson RG, Bomze HA, Holloszy JO (1978) Faster adjustment of O_2 uptake to the energy requirement of exercise in the trained state. J Appl Physiol 44(6):877–881
11. Hollmann W, Hettinger T (1980) Sportmedizin – Arbeits- und Trainingsgrundlagen. 2. Aufl., Schattauer, Stuttgart
12. Howald H (1977) Objektive Leistungsmessung im Rudern. Schweiz Rudersport 1(4):1
13. Karlsson J (1971) Lactate and phosphagen concentrations in working muscle of man. Acta Physiol Scand (Suppl) 81:358
14. Kindermann W, Huber G, Keul J (1973) Säure-Basen-Haushalt und Laktatspiegel im arteriellen Blut bei Ruderern nach olympischen Wettkämpfen. Med Welt 24:1176–1178
15. Kindermann W, Keul J (1977) Anaerobe Energiebereitstellung im Hochleistungssport. Hofmann, Schorndorf
16. Kohlas J (1978) Simulation auf dem Digitalrechner. In: Schneider B, Ranft U (Hrsg) Simulationsmethoden in der Biologie. Springer, Berlin Heidelberg New York
17. Mader A (1984) Eine Theorie zur Berechnung der Dynamik und des steady state von Phosphorylierungszustand und Stoffwechselaktivität der Muskelzelle als Folge des Energiebedarfs. Habilitationsschrift, Köln
18. Mader A, Heck H (1986) A theory of the metabolic origin of "Anaerobic Threshold". Int J Sports Med 7 (Suppl 1):45–65
19. Mader A, Hollmann W (1977) Zur Bedeutung der Stoffwechselleistungsfähigkeit des Eliteruderers im Training und Wettkampf. Leistungssport (Suppl) 9:9
20. Mader A, Heck H, Föhrenbach R, Hollmann W (1979) Das statische und dynamische Verhalten des Laktats und des Säure-Basen-Status im Bereich niedriger bis maximaler Azidosen bei 400- und 800-m-Läufern bei beiden Geschlechtern nach Belastungsabbruch. Dtsch Z Sportmed 7:203
21. Mader A, Heck H, Liesen H, Hollmann W (1983) Simulative Berechnungen der dynamischen Änderungen von Phosphorylierungspotential, Laktatbildung und Laktatverteilung beim Sprint. Dtsch Z Sportmed 34(1):14
22. McGilvery RW (1973) The use of fuels for muscular work. In: Howald H, Poortmans JR (eds) Metabolic adaptation to prolonged physical exercise. Proc of the Second International Symposium on Biochemistry of Exercise. Magglingen/Schweiz
23. Sahlin K (1978) Intracellular pH and energy metabolism in skeletal muscle of man with special reference to exercise. Acta Physiol Scand (Suppl) 103:455
24. Secher NH (1983) The physiology of rowing. J Sports Sci 1(1):23
25. Secher NH, Vaage O, Jensen K, Jackson RC (1983) Maximal aerobic power in oarsman. Eur J Appl Physiol 51(2):155
26. Spriet LL, Soederlund K, Bergstroem M, Hultmann E (1987) Anaerobic energy release in skeletal muscle during electrical stimulation in men. J Appl Physiol 62(2):611–615
27. Whipp P, Wasserman JK (1972) Oxygen uptake kinetics for various intensities of constant load work. J Appl Physiol 33:351–356

Arbeitswirkungsgrad und ventilatorische anaerobe Schwelle bei spezifischer und nichtspezifischer Belastung bei hochtrainierten Ruderern

V. Bunc, J. Leso und *J. Heller*

Einleitung

Aus diagnostischen und trainingspraktischen Gründen hat die Ermittlung der Dauerleistungsfähigkeit eine wesentliche Bedeutung gewonnen. Im Mittelpunkt des Interesses stehen dabei Änderungen im Stoffwechsel des Skelettmuskels, die den Übergang von der Energiebereitstellung auf aerobem Wege zur anaeroben Glykolyse charakterisieren [3, 8]. Zur Messung des aerob-anaeroben Übergangs, dessen Kenntnis für die Steuerung des Trainings von besonderer Wichtigkeit ist, können im Labor Atemgrößen bestimmt werden [5].

Neben den absoluten Werten von $\dot{V}O_2$, Herzfrequenz und Belastungsintensität, die für die Steuerung und Beurteilung der Trainingsbelastung wichtig sind, ist auch die Berechnung von Anteilen der maximalen Parameter, wie die $\dot{V}O_2$ an der anaeroben Schwelle sinnvoll [3, 4, 8]. Für Untrainierte liegt die aerob-anaerobe Schwelle bei 60–70% der maximalen $\dot{V}O_2$, bei hochtrainierten Sportlern dagegen bei 80–90% der $\dot{V}O_{2max}$ [3, 4, 8].

Zur *Beschreibung* der Adaptation auf Belastung wird der Arbeitswirkungsgrad (AWG) als Quotient von mechanischer Leistung und Arbeitsumsatz definiert. Der theoretisch höchste AWG der Muskulatur beträgt 30–40% [1, 3, 8].

Das Ziel unserer Arbeit ist die Beurteilung des Einflusses von spezifischer und nichtspezifischer Belastung auf die Werte der anaeroben Schwelle und auf den AWG bei hochtrainierten Ruderern.

Methodik

Die hochtrainierten Ruderer wurden im Labor auf dem Fahrradergometer (nichtspezifische Belastung) und auf dem Ruderergometer (spezifische Belastung) untersucht. Die anthropometrischen Daten und ausgewählte maximale physiologische Daten sind in der Tabelle 1 aufgeführt.

Die ergometrische Belastung erfolgte auf dem Fahrradergometer (Jaeger), die Angangsbelastung betrug bei Herzfrequenz 170/min plus 20 W, und die Belastung wurde um 20 W/min pro 1 min gesteigert bis zur subjektiven Erschöpfung. Bei der Ruderergometrie (Gjessing) betrug die Anfangsbelastung 70% der maximalen Belastung, und wurde um 20 W/min gesteigert bis zur subjektiven Erschöpfung.

Ergospirometrische Meßwerte wurden im offenen System in 30-s-Intervallen bestimmt (Ergopneumotest Dataspir I, Jaeger).

J.M. Steinacker (Hrsg.)
Rudern
© Springer-Verlag Berlin Heidelberg 1988

Tabelle 1. Anthropometrische Daten und maximale Sauerstoffaufnahme ($\dot{V}O_{2max}$), Herzfrequenz (HF_{max}) und Belastung (P_{max}) bei Fahrradergometrie (FE) und Ruderergometrie (RE) von 15 Ruderern (Mittelwerte und Standardabweichungen)

	FE		RE	Stat. Vergl.
n		15		
Alter (Jahre)		25,70 3,54		
Gewicht (kg)		88,00 7,49		
Größe (cm)		189,90 4,93		
$\dot{V}O_{max}$ ($l \cdot min^{-1}$)	5,25 0,41		5,14 0,16	n.s.
HF_{max} (min^{-1})	196,90 17,80		179,20 11,03	p < 0,05
P_{max} (W)	420,90 25,61		324,56 18,34	p < 0,01

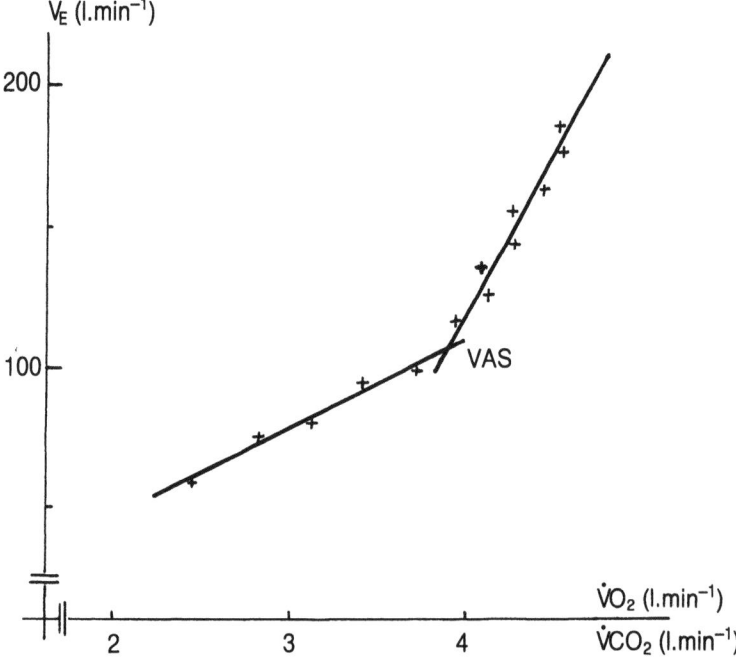

Abb. 1. Bestimmung der ventilatorischen anaeroben Schwelle durch das lineare Zweikompartementmodell aus ergospirometrischen Meßwerte

Die anaerobe Schwelle – ventilatorische anaerobe Schwelle (VAS) wird über ein lineares Zweikompartementmodell zur Beschreibung des Verhaltens der halbminütig gemessenen Meßpaare von Atemminutenvolumen und $\dot{V}O_2$ oder CO_2-Abgabe in einem linearen Koordinatensystem bestimmt (Abb. 1).

Wenn die Anfangsbelastung 60–70% $\dot{V}O_{2max}$ ist und wenn die Steigerung der Belastung aerob erfolgt (die Stufenhöhe beträgt in $\dot{V}O_2$/kg etwa 6–8 ml $\cdot$ kg^{-1} $\cdot$ min^{-1}), dann stimmen die Werte bei der VAS – der individuellen anaeroben Schwelle aus der Messung der Laktatkonzentration überein [4].

Der AWG wurde an der VAS berechnet [3].

Ergebnisse

Die ausgewählten Werte der maximalen physiologischen Parameter sind in der Tabelle 1 dargestellt. Alle Werte sind bei der Fahrradergometrie höher als bei der Ruderergometrie. Die Unterschiede sind wesentlich für die Herzfrequenz (p < 0,05) und für maximale Belastung (p < 0,01).

Die ausgewählten Werte der physiologischen Parameter bei der VAS und Werte des AWG sind in die Tabelle 2 eingetragen. Die Werte der physiologischen Daten außer dem AWG sind bei spezifischer Belastung auf dem Ruderergometer höher als die Daten auf dem Fahrradergometer. Die Unterschiede sind signifikant für $\dot{V}O_2$ (p < 0,05, %$\dot{V}O_{2max}$ (p < 0,01) und AWG (p < 0,01).

Tabelle 2. Sauerstoffaufnahme ($\dot{V}O_2$), Prozentanteil der maximalen Sauerstoffaufnahme (% $\dot{V}O_{2max}$), Herzfrequenz (HF), Belastung (P) und Arbeitswirkungsgrad (AWG) bei der ventilatorischen anaeroben Schwelle bei Fahrradergometrie (FE) und Ruderergometrie (RE) von 15 Ruderern (Mittelwerte und Standardabweichungen)

	FE	RE	Stat. Vergl.
n		15	
$\dot{V}O_2$	3,92	4,37	p < 0,05
(l$\cdot$min^{-1})	0,40	0,16	
% $\dot{V}O_{2max}$	74,60	85,00	p < 0,01
	6,23	4,40	
HF	171,55	171,30	n. s.
(min^{-1})	7,42	7,12	
P	293,79	275,88	n. s.
(W)	19,80	12,22	
AWG	22,81	16,44	p < 0,01
(%)	2,11	3,14	

Diskussion

Der Zweck dieser Arbeit war Beurteilung der Reaktion der hochtrainierten Ruderer auf die spezifische und nichtspezifische Belastung.

Unsere Gruppe der Ruderer waren Sportler der nationalen und teilweise internationalen Spitzenklasse. Die gemessenen Werte der $\dot{V}O_{2max}$ und HF_{max} sind für das Fahrradergometer in Einklang mit Daten, die von Bouckaert et al. [2] und Steinacker et al. [9] präsentiert wurden. Die maximalen Werte auf dem Ruderergometer sind fast dieselben wie die Daten, die bei hochtrainierten Ruderern publiziert wurden [2, 5, 6, 7, 9]. Die HF ist wesentlich niedriger.

Die $\dot{V}O_{2max}$ ist ein sehr wichtiger Parameter für das Rudern, weil während des Wettkampfs minimal 70% der gesamten Energie aus der aeroben Energiebereitstellung stammt [6].

Für die nichtspezifische Belastung auf dem Fahrradergometer ist die prozentuale $\dot{V}O_2$ an der VAS ähnlich den Werten von nichttrainierten Personen. Für die spezifische Belastung sind die Werte für hochtrainierte Sportler charakteristisch. Dieser Befund zeigt die besondere Adaptation auf die spezifische Belastung des Ruderns.

Die gemessenen Werte des AWG auf dem Fahrradergometer stimmen mit der Literatur überein. Die Werte auf dem Ruderergometer sind kleiner als die Werte von Roth et al. (26%) [7], und in derselben Größe wie die Werte von Cunningham et al. (18%) [2], Steinacker et al. (19%) [9] und Bouchaert et al. (15%) [2]. Individuell streuen die Werte von 14–22%. Wenn die Qualität der Bewegung beim Rudern im Ruderboot ähnlich der Ergometerarbeit ist, dann müssen auch die Werte des AWG sehr ähnlich sein.

Zusammenfassung

Die Unterschiede in der Reaktion des hochtrainierten Organismus auf die spezifische und nichtspezifische Belastung bedeuten, daß wir die Ergebnisse von ergometrischen Untersuchungen sehr vorsichtig interpretieren müssen. Wir müssen uns bemühen, bei hochtrainierten Sportlern in jedem Fall die Untersuchungen für die Beschreibung des Trainingszustandes mit Hilfe von spezifischen Belastungen durchzuführen.

Literatur

1. Åstrand PO, Rodahl K (1977) Textbook of work physiology. McGraw-Hill, New York
2. Bouckaert J, Pannier JL, Vrijens J (1983) Cardiorespiratory response to bicycle and rowing ergometer exercise in oarsmen. Eur J Appl Physiol 51:51–59
3. Bunc V, Šprynarová Š, Pařízková J, Leso J (1984) Effects of adaptation on the mechanical efficiency and energy cost of physical work. Hum Nutr Clin Nutr 38C:317–319
4. Bunc V, Heller J, Leso J, Šprynarová Š, Zdanowicz R (1987) Ventilatory threshold in various groups of highly trained athletes. Int J Sports Med 8:275–280
5. Cunningham DA, Goode PB, Critz JB (1975) Cardiorespiratory response to exercise on a rowing and bicycle ergometer. Med Sci Sports 7:37–43
6. Hagerman FC, Connors MC, Gault JA, Hagerman GR, Polinski WJ (1978) Energy expenditure during simulated rowing. J Appl Physiol 45:87–93
7. Roth W, Hasart E, Wolf W, Pansold B (1983) Untersuchungen zur Dynamik der Energiebereitstellung während maximaler Mittelzeitausdauerbelastung. Med Sport 23:107–114
8. Stegemann J (1984) Leistungsphysiologie. Thieme, Stuttgart New York
9. Steinacker JM, Marx TR, Marx U, Lormes W (1986) Oxygen consumption and metabolic strain in rowing ergometer exercise. Eur J Appl Physiol 55:240–247

Ruderspiroergometrische Längsschnittuntersuchungen über 2 Jahre bei zwei Weltmeisterschaftsteilnehmern

U. Marx und *J. M. Steinacker*

Einleitung

Das Rudern ist eine Sportart, die eine besonders hohe Ausdauerleistung verlangt. Die Belastungen gehen über mehrere Minuten, und die Energie muß zum größten Teil aerob erbracht werden. Der Anteil der aeroben Energiebereitstellung während des Rennens beträgt etwa 80% [2, 5]. Das Training der aeroben Kapazität des Ruderers ist daher sehr wichtig. Zur Erfassung der Leistungsfähigkeit der Ruderer und der einzelnen Komponenten der Energiebereitstellung wurden Testverfahren entwickelt, die sich in ihrer Ausführung und in ihrer Aussagefähigkeit unterscheiden. Von verschiedenen Arbeitsgruppen wurde der Zweistreckentest [1] oder der Mehrstufentest [3] zur Leistungsdiagnostik bei Ruderern durchgeführt. Im Längsschnitt sollte die Aussagefähigkeit dieser beiden Testverfahren untersucht werden.

Methodik

Bei Einführung des modifizierten Gjessing-Ergometers und des Mehrstufentest in die Routine führten wir in den Jahren 1983 und 1984 eine Längsschnittuntersuchung als Pilotstudie durch. Dabei wurden zwei international erfolgreiche Weltmeisterschaftsteilnehmer im Leichtgewichtsrudern über 2 Jahre regelmäßig untersucht.

Hierbei wurden ein Zweistreckentest mit einer 8minütigen Vorbelastung und einer 6minütigen Hauptbelastung [1] sowie ein 2-min-Mehrstufentest [3] durchgeführt. Bei diesen Tests wurden die Laktatkonzentration im Serum, die Herzfrequenz, die Sauerstoffaufnahme und die Leistung gemessen.

Ergebnisse

In der ersten Saison waren bei beiden Ruderern die Laktatleistungskurven des Mehrstufentests diskontinuierlich. Es zeigte sich ein Abfall der aerob-anaeroben Schwelle in der Wettkampfsaison. Diese fiel in dieser Zeit im Mittel um 11,4%. In dieser Zeit stieg die 6-min-Leistung im Zweistreckentest im Mittel um 2,1%. Die maximale Laktatkonzentration stieg dagegen bei Ruderer 1 um 30,5% und bei Ruderer 2 um 17,2%. Damit wurde die gering höhere Leistung im Zweistreckentest mit einer deutlichen Steigerung der anaeroben Energiebereitstellung erbracht.

J. M. Steinacker (Hrsg.)
Rudern
© Springer-Verlag Berlin Heidelberg 1988

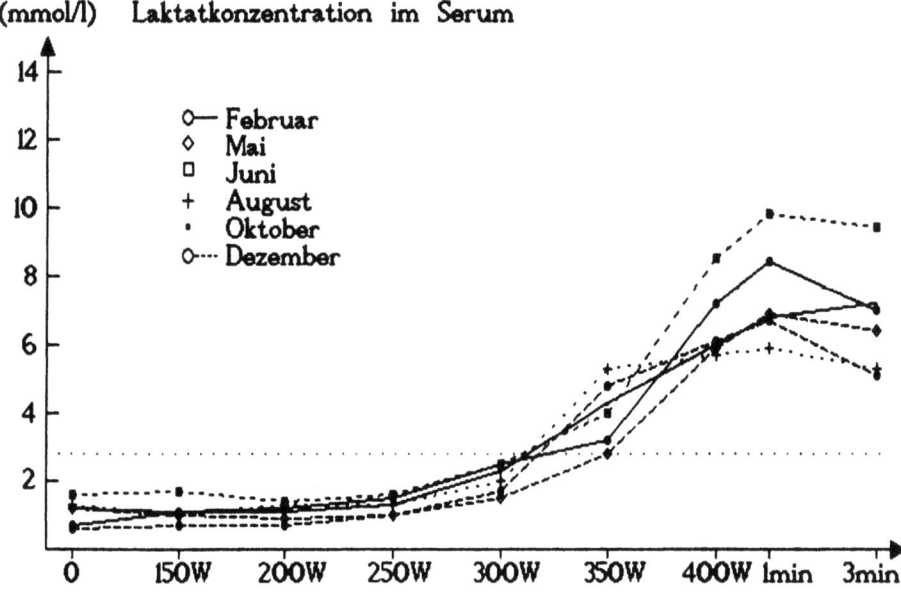

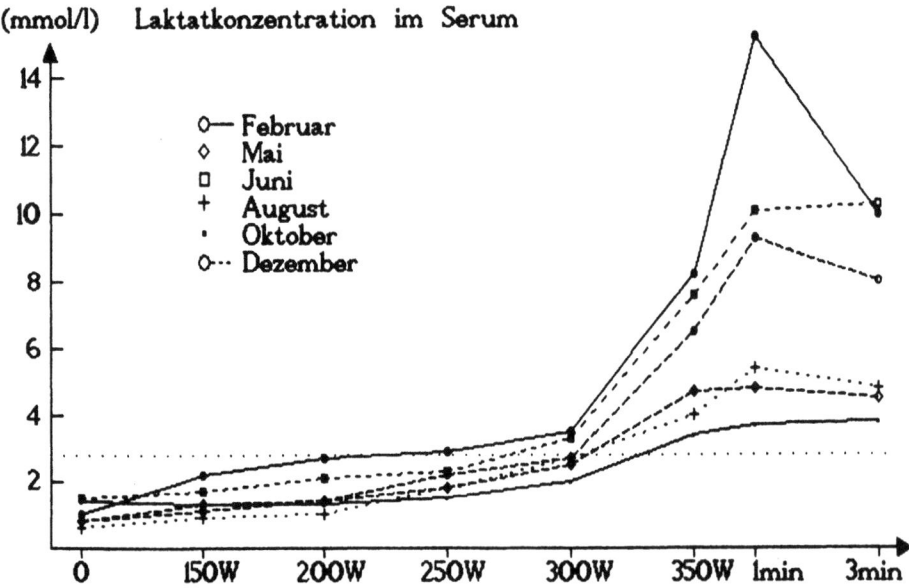

Abb. 1. Laktatleistungskurven der beiden Ruderer in der ersten Saison. *Oben* Ruderer 1, *unten* Ruderer 2, *links* Mehrstufentest, *rechts* Zweistreckentest

Die höchste Sauerstoffaufnahme der Saison wurden vom Ruderer 1 im Wintertraining mit 75 ml/kg KG erbracht. In der Wettkampfsaison lagen die Werte bei 72 ml/kg KG. Ruderer 2 konnte im Juni seinen höchsten Wert mit 73,8 ml/kg KG erreichen.

Die aerob-anaerobe Schwelle, die wir im Mehrstufentest ermittelten, lag im Mittel bei Ruderer 1 in der ersten Saison bei 328 W und von Ruderer 2 bei 284 W. Die 6-min-Leistung im Zweistreckentest lag bei Ruderer 1 bei 363 W und bei Ruderer 2 bei 351

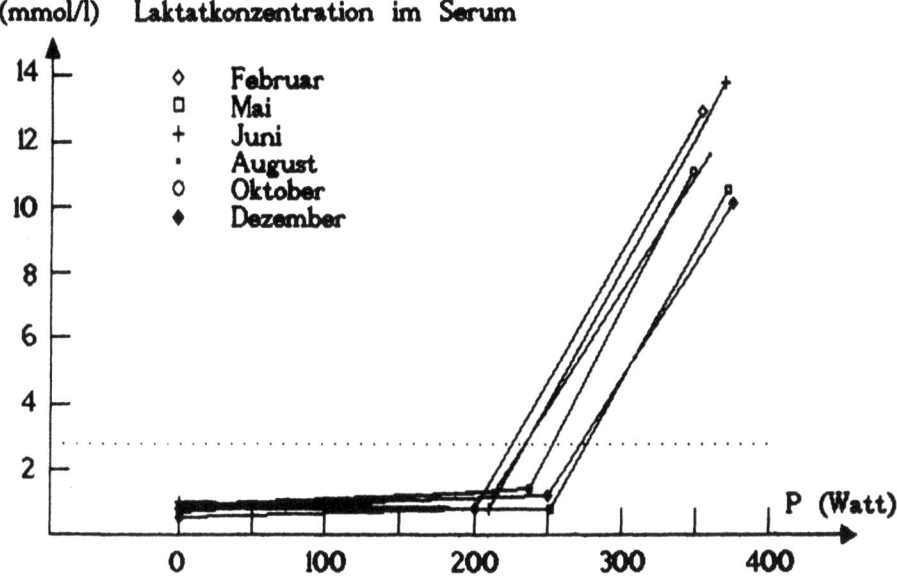

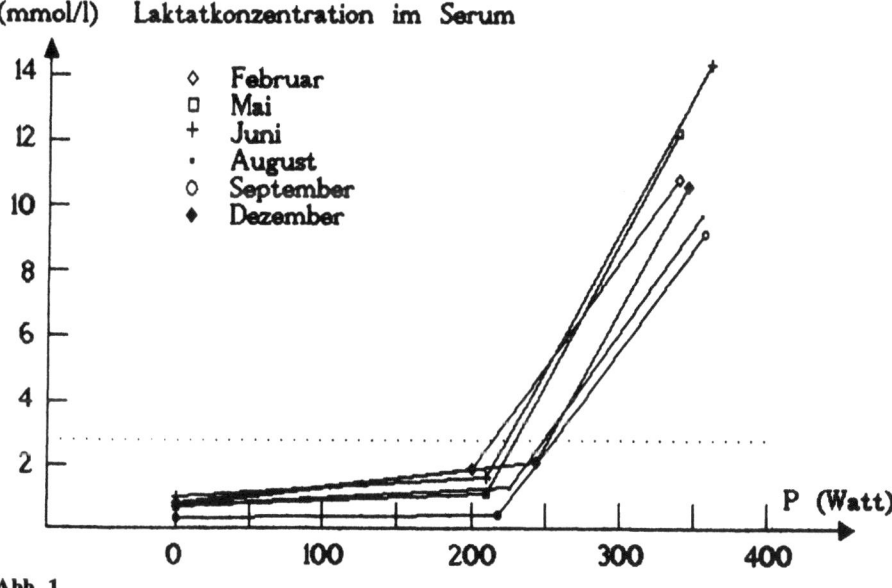

Abb. 1

W. Die Ermittelung der aerob-anaeroben Schwelle im Zweistreckentest ergab für Ruderer 1 240 W und für Ruderer 2 235 W.

Bei der retrospektiven Analyse des Trainingsplans fiel auf, daß ab Ende April die Trainingseinheiten mit einem größeren Anteil an aerober Belastung reduziert worden waren. Das Training wurde vermehrt auf Belastungen mit anaerober Stoffwechselbelastung umgestellt.

Fast parallel dazu verlief der Abfall der aerob-anaeroben Schwelle. Diese stieg mit Ansteigen der aeroben Trainingseinheiten im Spätsommer wieder an.

Unter Kenntnis der Bedeutung der aeroben Dauerleistungsfähigkeit für die Leistungsfähigkeit der Ruderer [2] wurde das Trainingsprogramm vom Trainer in Zusammenarbeit mit den Sportmedizinern umgestellt. Dabei sollte die im Winter trainierte aerobe Leistungsfähigkeit durch vermehrtes Ausdauertraining in der Wettkampfsaison stabilisiert werden.

In der zweiten Saison zeigte sich zwar wieder ein Abfall der aerob-anaeroben Schwelle während der Wettkampfsaison, doch lag dieser nun im Mittel nur noch bei 3,7%. Im Zweistreckentest konnte die 6-min-Leistung in dieser Zeit im Mittel um 2,4% gesteigert werden. Die maximale Laktatkonzentration reduzierte sich bei Ruderer 1 um 3,6% und stieg bei Ruderer 2 nur um 3,3%. Die Sauerstoffaufnahmen waren in der Wettkampfsaison relativ stabil und erreichten bei Ruderer 1 im Juli mit 73,7 ml/kg KG nahezu den besten Wert der Saison aus dem April mit 76,4 ml/kg KG. Bei Ruderer 2 konnten im Juli 66,3 ml/kg KG gemessen werden. Er konnte damit sein Ergebnis aus dem April mit 70,2 ml/kg KG nicht erreichen.

Die im Mehrstufentest ermittelte aerob-anaerobe Schwelle von Ruderer 1 stieg im Mittel dieser Saison auf 340 W und von Ruderer 2 auf 327 W. Die 6-min-Leistung des Zweistreckentests stagnierte bei Ruderer 1 und lag bei 361 W. Ruderer 2 erzielte eine etwas niedrigere Leistung mit 347 W. Die im Zweistreckentest ermittelte aerob-anaerobe Schwelle konnte von beiden Ruderern wieder gesteigert werden. Ruderer 1 erzielte 270 W, Ruderer 2 264 W.

Diskussion

Bei diesem Längsschnitt sollten die Ergebnisse der beiden Tests verglichen werden. Es zeigte sich trotz eines Abfalls der aeroben Leistungsfähigkeit und der Sauerstoffaufnahme am Anfang der Wettkampfsaison eine Steigerung der Leistung im Mehrstufentest. Diese Leistungssteigerung konnte nur durch vermehrte anaerobe Energiebereitstellung erbracht werden, wie die erhöhten Laktatwerte zeigten.

Für einen Vergleich sollten die Ausbelastungen im Zweistreckentest maximal sein. Dies war jedoch problematisch, da die Ruderer beim Zweistreckentest hohem Streß ausgesetzt und bei der Komplexität der Tests die Ergebnisse stark motivationsabhängig waren [5]. Bei den Ruderern konnten starke Schwankungen der maximalen Laktatkonzentrationen im Zweistreckentest festgestellt werden, was auf unterschiedliche maximale Ausbelastungen hinweisen könnte. Die Bestimmung der aerob-anaeroben Schwelle im Zweistreckentest war schwierig, da sie von der Höhe der Vorbelastung abhängig ist [3, 5]. Diese muß der Ruderer subjektiv steuern. Eine genaue Vorgabe ist nur möglich, wenn die aerob-anaerobe Schwelle schon vor dem Test bekannt ist. Der Zweistreckentest simulierte die Wettkampfsituation und gibt eine Aussage über die mögliche Wettkampfleistung. Durch die komplexe Kombination von aerober und anaerober Belastung ist eine Differenzierung der aeroben Leistungsfähigkeit schwierig.

Der Mehrstufentest konnte bei ansteigender Belastung die sportartspezifische Ausdauerleistungsfähigkeit mit der aerob-anaeroben Schwelle bestimmt werden [3,

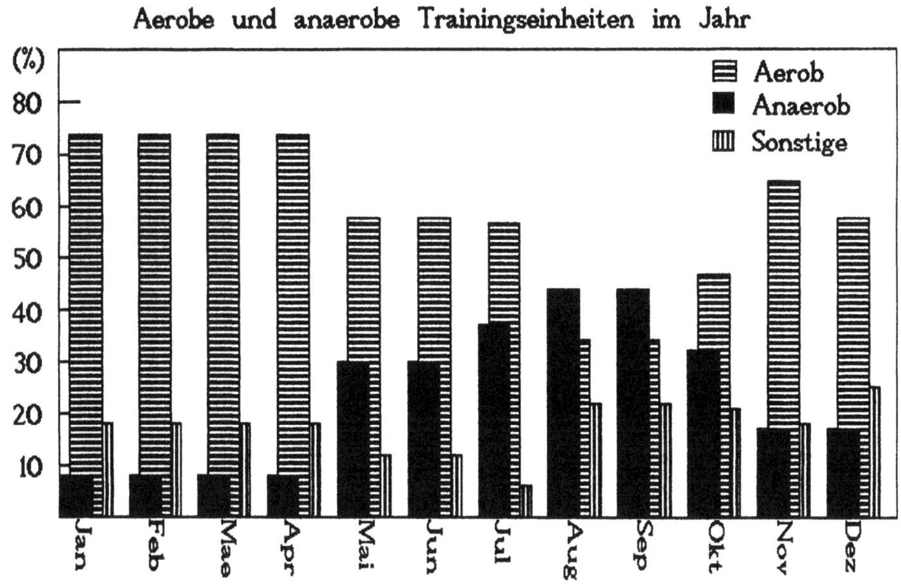

Aerobe und anaerobe Trainingseinheiten im Jahr

Abb. 2. Trainingseinheiten über die erste Saison. Im Wintertraining und zu Beginn der Wettkampfsaison dominieren Trainingseinheiten mit aeroben Anteilen. Diese werden während der Wettkampfsaison reduziert und die anaeroben Einheiten gesteigert

4]. Sehr wichtig erscheint, daß die Beurteilung der Leistungsfähigkeit unabhängig von
der Motivation des Ruderers ist [3, 5].

Die Steuerung des Trainings konnte mit den Ergebnissen des Mehrstufentests und
nach Analyse des Trainingsplans (Abb. 2) erfolgreich durchgeführt werden.

Durch vermehrtes aerobes Training in der zweiten Saison konnte die Ausdauerleistungsfähigkeit gesteigert werden. Die aerob-anaerobe Schwelle des Mehrstufentests
und des Zweistreckentests stieg an. Die 6-min-Leistung im Zweistreckentest lag bei
niedrigeren Laktatkonzentrationen im Bereich der ersten Saison.

Der Erfolg der Trainingssteuerung schlug sich in homogenen Laktat-Leistungskurven und konstanteren Wettkampfleistungen bis zum Vizeweltmeistertitel nieder.
Damit kann der besondere Wert der Zusammenarbeit von Trainer und Athlet mit
dem sportmedizinischen Berater exemplarisch dargestellt werden.

Literatur

1. Mader A, Liesen H, Heck H, Philippi H, Rost R, Schürich P, Hollmann W (1976) Zur Beurteilung
   der sportartspezifischen Ausdauerleistungsfähigkeit im Labor. Sportarzt Sportmed 4:80–84,
   5:109–111
2. Mader A, Hollmann W (1977) Zur Bedeutung der Stoffwechselleistungsfähigkeit des Eliteruderers im Training und Wettkampf. Leistungssport [Beiheft] 3/9:8–62
3. Steinacker JM, Marx TR, Thiel U (1984) A rowing ergometer test with stepwise increased
   workloads. In: Bachl N, Prokop L, Suckert R (eds) Current topics in sports medicine (Proc. of the
   World Congress Sports Medicine Wien 1982). Urban & Schwarzenberg, Wien München Baltimore, pp 175–187
4. Steinacker JM, Marx TR, Marx U, Lormes W (1986) Oxygen consumption and metabolic strain in
   rowing ergometer exercise. Eur J Appl Physiol 55:240–247
5. Urhausen A, Weiler B, Kindermann W (1987) Laktat- und Katecholaminverhalten bei unterschiedlichen ruderergometrischen Testverfahren. Dtsch Z Sportmed [Sonderheft] 38:11–19

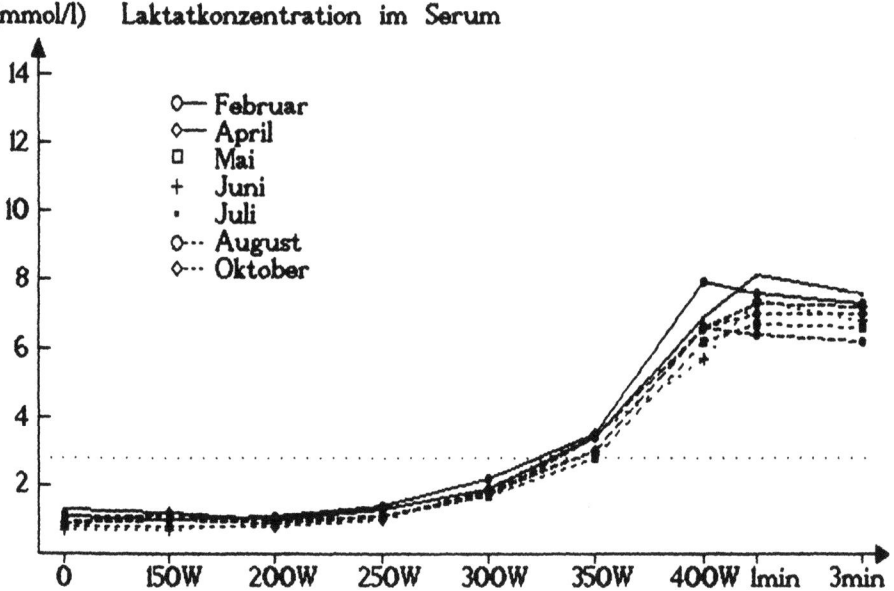

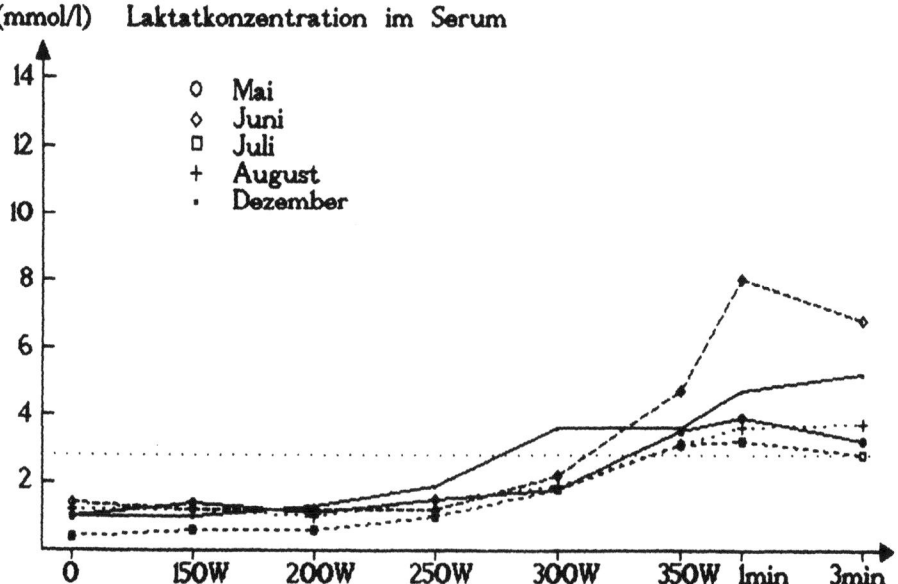

Abb. 3. Laktatleistungskurven der beiden Ruderer in der zweiten Saison. *Oben* Ruderer 1, *unten* Ruderer 2, *links* Mehrstufentest, *rechts* Zweistreckentest

(mmol/l)   Laktatkonzentration im Serum

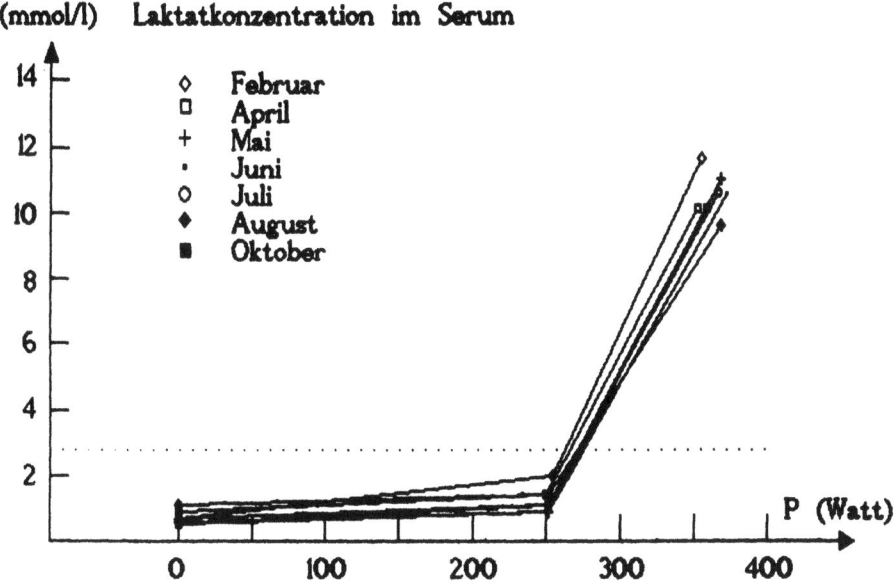

(mmol/l)   Laktatkonzentration im Serum

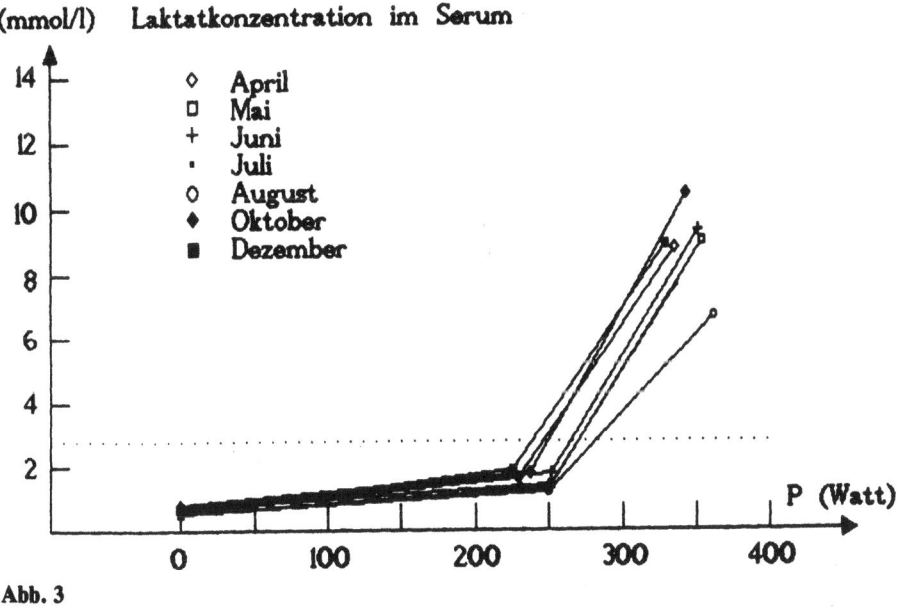

Abb. 3

Zur sportartspezifischen Leistungsfähigkeit von ungarischen Spitzenruderern

M. Zsidegh und *P. Apor*

Einleitung

Die Methodik und Mittel zur Leistungsdiagnostik von Ruderern haben sich in den letzten Jahrzehnten stetig weiterentwickelt. Neben Fahrrad- und Laufbandergometrie werden ruder- sowie auch spiroergometrische Belastungsverfahren im Ruderbekken verwendet [1, 2, 10], Untersuchungen werden aber auch auf dem Wasser im Boot durchgeführt [5, 9].

In der vorliegenden Arbeit wird versucht, die ungarischen Spitzenruderer aufgrund ihrer kardiorespiratorischen Leistungsfähigkeit, ihrer mechanischen Arbeit sowie ruderergometrischen Leistung mit internationalen Spitzenruderern zu vergleichen.

Versuchspersonen und Untersuchungsverfahren

1. Versuchspersonen: Riemenruderer des ungarischen Auswahlkaders der Männer (n = 15; Durchschnittswerte: Alter 22,2 ± 3,86 J., Gewicht 84,53 ± 6,76 kg, Größe 187,6 ± 4,4 cm).

2. Untersuchungsverfahren: Steady-state- und Vita-maxima-Belastungen auf dem Laufband, wo spiroergometrische Parametern registriert (Jaeger Oxyscreen) wurden; 2mal 7 min Belastung mit dem Ruderergometer (Adams, SNC PAC et Cie). Die erste Belastung war submaximal (vorgeschriebene Schlagzahl: 29/min). Die zweite Belastung war maximal. In der letzten Minute der beiden Belastungen wurden Atemproben im Douglas-Sack aufgenommen.

Bei der Ruderarbeit wurden die Schlagzahl, die mechanische Arbeit (Energie) für jeden Schlag bzw. die Gesamtarbeit in den einzelnen Belastungsperioden gemessen. Die Leistung der Athleten wurde aus der Größe und Dauer der Arbeit errechnet.

Die Arbeitsdauer fällt wegen des Charakters der Ruderarbeit mit der Dauer der Belastungsperiode nicht zusammen, sondern sie beschränkt sich auf die Dauer der Züge. Die durchschnittliche Zugdauer wurde mit einer Probennahme alle 30 s bestimmt. Diese durchschnittliche Zeitdauer wurde mit der Schlagzahl in den Belastungsperioden multipliziert.

Ergebnisse

Der Puls, das Gesamtventilationsvolumen (GVV) und die Sauerstoffaufnahme ($\dot{V}O_2$) waren bei submaximaler Ruderergometrie im Grundtempo am niedrigsten,

J. M. Steinacker (Hrsg.)
Rudern
© Springer-Verlag Berlin Heidelberg 1988

die höchsten Werte ergaben sich beim Lauf (GVV: die Summe des V_E über die Belastung).

Der Puls und die GVV waren in allen Fällen signifikant unterschiedlich. Die maximale Sauerstoffaufnahme zeigte eine signifikante Abweichung zwischen dem submaximalen Rudern und dem Lauf (Abb. 1).

Bei Ruderern waren die Schlagzahl, die durchschnittliche Energie je nach Schlägen sowie die Gesamtenergie bei der Belastung auch signifikant unterschiedlich.

Da in der Literatur meist die 6-min-Leistung angegeben ist, haben wir auch diesen Wert berechnet, indem wir die 5. Belastungsminute nicht einbezogen haben. Das führte zu keiner wesentlichen Abweichung (P_{7min} = 253,9 ± 39,6 W, P_{6min} = 256 ± 39,2 W, bzw. P_{7min} = 272,6 ± 44,3 W, P_{6min} = 274,3 ± 45,7 W). Die Leistungen waren bei der maximalen Belastung signifikant höher (t = 2,48 p < 5%).

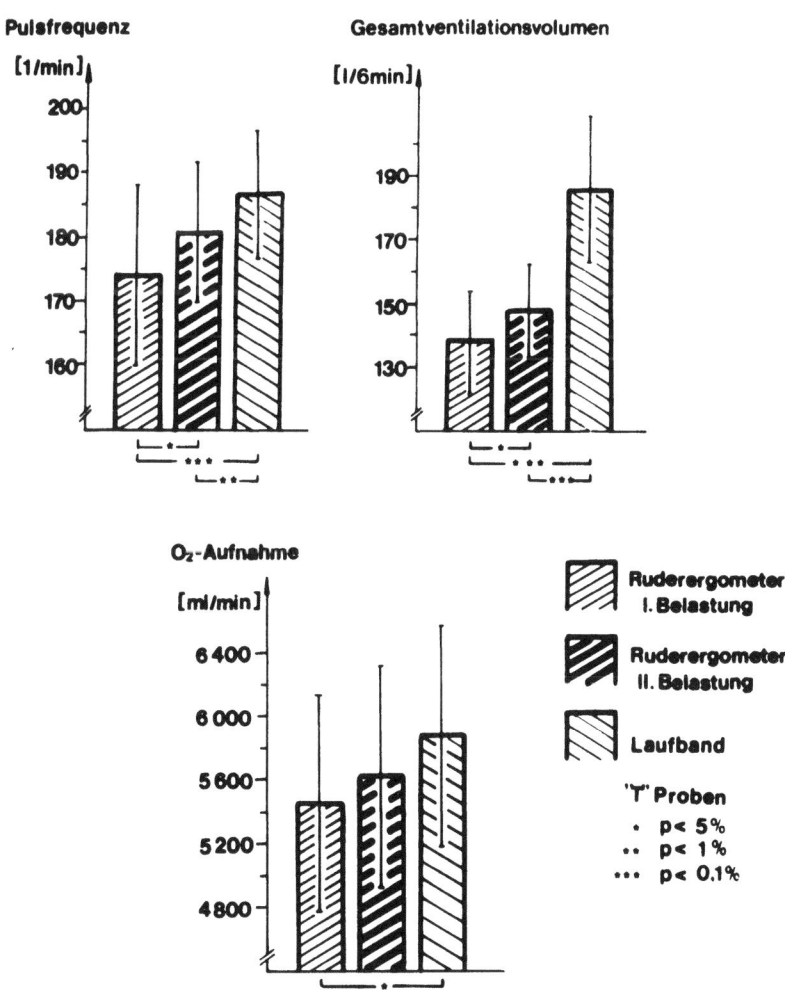

Abb. 1. Maximale kardiorespiratorische Parameter bei verschiedenen Belastungen

Diskussion

Die sowohl bei der maximalen Ruder- als auch bei der maximalen Laufbandbelastung gemessenen und registrierten kardiorespiratorischen Werte weichen kaum von den internationalen Angaben ab. Die Werte der maximalen Sauerstoffaufnahme bleiben kaum unter der aeroben Kapazität der Sieger an großen internationalen Regatten (5,89 ± 0,07) [8], sind mit den Werten der Mitglieder von Olympiasiegern und Weltmeistern aus den USA identisch (5,63 ± 0,46) [7] und übertreffen die O$_2$-Aufnahme der US-Athleten im Skull (5,4 ± 0,3) [6]. Die zeigt sich auch bei den körpergewichtsbezogenen Werten (rel. O$_2$-Aufnahme 66,81 ± 7,46 ml/kg · min). Beim Puls ist eine ähnliche Tendenz zu beobachten, die Werte der maximalen Minutenventilation bleiben aber unter den Angaben in der Fachliteratur.

Die statistisch wesentliche Abweichung in der Ventilation bei den drei Belastungen konnte durch den unterschiedlichen, abweichenden Bewegungsrhythmus von Rudern und Laufen und durch den dadurch bestimmten Unterschied in der Atemfrequenz zustande kommen.

Aufgrund des Pulses und der Sauerstoffaufnahme waren die Vita-maxima-Laufbelastung und das Rudern maximaler Intensität für die Athleten von gleicher Belastung.

Der Durchschnittswert, der aus der Arbeit beim ergometrischen Rudern maximaler Intensität errechneten Leistungen (Tabelle 1) bleibt – bis auf eine [1] – statistisch wesentlich unter den Angaben in der Fachliteratur [3, 4, 7].

Tabelle 1. Vergleich der von verschiedenen Autoren mitgeteilten maximalen Leistungswerte über 6 min auf dem Ruderergometer

Autoren	Leistung (W) x,s$_d$
Hagerman [3]	390 ± 13,6 n = 20
Mickelson u. Hagermann [7]	392,5 ± 34,8 n = 25
Hagermann u. Staron [4] (Wettkampfperiode)	397,7 ± 14,9 n = 9
Hagermann u. Staron [4] (Vorbereitungsperiode)	348,8 ± 21,2 n = 9
Zsidegh u. Apor	274,3 ± 45,65 n =15
Asami et al. [1]	269,1 n = 22

Das in der aeroben Kapazität erzielte, aber in der ruderergometrischen Leistung unter dem internationalen Niveau liegende Ergebnis könnte durch den niedrigeren Wirkungsgrad der Ruderbewegung zustande kommen.

Die auf unserem Ergometer erzielten Leistungen könnten deshalb auch systematisch niedriger als auf anderen Ergometern bestimmt liegen.

Aufgrund von den Ergebnissen des Vergleiches scheint uns, daß

– die physiologische Arbeitskapazität der ungarischen Spitzenruderer das internationale Niveau erreicht,

– das Ausbleiben großer internationaler Erfolge ist auf die mäßige Ausbildung anderer Fähigkeiten zurückzuführen,
– wichtig ist also die Verbesserung der technischen Ausbildung sowie die Bedeutung anderer leistungsbeeinflussender Faktoren (wie Motivation, Formgestaltung und Management).

Literatur

1. Asami T, Adachi N, Yamamoto K (1981) Biomechanical analysis of rowing performances. Biomechanics VII-B:442–446
2. Cunningham DA, Goode PB, Critz JB (1975) Cardiorespiratory response to exercise on a rowing and bicycle ergometer. Med Sci Sports 7:37–43
3. Hagerman FC (1984) Applied physiology of rowing. Sport Med 1:303–326
4. Hagerman FC, Staron RS (1983) Seasonal variations among physiological variables in elite oarsmen. Can J Appl Sport Sci 8:143–148
5. Jackson RC, Secher NH (1976) The aerobic demands of rowing in two olympic rowers. Med Sci Sports 8:168–170
6. Mahler DA, Nelson WN, Hagerman FC (1984) Mechanical and physiological evaluation of exercise performance in elite national rowers. J Am Med Assoc 4:496–499
7. Mickelson TC, Hagerman FC (1982) Anaerobic threshold measurements of elite oarsmen. Med Sci Sports Exerc 14:440–444
8. Secher NH (1983) The physiology of rowing. J Sports Sci 1:23–53
9. Secher NH, Espersen M, Binkhorst RA, Andersen PA, Rube N (1982) Aerobic power at the onset of maximal exercise. Scand J Sports Sci 4:12–16
10. Steinacker JM, Grünert M, Lormes W, Wodick RE (1985) Die sportartspezifische Leistungsdiagnostik mit dem Ruderergometer. Rudersport 103: Trainerjournal 81:I–VII

Wertigkeit verschiedener leistungsdiagnostischer Testverfahren zur Bestimmung der individuellen grundlagen- und wettkampfspezifischen Ausdauer auf dem Ruderergometer

A. Urhausen und *W. Kindermann*

Einleitung

Für ein sinnvolles Umsetzen leistungsdiagnostischer Daten in den Trainingsprozeß ist es notwendig, möglichst sportartspezifisch zu belasten. Somit konnte sich die Ruder- im Vergleich zur Fahrradergometrie als empfindlicheres Meßverfahren etablieren [1, 11]. Da eine einheitliche Methodik für die Leistungsdiagnostik unter Laborbedingungen Voraussetzung für eine langfristig erfolgreiche Trainingsplanung im Rudersport ist [3, 8, 13], war es das Ziel dieser Studie, anhand des Laktat- und Katecholaminverhaltens den ruderergometrischen Zweistufen- [7] und den stufenweise ansteigenden Test [11, 12] hinsichtlich ihrer Aussagefähigkeit zu vergleichen und daraus entsprechende Empfehlungen abzuleiten.

Untersuchungsgut und Methodik

6 männliche Ruderer der regionalen und 4 weibliche Ruderinnen der nationalen Spitzenklasse absolvierten innerhalb von 2–5 Tagen auf einem reibungsgebremsten Gjessing-Ruderergometer je einen Zwei (2S)- und Mehrstufentest (MS). Beim 2S führt der Athlet eine 8minütige Vorbelastung mit 2,5 kg Bremsgewicht mit möglichst konstanter submaximaler Intensität durch, die je nach Kader und Geschlecht nach DRV-Richtlinien festgelegt wird. Nach einer 5minütigen Pause folgt der sog. Maximaltest mit 3,0 kg Bremsgewicht, bei dem über 6 min die maximal mögliche Leistung erbracht werden soll. Der MS stellt eine stufenweise nach jeweils 3 min um jeweils 50 W bis zur subjektiven Erschöpfung ansteigende Belastung dar (Beginn bei 150 W mit einem Bremsgewicht von 2,0 kg, ab 200 W 2,5 kg, ab 300 W 3,0 kg). Bei allen Tests erfolgten regelmäßige Ohrläppchenkapillar- bzw. Venenblutentnahmen zur Bestimmung von Laktat (enzymatisch) bzw. der freien Plasmakatecholamine Adrenalin und Noradrenalin (radioenzymatisch [2]). Zusätzlich wurden in halbminütigen Abständen die Gasstoffwechselparameter mit einem offenen System gemessen. Bei MS wurde aus dem Laktatverhalten während und nach Belastung die individuelle anaerobe Schwelle (IAS) bestimmt [10]. Es wurden Mittelwerte und Standardabweichungen errechnet. Die Prüfung auf signifikante Unterschiede erfolgte mit dem t-Test für gepaarte Stichproben, die auf Zusammenhänge zwischen verschiedenen Größen mittels linearer Regressionsanalyse (Signifikanzniveau jeweils $p < 0,05$).

J. M. Steinacker (Hrsg.)
Rudern
© Springer-Verlag Berlin Heidelberg 1988

Ergebnisse

Während der 8minütigen Vorbelastung bei 2S liegt die Leistung ähnlich wie an der IAS bei MS (im Einzelfall lag die IAS 26 W niedriger bis 15 W höher). Die Sauerstoff-aufnahme-, Laktat- und Katecholaminwerte liegen am Ende der Vorbelastung signifikant höher als an der IAS bei MS (Tabelle 1). Dieses Verhalten zeigt sich ebenfalls in bezug auf eine identische Leistung bei beiden Tests (durchschnittliche Laktatdifferenz bei jeweils 218 ± 18 W: 1,30 mmol $\cdot$ 1^{-1}, p < 0,05; bei jeweils 292 ± 41 W: 6,86 mmol $\cdot$ 1^{-1}; p < 0,001). Die Laktatkonzentration ist am Ende der 5minütigen Pause vor den 6minütigen Maximaltest ($3,44 \pm 1,84$ mmol $\cdot$ 1^{-1}) im Vergleich zum Ruhewert vor MS ($1,01 \pm 0,16$ mmol $\cdot$ 1^{-1}; p < 0,05) erhöht. Trotz einer um durchschnittlich 6% niedrigeren maximalen Leistung liegen bei 2S deutlich höhere Werte für Laktat, Adrenalin und Noradrenalin als bei MS vor, bei gleicher maximaler Sauerstoffaufnahme. Zwischen der Leistung an der IAS des MS und der im 6minütigen Maximaltest besteht ein enger Zusammenhang (r = 0,92; p < 0,001).

Tabelle 1. Vergleich von Leistung, Sauerstoffaufnahme ($\dot{V}O_2$) sowie der Konzentrationen von Laktat, Adrenalin und Noradrenalin während des Zweistufentests (submax = 8minütige Vorbelastung; max = 6minütiger Maximaltest) und des Mehrstufentests (submax = IAS; max = maximale Belastungsstufe) auf dem Ruderergometer (n = 10; Mittelwerte ± Standardabweichungen)

		2-Stufentest (2S)	Mehrstufentest (MS)	Stat. Vergl.
Watt	submax	218 ± 18	210 ± 26	NS
	max	292 ± 41	310 ± 37	p < 0,01
$\dot{V}O_2$ (ml $\cdot$ min^{-1})	submax	3570 ± 350	3310 ± 460	p < 0,01
	max	4160 ± 560	4170 ± 500	NS
Laktat (mmol $\cdot$ 1^{-1})	submax	4,42 ± 1,95	2,86 ± 0,54	p < 0,05
	max	14,71 ± 2,43	11,09 ± 1,81	p < 0,001
Adrenalin (nmol $\cdot$ 1^{-1})	submax	2,52 ± 1,13	1,62 ± 0,38	p < 0,05
	max	18,48 ± 7,06	9,49 ± 4,41	p < 0,001
Noradrenalin (nmol $\cdot$ 1^{-1})	submax	10,18 ± 2,79	7,30 ± 2,51	p < 0,05
	max	42,74 ± 14,04	30,13 ± 8,37	p < 0,05

Berechnet man die Leistung bei jedem Probanden für eine jeweils gleiche submaximale und maximale Laktatkonzentration (Abb. 1), so zeigen beide Tests signifikante Unterschiede, die bei 4 mmol $\cdot$ 1^{-1} zwischen 0 und 38 W betragen und bei 2S signifikant mit der Differenz zwischen der Leistungsvorgabe im 8-min-Test und der IAS korrelieren (r = 0,84; p < 0,01).

Die Leistungsentwicklung einer Ruderin im Saisonverlauf wird in Abb. 2 dargestellt. Nachdem in den ersten beiden Monaten des Wintertrainings eine Verbesserung der aeroben Leistungsfähigkeit (IAS + 13 W) objektiviert werden konnte, führten zwei teilweise schwere Infekte zu einer Stagnation bzw. deutlichen Verschlechterung

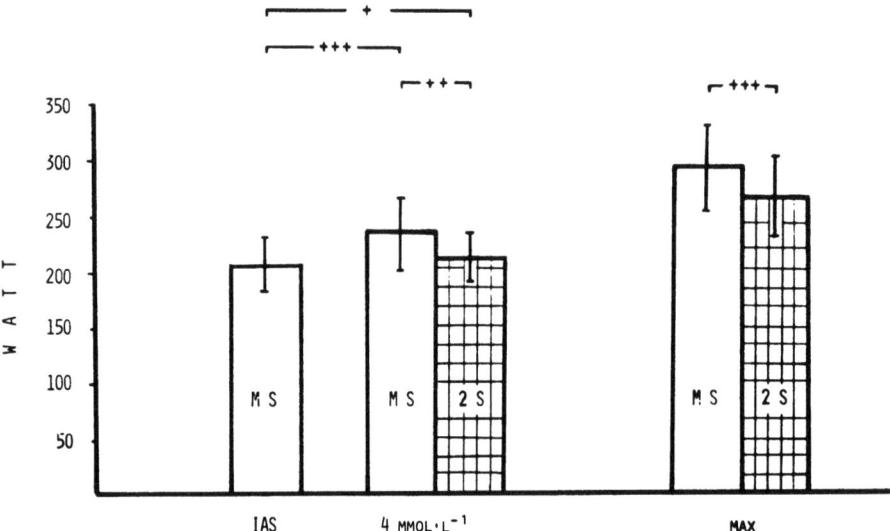

Abb. 1. Vergleich der Wattleistungen im Mehr *(MS)*- und Zweistufentest *(2S)* an der individuellen anaeroben Schwelle (IAS-MS) und bei gleicher submaximaler (4mmol · 1^{-1} Laktat) und maximaler (maximaler Laktatwert im Mehrstufentest) Laktatkonzentration (n = 10; Mittelwerte ± Standardabweichungen; Statistik: + = p < 0,05, ++ = p < 0,01, +++ = p < 0,001)

(−3 bzw. −15 W an der IAS). Die anschließend in kürzeren Abständen durchgeführten submaximalen Stufentests zeigen eine progressive Wiederherstellung bzw. Verbesserung des Ausdauertrainingszustandes nach Abklingen des akuten Prozesses (4.–6. RE) und anschließend nach Einsetzen eines spezifischen intensiven Ausdauertrainings (6.–7. RE).

Diskussion

Der aerobe Metabolismus, insbesondere die Höhe der Sauerstoffaufnahme ohne wesentliche Laktatbildung, gilt als hauptleistungsbestimmender Faktor im Rudern. In der Start- und Spurtphase sowie bei Tempowechseln spielt zusätzlich die anaerobe Kapazität eine wichtige Rolle [9].

Die trotz ähnlicher bzw. gleicher Leistung bei der 8minütigen Vorbelastung im Zweistufentest im Vergleich zur IAS des Mehrstufentests höheren Laktat- und Katecholaminspiegel resultieren aus einer durch die längere Belastungsdauer bedingten stärkeren Akkumulation. Diese ist um so ausgeprägter, je mehr sich die in der Vorbelastung des Zweistufentests vorgegebene Wattleistung von der IAS unterscheidet. Dementsprechend kann die Leistung an der 4 mmol · 1^{-1}-Schwelle je nach Belastungsschema erheblich differieren, da diese nicht nur von der Stufendauer [5], sondern im Zweistufentest auch von der Differenz zur jeweiligen IAS abhängig ist. Die Durchführung lediglich eines submaximalen Tests mit längerer Belastungsdauer erlaubt zwar eine exakte Quantifizierung geringer Leistungsunterschiede, erfordert jedoch eine einheitliche Leistungsvorgabe, um einen zuverlässigen Querschnittver-

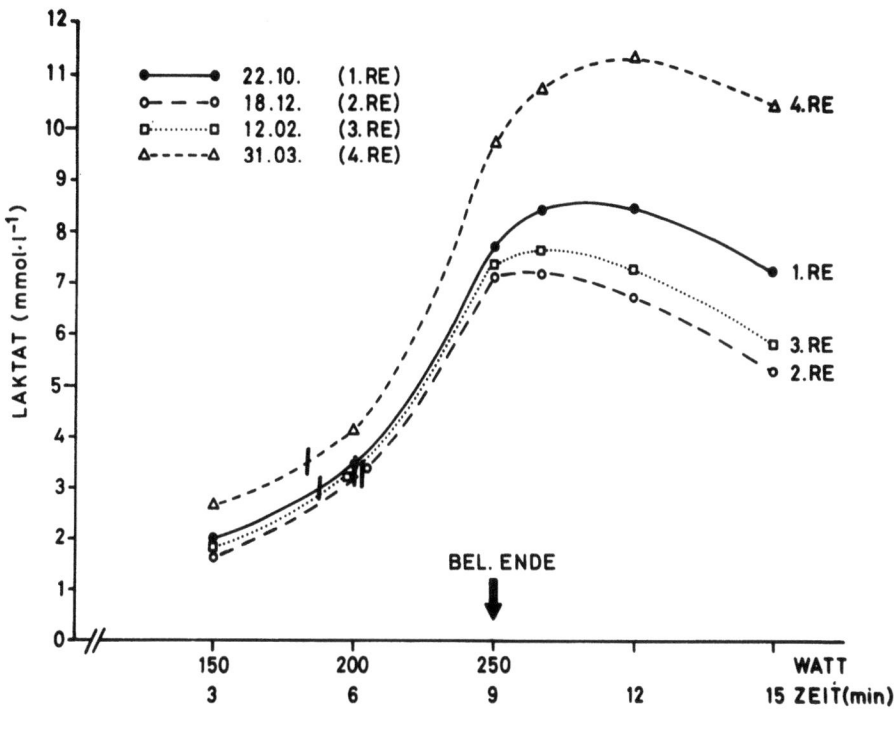

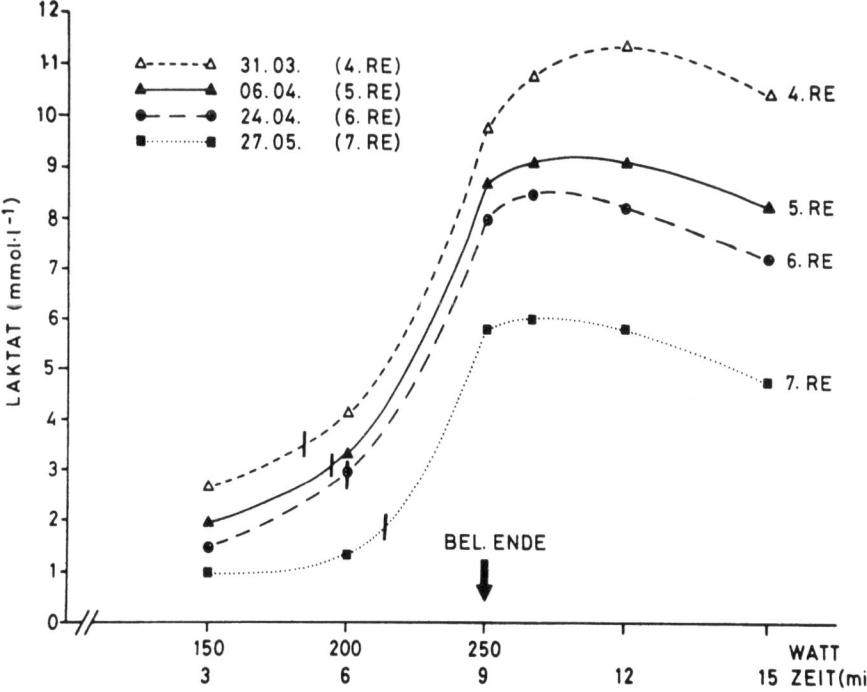

Abb. 2 a, b. Saisonverlauf der Laktat-Leistungskurven und der entsprechenden individuellen anaeroben Schwelle (IAS-senkrechte Markierungen an den Kurven) einer Ruderin während eines submaximalen Dreistufentests auf dem Ruderergometer

gleich zu ermöglichen. Die daraus resultierenden Laktatwerte liegen bei einigen Sportlern zwangsläufig oberhalb von 4 mmol · 1^{-1} (Tabelle 1), so daß die Leistung nicht nur durch die reine Ausdauer, sondern zusätzlich anaerob beeinflußt wird. Bei deutlicher Leistungsänderung im Längsschnitt müßte die vorgegebene Belastung erhöht bzw. erniedrigt werden, was wiederum den intra- und interindividuellen Vergleich erschwert. Demgegenüber ermöglicht die Bestimmung der (individuellen) anaeroben Schwelle im Mehrstufentest eine hinreichend genaue und reproduzierbare Wertung der aeroben Ausdauer, unabhängig von der jeweiligen Motivation sowie von eventuellen Belastungsvorgaben und eignet sich auch in heterogenen Gruppen sowohl im Querschnitt- als auch im Längsschnittvergleich.

Aussagefähigkeit und Praktikabilität des Mehrstufentests, durchgeführt als 3stufiger Submaximaltest, wird durch Abb. 2 veranschaulicht. Sowohl der krankheitsbedingte Leistungsabfall als auch der günstige Verlauf der Wiederherstellungsphase, in der lediglich regenerative bzw. extensive Trainingseinheiten durchgeführt wurden, sowie die weitere Leistungssteigerung nach Wiederaufnahme eines intensiven Ausdauertrainings, lassen sich durch die Rechtsverschiebung der Laktatleistungskurve objektivieren. Auf eine Ausbelastung bzw. einen 6minütigen Maximaltest wurde aus gesundheitlichen und trainingsphysiologischen Gründen verzichtet.

Die bei beiden Testverfahren ähnliche Sauerstoffaufnahme entspricht früheren Studien [4, 9, 12] und weist auf eine jeweils volle Beanspruchung der aeroben Energiebereitstellung hin. Die maximalen Laktatspiegel im 6-min-Test entsprechen Messungen nach olympischen Wettkämpfen [6]. Hier kann der Athlet seine Leistung im Rennverlauf einteilen und im Endspurt die restlichen Reserven mobilisieren. Zusammen mit der längeren Stufendauer ist somit beim 6-min-Test eine höhere Ausbelastung mit stärkerer laktazider und sympathischer Beanspruchung (insbesondere einer ausgeprägten Adrenalinausschüttung) möglich als im Mehrstufentest, der auf allen Stufen mit konstanter Leistung gerudert werden muß. Außerdem besteht zu Beginn des Maximaltests aufgrund der vorangegangenen, teilweise im anaeroben Intensitätsbereich liegenden 8minütigen Vorbelastung noch ein leicht erhöhtes Ausgangslaktat. Die mit dem 6minütigen Maximaltest verbundene erhebliche nervale Beanspruchung sollte Veranlassung sein, diesen nicht zu häufig durchzuführen. In der Vorbereitungsperiode kann bereits die Bestimmung der anaeroben Schwelle im Mehrstufentest ausreichend sein, um den Trainingseffekt zu kontrollieren.

Zusammenfassung

Um verschiedene im Rahmen der sportartspezifischen Leistungsdiagnostik und Trainingssteuerung von Ruderern angewandte ruderergometrische Testverfahren hinsichtlich ihrer Aussagefähigkeit zu vergleichen, führten 10 Regional- und Nationalkaderruderer (-innen) je einen Zwei- und einen Mehrstufentest auf dem Gjessing-Ruderergometer durch. In regelmäßigen Abständen erfolgten Bestimmungen von Laktat und Plasmakatecholaminkonzentrationen sowie der Sauerstoffwechselparameter. Die Ergebnisse weisen darauf hin, daß der Mehrstufentest eine objektivere Überprüfung und Verlaufskontrolle der ruderspezifischen aeroben Ausdauer erlaubt als die 8minütige Vorbelastung des Zweistufentests. Der 6minütige Maximaltest ermöglicht eine höhere Beanspruchung des sympathischen Systems mit einer stärkeren metabolischen Ausbelastung und die Ermittlung der wettkampfnahen maximalen aeroben und anaeroben Leistungsfähigkeit. Vorgeschlagen wird eine Kombination aus 3–5 submaximalen je 3minütigen Belastungsstufen mit einer 6minütigen Maximalbelastung als adäquates Testverfahren zur Leistungsdiagnostik bei Ruderern.

Literatur

1. Bouckaert J, Pannier JL, Vrijens J (1983) Cardiorespiratory response to bicycle and rowing ergometer exercise in oarsmen. Eur J Appl Physiol 51:51–59
2. Da Prada M, Zürcher G (1976) Simultaneous radioenzymatic determination of plasma and tissue adrenaline, noradrenaline and dopamine within the femtomole range. Life Sci 19:1161–1174
3. Fritsch W (1985) Trainingssteuerung im Rudern. In: DRV (Hrsg) Rudersport 103 (Beilage). Trainer-Journal 80:I–XI
4. Hagermann FC, Connors MC, Gault JA, Hagermann GR, Polinski WJ (1978) Energy expenditure during simulated rowing. J Appl Physiol 45:87–93
5. Heck H, Mader A, Hess G, Mücke S, Müller R, Hollmann W (1985) Justification of the 4-mmol/l lactate threshold. Int J Sports Med 6:117–130
6. Kindermann W, Haralambie G, Kock J, Keul J (1973) Säure-Basen-Haushalt und Laktatspiegel im arteriellen Blut bei Ruderern bei Olympischen Wettkämpfen. Med Welt 24:1176–1178
7. Krützmann H (1982) Ergebnisse und Diskussion der in der Saison 1980/81 durchgeführten Längsschnitt-Ruder- und vergleichenden Fahrrad-Ergometer-Untersuchungen des Frauen-Kaders A und B im DRV. In: DRV (Hrsg) Rudersport 100 (Beilage). Trainer-Journal 77: VII–VIII
8. Mader A, Hollmann W (1977) Zur Bedeutung der Stoffwechselleistungsfähigkeit des Eliteruderers in Training und Wettkampf. Leistungssport [Beiheft] 9:8–62
9. Mahler DA, Andrea BE, Andresen DC (1984) Comparison of 6-min "all-out" and incremental exercise tests in elite oarsmen. Med Sci Sports 16:567–571
10. Stegmann H, Kindermann W, Schnabel A (1981) Lactate kinetics and individual anaerobic threshold. Int J Sports Med 2:160–165
11. Steinacker JM (1983) Die Ruderspiroergometrie als eine Methode der sportartspezifischen Leistungsdiagnostik. Dtsch Z Sportmed 34:333–342
12. Steinacker JM, Marx U, Grünert M, Lormes W, Wodick RE (1985) Vergleichsuntersuchungen über den Zweistufentest und den Mehrstufentest bei der Ruderspirometrie. Leistungssport 6:47–51
13. Urhausen A, Müller M, Förster HJ, Weiler B, Kindermann W (1986) Trainingssteuerung im Rudern. Dtsch Z Sportmed 37:340–346

Zur Differenz der Bestimmung der Ausdauerleistung (4 mmol/l Arbeitskapazität) bei zweistufigen und mehrstufigen Testverfahren

U. Hartmann, A. Mader und *W. Hollmann*

Einleitung

Neben den nur auf die maximale Leistung ausgerichteten Ruderergometertests amerikanischer Untersucher werden in der Bundesrepublik zur Bestimmung der Ausdauerleistungsfähigkeit auch ein Zweistufentest oder ein Mehrstufentest durchgeführt. Ziel ist es, durch einen Vergleich der beiden Testverfahren die Unterschiedlichkeiten herauszuarbeiten, die Interpretationsmöglichkeiten zu erläutern und die Bedeutung für die Praxis zu charakterisieren.

Methodik

Im Rahmen von routinemäßigen Kaderuntersuchungen nationaler Spitzenruderer (Männer A-Kader, n = 14), Nachwuchsruderer (Männer, Nicht-A-Kaderangehörige, n = 10) und Ruderinnen (Seniorinnen und Juniorinnen, n = 11) wurden auf einem Gjessing-Ruderergometer sowohl ein 8- und 6minütiger Zweistufentest (ZWS) als auch ein jeweils 3minütiger Mehrstufentest (MST) durchgeführt. Bei dem ZWS lag die Submaximalbelastung im Bereich der Ausdauerleistungsgrenze (Bremsgewicht 2,5 kp), die Maximalbelastung entsprach einem Ruderwettkampf (3,0 kp Bremsgewicht). Bei dem MST begann die Belastung bei 200 W (Frauen 150 W) und wurde alle 3 min mit jeweils maximal 30 s Unterbrechung bis 350 W (Frauen mindestens 250 W) gesteigert (Männer 3,0 kp, Frauen 2,5 kp Bremsgewicht). Beide Testverfahren wurden nicht an den gleichen, aber innerhalb von 4 Tagen durchgeführt.

Das Blutlaktat (LA) wurde aus dem hyperämisierten Ohrläppchen jeweils in der 1., 3., 5., 7. und 10. min nach Belastung entnommen.

Die Laktatbestimmung erfolgte enzymatisch, modifiziert von Mader et al. [5] als Halbmikromethode.

Ergebnisse

Die Laktat-Leistungswerte bei 4 mmol/l ergeben sich aus der Interpolation der ober- und unterhalb von 4 mmol/l liegenden Meßpunkte. Die bei 4 mmol/l LA liegenden Leistungswerte für die Gruppe Männer A, Männer B und Frauen sind aus der Tabelle 1 ersichtlich.

J. M. Steinacker (Hrsg.)
Rudern
© Springer-Verlag Berlin Heidelberg 1988

Wie Abb. 1 zeigt, betragen die Mittelwertsdifferenzen bezüglich der Leistung für alle Gruppen ca. 30 W. Die ermittelten Unterschiede sind bei allen Gruppen signifikant (Tabelle 1). Im Rahmen von Einzelfallbeispielen lassen sich die erwähnten Differenzen ebenfalls nachweisen.

Bei der graphischen Darstellung der bei 4 mmol/l ermittelten Leistungswerte beider Testverfahren ist aus Abb. 2 eine signifikante Verlagerung sowohl der individuellen als auch gemittelten 4-mmol/l-Leistungswerte zugunsten des MST ersichtlich. Weiterhin angegeben ist die Regressionsgleichung für das gesamte Probandenkollektiv.

Die aus der Tabelle 1 ersichtlichen mittleren Herzfrequenzen verhalten sich sowohl beim ZWS als auch beim MST ähnlich. Die Mittelwertdifferenzen zwischen den beiden Testverfahren weisen keinerlei statistisch nachweisbare Unterschiede auf.

Im weiteren wurde untersucht, inwieweit mit dem einen oder anderen Testverfahren eine Aussage über die Dauerleistungsfähigkeit gegeben werden kann. Dazu wurde bei Einzelfällen 2- bis 3mal jeweils 8 min dauernde Belastungen vorgegeben, die

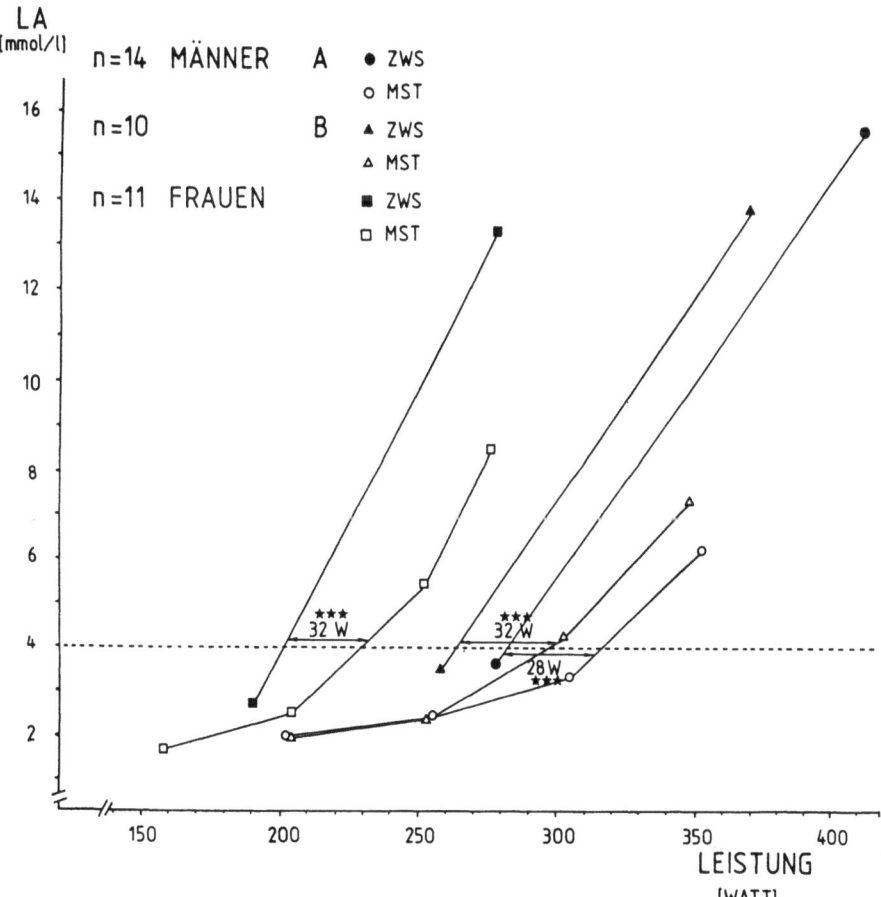

Abb. 1. Vergleich der Mittelwerte des Laktats [LA (mmol/l)] zur Leistung (Watt) für den Zweistufentest (ZWS) und den Mehrstufentest (MST) für die Gruppen Männer A, Männer B und Frauen (weitere Erläuterungen s. Text)

Tabelle 1. Mittelwerte (x̄), Standardabweichungen (s) und die auf Signifikanz geprüften Mittelwertunterschiede für die mittlere Leistung [P (Watt)] und für die Herzfrequenz [HF (min⁻¹)] zwischen dem Zweistufentest (ZWS) und dem Mehrstufentest (MST) bei 4 mmol/l Laktat für die Gruppen Männer A, Männer B und Frauen

| | | P bei 4 mmol/l | | | HF bei 4 mmol/l | |
		ZWS	MST	ZWS		MST
Männer	n		14		14	
	x̄	283,6	311,5	165,3		164,4
	s	11,7	29,1	8,8		9,3
A	D		27,9		0,9	
	p		***		–	
Männer	n		10		9	
	x̄	260,0	291,5	173,5		170,9
	s	19,3	17,4	10,2		5,4
B	D		31,5		2,6	
	p		***		–	
	n		11		11	
	x̄	201,1	233,4	173,7		172,2
Frauen	s	20,3	24,5	7,9		9,0
	D		32,2		1,5	
	p		***		–	

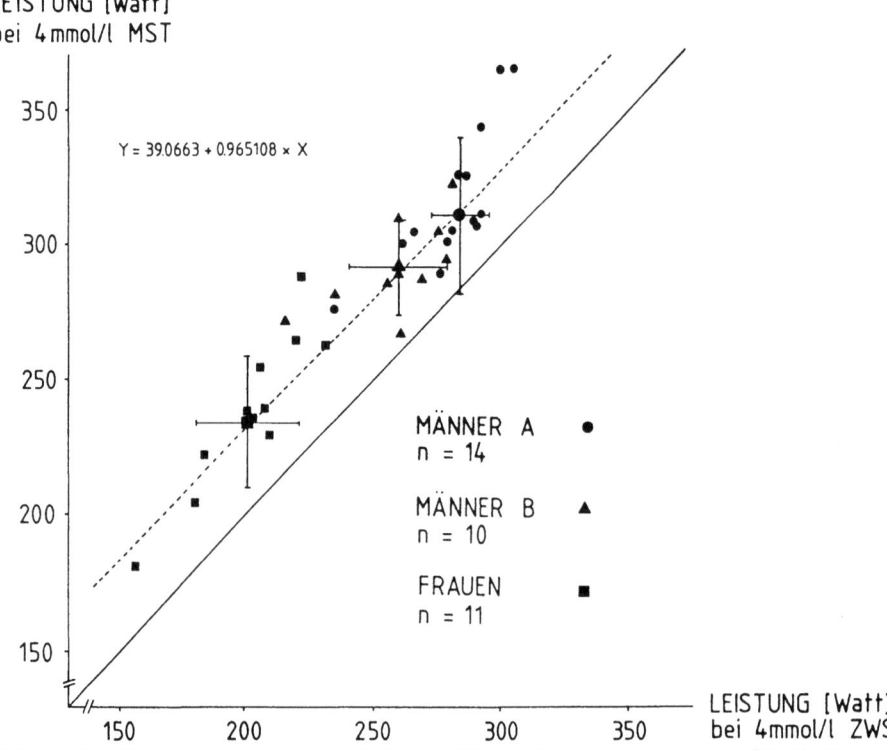

LEISTUNG [Watt]
bei 4 mmol/l MST

Y = 39.0663 + 0.965108 × X

MÄNNER A   ●
n = 14

MÄNNER B   ▲
n = 10

FRAUEN   ■
n = 11

LEISTUNG [Watt]
bei 4 mmol/l ZWS

Abb. 2. Vergleich der bei 4 mmol/l Arbeitskapazität ermittelten Leistungswerte (Watt) für den Zweistufentest (ZWS) und den Mehrstufentest (MST) für die Gruppen Männer A, Männer B und Frauen; die Regressionsgerade Leistung (Watt) bei 4 mmol/l MST = f [Leistung (Watt) bei 4 mmol/l ZWS] ist die für das Gesamtkollektiv ermittelte Gerade (weitere Erläuterungen s. Text)

a) im Bereich von 4 mmol/l beim ZWS,

b) um ca. 20 W unterhalb von 4 mmol/l sowohl beim MST (genau 18 W) und

c) um ca. 20 W unterhalb von 4 mmol/l beim ZWS (genau 22 W)

lagen. Aus Abb. 3 ist anhand eines exemplarischen Falls (siehe a) ersichtlich, daß bei einer Belastung, die im Bereich von 4 mmol/l beim ZWS ermittelt wurde, das LA nach 8 bzw. 16 min geringfügig über 4 mmol/l ansteigt.

Bei einer Belastung gemäß b) fanden sich nach 8 min bereits 7,5 mmol/l und nach 16 min 9,6 mmol/l LA.

Bei einer unterhalb von 4 mmol/l liegenden Belastung wurden auch nach 3 mal 8 min gleicher Leistung sehr niedrige LA-Werte bei hoher Leistung gefunden (Abb. 3).

Weiterhin wurden 3 je 8 min dauernde Belastungen gleicher Leistung entsprechend dem sowohl im ZWS als auch im MST bei ca. 10–15 W unterhalb von 4 mmol/l und bei dem bei 3 mmol/l ermittelten Leistungswert des MST individuell vorgegeben.

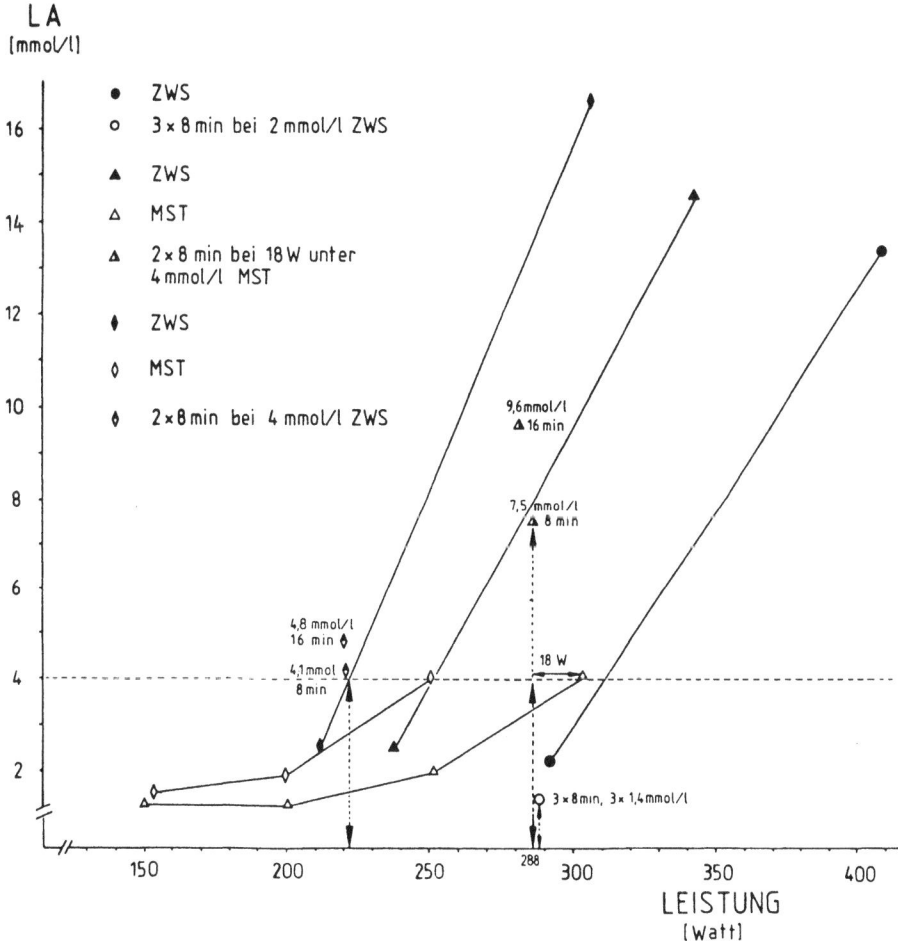

Abb. 3. Verhalten von Laktat [LA (mmol/l)] in Abhängigkeit von der Leistung (Watt) bei 8, 16 bzw. 24 min Dauer; eine Belastung wurde bei 4 mmol/l des ZWS, eine mit 18 W unter 4 mmol/l des MST und eine mit 22 W unter 4 mmol/l des ZWS angesetzt (weitere Erläuterungen s. Text)

Bei Orientierung an der aus dem ZWS resultierenden Leistungsvorgabe stieg der Laktatwert auch nach 24 min nicht oder nur geringfügig über 4 mmol/l (Abb. 4). Dagegen wurde nach der Vorgabe aus dem MST die 4-mmol/l-Arbeitskapazität schon innerhalb der ersten 8 min überschritten und stieg bis zur 16. bzw. 24. min weiter an (Abb. 5). Bei der Hälfte der Probanden mußte der Test nach 16 min abgebrochen werden.

Auch bei Vorgabe eines niedrigeren, aus dem 3-mmol/l-Ergebnis des MST resultierenden Leistungswert, zeigte sich ein ähnliches Bild (Abb. 4).

Diskussion

Die überwiegend in der sportmedizinischen Routine durchgeführten Ergometeruntersuchungen sind Testverfahren mit stufenweiser ansteigender Belastung. Daß dabei die in der Sportart geforderte zeitliche Belastung nicht immer in ausreichendem Maße exakt simuliert wird, ist auf zahlreiche Probleme der Umsetzung im Labor zurückzuführen. Jedoch besteht zumindest bezüglich der Zeit die Möglichkeit, die tatsächlichen Gegebenheiten der Sportart so weit zu simulieren, daß die physiologischen Bedingungen in ausreichendem Maße repräsentiert werden [1].

Zwischen dem hier zur Diskussion stehenden ZWS und MST sind erhebliche Leistungsdifferenzen vorhanden (Tabelle 1, Abb. 1). Diese sind im Bereich oberhalb von 2,5 mmol/l LA besonders augenfällig, wobei der Differenz bei der Arbeitskapazität von 4 mmol/l eine erhebliche Bedeutung im Rahmen der Leistungsdiagnostik zukommt. Im Mittel beträgt die Differenz bei 4 mmol/l ca. 30 W (Tabelle 1, Abb. 2).

Entscheidendes Kriterium für die unterschiedliche Leistung bei gleichem LA ist sicherlich die Länge der Stufendauer. So kann mit Sicherheit angenommen werden, daß es bei einer Belastung oberhalb der rein aeroben Energiebereitstellung (> ca. 2 mmol/l) zu einer zunächst sehr geringen, aber immer deutlicher werdenden Laktatakkumulation kommt (Abb. 2 und 4).

Je kürzer die Stufendauer ist, um so weniger kann das LA akkumulieren. So berichten schon Heck et al. [3, 4], daß bei kürzerer Belastungsdauer die Laktatverteilung einen Nachlauf in der Blutlaktatkonzentration bewirkt. Durch die geringere Akkumulationszeit für Laktat wird bei höheren Leistungen der Blutlaktatanstieg geringer und dadurch ein besseres Ausdauerleistungsvermögen vorgetäuscht.

Weiterhin kommt es durch die ca. 30 s dauernde Pause zwischen den einzelnen Stufen des MST zu einer Wiederauffüllung der Adenosintriphosphat-/Kreatinphosphatspeicher. In welchem Maß dies eine Auswirkung auf die dann etwas später wieder einsetzende Laktatbildung hat, kann hier nicht quantifiziert werden. Es sei nur darauf verwiesen, daß bei submaximalen Belastungen im Bereich von ca. 3 mmol/l bei 2 min Dauer ca. 25% und bei 4 min Dauer ca. 13% der Energie anaerob alaktazid unabhängig von der Qualität der Gruppenzusammensetzung bereitgestellt werden [2].

Da die im Bereich von 4 mmol/l Arbeitskapazität ermittelten Leistungswerte beim MST um ca. 30 W oberhalb eines "Steady-state-Zustands" liegen, lassen sich auch nur eingeschränkt Belastungsvorgaben für ein Ergometertraining geben. Besonders im Rahmen eines Ausgleichs- bzw. Regenerations- oder Wintertrainings könnten solche Empfehlungen hilfreich sein.

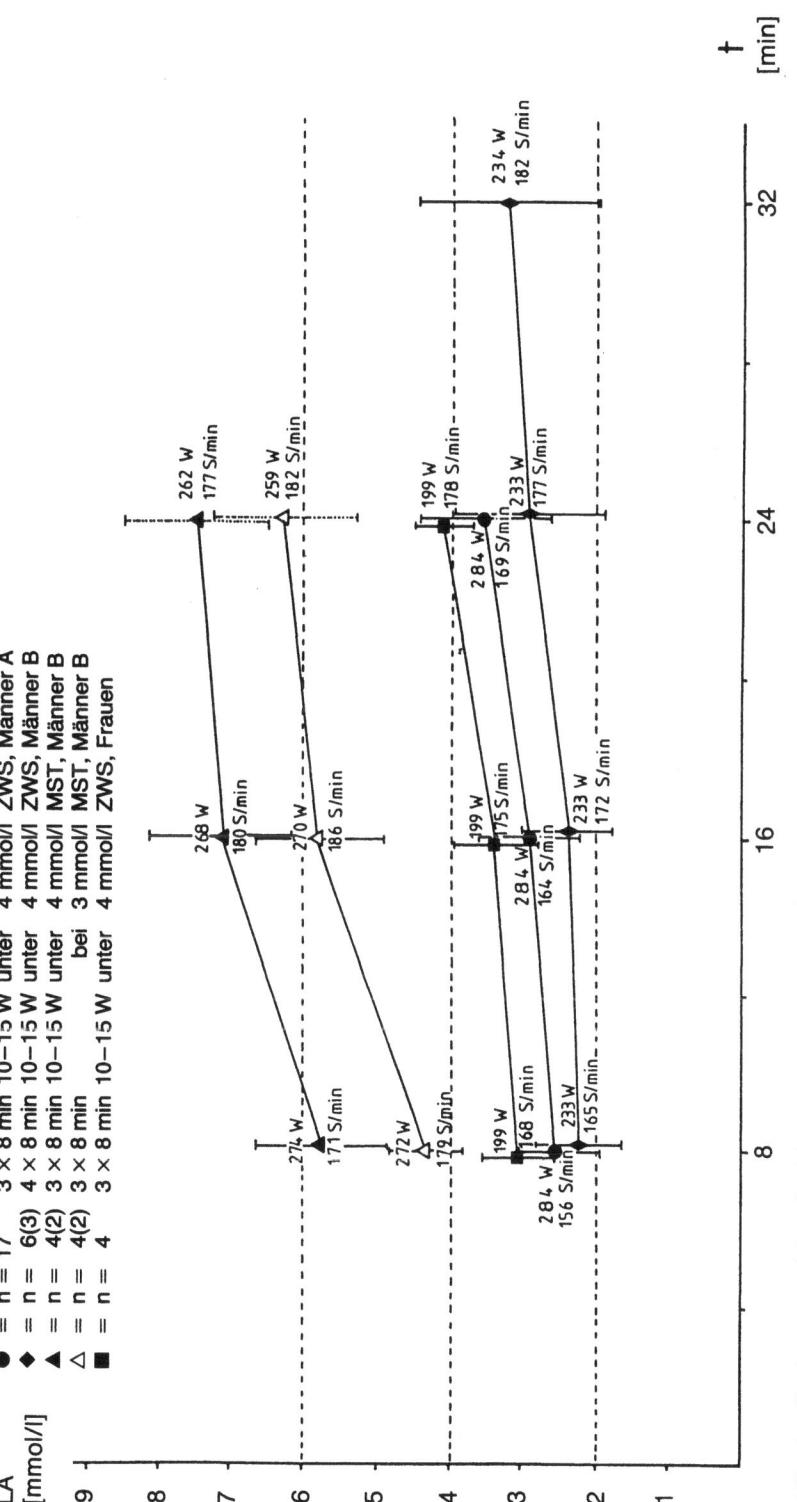

Abb. 4. Mittelwerte und Standardabweichungen für Laktat [LA (mmol/l)] und Mittelwerte für die Leistung (Watt) von 3 bzw. 4 mal 8 min dauernden Belastungen gleicher Leistung bei einer um ca. 10–15 W sowohl unter dem im Rahmen des MST ermittelten 4 mmol/l Laktatwerts für die Gruppe Männer B; für die Frauen und für eine Referenzgruppe (Männer A, überwiegend Nationalmannschaftsangehörige) wurde eine ca. 10–15 W unterhalb des ZWS liegende Leistung vorgegeben (weitere Erläuterungen siehe Text)

Wie aus der Tabelle 1 ersichtlich, verhalten sich die Herzfrequenzen bei der 4-mmol/1-Arbeitskapazität bei beiden Testverfahren ähnlich. Inwieweit aber die auf dem Ergometer ermittelten Herzfrequenzen auf das Wasser bzw. Ruderboot übertragbar sind, müssen weitere Untersuchungen zeigen.

Zusammenfassend läßt sich sagen, daß eine signifikante Differenz zwischen den beiden Testverfahren besteht, die im Bereich niedriger Belastungen wesentlich durch die Stufendauer bedingt sein dürfte.

Literatur

1. Föhrenbach R, Mader A, Thiele W, Hollmann W (1986) Testverfahren und metabolisch orientierte Intensitätssteuerung im Sprinttraining mit submaximaler Belastungsstruktur. Leistungssport 5
2. Hartmann U (1987) Querschnittuntersuchungen an Leistungsruderern im Flachland und Längsschnittuntersuchungen an Eliteruderern in der Höhe mittels eines zweistufigen Tests auf einem Gjessing-Ruderergometer. Hartung-Gorre, Konstanz
3. Heck H, Liesen H, Mader A, Hollmann W (1981) Der Einfluß der Stufendauer und der Pausendauer bei Laufbanduntersuchungen auf die Sauerstoffaufnahme und das Laktatverhalten. In: Kindermann W, Hort W (Hrsg) Sportmedizin für Breiten- und Leistungssport. Kongreßband Deutscher Sportärztekongreß Saarbrücken 1980. Demeter, Gräfelfing
4. Heck H, Mader A, Hess G, Mücke S, Müller R, Hollmann W (1985) Justification of the 4 mmol/l lactate threshold. Int J Sports Med 6 (3):117
5. Mader A, Heck H, Föhrenbach R, Hollmann W (1979) Das statische und dynamische Verhalten des Laktats und des Säure-Basen-Status im Bereich niedriger bis maximaler Azidosen bei 400- und 800-m-Läufern bei beiden Geschlechtern nach Belastungsabbruch. Dtsch Z Sportmed 30(7):203 und 30(8):249
6. Steinacker JM, Marx U, Grünert M, Lormes W, Wodick RE (1985) Vergleichsuntersuchungen über den Zweistufentest und den Mehrstufentest bei der Ruderspirometrie. Leistungssport 6:47

Einsatz des Gjessing-Ruderergometers zur anaeroben Leistungsdiagnose und -prognose (anaerobe Kapazität bei Rudersportlern)

A. Szögy

Einleitung

Die Leistungsdiagnose und die Leistungsprognose sind, neben der Trainingssteuerung und Trainingsüberwachung, Bestandteile der Trainingsberatung. Obwohl der Rudersport eine zyklische Kraftausdauersportart ist, können die Komponenten der anaeroben Kapazität – die Schnellkraft und das Stehvermögen – die sportlichen Leistungen dieser Sportart entscheidend beeinflussen. So kommt die Schnellkraft hauptsächlich beim Start und das Stehvermögen beim Endspurt zur Geltung.

Zweck dieser Arbeit ist es, zu überprüfen, ob das Gjessing-Ruderergometer, als drehzahlabhängiges spezifisches Laborbelastungsgerät, sich zur Bestimmung der anaeroben Kapazität anhand des anaeroben Zweiphasentests eignet. Dieser im Sportmedizinischen Institut Frankfurt eingeführte Test wurde bislang bei drehzahlabhängigen Fahrrad- und Handkurbelergometer-, Sprung-, Schwimm-, Lauf- und Bahnradfahrbelastungen eingesetzt [1].

Untersuchungsgut und Methodik

Bei 19 Rudersportlern mit einem mittleren Alter von 19,26 ± 3,75 Jahren, einer mittleren Körpergröße von 180,71 ± 6,33 cm und einem mittlerem Körpergewicht von 73,32 ± 6,93 kg wurde die anaerobe Kapazität anhand des Zweiphasentests am Gjessing-Ruderergometer bestimmt. Es wurde dabei die höchstmögliche einstellbare Bremskraft von 3,72 kp benutzt. Die Probanden mußten zwei Maximalbelastungen durchführen. Phase 1 diente zur Bestimmung der Schnellkraft und dauerte 15 s. Phase 2, die nach einer 30minütigen Erholungspause folgte, war zur Bestimmung des Stehvermögens vorgesehen und dauerte 45 s. Vor den Belastungen und in der 3., 6. und 9. Nachbelastungsminute wurden aus dem hyperämisierten Ohrläppchen anhand eines Laktat-Analyzers 640 der Fa. Kontron Laktatbestimmungen vorgenommen.

Als Meßgröße der Schnellkraft galt die mittlere Leistung in Watt der 15-s-Phase und für das Stehvermögen die mittlere Leistung in Watt der 45-s-Phase.

Zur Leistungsprognose der anaeroben Kapazität wurden die noch vorhandenen Energiereserven geschätzt. Dies erfolgte anhand des Verhältnisses zwischen der Gesamtarbeit (KJ) und der Laktatproduktion (Δ-Laktat) in den beiden Belastungsphasen.

J.M. Steinacker (Hrsg.)
Rudern
© Springer-Verlag Berlin Heidelberg 1988

Ergebnisse und Diskussion

Der Mittelwert der Schnellkraft betrug $568,47 \pm 56,76$ W bzw. $7,76 \pm 0,45$ W $\cdot$ kg^{-1} und des Stehvermögens $511,53 \pm 70,78$ W bzw. $6,99 \pm 0,85$ W $\cdot$ kg^{-1}. Der daraus berechnete Mittelwert des Leistungsabfalls zwischen der Schnellkraft und dem Stehvermögen betrug $11,26 \pm 8.50\%$.

Der Mittelwert des alaktaziden Quotienten, der aus dem Verhältnis Gesamtarbeit / Δ-Laktat der 15-s-Phase berechnet wurde, betrug $5,28 \pm 2,88$. Der Mittelwert des laktaziden Quotienten, der aus dem ähnlichen Verhältnis der 45-s-Phase berechnet wurde, war kleiner – $3,66 \pm 0,99$ (Tabelle 1).

Tabelle 1. Mittelwerte der anaeroben Kapazität bei Rudersportlern (n = 19)

Schnellkraft		Stehvermögen		Leistungsabfall 15s–45s (%)	Alaktazider Quotient	Laktazider Quotient
Watt 15s	Watt/kg 15s	Watt 45s	Watt/kg 45s			
568,47	7,76	511,53	6,99	11,26	5,28	3,66
$\pm$ 56,76	$\pm$ 0,45	$\pm$ 70,87	$\pm$ 0,85	$\pm$ 8,50	$\pm$ 2,88	$\pm$ 0,99

Im Vergleich mit der Fahrradergometrie würde man bei der Ruderergometrie ähnliche oder höhere Werte der Schnellkraft und des Stehvermögens erwarten, da bei letzterer eine größere Muskelmasse eingesetzt wird. Vergleicht man aber die Mittelwerte der Schnellkraft der 19 Rudersportler mit denjenigen von 32 Radsportlern, die am Fahrradergometer untersucht wurden (Szögy, noch nicht veröffentlicht), so sind die Mittelwerte der Rudersportler sowohl als absolute als auch als körpergewichtsbezogene Werte um 26% kleiner. Beim Stehvermögen sind diese Differenzen geringer, und zwar 12%. Mit 11,3% ist der Leistungsabfall zwischen der Schnellkraft und dem Stehvermögen bei den Rudersportlern entsprechend kleiner. Bei den Radfahrern betrug der Leistungsabfall 24,3%.

Dies hat zweierlei Erklärungen. Erstens ist die Ruderergometrie im Vergleich mit der Fahrradergometrie durch eine diskontinuierliche Belastung gekennzeichnet, so daß insbesondere bei kurzfristigen Belastungen nur eine kleine Anzahl an Schlägen und deshalb eine kleinere Umdrehungszahl erreicht werden können. Die zweite Erklärung wird von der Serienanfertigung des Gjessing-Ruderergometers entscheidend beeinflußt. Die Größe der Leistung an einem drehzahlabhängigen Ergometer ist von zwei Faktoren abhängig: von der Drehzahl pro Zeiteinheit und der vorgegebenen Bremskraft. Bei der kontinuierlichen fahrradergometrischen Belastung wurde eine Bremskraft von 6 kp pro Umdrehung eingesetzt, bei der diskontinuierlichen ruderergometrischen Belastung hingegen nur 3,72 kp. Eine Erhöhung der Bremskraft bis zu 5–7 kp würde sicherlich auch zu höheren Werten, insbesondere bezüglich der Schnellkraft, führen.

Ein hoher alaktazider Quotient läßt auf einen hohen alaktaziden Energiespeicher und noch ungenutzte laktazide Energiereserven schließen. Ein hoher laktazider Quotient läßt entweder auf einen hohen alaktaziden Energiespeicher oder aber auf eine hohe aerobe Rate in der Energiebereitstellung dieser Stehvermögensphase und noch ungenutzte laktazide Energiereserven schließen. Die beiden Quotienten können für eine Leistungsprognose nützlich sein.

Literatur

1. Szögy A (1985) Beiträge zur Bestimmung der anaeroben Kapazität bei Hochleistungssportlern. In: Bachl N, Baumgartl P, Huber G, Keul J (Hrsg) Die trainingsphysiologische und klinische Bedeutung der anaeroben Kapazität. Hollinek, Wien

Die Beziehung zwischen Laktat, Sauerstoffaufnahme und Leistung im zweistufigen Ruderergometertest bei Ruderern unterschiedlicher Leistungsfähigkeit

U. Hartmann, A. Mader und *W. Hollmann*

Einleitung

Über die Bedeutung der Parameter Laktat und Sauerstoffaufnahme für die physiologische Leistungsfähigkeit im Rudern herrscht mittlerweile in der wissenschaftlichen Literatur Einigkeit. In Anlehnung an neuere Untersuchungsergebnisse und zur Repräsentierung des aktuellen Standes ist die Darstellung neuerer Meßergebnisse von Zeit zu Zeit notwendig. So soll aufgezeigt werden, wie die genannten Parameter voneinander abhängig sind und wie sie sich bei unterschiedlichen Leistungen bzw. Testzeitpunkten gegeneinander beeinflussen.

Methodik

Sowohl im Rahmen einer Querschnittuntersuchung [nationale und internationale Elite (EI, n = 10), nationale Elite (EII, n = 35), Schwere-Senioren, national 2. Leistungsgruppe (SS, n = 14), Leichtgewicht-Senioren, national 2. Leistungsgruppe (LGW-S, n = 15)] als auch bei einer Längsschnittuntersuchung (9 Untersuchungen über 6 Jahre bzw. 4 in 12 Monaten, n zwischen 5 und 15, nur Spitzenathleten, A- und B-Kader) wurden u.a. die Parameter Leistung (Watt), Sauerstoffaufnahme [$\dot{V}O_2$ (ml/min)], Herzfrequenz [HF (min^{-1})] und Nachbelastungslaktat [LA (mmol/l)] auf einem Gjessing-Ruderergometer erhoben. Das Testverfahren bestand aus einem 8minütigen Submaximaltest im Bereich der Ausdauerleistungsgrenze und einem 6 min dauernden Maximaltest. Zur Erhebung der spiroergometrischen Parameter wurde ein selbstkonstruiertes offenes Meßsystem verwandt, welches durch spezielle Konstruktion den Atemwegswiderstand bei hohen Atemminutenvolumina erheblich reduzierte [3, 9].

Ergebnisse

Die wesentlichen Befunde im Rahmen der Querschnittuntersuchung betrugen je nach Gruppenzugehörigkeit für die maximale Leistung im Mittel zwischen 320–403 W, für die $\dot{V}O_2$ 4470–5760 ml/min, für die HF 186–192 Schläge/min und für das LA 15,0–16,7 mmol/l.

Für die Längsschnittuntersuchung lag in Abhängigkeit vom Testzeitpunkt die maximale Leistung zwischen 391 und 414 W, die $\dot{V}O_2$ zwischen 5279 und 5763 ml/min, die HF zwischen 185 und 190 Schläge/min und das LA zwischen 11,7 und 16,8 mmol/l.

J.M. Steinacker (Hrsg.)
Rudern
© Springer-Verlag Berlin Heidelberg 1988

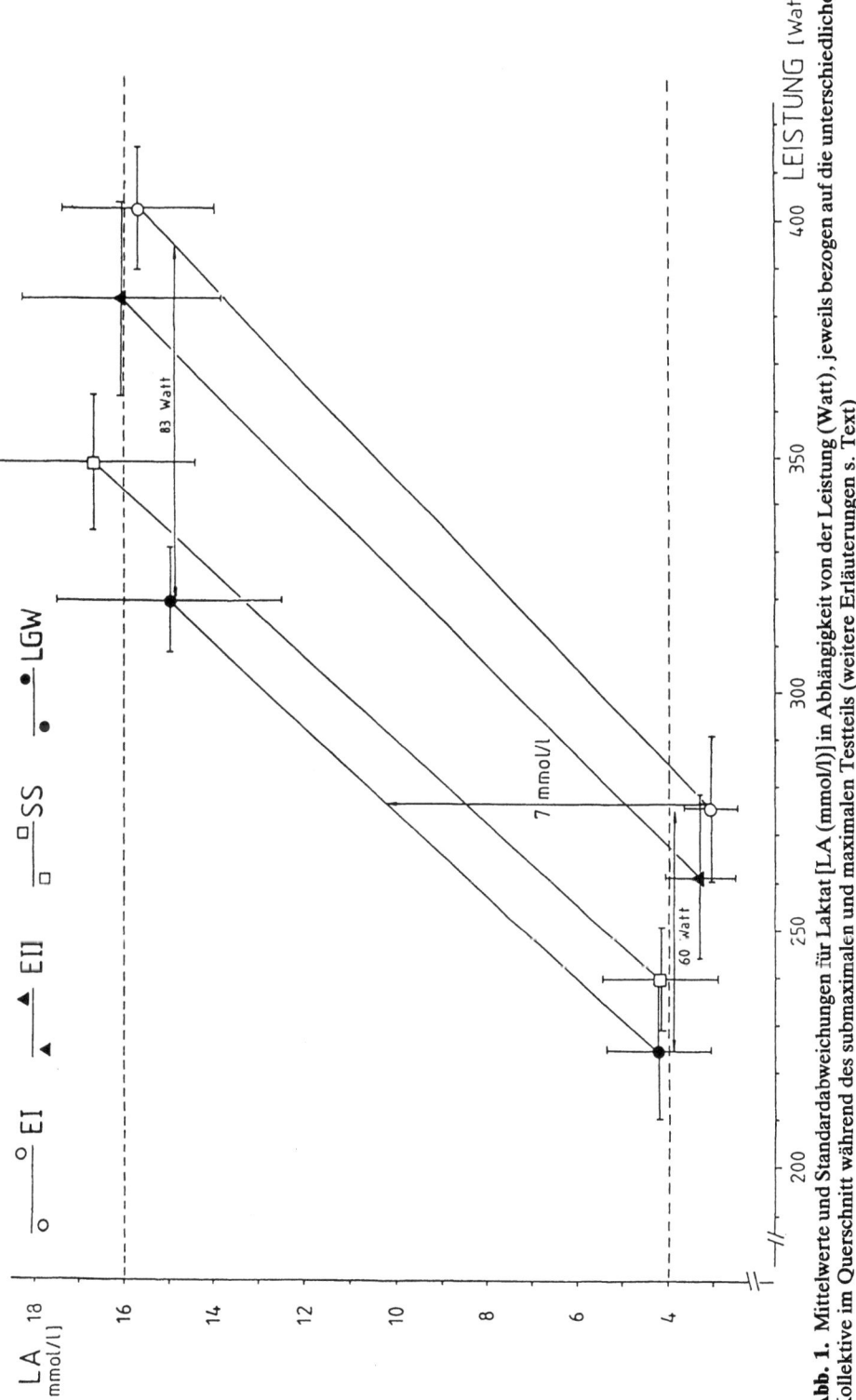

Abb. 1. Mittelwerte und Standardabweichungen für Laktat [LA (mmol/l)] in Abhängigkeit von der Leistung (Watt), jeweils bezogen auf die unterschiedlichen Kollektive im Querschnitt während des submaximalen und maximalen Testteils (weitere Erläuterungen s. Text)

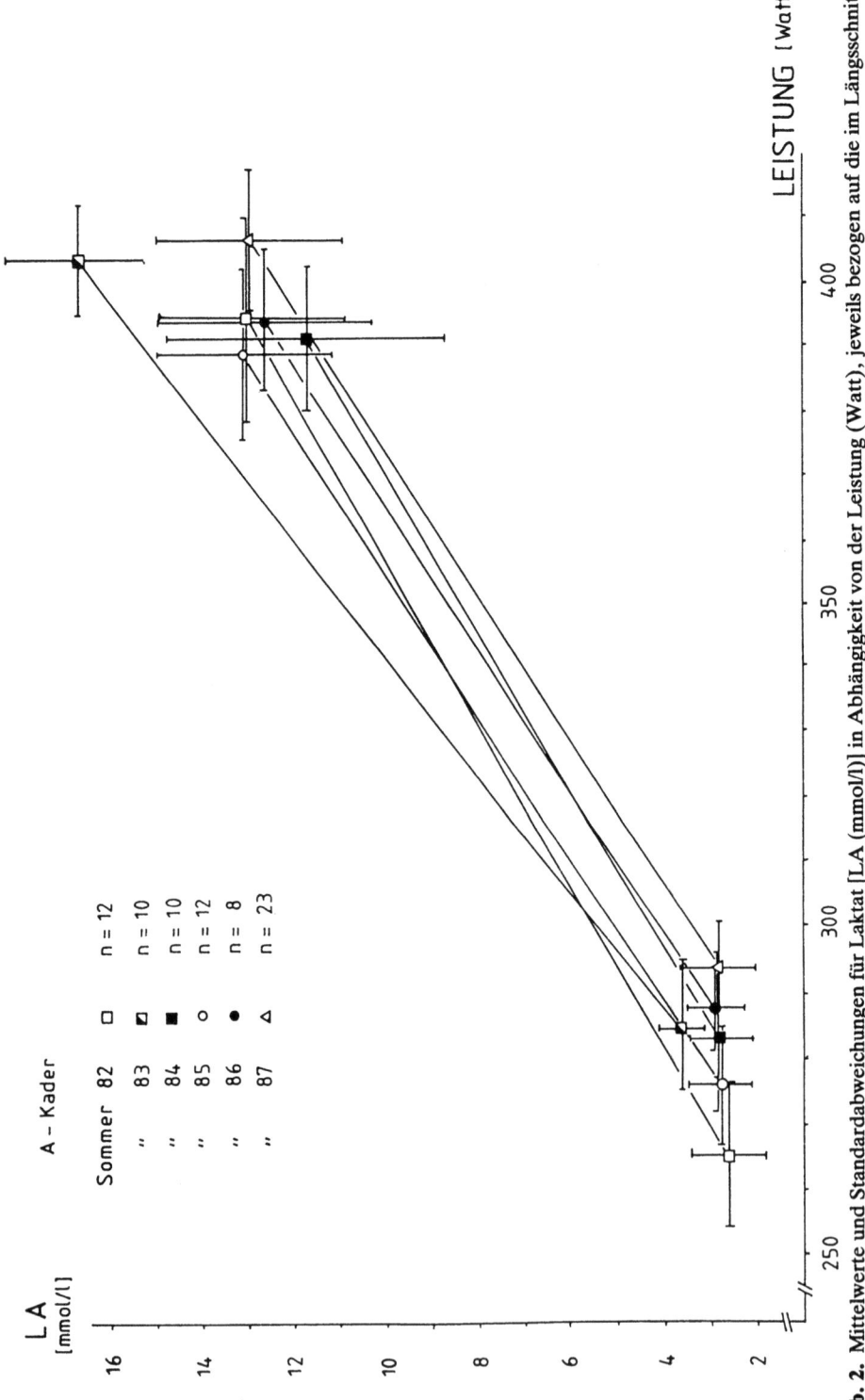

Abb. 2. Mittelwerte und Standardabweichungen für Laktat [LA (mmol/l)] in Abhängigkeit von der Leistung (Watt), jeweils bezogen auf die im Längsschnitt unterschiedlichen Untersuchungszeitpunkte für den submaximalen und maximalen Testteil (weitere Erläuterungen s. Text)

Aus Abb. 1 ist das Verhältnis von Laktat zur Leistung im Rahmen der Querschnittuntersuchung, aus Abb. 2 im Verlauf der Längsschnittuntersuchung zu entnehmen.

Die absoluten Unterschiede bezüglich der Laktatkonzentration bei gleicher $\dot{V}O_2$ sind erheblich. So erreichen die Probanden der Gruppe EI während des submaximalen Testteils bei einer Laktatkonzentration von ca. 3 mmol/l eine O_2-Aufnahme, die mit ca. 4600 ml/min deutlich über der O_2-Aufnahme liegt, die die LGW während des Maximaltests erst bei einer Laktatkonzentration von ca. 17,0 mmol/l erreichen würden. In einer gewichtsbezogenen, für das Rudern aber wenig relevanten Darstellung, würden die Unterschiede zwischen den leicht- und normalschwergewichtigen Gruppen weitgehend relativiert.

Im Verlauf der Tests nimmt die Sauerstoffaufnahme im Bereich der 4-mmol/l-Arbeitskapazität zu.

Diskussion

Aus den Abb. 1 und 2 wird ersichtlich, daß in den Laktat-Leistungsdiagrammen die mittlere maximale Leistung und das mittlere maximale Laktat eine Gerade ergeben, die bei konstanter Steigung im Ursprung um so weiter nach rechts verlagert ist, je besser das Leistungsvermögen ist. Im Rahmen von Einzelfällen können so individuelle Entwicklungen aufgezeigt werden. Unabhängig von der Gruppenzugehörigkeit liegen sowohl die submaximale als auch die bei 4 mmol/l Laktat ermittelte Leistung bei ca. 70% der absoluten bzw. der bei 16 mmol/l Laktat ermittelten Maximalleistung [3].

Nach unseren Untersuchungen [4] ist die je mmol/l Laktat gewinnbare Leistung unabhängig von der Leistungsfähigkeit konstant und macht bei 6minütigen Maximalbelastungen auf dem Ruderergometer im Mittel ca. 10 W Leistung aus.

Die Rechtsverlagerung der Laktat-Leistungskurve bedeutet eine Leistungsverbesserung der aeroben Stoffwechselvorgänge, die entweder auf einer Zunahme der $\dot{V}O_{2max}$ oder aber einer Erhöhung der laktatfreien $\dot{V}O_2$ an der $\dot{V}O_{2max}$ beruht [3, 10]. So beträgt im Rahmen der Submaximaltests bei allen Gruppen der Anteil der $\dot{V}O_2$ ca. 80% des Maximalwerts; dieser schwankt erheblich in Abhängigkeit von der maximalen Leistungsfähigkeit.

Die oben dargestellte Zunahme der $\dot{V}O_2$ an der 4-mmol/l-Arbeitskapazität läßt auf eine Verbesserung der aeroben Energiebereitstellung schließen. An anderer Stelle [3, 11] konnte nachgewiesen werden, daß bei 6minütigen Ergometerbelastungen 82–83% der Energie aerob, 9–10% anaerob laktazid und 8% anaerob alaktazid bereitgestellt werden. Andere Autoren [1, 2, 6, 12] begünstigen etwas die anaerobe Energiebilanz.

Für die Gruppe der Spitzenruderer (EI) wurden nun die anteiligen Energieressourcen errechnet (Abb. 3). Dabei ist auffällig, daß sich trotz erheblicher Differenzen in der $\dot{V}O_2$ bzw. im Nachbelastungslaktat die Energieanteile nur geringfügig ändern. Erwartungsgemäß liegen die aeroben Anteile, die im Anschluß an ein Höhentraining und nach der Rückkehr ins Flachland ermittelt wurden, mit 85% am höchsten. Für die beiden übrigen Anteile wurden jeweils 7,5% errechnet. Der geringste aerobe Anteil mit 81,1% wurde im Juli mitten in der Wettkampfperiode gefunden. Die anaerob alaktazide und der anaerob laktazide Anteil lassen sich hier mit 7,3 bzw. 9,6% beziffern.

Umgekehrt muß ein höherer Laktatwert nicht unbedingt ein Indiz für einen größeren anaeroben bzw. eine höhere $\dot{V}O_2$ nicht ausschließlich das Indiz für einen vergrößerten aeroben Energieanteil sein. Im Längsschnitt ist die Leistungsverbesserung bei

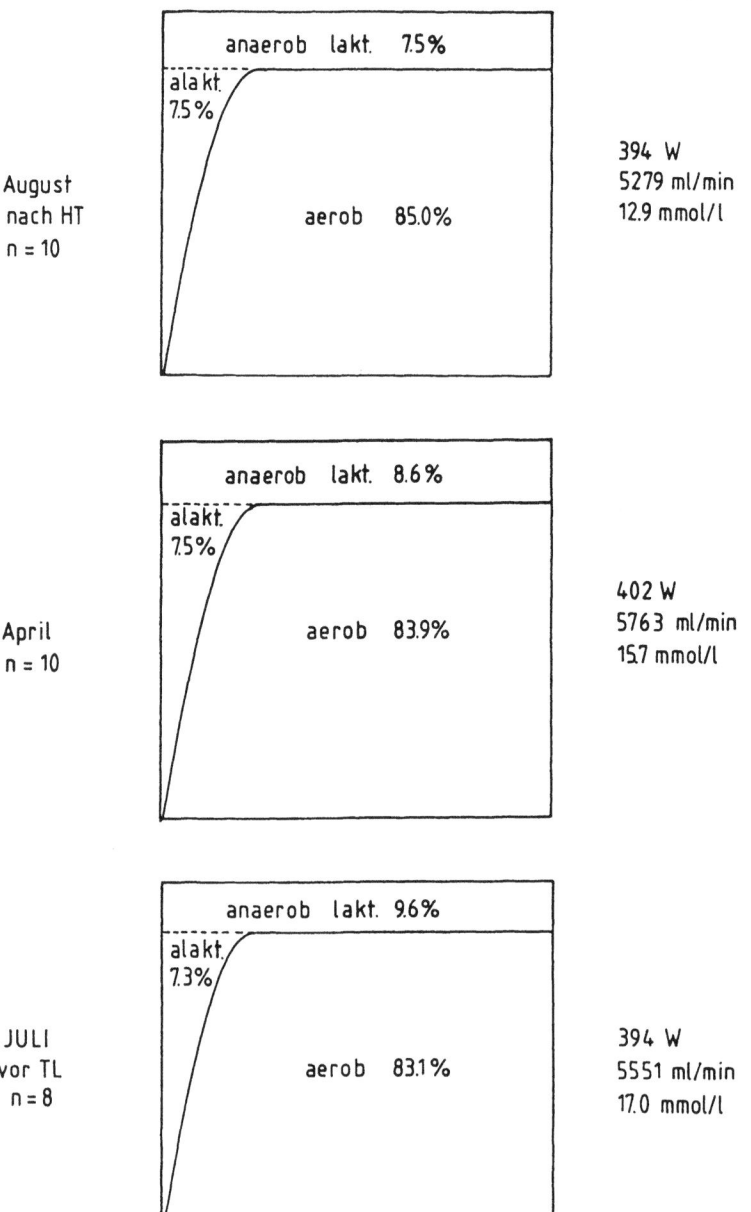

Abb. 3. Schematische Darstellung der prozentualen Anteile der Stoffwechselressourcen an der Energiebereitstellung bei einer Gruppe von Spitzenruderern im Längsschnitt; die Tests wurden unmittelbar nach einem Höhentraining im August, im April und im Juli vor einem Höhentrainingslager durchgeführt (weitere Erläuterungen s. Text)

Tabelle 1. Prozentuale Inanspruchnahme der einzelnen Energieressourcen aerob, anaerob alaktazid und anaerob laktazid in Abhängigkeit von der Höhe des Laktats; als O_2-Aufnahme wurden 6000 ml/min (Brutto) angenommen, als Ruhe-$\dot{V}O_2$ wurden 500 ml/min angenommen; als Leistung kann überschlagsweise 400 Watt *(Gjessing-Ergometer)* angegeben werden

Laktat mmol/l	aerob (%)	anaerob alaktazid (%)	anaerob laktazid (%)
10	86,2	7,7	6,1
12	85,1	7,6	7,2
14	84,1	7,5	8,4
16	83,2	7,4	9,4
18	82,2	7,3	10,5

gleichen Stoffwechselanteilen dann allein durch eine Verlagerung der Stoffwechselkapazität auf ein höheres Niveau zu begründen (s. auch den Beitrag von Mader et al., S. 62).

Im folgenden soll der Zusammenhang von Laktat und Leistung erläutert werden. In Tabelle 1 sind die Auswirkungen eines unterschiedlich hohen Laktats auf die Anteile der Energiebereitstellung dargestellt. Als O_2-Aufnahme wurden 6000 ml/min, was einer Leistung von ca. 400 W (Gjessing-Ergometer) entspricht, angenommen.

Die Abb. 4 zeigt ein für die Wettkampfsaison charakteristisches Verhalten des Verhältnisses von Laktat zur Leistung bzw. zur O_2-Aufnahme. Während sich im Laktat-Leistungsverhältnis zwischen den Tests submaximal so gut wie keine Verbesserung ableiten läßt, weist der Maximaltest sogar eine niedrigere Leistung bei höherem Laktat aus. Aus der Kurve für die O_2-Aufnahme läßt sich die Vermutung ableiten, daß durch die submaximal angestiegene $\dot{V}O_2$ die aerobe Kapazität erhöht wurde. Durch die Berechnung der Energieressourcen läßt sich aber nachweisen, daß die aerobe Kapazität leicht vermindert bzw. die anaerobe erhöht wurde; dies ist trotz einer höheren O_2-Aufnahme allein durch die im Verhältnis höhere Inanspruchnahme der glykolytischen Kapazität und somit auch höherer Laktatbildung bedingt.

Als Fazit läßt sich sagen, daß die durch eine gesteigerte Laktatbildung erreichte Verbesserung einen geringfügigen Leistungsgewinn bringen kann, das Hauptaugenmerk aber immer auf die Verbesserung der aeroben Kapazität abzielen muß (s. hierzu auch den Beitrag von Mader et al., S. 62).

Literatur

1. Hagerman FC (1984) Applied physiology of rowing. Sports Med 1(4):303
2. Hagerman FC, Connors MC, Gault JA, Hagerman GR, Polinski WJ (1978) Energy expenditure during simulated rowing. J Appl Physiol 45(1):87
3. Hartmann U (1987) Querschnittuntersuchungen an Leistungsruderern im Flachland und Längsschnittuntersuchungen an Eliteruderern in der Höhe mittels eines zweistufigen Tests auf einem Gjessing-Ruderergometer. Hartung-Gorre, Konstanz
4. Hartmann U, Mader A, Hollmann W (1987) Querschnittuntersuchungen an Leistungsruderern mit einem zweistufigen Test auf einem Gjessing-Ruderergometer. In: Rieckert H (Hrsg) Sportmedizin – Kursbestimmung. Springer, Berlin Heidelberg New York Tokyo 537–544

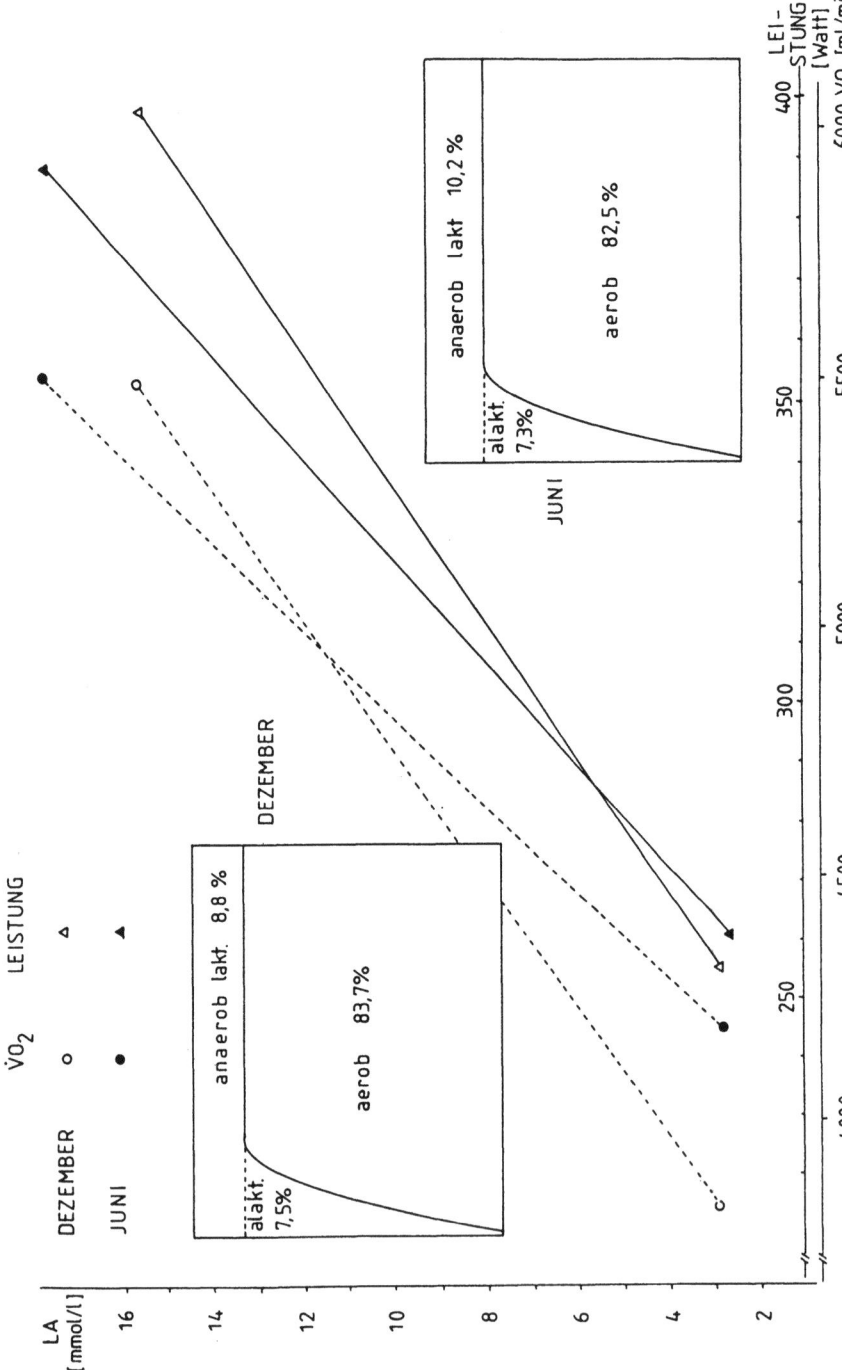

Abb. 4. Verhältnis von Laktat [LA (mmol/l)] in Abhängigkeit zur Leistung (Watt) bzw. zur Sauerstoffaufnahme [$\dot{V}O_0$ (ml/min)] eines Spitzenruderers, bezogen auf einen Test im Dezember und im Juni; ebenfalls sind die Anteile der einzelnen Energieressourcen zu den entsprechenden Zeitpunkten ersichtlich (weitere Erläuterungen s. Text)

5. Howald H (1977) Objektive Leistungsmessung im Rudern. Schweiz Rudersport 1:1
6. Jackson RC, Secher NH (1976) The aerobic demands of rowing in two olympic rowers. Med Sci Sports 8(3):168
7. Kindermann W, Haralambie G, Kock J, Keul J (1973) Säure-Basen-Haushalt und Laktatspiegel im arteriellen Blut bei Ruderern nach olympischen Wettkämpfen. Med Welt 24(29/30):1176
8. Mader A (1984) Eine Theorie zur Berechnung der Dynamik und des steady state von Phosphorylierungszustand und Stoffwechselaktivität der Muskelzelle als Folge des Energiebedarfs. Habilitationsschrift Deutsche Sporthochschule Köln
9. Mader A, Hartmann U, Hollmann W (1986) Einfluß eines Höhentrainings auf die kardiopulmonale Leistungsfähigkeit in Meereshöhe. In: Hollmann W (Hrsg) Zentrale Themen der Sportmedizin, 3. Aufl. Springer, Berlin Heidelberg New York Tokyo 276–290
10. Mader A, Heck H (1986) A theory of the metabolic origin of "anaerobic threshold". Int J Sports Med (Suppl) 7:45
11. Mader A, Hollmann W (1977) Zur Bedeutung der Stoffwechselleistungsfähigkeit des Eliteruderers im Training und Wettkampf. Leistungssport (Suppl) 9:9
12. Roth W, Hasart E, Wolf W, Pansold B (1983) Untersuchungen zur Dynamik der Energiebereitstellung während maximaler Mittelzeitausdauerbelastung. Med Sport 23(4):107

Zur Problematik der Laktatbestimmung im Blut

W. Lormes und *A. Grünert*

Einleitung

Bei der Trainingssteuerung von Hochleistungssportlern spielt die Bestimmung der Laktatkonzentration im Blut eine gewichtige Rolle [3]. In verschiedenen sportmedizinischen Zentren werden jedoch z. T. unterschiedliche Laktatmeßmethoden verwendet. Dies führt zur Frage, ob laktatabhängige Ergebnisse leistungsdiagnostischer Tests verschiedener Untersuchungszentren verglichen und gemeinsam beurteilt werden können. Zur Klärung dieser Frage wurden in einer vergleichenden Meßstudie zwei der am häufigsten angewandten Laktatmeßmethoden untersucht [2, 4].

Methoden

Untersucht wurden die vollenzymatisch-photometrische Methode mit den Reagenzien der Firma Boehringer (Mannheim) [5, 6] und die elektrochemisch-amperometrische Methode mit Gerät und Reagenzien der Firma Hoffmann-La Roche (Basel) [7, 8, 9].

Aus jeweils identischem Probenmaterial (10 ml Venenblut) wurden folgende Werte gemessen: Hämatokrit (HK); Laktat vollenzymatisch (Boehringer/Mannheim): mit Enteiweißung durch Perchlorsäure und ohne Enteiweißung (Plasma); Laktat elektrochemisch (Hoffmann-La Roche/Basel): nur Vollblut und Verdünnungslösung, durch Cetrimid hämolysiertes Vollblut und Verdünnungslösung und Plasma mit Verdünnungslösung.

Wir untersuchten ebenfalls das zeitliche Verhalten der Laktatkonzentrationen bei raumtemperierten und bei eisgekühlten Proben.

Mit Blutproben von 28 Probanden wurden 576mal LDH-enzymatisch (Boehringer) und 1585mal elektrochemisch (Hoffmann-La Roche) der Laktatgehalt gemessen. Dabei war das Blut bei 15 Probanden während körperlicher Ruhe und bei 13 Probanden nach einer körperlichen Belastung entnommen worden. Bei den vollenzymatisch-photometrischen Messungen (Boehringer/Mannheim) wurden je Probe 5–8fach-Bestimmungen, bei den elektrochemischen Messungen (Hoffmann-La Roche) wurden jeweils 9–12-fach-Bestimmungen durchgeführt.

J. M. Steinacker (Hrsg.)
Rudern
© Springer-Verlag Berlin Heidelberg 1988

Ergebnisse

Abbildung 1 zeigt exemplarisch die aus einer Probe gemessenen Laktatkonzentrationen. Alle gemessenen Proben zeigen ein annähernd gleiches Ergebnis. Bei der photometrischen Methode spielen Lagerungstemperatur und Lagerungszeit bis zum Ansatz mit dem Reaktionsgemisch keine Rolle. Bei der Verwendung der angegebenen Umrechnungsfaktoren liegen die Laktatkonzentrationen bei Enteiweißung immer unter denjenigen ohne Enteiweißung. Bei der elektrochemischen Methode zeigen die Ruhelaktatproben (RL) bei Vollblut mit Verdünnungslösung bei Zimmertemperatur eine konstante Zunahme der Laktatkonzentration um durchschnittlich 0,015 mmol/l pro min, die Belastungslaktatproben (BL) zeigen eine annähernd logarithmische Zunahme des Laktatgehaltes, während die Laktatkonzentrationen in Eis gelagerter Proben (RL) und (BL), länger als 1 h konstant bleiben (vgl. auch [1]). Lagerungszeit und -temperatur haben keine Auswirkung auf hämolysiertes Vollblut und auf Plasma in Verdünnungslösung. Die Tabelle 1 zeigt die durchschnittlichen Laktatkonzentrationen und die durchschnittlichen Standardabweichungen bei den Ruhe- und bei den Belastungslaktatproben. Auffällig ist die durchwegs größere Streuung der mit der photometrischen Methode gemessenen Werte. Die Ruhelaktatwerte befanden sich im Bereich von 0,5–1,1 mmol/l bei den eisgelagerten, elektrochemisch gemessenen, verdünnten Vollblutproben, die Belastungslaktatwerte im Bereich von 2,7–5,7 mmol/l bei derselben Meßmethode. Die hämolysierten Vollblut-

Tabelle 1. Durchschnittswerte ($\bar{x}$) und durchschnittliche Standardabweichungen (S) bei Ruhe- und bei Belastungslaktat (in mmol/l)

	Ruhelaktat (n = 15)		
	Elektrochemische Methode (Hoffmann-La Roche/Basel)		
	Vollblut und Verdünnungslösung eisgelagert	Hämolysiertes Vollblut und Verdünnungslösung	Plasma und Verdünnungslösung
$\bar{x}$	0,80	1,20	1,39
$\bar{s}$	0,04	0,03	0,02
	Vollenzymatische Methode (Boehringer/Mannheim)		
	Mit Enteiweißung	Ohne Enteiweißung	
$\bar{x}$	0,91	1,27	
$\bar{s}$	0,12	0,10	
	Belastungslaktat (n = 13)		
	Elektrochemische Methode (Hoffmann-La Roche/Basel)		
	Vollblut und Verdünnungslösung eisgelagert	Hämolysiertes Vollblut und Verdünnungslösung	Plasma und Verdünnungslösung
$\bar{x}$	4,77	6,91	8,83
$\bar{s}$	0,07	0,08	0,12
	Vollenzymatische Methode (Boehringer/Mannheim)		
	Mit Enteiweißung	Ohne Enteiweißung	
$\bar{x}$	7,28	9,79	
$\bar{s}$	0,36	0,26	

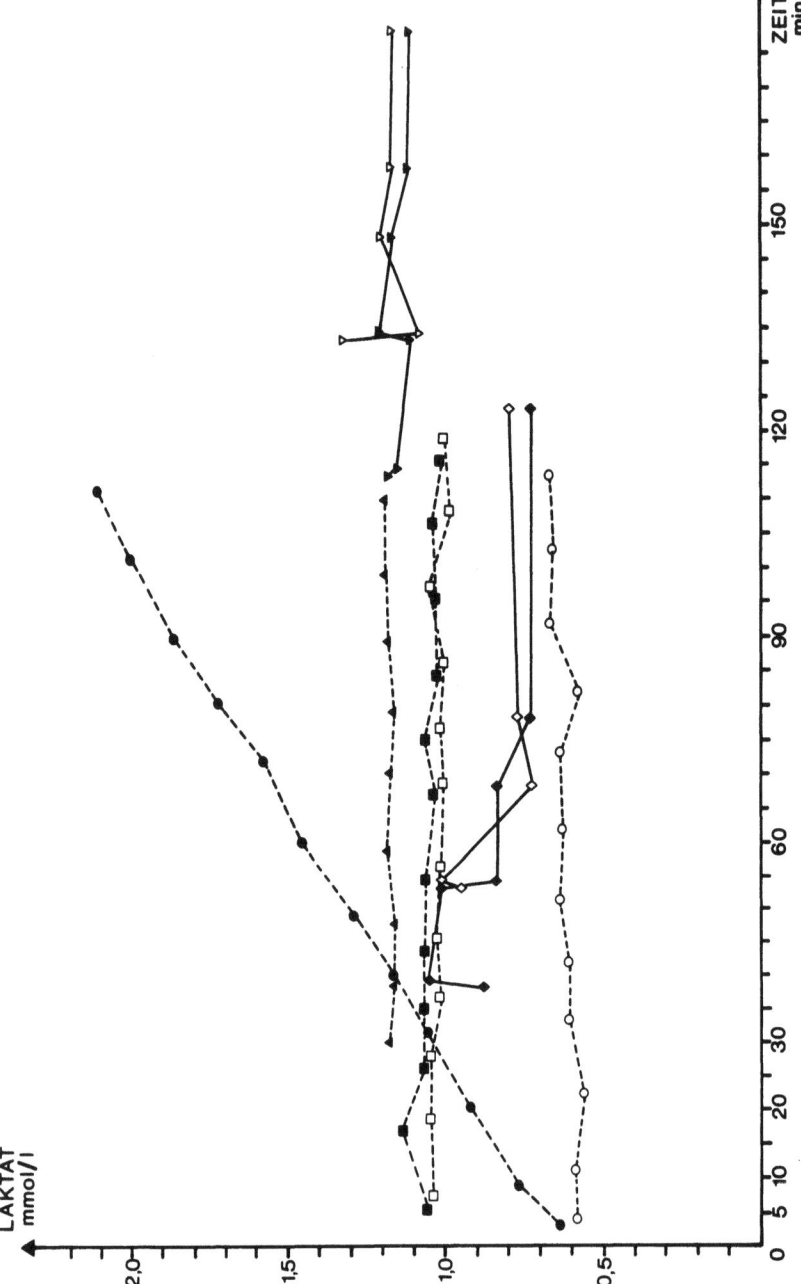

Abb. 1. Mit den verschiedenen Methoden gemessene Laktatkonzentrationen (Ruhelaktat) eines Probanden. Der Nullpunkt der Zeitachse kennzeichnet das Ende der Venenblutabnahme. Werte der elektrochemischen Messungen sind mit gestrichelten Linien, Werte der photometrischen Messungen sind mit durchgezogenen Linien verbunden. Dunkle Symbole kennzeichnen bei Raumtemperatur gelagerte Proben, helle Symbole repräsentieren Werte eisgelagerter Proben. Die Symbole bedeuten im einzelnen: Kreis = Vollblut mit Verdünnungslösung, Quadrat = hämolysiertes Vollblut mit Verdünnungslösung, Dreieck (Spitze oben) = Plasma mit Verdünnungslösung, Raute = Vollblut enteiweißt und Dreieck (Spitze unten) = Vollblut ohne Enteiweißung (Plasma)

proben wiesen Laktatkonzentrationen von 0,8–1,6 mmol/l (RL) und 3,7–11,2 mmol/l (BL) auf.

Die aus allen Proben ermittelten Beziehungen zeigen gute Übereinstimmung mit den in der Literatur veröffentlichten Regressionsgleichungen [1, 2, 4, 9]: Folgende Regressionsgleichungen wurden von uns ermittelt:

Zwischen den Sofortwerten der elektrochemisch gemessenen verdünnten Vollblutproben (y) und den eisgelagerten, hämolysierten, verdünnten Vollblutwerten (x):

$$y = 0,74 \, x - 0,09 \text{ mit } r = 0,995$$

Zwischen den eisgelagerten, hämolysierten, verdünnten Vollblutwerten (y) und den elektrochemisch gemessenen, verdünnten Plasmalaktatkonzentrationen (x):

$$y = 0,75 \, x + 0,16 \text{ mit } r = 0,996$$

Zwischen den photometrisch gemessenen, enteiweißten Proben (y) und den vollenzymatisch gemessenen, nichtenteiweißten Proben (x):

$$y = 0,75 \, x - 0,02 \text{ mit } r = 0,994$$

Die Werte der hämolysierten, verdünnten Vollblutproben lagen bei elektrochemischer Bestimmung etwas niedriger als die photometrisch gemessenen enteiweißten Proben:

$$y = 0,92 \, x + 0,34 \text{ mit } r = 0,987$$

Die Plasma- und Verdünnungslösungsproben wurden mit dem zugehörigen Hämatokrit korrigiert. Diese korrigierten Werte korrelieren sehr gut mit den gemessenen Minimalwerten des raumtemperierten Vollblutes in Verdünnungslösung (y):

$$y = 0,97 \, x + 0,11 \text{ mit } r = 0,997$$

für x = nichtenteiweißte, photometrisch gemessene, HK-korrigierte Werte. Abbildung 2 (oben) zeigt den Vergleich der elektrochemisch gemessenen Sofortwerte mit den elektrochemisch gemessenen Plasmawerten und den dazugehörigen HK-korrigierten Werten der Ruhelaktatkonzentrationen. Entsprechend werden in Abb. 2 (unten) die Belastungslaktatkonzentrationen verglichen.

Diskussion

Bei der elektrochemischen Messung (Hoffmann-La Roche) von Vollblut und Verdünnungslösung sofort nach der Blutentnahme wird zwar Vollblut als Probenmaterial eingesetzt, in Wirklichkeit jedoch die Laktatkonzentration im Plasma bestimmt [1, 2, 4]. Der Unterschied in den Plasmalaktatkonzentrationen beider Methoden läßt sich durch die unterschiedlichen Meßvolumina erklären. Durch die Korrektur mit dem zugehörigen Hämatokrit werden die Meßvolumina rechnerisch angeglichen. In Abb. 3 sind die verschiedenen Meßmedien schematisch aufgezeigt.

Die größere Streuung der Meßwerte bei den photometrischen Bestimmungen ist vorwiegend auf Ungenauigkeiten beim Pipettieren zurückzuführen. Pipettierfehler sind bei der elektrochemischen Methode ebenfalls möglich, jedoch sind hier wesentlich weniger Pipettiervorgänge im Arbeitsablauf notwendig. Bedingt durch den hohen Umrechnungsfaktor, vor allem bei der photometrischen Methode mit Enteiweißung, ergeben Abweichungen der Extinktionsdifferenzen von 0,003 vom Mittelwert Abweichungen im Ergebnis von mehr als 0,1 mmol/l. Insgesamt erscheint die Methode, die Laktatkonzentration elektrochemisch durch Sofortmessung nach der Blutabnahme zu bestimmen, sehr praktikabel, zumal die gemessenen Konzentratio-

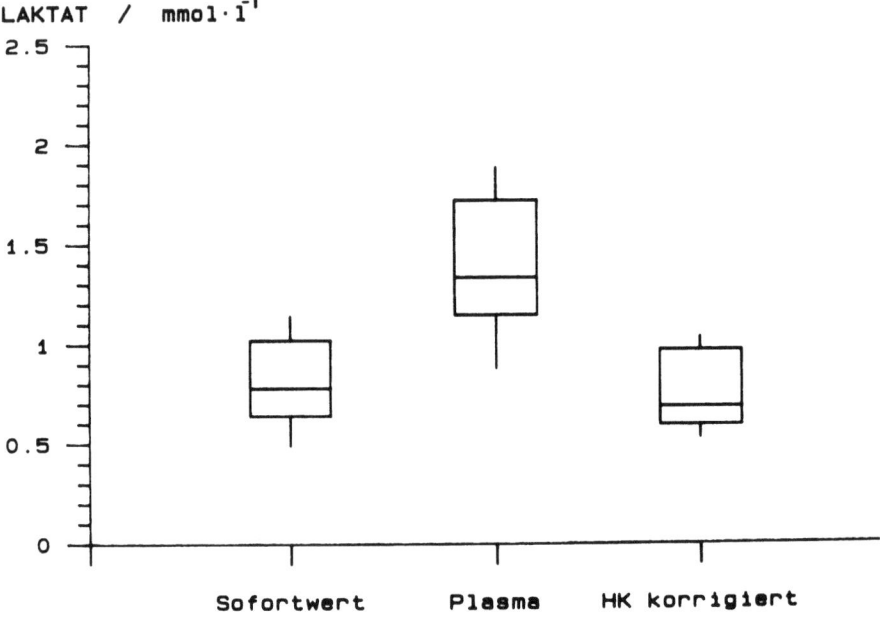

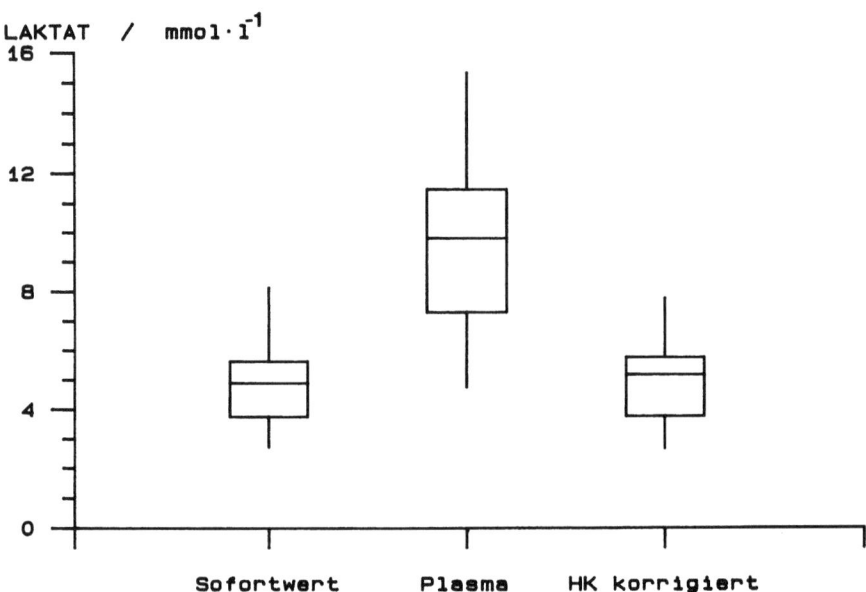

Abb. 2. Vergleichende Darstellung der gemessenen Ruhelaktatkonzentrationen *(oben)* und den gemessenen Belastungslaktatkonzentrationen *(unten)*. Links jeweils die Sofortwerte der elektrochemischen Vollblut- und Verdünnungslösungsmessung. Oben in der Mitte sind die Werte der elektrochemisch gemessenen Plasma- mit Verdünnungslösungsproben repräsentiert. Die Figur oben rechts kennzeichnet die mit dem jeweils zugehörigen Hämatokrit volumenkorrigierten Werte der elektrochemisch gemessenen Plasma- mit Verdünnungslösungsproben. In der unteren Zeichnung werden die Sofortwerte mit den photometrisch gemessenen, nichtenteiweißten Werten *(Mitte)* und den mit dem zugehörigen Hämatokrit korrigierten Werten *(rechts)* verglichen. Darstellung als "Box and Whisker-Plot", der Median ist die Mittellinie in den Rechtecken, welche die 2. und 3. Quartile kennzeichnen, die senkrechten Linien darauf sind die 1. und 4. Quartile

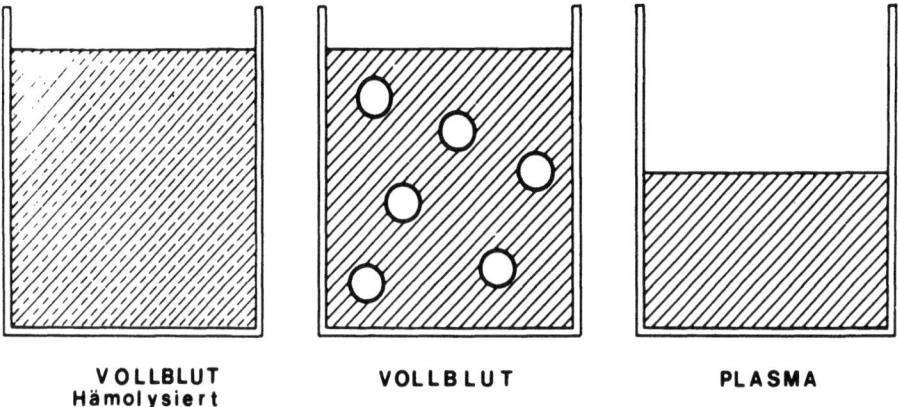

VOLLBLUT
Hämolysiert

VOLLBLUT

PLASMA

Abb. 3. Schematische Darstellung der unterschiedlichen Kompartimente, die bei den verschiedenen Methoden als Meßmedien verwendet werden. Vollblut enthält Laktat im Plasma und aus dem Erythrozytenstoffwechsel entstandenes Laktat in den roten Blutkörperchen. Durch das Hämolysieren werden die roten Blutkörperchen zerstört und Plasma- und Erythrozytenlaktat vermischen sich. Durch Entfernung der zellulären Bestandteile des Blutes erhält man das Plasma

nen nicht durch das Erythrozytenlaktat verdünnt sind. Ist eine Sofortmessung nicht möglich, lassen sich die Laktatkonzentrationen durch Kühlung bis zu 2 h stabilisieren. In der Sportmedizin ist bei der Bestimmung der aerob-anaeroben Schwelle [3] nur das aus den Muskelzellen in das Blut diffundierte Laktat von Interesse. Die Verdünnung des Plasmalaktats durch eine unbekannte Menge Erythrozytenlaktats bei Hämolyse oder Enteiweißung vergrößert die Fehlermöglichkeit bei der Bestimmung der aerob-anaeroben Schwelle. Bei einer möglichen Abweichung von 0,3 mmol/l an der „4-mmol-Schwelle" [3] bei der photometrischen Bestimmung mit Enteiweißung, beträgt der mögliche Fehler 7,5%, bei 0,4 mmol/l sogar 10% (s. Tabelle 1). Die elektrochemische Methode weist dagegen bei allen gemessenen Proben geringere Abweichungen auf.

Literatur

1. Clerbeaux T, Vanhove P, Brasseur L (1981) Assessment of a rapid-L-lactate enzyme analyzer. Pathol Biol (Paris) 29:636–641
2. Grünert A, Lotz P, Hirrlinger WU (1978) Vergleichende Untersuchungen zur enzymatischen und elektrochemischen Bestimmung der Laktatkonzentration in biologischem Material. Biomed Tech (Suppl) 23:90
3. Heck H, Hess G, Mader A (1985) Vergleichende Untersuchung zu verschiedenen Laktat-Schwellenkonzepten. Dtsch Z Sportmed 36:19–25, 40–52
4. Kragenings I, Rackwitz R (1977) Bestimmung von Laktat nach enzymatisch-elektrochemischem Prinzip. Ärztl Lab 23:549–554
5. Munz E (1980) Experience with an enzymatic monotest for the determination of lactate. In: Moret PR et al. (eds) Lactate-physiologic, methodologic and pathologic approach. Springer, Berlin Heidelberg New York, pp 99–106

6. Noll F (1974) L(+)Lactat-Bestimmung mit LDH, GPT und NAD. In: Bergmeyer HU (Hrsg) Methoden der enzymatischen Analyse, 3. Aufl., Bd II. Verlag Chemie, Weinheim, S 1521–1525
7. Racine P, Engelhardt R, Higelin JC, Mindt W (1975) An instrument for the rapid determination of L-lactate in biological fluids. Med Instrum 9:11–14
8. Williams DL, Doig AR, Korosi A (1970) Electrochemical-enzymatic analysis of blood glucose and lactate. Anal Chem 42:118–121
9. Wuhrmann HR (1980) Amperometric-enzymatic analysis of lactic acid. In: Moret PR et al. (eds) Lactate-physiologic, methodologic and pathologic approach. Springer, Berlin Heidelberg New York, pp 121–129

Die Abhängigkeit der Milchsäurekonzentration bei Belastung und der Leistungsfähigkeit von der Ernährung

N. Maassen, M. W. Busse, K.-M. Braumann und *T. König*

In den letzten 20 Jahren ist erkannt worden, daß sich die Leistungen in den Dauerleistungsdisziplinen deutlich erhöhen können, ohne daß sich die maximale Leistung bzw. die maximale Sauerstoffaufnahme im gleichen Maße entwickelt. Als Ursache für diese höhere Ausdauerkapazität [1] wird ein erst bei höheren Prozentsätzen der maximalen Leistung beginnender anaerober Stoffwechsel angesehen. Als Indiz hierfür gilt eine niedrigere Laktatkonzentration auf gleichen relativen Belastungsstufen bei Ausdauertrainierten, verglichen mit Untrainierten [7]. Daher wird die Beziehung zwischen Milchsäurekonzentration und Leistung zur Bestimmung der Ausdauerkapazität herangezogen [9, 14, 15, 18], obwohl die Ursache für den Anstieg der Laktatkonzentration umstritten ist [3]. Hohe prozentuale Leistungen bei bestimmten Laktatkonzentrationen oder an bestimmten Schwellen werden dabei als gute Ausdauerfähigkeit interpretiert. Als Ursachen für dieses späte Ansteigen der Laktatkonzentrationen bei trainierten Personen werden eine hohe Anzahl oxidativer Fasern [19] oder eine durch das Training hervorgerufene homogenere Verteilung des Trainingszustandes einzelner Fasern [8] bzw. eine höhere Aktivität des Fettstoffwechsels [17] angesehen.

Die Beziehung zwischen Laktatkonzentration und Leistung ist aber von verschiedenen Einflüssen abhängig. Unter diesen spielt die Verfügbarkeit von Substraten und somit die Ernährung eine wesentliche Rolle. Wird z. B. die Glukosekonzentration durch eine Infusion oder durch eine Diät erhöht, beginnt der Milchsäureanstieg früher, also bei niedrigeren Leistungen als unter Kontrollbedingungen [13, 20]. Bei einer Erhöhung der Konzentration der freien Fettsäuren (durch Heparingabe oder Diät) wird die Beziehung zwischen Milchsäure und Leistung nach rechts verschoben, d. h. die Milchsäure steigt erst bei höheren Leistungen [13, 20]. Das gleiche geschieht, wenn man den Muskel an Glykogen, dem Hauptsubstrat zur Laktatbildung, verarmt [10, 11]. So konnte gezeigt werden, daß schon *ein* hartes Training mit anschließender kohlenhydratarmer Kost eine niedrigere Laktatkonzentration auf gleichen Belastungsstufen und einen steileren Anstieg gegen Belastungsende zur Folge hatte [4, 10, 11]. Die Ursache lag sicher nicht in der plötzlichen Umwandlung von weißen in rote Muskelfasern oder einer plötzlichen Verbesserung des Trainingszustandes. Messungen des intramuskulären Glykogengehaltes zeigten deutlich niedrigere Konzentrationen [10]. Daß es auch bei intensiven Trainingsbelastungen zu einer Abnahme des Glykogengehaltes der Muskulatur kommt, die auch bei kohlenhydratreicher Nahrung zwischen den Trainingsphasen nicht vollständig kompensiert werden konnte, zeigten Costill u. Miller [6]. Ein geringerer Glykogengehalt oder die begleitende Aktivierung des Fettstoffwechsels könnten der Grund sein für ein spätes Ansteigen

J. M. Steinacker (Hrsg.)
Rudern
© Springer-Verlag Berlin Heidelberg 1988

der Laktatkonzentration bei den häufig trainierenden hochausdauertrainierten Sportlern, zumal gezeigt werden konnte, daß auch leichte Belastung den Glykogenaufbau hemmt [2].

Wenn diese Vermutung stimmt, dann sollte bei einer erhöhten Verfügbarkeit von Glykogen der Laktatanstieg im Stufentest auch bei Trainierten früher, also bei niedrigeren Leistungen, erfolgen. Nach einer Trickdiät, die den Glykogengehalt der Muskulatur bekanntermaßen erhöht [12], wurde bei trainierten Sportlern (hauptsächlich Radrennfahrer mit dem „typischen" Laktatverhalten) der gleiche Kurvenverlauf, also ein Ansteigen der Laktatkonzentration auf 2 mmol/l bei etwa 67% der maximalen Leistungen und auf 4 mmol/l bei ca. 75% der maximalen Leistungen, festgestellt [16]. Nach der Diät waren die Laktatkonzentrationen bei Belastungsende mit ca. 12 mmol/l höher als unter normalen Bedingungen (ca. 8 mmol/l) und lagen im gleichen Bereich wie bei Untrainierten. Die Maximalleistungen im Stufentest waren höher als im normalen Zustand [16]. Die Trickdiät führte also nach der üblichen Interpretation zu einer geringeren Ausdauerfähigkeit. In Dauertesten bei ca. 65% der maximal im Stufentest erreichten Belastung konnten diese Sportler jedoch deutlich länger arbeiten. Die Laktatkonzentrationen waren bei diesen Dauertesten erhöht, das wäre nach der üblichen Interpretation ein Zeichen für eine erhöhte Intensität. Auch das ist nur scheinbar so, denn die Arbeitszeiten waren nach der Trickdiät deutlich verlängert [16]. Die wesentliche Schlußfolgerung aus diesen Befunden ist:

Bei erholten Personen zeigt sich eine nahezu konstante Beziehung zwischen der Laktatkonzentration und der prozentualen Belastung. Diese Beziehung ist unabhängig vom aeroben Trainingszustand und unabhängig von der Fähigkeit hohe prozentuale Leistungen als Dauerleistungen zu erbringen. Daher sollte diese Beziehung nach unserer Meinung auch nicht zur Bestimmung der Ausdauerkapazität benutzt werden. Nimmt man diese Beziehung nach einer ausreichenden Erholungszeit auf, dann ist der Informationsgehalt in bezug auf die Ausdauerkapazität nicht höher als der eines Stufentests ohne Laktatbestimmung. Wenn diese „normale" Beziehung bei Hochtrainierten nicht vorhanden ist, so kann das ein Zeichen für einen Kohlenhydratmangel sein, der von einer Aktivierung des Fettstoffwechsels begleitet ist. Für eine gute Dauerleistungsfähigkeit (bei Leistungen bis zu 1 h) ist aber eine „normale Kurve" optimal.

Auch für das Erreichen von Maximalleistungen in Stufentesten ist eine solche Kurve Voraussetzung [5]. Das gleiche gilt für die Aufrechterhaltung hoher Leistungen im maximalen Bereich. Diese Leistungen können auch länger mit hohen Laktatkonzentrationen durchgehalten werden [5].

Literatur

1. Astrand P, Rohdahl K (1977) Textbook of work physiology. McGraw-Hill, Düsseldorf
2. Bonen A, Ness GW, Belcastro AN, Kirby RL (1985) Mild exercise impedes glycogen repletion in muscle. J Appl Physiol 58 5:1622–1629
3. Brooks GA (1985) Anaerobic threshold: Review of the concept and directions for future research. Med Sci Exerc 17 1:22–34
4. Busse MW, Maassen N, Böning D (1987) Die Leistungslaktatkurve – Kriterium der aeroben Kapazität oder Indiz für das Muskelglykogen? I. Glykogenverarmung. In Rieckert H (Hrsg) Sportmedizin – Kursbestimmung. Springer, Berlin Heidelberg New York Tokyo, S 455–460

5. Busse MW, Maassen N, Braumann M, König T (1987) Neuorientierung in der Laktatdiagnostik: Laktat als Glykogenindikator. Leistungssport 5:33–37
6. Costill DL, Miller JM (1980) Nutrition for endurance sport: Carbohydrate and fluid balance. Int J Sports Med 1:2–14
7. Gollnick PD, Bayly WM, Hodgeson DR (1986) Exercise intensity, training, diet, and lactate concentration in muscle and blood. Med Sci Sports Exerc 18:334–340
8. Heck H, Mader A, Hollmann W (1984) Aerobe und anaerobe Energiebereitstellung als Funktion einer statistischen Verteilung der maximalen oxidativen Leistungsfähigkeit der einzelnen Muskelfaser. In: Jeschke D (Hrsg) Stellenwert der Sportmedizin in Medizin und Sportwissenschaft. Springer, Berlin Heidelberg New York Tokyo, S 48–56
9. Heck H, Mader A, Hess G, Mücke S, Müller R, Hollmann W (1985) Justification of the 4 mmol/l lactate threshold. Int J Sports Med 6:117–130
10. Heigenhauser GJF, Sutton JR, Jones NL (1983) Effect of glycogen depletion on the ventilatory response to exercise. J Appl Physiol 54:470–474
11. Hughes EF, Turner SC, Brooks GA (1982) Effects of glycogen depletion and pedaling speed on "anaerobic threshold". J Appl Physiol 52 6:1598–1607
12. Hultman E, Bergström J, Roch-Norlund AE (1971) Glycogen storage in human skeletal muscle. In: Pernow B, Saltin B (eds) Muscle metabolism during exercise. Plenum, New York, pp 273–288
13. Ivy JL, Costill DL, Handel PJ van, Essig DA, Lower RW (1981) Alteration in the lactate threshold with changes in substrate availability. Int J Sports Med 2:139–142
14. Jacobs I (1986) Blood lactate. Implications for training and sports performance. Sports Med 3:10–25
15. Kindermann W (1985) Laufbandergometrie zur Leistungsdiagnostik im Spitzensport. In: Franz IW, Mellerowicz H, Noack W (Hrsg) Training und Sport zur Prävention und Rehabilitation in der technisierten Umwelt. Springer, Berlin Heidelberg New York Tokyo
16. Maassen N, Busse MW, Böning D (1987) Die Leistungslaktatkurve – Kriterium der aeroben Kapazität oder Indiz für das Muskelglykolen? II. Kohlenhydratreiche Ernährung. In: Riechert H (Hrsg) Sportmedizin – Kursbestimmung. Springer, Berlin Heidelberg New York Tokyo, S 460–464
17. Rennie MJ, Winder WW, Holloszy JO (1976) A sparing effect of increased plasma fatty acids on muscle and liver glycogen content in the exercising rat. Biochem J 156:647–655
18. Stegmann H, Kindermann W, Schnabel A (1981) Lactate kinetics and individual anaerobic threshold. Int J Sports Med 2:160–165
19. Tesch PA, Karlsson J (1984) Effects of exhaustive, isometric training on lactate accumulation in different muscle fiber types. Int J Sports Med 5:89–91
20. Yoshida T (1984) Effect of dietary modifications on lactate threshold and onset of blood lactate accumulation during incremental exercise. Eur J Appl Physiol 53:200–205

Biologische Leistungsfähigkeit von Eliteruderern und sportmedizinische Testverfahren in der erfolgreichen Ära von Karl Adam

P. E. Nowacki

Der weltbekannte Rudertrainer Dr. Karl Adam hat für den modernen Rudersport eine besondere Bedeutung. Seit 1948 hatte er durch die konsequente Analyse von biomechanischen, psychologischen und trainingswissenschaftlichen Problemen und die Bearbeitung mit naturwissenschaftlichen Ansätzen und Methoden neue Lösungen für das Rudertraining, für die Rudertechnik und für die Führung von Mannschaften erarbeitet und mit den von ihm nach diesem neuen Konzept trainierten Mannschaften über 20 Jahre internationalen Erfolg und Anerkennung erworben. Seine Verfahrensweise hat die moderne Trainingswissenschaft und Biomechanik geprägt und es steht in der Tradition der Sportart Rudern, neuen Erkenntnissen stets besonders aufgeschlossen zu sein.

Die Adamsche Trainings- und Wettkampfpraxis für Großboote (Achter und Vierer m. Stm.) wurde den damaligen gesellschaftlichen Bedingungen für den Leistungssport in der Bundesrepublik Deutschland (Null- oder Minimalförderung der Athleten, nur gemeinsames Wochenendtraining) gerecht. Sie bestand aus einer Kombination von Langstrecken-, Tempo- und Intervallarbeit im Boot, einem Winterkrafttraining, sowie einer geeigneten Wahl der Trainingshöhepunkte während der Wettkampfsaison zum Zweck der Superkompensation als Regattavorbereitung im 14-Tage-Rhythmus [1, 5]. Besonderer Schwerpunkt der Trainingsarbeit waren hochintensive Tempo- und Intervallbelastungen. Dabei waren in einer Trainingswoche während der Saison Tempobelastungen etwa 10 bis 15mal über die 500 m-Strecke und etwa 8mal über die 1000 m-Strecke sowie insgesamt etwa 1200 harte Schläge in der Intervallarbeit üblich.

Darüber hinaus wurden seit 1966 die Klimareize in mittleren Höhen (Hypoxietraining auf dem Silvretta-Stausee, 2040 m) zur Intensivierung der Trainingswirkung und Vorbereitung von Starts unter Normoxiebedingungen ausgenutzt [4].

Eine ganz entscheidende Rolle für die internationalen Erfolge der Ruderer (29 internationale Medaillen, darunter je 2 Olympiasiege und Weltmeisterschaften im Achter) spielte die psychologische Einstellung der Mannschaften durch K. Adam.

Eine systematische begleitende sportmedizinische Erforschung der Adamschen Trainings- und Wettkampfmethoden begann 1966 erst relativ spät. Unsere ersten gemeinsamen Untersuchungen [2] beschäftigten sich mit der Katecholaminausschüttung der Ruderer im Training und Wettkampf.

Der Ruderwettkampf stellt in seiner Kombination zwischen psychischer und physischer Streßsituation einen Modellfall für das Studium der dabei auftretenden sympathiko-adrenalen Reaktion sowohl für den einzelnen Athleten, als auch für die Mannschaft dar.

J. M. Steinacker (Hrsg.)
Rudern
© Springer-Verlag Berlin Heidelberg 1988

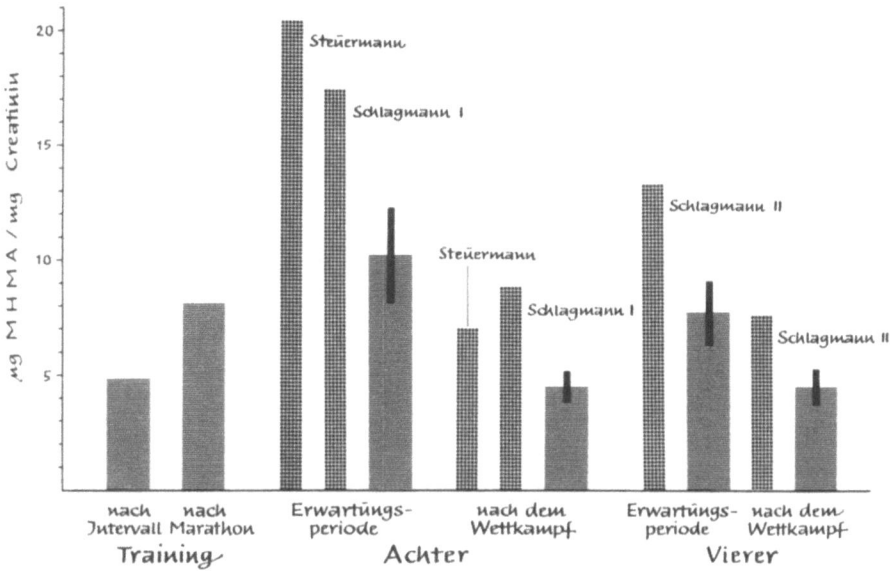

Abb. 1. Mittelwerte der Vanillinmandelsäure – Ausscheidung von Ruderern (1967–68) im Training und Wettkampf (nach [2])

Im Vergleich zu anderen Sportarten fiel bei unseren Untersuchungen auf, daß die Ruderer in der Erwartungsphase vor den Rennen die höchsten VMS-Ausscheidungswerte aufwiesen, die auch noch deutlich höher lagen als die VMS-Werte nach stärkster Trainingsbelastung. Bei einem Schlagmann fanden wir Höchstwerte bis zu 28,2 μg VMS/mg Kreatinin. Diese Untersuchungen zeigten uns, daß die Schlag- und Steuermänner bei Regatten einem stärkeren emotionell-psychischen Streß ausgesetzt sind, als die anderen Mannschaftsmitglieder (Abb. 1).

Zusammen mit Adam konnten wir somit zeigen, daß die Bestimmung der VMS im Harn einen relativ einfach während der Trainings- und Wettkampfperioden zu messenden biochemischen Parameter der psychophysischen Belastung von Sportlern darstellt. Die trainingswissenschaftliche Interpretation dieser Befunde stellt einen der ersten Beiträge für die moderne Streßforschung im Hochleistungssport dar. So hielt Adam es für möglich, daß aufgrund solcher Befunde Fehleinstellungen einzelner Sportler oder der Mannschaft erkannt und korrigierend beeinflußt werden können [1, 2, 5, 6].

1966 vor den Weltmeisterschaften in Bled und 1967 vor den Europameisterschaften in Vichy ging K. Adam erstmals mit den bundesdeutschen Ruderern zur Vorbereitung in ein Höhentrainingslager. Nach einem gut 3wöchigen Training reiste er mit seinen Achtermannschaften kurzfristig an die Wettkampforte im Flachland an, wo die Mannschaften sehr sicher die Welt- und Europameisterschaft erruderten. Die internationale Konkurrenz war Erfolge des bundesdeutschen Achters gewöhnt, so daß nicht erkannt wurde, daß gerade erst durch das abschließende Höhentraining ungünstige Voraussetzungen beim Training der Ruderer in den Jahren 1966/67 (Fern-

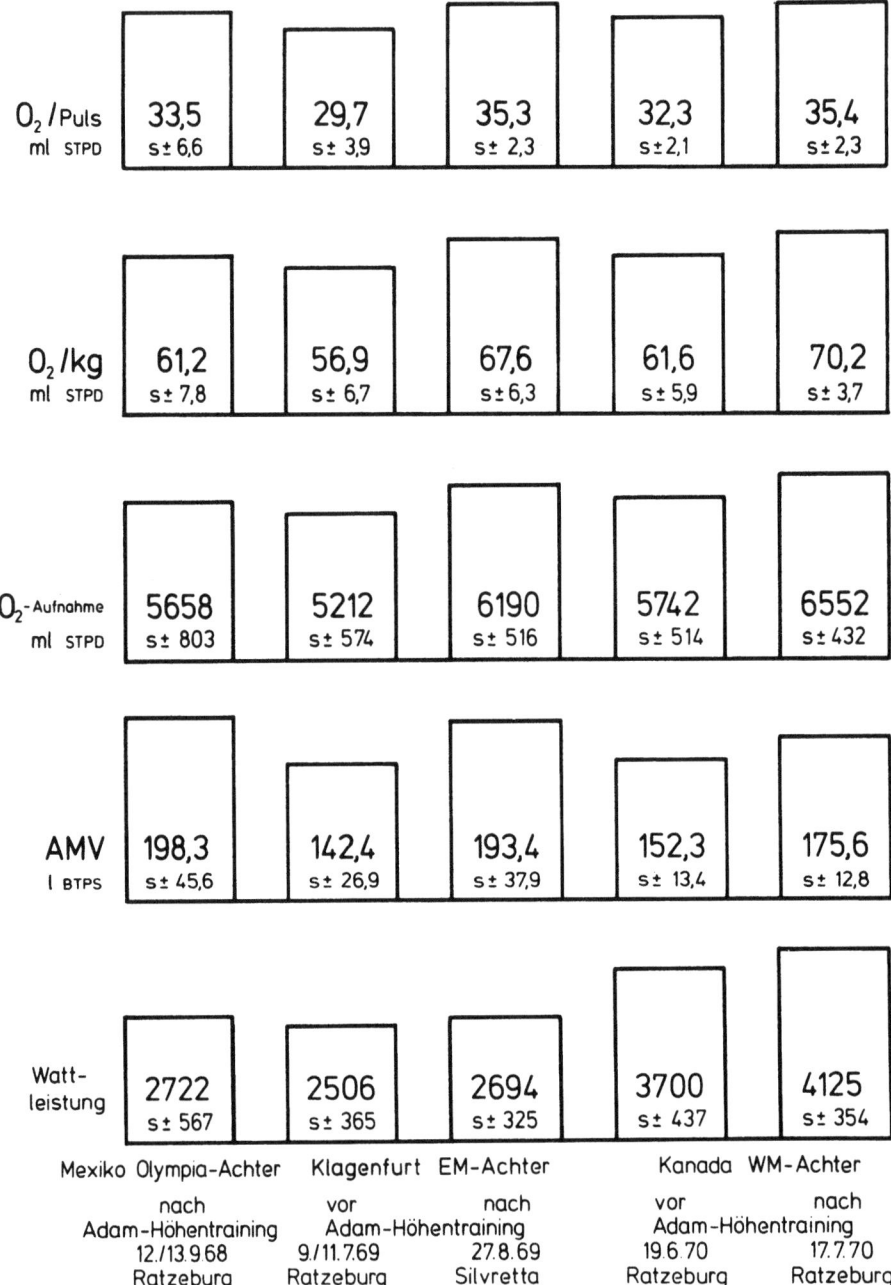

Abb. 2. Vergleichende Darstellung der Mittelwerte verschiedener Leistungsparameter der Achter-Mannschaften von den Olympischen Spielen 1968 bis 1972. Belastung auf dem Fahrradergometer im Sitzen, Beginn bei 250 W, Steigerung alle 2 min um 50 W bis zur Erschöpfung. Die respiratorischen Funktionsdaten wurden im offenen System pneumotachographisch registriert (nach [5])

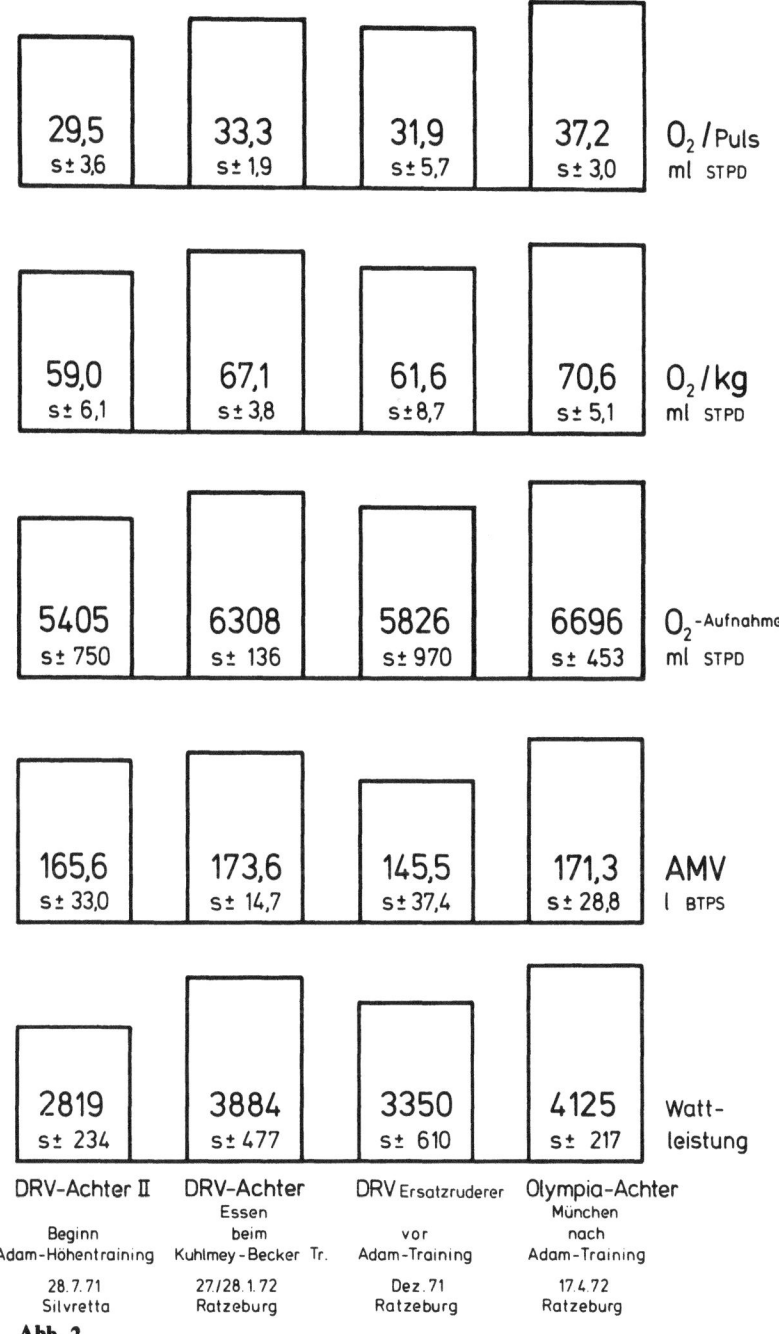

Abb. 2

Tabelle 1. Kardiopulmonale Leistungsfähigkeit von Rudermannschaften vor und nach einem Höhentraining im Vergleich zum Flachlandtraining (nach [4])

	Achter		Vierer ohne Steuermann	
	vor	nach	Kontrollgruppe	
	Höhentraining		nur Flachlandtraining	
	19.6.1970	17.7.1970	20.6.1970	18.7.1970
Gesamtarbeit in Wattminuten	3700 ± 437	4125 ± 354	3744 ± 282	3575 ± 405
$\dot{V}O_{2\,max}$ (in l/min)	5,7 ± 0,5	6,6 ± 0,4	5,5 ± 0,5	5,4 ± 0,4
$\dot{V}O_{2\,max}$/kg (in ml/min)	61,6 ± 5,9	70,2 ± 3,7	60,9 ± 5,7	60,0 ± 4,1
Max. Atemminutenvolumen (in l BTPS)[1]	152,3 ± 13,4	175,5 ± 12,8	147,4 ± 15,5	136,2 ± 8,6
Gesamtsauerstoffaufnahme während erschöpfender Leistungsperiode (in l STPD)[2]	45,8 ± 4,1	53,4 ± 3,9	44,1 ± 5,8	43,1 ± 8,2
10 min Sauerstoffschuld (in l STPD)	12,8 ± 2,3	15,8 ± 2,1	13,4 ± 2,0	12,7 ± 1,8

[1] BTPS = Body Temperature Pressure Saturated (37 °C 760 mmHg, Wasserdampfsättigung)
[2] STPD = Standard Temperature Pressure Dry (0 °C, 760 mmHg, Trockenheit)

training) nicht nur ausgeglichen wurden, sondern durch die zusätzlichen Anpassungsvorgänge infolge des Höhentrainings die körperliche Leistungsfähigkeit anschließend im Flachland deutlich im Vergleich zu einem Training unter Normalbedingungen verbessert wurde.

Die Verbesserung der körperlichen und kardiorespiratorischen Leistungsfähigkeit [7] von Ruderern durch ein Höhentraining nach den Methoden K. Adams konnte erst viel später am Deutschland-Achter 1970 im Vergleich zu einer Kontrollgruppe, die nur im Flachland trainierte, nachgewiesen werden (Tabelle 1).

Durch stufenförmige Fahrradergometrie im Sitzen (Beginn bei 250 W, Steigerung alle 2 min um 50 W) konnte die hohe kardiorespiratorische Leistungsfähigkeit des Achters vor den Olympischen Spielen 1968 nach einem Höhentraining ermittelt werden [5, 6, 8].

Dabei lag der Durchschnittswert der maximalen Sauerstoffaufnahme als integraler Wert der Gesamtleistungsfähigkeit dieser Achter-Mannschaft mit einem $\dot{V}O_{2max}$ von 5,7 l/min STPD schon im Bereich der bis dahin von Hollmann bekannt gemachten Welt-Einzelhöchstwerte [3].

Auch andere Arbeitskreise haben bestätigt, daß bei herausragenden Hochleistungsruderern eine maximale Sauerstoffaufnahme von 6–7 l/min O_2 STPD gemessen werden kann. Durchschnittlich erreicht ein Schwergewichtsruderer eine relative $\dot{V}O_2$ von 65–70 ml/kg · min O_2 STPD [9].

In den folgenden Jahren konnten die Achter-Mannschaften des DRV trotz einer nochmaligen Steigerung der körperlichen maximalen Leistungsfähigkeit bis 1972 (Abb. 2) in den Finalwettkämpfen nur hintere Medaillenränge oder mittlere Endlaufplazierungen erreichen.

Leider ließ K. Adam keine systematischen leistungsmedizinischen Untersuchungen bei seinen erfolgreichen früheren Achtermannschaften (z. B. vor den Olympiaden in Rom 1960 und Tokio 1964) durchführen, so daß Vergleichswerte fehlen [1, 8].

Auch Laktatuntersuchungen, speziell die Bestimmung der aerob/anaeroben Schwelle bei ruderergometrischen Belastungen, wurden während der Trainingsära Adams in Ratzeburg nicht durchgeführt. Bei ersten Diskussionen an der Ruderakademie Ratzeburg lehnte er diese Methoden sogar ab (1974) und beobachtete sie auch noch skeptisch bis 1976. Adam [1, 5] präferierte vielmehr die Entwicklung biotelemetrischer und biomechanischer Methoden in Testbooten (Meßvierer). Seine Skepsis gegen eine zu starke Einflußnahme der Sportmedizin auf das Ruderleistungstraining drückte Adam wie folgt aus:

„Manche Sportmediziner und Trainer glauben, daß optimale Methoden des Leistungstrainings aus medizinischen und arbeitsphysiologischen Theorien abgeleitet werden können und sollen. Ich halte das beim augenblicklichen Stand der Entwicklung für unmöglich" [1].

Für Adam war der genaueste und zuverlässigste Test der Wettkampf. Dennoch akzeptierte er leistungsmedizinische Testverfahren, da sie für ihn über die Wettkampfbeobachtungen hinaus zusätzliche Informationen zur

a) *Prognose* (Talentsuche, Selektion vor allem von Nationalmannschaften),

b) *Analyse* (Feststellung leistungslimitierender Faktoren) und

c) *Kontrolle* der Wirkung von Trainingsmaßnahmen liefern sollten.

Literatur

1. Adam K (1975) Leistungssport: Sinn und Unsinn. Nymphenburger Verlagshandlung, München, S 1–207
2. Adam K, Nowacki PE, Schmid E, Weist U (1968) Untersuchungen über die sympathiko-adrenale Reaktion bei Hochleistungssportlern im Training und im Wettkampf. Sportarzt Sportmed 19:389–399
3. Hollmann W (1965) Kriterien der körperlichen, kardialen und pulmonalen Leistungsgrenzen. In: Mellerowicz H, Hansen G (Hrsg) I. Internationales Seminar für Ergometrie. Ergon, Berlin, S 186–192
4. Nowacki PE (1974) Erforschung des Höhentrainings als Beispiel einer Zusammenarbeit zwischen Trainer, Sportarzt und Physiotherapeut. Physiotherapie 65:93–97 und 169–173
5. Nowacki PE (1977) Sportmedizinische und leistungsphysiologische Aspekte des Ruderns. In: Adam K, Lenk H, Nowacki PE, Rulffs M, Schröder W (Hrsg) Rudertraining. Limpert, Bad Homburg, S 251–646
6. Nowacki PE (1977) Die biologische Leistungsfähigkeit der Deutschland-Achter. (Ein Beitrag des Rudertrainers K. Adam für die moderne Sport- u. Leistungsmedizin.) In: Lenk H (Hrsg) Handlungsmuster Leistungssport. – Karl Adam zum Gedenken. Hofmann, Schorndorf, S 341–369
7. Nowacki PE (1987) Stellenwert der maximalen Sauerstoffschuld im Rahmen der qualitativen und quantitativen Diagnostik der anaeroben Kapazität. In: Bachl N, Baumgart P, Huber G, Keul J (Hrsg) Die trainingsphysiologische und klinische Bedeutung der anaeroben Kapazität. ATKL-Kongreß, St. Johann in Tirol, 1985. Verlag Brüder Hollinek, Wien, S 67–79
8. Nowacki PE, Adam K, Krause R, Ritter U (1971) Die Spiroergometrie im neuen Untersuchungssystem für den Spitzensport. (Vergleichende Darstellung biologischer Leistungsdaten bei Hochleistungssportlern in Relation zur spezifischen sportlichen Leistungsfähigkeit) Leistungssport 2:37–51
9. Secher NH, Vaage O, Jensen K, Jackson RC (1983) Maximal aerobic power in oarsmen. Eur J Appl Physiol 51:155–162

Biomechanik

Schneller Rudern durch Biomechanik?

V. Nolte

Einleitung

Eines ist unzweifelhaft: Die Rennzeiten im internationalen Rudern werden im Schnitt von Jahr zu Jahr geringer! Dies haben mehrere Untersuchungen gezeigt (Abb. 1 und 2) [6, 20, 25]. Die sportliche Leistung ist also in den Jahren stets gestiegen. Für jeden, der sich mit Rennrudersport befaßt, ergibt sich daraus die Frage, welche Faktoren für diese Entwicklung verantwortlich sind. Diese Frage ist jedoch nicht eindeutig zu beantworten. Im folgenden gilt es zu untersuchen, inwieweit die Biomechanik des Sports Einfluß auf das Rudern hatte und hat und welche Hilfen von ihr für die Zukunft zu erwarten sind.

Die Biomechanik des Sports beschäftigt sich mit dem menschlichen Körper im Zusammenhang mit der sportlichen Bewegung, wobei Beschreibungen und Erklärungen der Mechanik angewandt werden. In diesem Sinne sind alle Untersuchungen und Entwicklungen biomechanischer Natur, die die Ruderbewegung betreffen bzw. diese beeinflußt haben. So sind Veränderungen des Bootsmaterials, die einen direkten Einfluß auf die Ruderbewegung haben, genauso der Biomechanik zuzuschreiben wie mechanische Überlegungen zur Verbesserung der Rudertechnik, aber auch die Analyse der Bewegung des Ruderers und des Bootes mit der Entwicklung der dazu notwendigen Meßgeräte. Eine ausschließliche Veränderung der Bootsform oder der Bootsoberfläche zur Verringerung des Wasserwiderstandes dagegen sind nicht mehr der Biomechanik zuzurechnen.

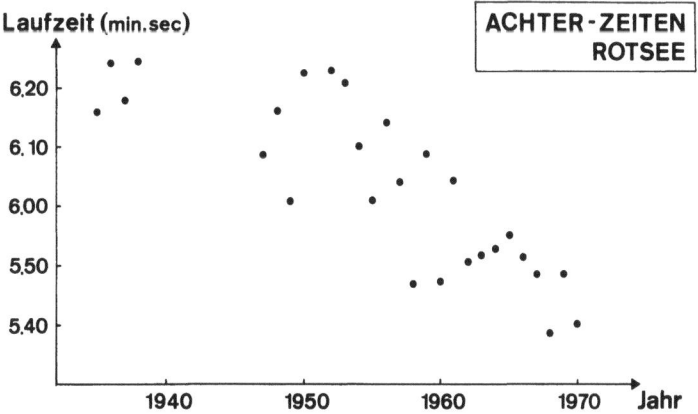

Abb. 1. Die Entwicklung der Rennzeiten im Achter von 1936–1970 auf dem Rotsee in Luzern [6]

J.M. Steinacker (Hrsg.)
Rudern
© Springer-Verlag Berlin Heidelberg 1988

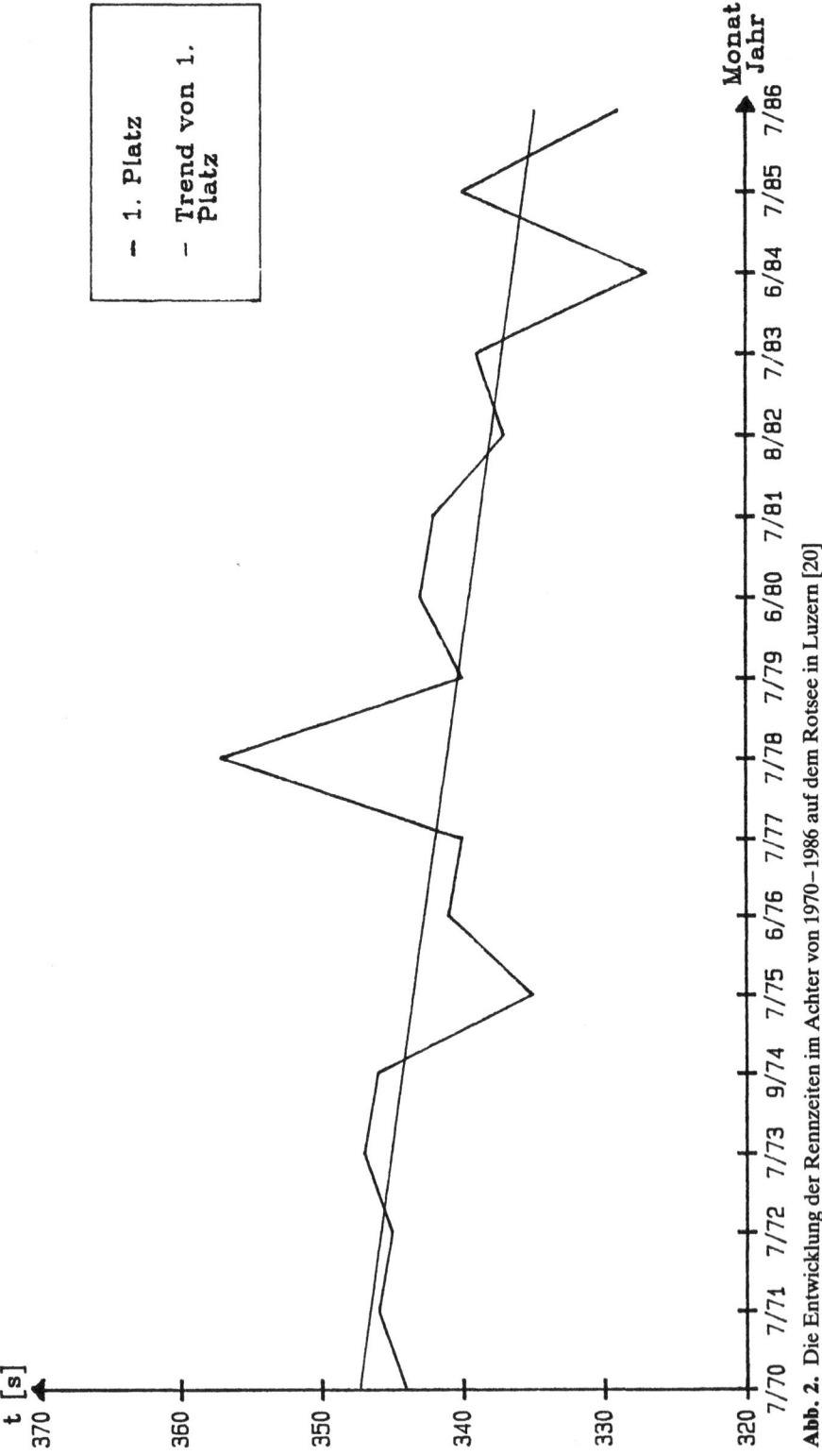

Abb. 2. Die Entwicklung der Rennzeiten im Achter von 1970–1986 auf dem Rotsee in Luzern [20]

In diesem Zusammenhang sei darauf hingewiesen, daß mit den vorliegenden Ausführungen natürlich nur exemplarisch auf besonders wichtige Stichpunkte zur Biomechanik des Ruderns eingegangen werden kann. Ziel ist es, anhand von einigen markanten Zusammenhängen die Bedeutung der Biomechanik für das Rudern grundsätzlich anzureißen.

Historische Entwicklung

Den Begriff Biomechanik gibt es noch nicht so lange. Insbesondere bevor systematische Untersuchungen an entsprechenden Hochschulinstituten durchgeführt wurden, gab es Arbeiten, die sich mit dem Sachgebiet der Biomechanik befaßten und so im Nachhinein zur Biomechanik dazugezählt werden müssen. Als erste einschneidende biomechanische Entwicklung ist die Erfindung des Rollsitzes zu werten. Durch ihn ist die Einbeziehung der Beinmuskulatur in die Ruderbewegung erst möglich geworden. Die Beine wurden als zusätzliche Energiequelle entdeckt und genutzt. Dabei mußten zu Beginn dieser Entwicklung so abenteuerliche Konstruktionen wie eingefettete Lederhosen auf Gleitbrettern herhalten bis der Sitz mit Rollen erfunden war. Während der Vorteil des Rollsitzes eigentlich sofort allseits akzeptiert wurde, gestaltete sich die Einführung der Drehdolle schon schwieriger. Ein Expertenstreit zog sich über Jahre hin. Der mit der Drehdolle gegenüber der Kastendolle mit festen Dollpflöcken mögliche längere Ruderschlag war nicht ohne weiteres als Vorteil einzusehen. Interessanterweise wurde die Entwicklung im Skullen viel früher angenommen als im Riemenrudern.

Fairbairn führte die neuen Entwicklungen des Rollsitzes und der Drehdolle folgerichtig weiter. Die bis dahin angewandte sog. „orthodoxe" Rudertechnik hatte sich direkt aus der Rudertechnik mit festen Sitzen ergeben. Das überlange Schwingen des Oberkörpers, das beim Rudern mit festem Sitz die Schlaglänge ausmachte, war hinderlich mit dem Rollsitz. Fairbairn nutzte dagegen die Möglichkeiten, die ihm die neuen Boote lieferten für sein „natürliches Rudern", das die Grundlage der noch heute angewandten Rudertechnik ist. Er setzte einer schematischen und steifen Bewegung eine anatomisch sinnvolle und auf maximale Leistungsübertragung zielende Ruderbewegung gegenüber [8, 9].

Adam führte die Gedanken Fairbairns mit physikalischen Überlegungen fort. Er konnte dabei auf einige mechanische Grundlagenuntersuchungen zurückgreifen (u. a. von der Versuchsanstalt für Wasserbau und Schiffbau Berlin). So veranlaßte Adam z. B. den Einbau von Stemmbrettschuhen, mit denen eine noch bessere Ausnutzung der Beinkraft möglich wurde. Weiterhin veränderte er die Ruderblätter dahingehend, daß sie breiter und kürzer wurden. Daneben propagierte er die überlangen Rollschienen, um die stärksten Körpermuskeln, die der Beine, noch extremer in die Ruderbewegung einzubeziehen. So formte er mit all diesen Neuerungen die sog. Adam-Technik [1, 2] (s. auch [12]) (Abb. 3). Adam konnte zwar empirisch nachweisen, daß seine Mannschaften immer schneller ruderten, doch allein seine Erfolge bzw. seine Erfahrungen vieler Testrennen genügten ihm als Nachweis nicht. Er forderte genauere Meßverfahren [2]. So ist die Initiative zum Bau des ersten Meßbootes im Deutschen Ruderverband noch auf ihn zurückzuführen. Die techni-

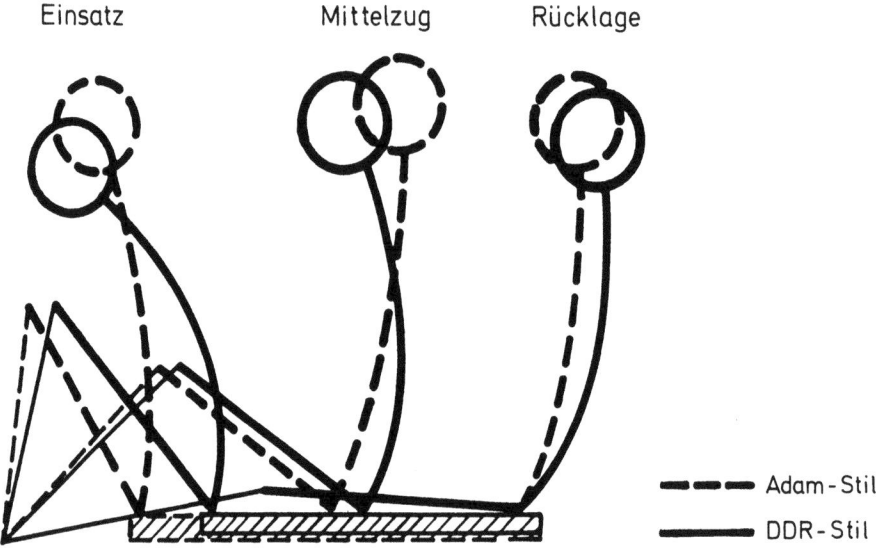

Abb. 3. Vergleich der „Adam-Technik" mit der „DDR-Technik" [12]

schen Möglichkeiten wie auch die Grundlagenforschung waren jedoch noch nicht fortgeschritten genug, um dieses Projekt zum Erfolg zu führen.

Biomechanik im Rudern

Die ersten auch Biomechanik genannten Untersuchungen fanden in der DDR und der UdSSR statt (s. [7, 11]), jedoch blieben deren Ergebnisse weitgehend unzugänglich. Erst mit der Gründung biomechanischer Institute an Universitäten in westlichen Nationen wurde der Biomechanik des Ruderns besondere Beachtung geschenkt. Vorreiter war hier das Labor für Biomechanik der Eidgenössischen Technischen Hochschule Zürich unter Schneider [22, 23]. Wesentliche Impulse zur Meßmethodik wie auch der Diagnose der Rudertechnik wurden gegeben (u. a. [4, 10, 26]).

Unter dem Verfasser wurde am Institut für Biomechanik der Deutschen Sporthochschule Köln ein Forschungsprojekt des Bundesinstituts für Sportwissenschaft mit dem Ziel initiiert, die Effektivität des Ruderschlages zu erforschen [17]. Aufgrund von umfangreichen Grundlagenuntersuchungen konnten Prinzipien der Rudertechnik aufgezeigt werden, die wesentliche Veränderungen der Ruderbewegung gegenüber bislang vertretenen Lehrmeinungen darstellen: (Abb. 4a, b) u. a. der lange Ruderschlag mit Betonung des weiten Ruderwinkels in der Auslage, Minimierung der Vertikalbewegung des Körperschwerpunktes, Handführung mit besonderer Berücksichtigung des Endzuges. Diese Prinzipien sind in unmittelbarem Zusammenhang mit der Bootstechnik zu sehen, d. h. das Boot wurde entsprechend angepaßt und unterstützt so die Rudertechnik (z.B. hohe Ausleger, großer vertikaler Abstand zwischen Sitz und Ferse).

Abb. 4.a, b. Skizzen zur Rudertechnik nach Nolte [17], an denen das Zusammenwirken von Biomechanik und Bootstechnik deutlich wird: **a** Ruderphase, in der die größten Kräfte aufgebracht werden – voller Einsatz der großen Muskelgruppen (Beine, Rücken), ohne unnötiges Aufrichten des Oberkörpers bei hohen Auslegern; **b** wirkungsvoller Endzug – Ausführung der Armbewegung funktionell-anatomisch richtig, unter Ausnutzung der hydrodynamischen Gegebenheiten

Die bloße Beobachtung mit Hilfe des Trainerauges genügte somit nicht mehr, und die Steuerung des Techniktrainings geriet immer mehr in den Vordergrund des Interesses. Unter Schröder [24] entwickelte sich eine biomechanische Leistungsdiagnose im Deutschen Ruderverband, mit deren Hilfe inzwischen beliebige biomechanische Parameter diagnostiziert werden können.

Schneller durch Biomechanik?

Aufgrund der o. g. Darstellung der verschiedenen Arbeiten wird deutlich, wie vielfältig die Einflüsse der Biomechnik bzw. der als Biomechanik zu bezeichnenden Entwicklungen auf den Rudersport waren.

Unbestritten fest steht, daß die Rennzeiten, die für ein erfolgreiches Abschneiden auf internationalem Niveau notwendig sind, sowohl mit dem Bootsmaterial als auch mit der Rudertechnik der Vergangenheit nicht erreichbar wären. So konnte Adam erstmals einen deutschen Achter zu Olympischem Gold führen, nachdem er den Dollenabstand gegenüber den bis dahin geltenden Erfahrungen so änderte, daß die Ruderer überhaupt erst in die Lage versetzt wurden, eine entsprechende Bootsgeschwindigkeit zu erzielen. Erst recht wäre eine auf die volle Ausnutzung der Beinbewegung angelegte Adam-Technik ohne Rollsitz nicht möglich gewesen. Allerdings wären Rennzeiten von unter 5:30 min mit Achterbooten, wie sie Adam zur Verfügung standen, heute nicht möglich.

Der Verfasser konnte mit der Einführung des inzwischen verbotenen Rollauslegerbootes die hervorragende Bedeutung der Geschwindigkeitsänderungen des Bootes in Fahrtrichtung während eines Ruderzyklus empirisch belegen, da nur mit dieser Konstruktion in den 3 Jahren ihrer Zulassung die Welttitel errungen werden konnten (Abb. 5) [14, 15, 16]. Wer also die Geschwindigkeitsänderungen minimiert, sei es mit Hilfe der Bootskonstruktion oder mit den Mitteln der Rudertechnik, kann insgesamt schneller rudern. Dies bedeutete ein Abschied von der Adam-Technik, die heute praktisch international nicht mehr beobachtet werden kann [18].

Auch die Leistungsdiagnose mit Hilfe der Biomechanik trägt ihren Teil zur Verbesserung der Rennzeiten bei. So ist bekannt geworden, daß die DDR Auswahlkriterien für ihre Nationalkader hat, die biomechanischer Natur sind (u. a. Kraftverlauf beim Durchzug, Höhe der aufgebrachten Kräfte). Im Deutschen Ruderverband wird die biomechanische Leistungsdiagnose z. B. bei der Auswahl und der Betreuung der Junioren-Nationalmannschaften in den letzten Jahren eingesetzt.

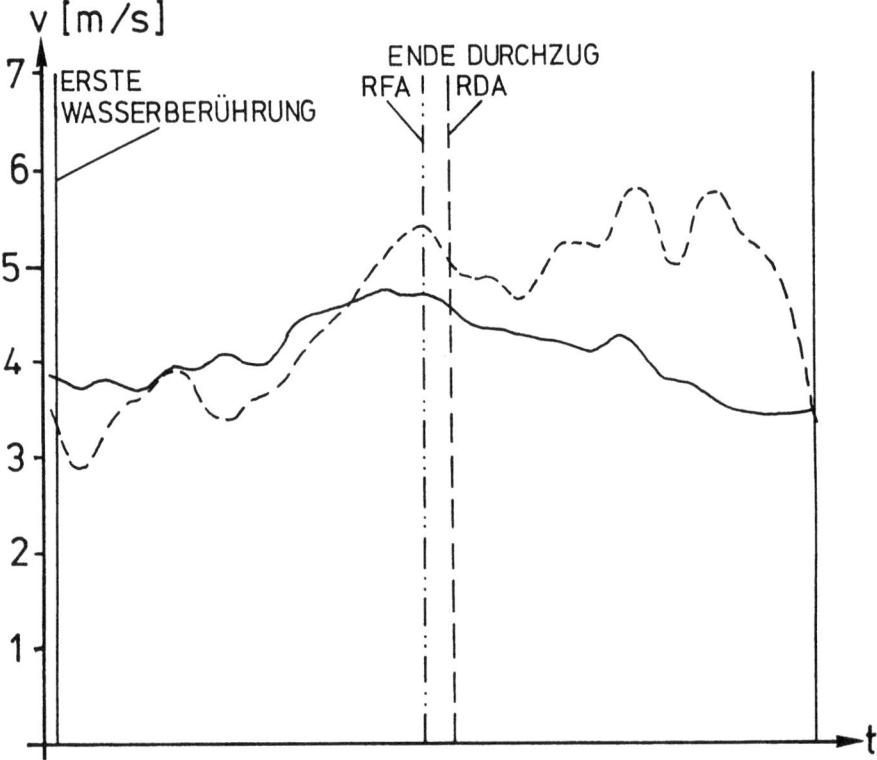

Abb. 5. Vergleich der Geschwindigkeitsverläufe von Weltklasseruderern anläßlich der Weltmeisterschaften 1981 in München. Es wird deutlich, daß das Rollausleger-Boot von Peter-Michael Kolbe (Bundesrepublik Deutschland = RFA ——) weniger Geschwindigkeitsschwankungen aufweist, als das Boot von Rüdiger Reiche (DDR = RDA ----) und damit weniger Widerstand bei gleicher mittlerer Geschwindigkeit erzeugt. Beide Kurven sind auf die Dauer eines vollständigen Schlages normiert [16]

Nicht zuletzt soll herausgestellt werden, daß die Biomechanik durch ihre Grundlagenforschung auch die Basis für die Lehre der Rudertechnik geschaffen hat. Wird diesen Erkenntnissen gefolgt, so kann die Ruderausbildung zielgerichteter und effektiver durchgeführt werden. Auch hier haben erste Untersuchungen gezeigt, daß durch ein nach sinnvollen Maßen eingestelltes Rudermaterial die Erfolge beim Lernen der Rudertechnik positiv beeinflussen kann [13].

Wie geht es weiter?

Nachdem die Grundlagenforschung in der Biochmechanik des Ruderns recht weit fortgeschritten ist, sind im Augenblick Fragen der weiteren Anpassung des Rudergerätes an die Rudertechnik (u. a. zur Ausnutzung des „langen Ruderschlages": s. [3, 19]) und der Leistungsdiagnose in den Vordergrund gerückt. Mit der Anpassung des Rudergerätes soll die vom Ruderer abgegebene Energie noch effektiver in Vortrieb umgesetzt werden. In der Leistungsdiagnose geht es darum, zum einen den Trainer in seiner Arbeit weiter zu unterstützen und zum anderen um die Entwicklung von dafür notwendigen Meßgeräten, die sowohl gebrauchssicherer und rückwirkungsfreier als auch preiswerter sind.

Ein weiterer Bereich der Biomechanik wird die Trainingssteuerung im Bereich des Konditionstrainings wie auch in der Entwicklung hierfür notwendiger Geräte sein [5]. Die Untersuchungen von Schmidtbleicher [21] zur Kraft haben aufgezeigt, daß in diesem Bereich noch verschiedene Fehlmeinungen im praktischen Training vorkommen, die eine günstigere Entwicklung behindern. Gleichzeitig wurde deutlich, daß gerade im Bereich der Kraftausdauersportarten , wie etwa dem Rudern, abgesicherte Untersuchungen zum Krafttraining fehlen. Hier werden in naher Zukunft interessante Aussagen zu erwarten sein, die das Training wieder positiv beeinflussen und so zu einem schnelleren Rudern beitragen werden.

Literatur

1. Adam K (1982) Kleine Schriften zum Rudertraining. Trainerbibliothek 22. Bartels & Wernitz, Berlin
2. Adam K, Lenk H, Nowacki P, Rulffs M, Schröder W (1977) Rudertraining. Limpert, Bad Homburg
3. Affeld A, Schichl K (1985) Untersuchungen der Kräfte am Ruderblatt mittels eines mechanischen Simulators. Bericht der Technischen Universität Berlin
4. Angst F (1976) Biomechanik des Ruderns – Die Bedeutung der Kraftkurve im Hinblick auf leistungsbestimmende Parameter. Diplom-Arbeit an der Eidgenössischen Technischen Hochschule Zürich
5. Bührle M (1985) Grundlagen des Maximal- und Schnellkrafttrainings. Schriftenreihe des Bundesinstitut für Sportwissenschaft, Bd 56, Hofmann, Schorndorf
6. Busch G (1984) Biomechanik des Ruderns – wozu? In: Nolte V (Hrsg) Bericht zum 13. FISA-Trainer-Kolloquium. Philler, Minden, S 13–30
7. Donskoi D (1975) Grundlagen der Biomechanik. Sportverlag Berlin-Ost
8. Fairbairn S (1948) Chats of rowing. Nicolas Kaye, London
9. Fairbairn S (Ed) (1951) Steve Fairbairn on rowing. Nicolas Kaye, London
10. Hauser M (1979) Leistungsmessungen im Rudern. Diplom-Arbeit an der Eidgenössischen Technischen Hochschule Zürich

11. Hochmuth G (1974) Biomechanik sportlicher Bewegungen. Sportverlag Berlin-Ost
12. Klavora D (1977) Die wichtigsten biomechanischen Unterschiede bei den heutigen Stilarten im internationalen Ruderwettkampf. Rudersport 33:VI–XI
13. Lippens V (1986) Untersuchungen zum Einfluß der Bootstrimmung auf die Fortschritte im Anfängerrudern. Persönliche Mitteilungen, Hamburg
14. Nolte V (1981) Die Geschichte des Rollauslegerbootes. Rudersport 26:526–527
15. Nolte V (1981) Über die Wissenschaft beim Rollausleger. Rudersport 30:639–642
16. Nolte V (1982) Der Rollausleger aus der Sicht des Aktiven. In: Bericht zum 11. FISA-Trainer-Kolloquium. Philler, Minden, S 195–213
17. Nolte V (1984) Die Effektivität des Ruderschlages. Bartels & Wernitz, Berlin
18. Nolte V (1984) Grundlegende Erkenntnisse der Biomechanik im Rudern. In: Nolte V (ed) Bericht zum 13. FISA-Trainer-Kolloquium. Philler, Minden, S 114–141
19. Nolte V (1987) Neue Dollen braucht das Land. Rudersport 4:60–61
20. Rehwinkel E (1987) Die Entwicklung der Rennzeiten ab 1970 am Beispiel Luzern. Trainer-A-Arbeit des Deutschen Ruderverbandes, Köln
21. Schmidtbleicher D (1980) Maximalkraft und Bewegungsschnelligkeit. In: Rieder H (Hrsg) Beiträge zur Bewegungsforschung im Sport. Limpert, Bad Homburg
22. Schneider E (1980) Leistungsanalyse von Rennmannschaften. In: Grössing S (Hrsg) Aus der Wissenschaft für die Praxis. Limpert, Bad Homburg
23. Schneider E, Morell F (1977) Leistungs- und stilbestimmende Parameter beim Rudern. In: Medizintechnik der Schweiz Medita 9 a
24. Schröder W (1980/1981) Die biomechanische Leisungsdiagnose im DRV. Unveröffentlichte Arbeitsberichte, Hamburg
25. Secher NH (1973) Development of results in international rowing championships 1893–1971. Med Sci Sports 3:195–199
26. Sidler N (1979) Selektionskriterien im Rudern II. Diplom-Arbeit an der Eidgenössischen Technischen Hochschule Zürich

Wege und Methoden der Bewegungsoptimierung bei Rennruderern

H. Körndle

Problemstellung

Im Prozeß der Bewegungsoptimierung lassen sich – nicht nur bei Rennruderern – zwei wesentliche Schritte voneinander abheben: In der Regel wird man zunächst die Frage nach dem optimalen Bewegungsablauf stellen und ihre Beantwortung von der zuständigen sportwissenschaftlichen Disziplin, der Biomechanik, erwarten. In einem weiteren Schritt müssen dann diese Erkenntnisse durch die Technikansteuerung im Training umgesetzt werden. Da diese Ansteuerungsvorgänge im wesentlichen Lernvorgänge sind, hat ihre Gestaltung und Strukturierung nach lernpsychologischen Gesichtspunkten zu erfolgen. Aus diesem Grund ergeben sich für die weitere Darstellung zwei Schwerpunkte: im ersten sind Lösungsvorschläge der Biomechanik zur Bewegungsoptimierung im Rudern zu skizzieren, während im zweiten der Prozeß der Technikansteuerung zu thematisieren ist. In einem weiteren Abschnitt wird dann aufzuzeigen sein, wie beide Disziplinen im Prozeß der Technikansteuerung zusammenwirken.

Auf der Suche nach dem optimalen Bewegungsablauf

In der Literatur findet sich eine Reihe von Beispielen, Aussagen über die Ruderbewegung und ihre Effektivierung durch mechanische Modelle zu formulieren (vgl. z. B. [8]). Nolte [7] hat 1985 ein vollständiges mechanisches Modell des Systems Ruderer/ Boot vorgelegt und durch Bewegungsgleichungen beschrieben (Abb. 1). Zusätzlich gibt er Merkmale der Rudertechnik an, die der Ruderer realisieren soll, um effektiv zu rudern (möglichst geringe Geschwindigkeitsschwankungen des Bootes, möglichst geringe Vertikalbewegung des Gesamtschwerpunkts, Zugkraft möglichst senkrecht zur Ruderlängsachse, große Ruderwinkel in der Auslage).

Ein Nachteil ist prinzipiell mit Modellen dieser Art verbunden: Die Formulierung von Bewegungsgleichungen hat zur Konsequenz, daß das Modell unter dem Aspekt der Effektivierung (z. B. der Energieminimierung) nur *einen* optimalen Bewegungsablauf liefern kann. Die Praxis zeigt aber, daß Bewegungsaufgaben gleich effektiv mit unterschiedlichen Bewegungsabläufen gelöst werden können. Die Biomechanik erklärt diesen Sachverhalt mit der Vielzahl der Freiheitsgrade des menschlichen Körpers. Stellt man den Aspekt der Freiheitsgrade in den Mittelpunkt des wissenschaftlichen Interesses, benötigt man zur Modellierung des optimalen Bewegungsablaufs andere Vorgehensweisen. Dazu bietet sich aus dem Methodeninventar der

J. M. Steinacker (Hrsg.)
Rudern
© Springer-Verlag Berlin Heidelberg 1988

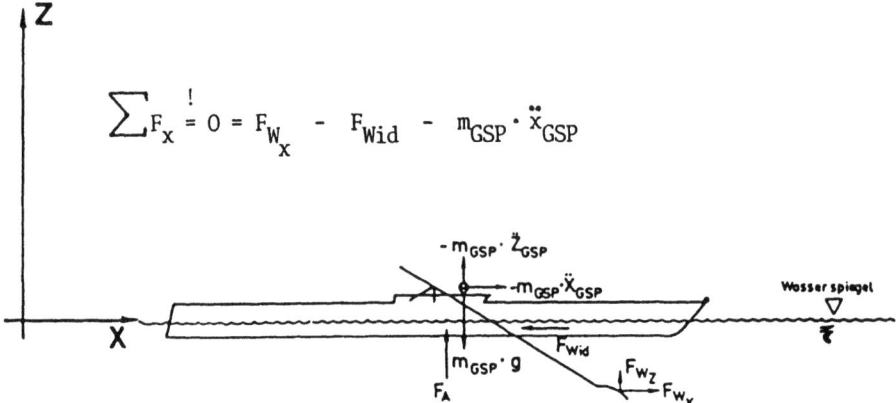

Abb. 1. Mechanisches Modell des Systems Ruderer/Boot in der X-Z-Ebene mit der zugehörigen Bewegungsgleichung (nach [7]). (F_{WX} Wasserkraft, F_{WID} Wasserwiderstand des Boots, F_A Auftriebskraft, $m_{GSP} \cdot g$ Gewichtskraft, Trägheitskräfte des Gesamtschwerpunkts)

Regelungstheorie das Verfahren der Systemanalyse an, das durch Berechnung einer Übertragungsfunktion den Zusammenhang zwischen einem Systeminput und einem Systemoutput beschreibt. Varianz im Systemoutput im Sinn unterschiedlicher Bewegungsabläufe wird in dieser Betrachtungsweise auf *unterschiedliche Regulationsprozesse* im System zurückgeführt. Im Fall der Modellierung mit Bewegungsgleichungen müßte man die in den physikalischen Verlaufsdaten beim Rudern zu beobachtende Varianz als *Fehler* interpretieren.

Die Möglichkeiten der Modellierung durch eine Systemanalyse werden hier schematisch unter Verzicht auf mathematische Formulierungen dargestellt, da dieses Verfahren in der Sportwissenschaft relativ selten angewendet wird. Prinzipiell liefert eine Systemanalyse eine mathematische Beschreibung, die den Zusammenhang zweier zeitabhängiger Verlaufsgrößen, dem Systeminput und dem Systemoutput, herstellt. Diese mathematische Beschreibung nennt man Übertragungsfunktion. Diese Vorgehensweise unterscheidet sich z. B. von der Formulierung von Bewegungsgleichungen, die auch einen mathematischen Zusammenhang zwischen verschiedenen Größen herstellen, dadurch, daß bei der Systemanalyse ein abstrakter Zusammenhang errechnet wird, während bei den Bewegungsgleichungen die physikalische Realisierung des zu beschreibenden Systems Grundlage der Formulierung ist.

Dazu ein Beispiel: In der Abb. 2 stellt die zeitabhängige Verlaufsgröße a den Systeminput dar. Die Verlaufsgrößen e und e' entstehen als Systemoutput, wenn man den Systeminput a entweder auf das linke System c oder das rechte System c' wirken läßt. Anschaulich kann man sich das linke System als Tiefpaßfilter vorstellen. Die Übertragungsfunktionen c und c' sind frequenz- und nicht zeitabhängige Größen. Man erhält sie dadurch, daß man sowohl den zeitabhängigen Systeminput a in eine frequenzabhängige Darstellung b (Verlauf a entsteht durch Überlagerung zweier Sinoide), wie auch den Systemoutput e in eine frequenzabhängige Darstellung d

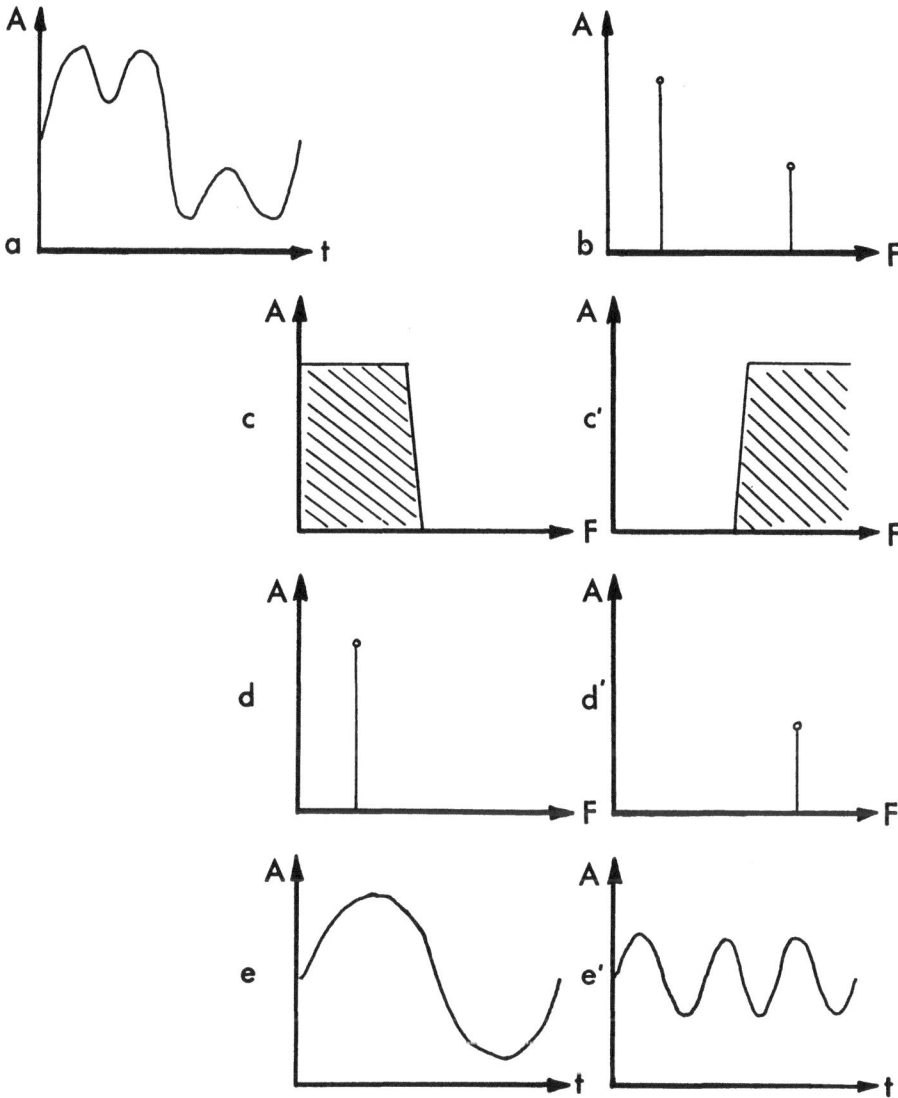

Abb. 2. Schematische Darstellung einer Systemanalyse [*a* Systeminput als Funktion der Zeit, *b* Systeminput als Funktion der Frequenz, *c, c'* Übertragungsfunktionen (Tiefpaß, Hochpaß), *d, d'* Systemoutput als Funktion der Frequenz, *e, e'* d Systemoutput als Funktion der Zeit]

transformiert. Der Quotient aus *b* und *d* ist die frequenzabhängige Übertragungsfunktion. Ist sie einmal berechnet, kann man für andere Input- oder Outputverläufe das jeweilige „Gegenstück" errechnen, da mit der Übertragungsfunktion die Eigenschaften des Systems mathematisch formuliert sind.

Die Tragfähigkeit dieser Überlegungen haben wir anhand der Datensätze zweier Spitzenskuller überprüft. Die Systemanalyse, die als Systeminput die antreibenden Wasserkräfte und als Systemoutput die resultierende Bootsbeschleunigung verrech-

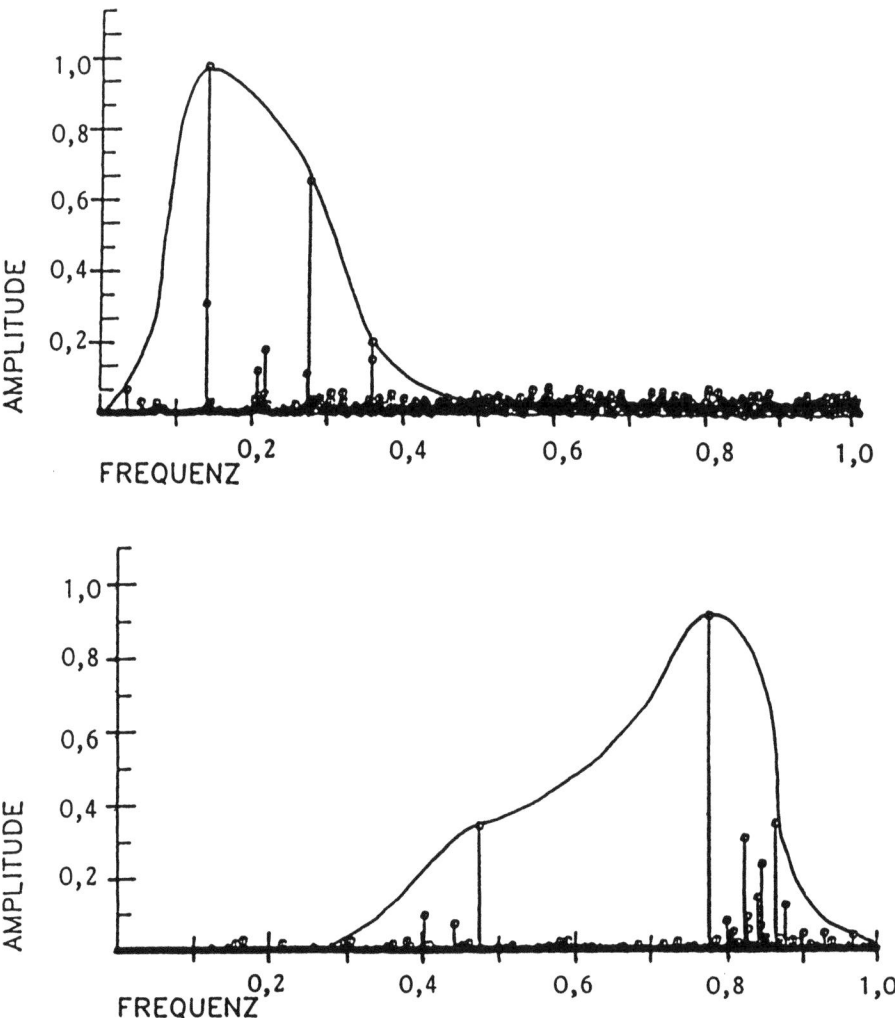

Abb. 3. Systembeschreibungen des Ruderstils zweier annähernd gleich schneller Spitzenskuller (Frequenz und Amplitude auf 1 normiert)

nete, lieferte zwei gänzlich unterschiedliche Übertragungsfunktionen für die beiden Ruderer/Boot-Systeme (Abb. 3).

Zunächst findet man rein anschaulich die Stilunterschiede der beiden Skuller bestätigt. Im Sinne der Übertragungsfunktionen würde man diese als unterschiedliche Filterungsprozesse interpretieren. Das bedeutet auf das Rudern bezogen, daß bei dem einen Ruderer nur niederfrequente Schwankungen im Systeminput zum Systemoutput durchgelassen werden, während bei dem anderen Ruderer das Gegenteil der Fall ist. Die Bedeutung dieser Filterungsprozesse für Stabilität und Flexibilität der Bewegungsproduktion in unterschiedlichen Trainings- und Wettkampfsituationen mit unterschiedlichen Umgebungsbedingungen kann an dieser Stelle noch nicht diskutiert werden, da die Gesamtauswertung der Daten nicht abgeschlossen ist. Sollte gezeigt werden können, daß die unterschiedlichen Übertragungsfunktionen bei den beiden Spitzenskullern durch unterschiedliche Regulationsprozesse zustande kommen, müßte für das Training als Ziel angestrebt werden, nicht nur ideale – i. S. von fehlerfrei – Kraftverläufe zu produzieren, sondern die Ausbildung der Regulationsprozesse zu fördern, die trotz unterschiedlicher Produktionsbedingungen einen optimalen Systemoutput liefern (hohe mittlere Geschwindigkeit, wenig Geschwindigkeitsschwankungen). Weiter ist darauf hinzuweisen, daß die so gewonnenen Übertragungsfunktionen auch Simulationen zulassen, bei denen systematisch variierte Eingangsfunktionen in ihrer Wirkung auf die Bootsgeschwindigkeit erfaßt und bewertet werden können.

Lernpsychologische Überlegungen zur Steuerung des Techniktrainings

Aus psychologischer Sicht kann das Techniktraining als Lernprozeß beschrieben werden. Zu seiner Steuerung sind Rückmelde- und Feedbackprozeduren geeignet. Die Vielfalt der dazu vorliegenden Befunde hat Mechling [6] in einem Übersichtsreferat zusammengestellt. Ein wichtiges Resultat aus diesen Untersuchungen betrifft die Präzision der Rückmeldung: „Quantitative Ergebnisrückmeldung ist qualitativer Ergebnisrückmeldung in ihrer Wirkung überlegen." Bei der Anwendung dieser Befunde auf die Trainingssituation im Rennrudern muß mitbedacht werden, daß Feedbackprozeduren im Bereich motorischen Lernens hauptsächlich an Positionierungsaufgaben untersucht wurden. Beobachtet man komplexere Bewegungsabläufe wie z. B. das Rudern, stellt man fest, daß dabei eine Reihe von zusätzlichen Faktoren wirksam sind, die man auf derselben psychologischen Modellebene als Feedforward-Prozesse bezeichnen würde. Kognitionspsychologisch würde man sie mit den Begriffen Aufmerksamkeit und Antizipation belegen. Weiter ist zu bedenken, daß man bei komplexen Bewegungsabläufen nicht nur das Ergebnis, sondern auch den Verlauf bei den Feedforward- und Feedbackprozessen thematisieren kann.

Momentan liegt in der Psychologie noch kein experimentell überprüftes Paradigma im Bereich der Motorik vor, das eine Integration dieser Überlegungen erlaubt. Im Bereich des Problemlösens findet man jedoch Experimente, die den Zusammenhang zwischen der Fertigkeit, komplexe Produktionssysteme zu steuern und dem Wissen, das die Akteure über ihren Steuerungsvorgang verbalisieren können, herstellen (vgl. [2]). Berry u. Broadbent [1] fanden z. B. eine signifikante Verbesserung der Steuerungsfertigkeit durch die kombinierte Verwendung verbaler Instruktionen und der Verbalisierung der ausgeführten und beabsichtigten Steuerungsschritte, einschließlich der Beurteilung der damit erzielten oder beabsichtigten Wirkung. Eine Übertragung dieses Ergebnisses auf die Situation der Technikansteuerung im Rudern ist theoretisch mit dem Hinweis zu begründen, daß in der psychologischen Modellierung von Prozeßsteuerungen keine prinzipiellen Unterschiede zwischen der Steuerung externer und interner Systeme bestehen.

Ein experimentelles Bindeglied für die Anwendbarkeit obigen Ergebnisses auf den Bereich der Motorik liefert eine Untersuchung des Autors, der in einem motorischen Lernexperiment aufgrund der Verbalisationen der Lernenden das physikalisch definierte Könnensniveau mit sehr guter Trefferwahrscheinlichkeit vorhersagen konnte (vgl. [4]).

Die Frage nach Art, Menge und Zeitpunkt rückzumeldender Verlaufsinformationen ist in Experimentalanordnungen zu klären, wie sie z.B. von Thalmaier [9] vorgeschlagen wurden. Die Eleganz dieser Anordnung ist u.a. dadurch begründet, daß sich mit ihr nicht nur die Frage der Feedbackinformation, sondern auch die Frage des optimalen Bewegungsablaufs, wie sie weiter oben thematisiert wurde, mit demselben Datensatz lösen lassen.

Die Ansteuerung des optimalen Bewegungsablaufs im Techniktraining

Weder der Kenntnisstand der Biomechanik noch der der Psychologie reichen aus, ein Techniktraining vollständig wissenschaftlich zu begründen. Physiologische Aspekte sollen hier nicht weiter betrachtet werden. Ein unter pragmatischen Gesichtspunkten gestaltetes Training hat das Ziel u. a. die Reduktion von Fehlern und die Optimierung des Bewegungsablaufs zu verfolgen. Als Daten, die diesen Prozeß der Annäherung an diese Ziele kontrollieren lassen, haben wir physikalische und psychologische Kenngrößen verwendet: Die physikalischen Kenngrößen werden mit einer kleinen Meßapparatur im Boot des jeweiligen Athleten aufgezeichnet und an Land mit einem Rechner ausgewertet. Die Kräfte, die der Ruderer in das Boot einleitet, werden an den Skulls, am Stemmbrett und am Rollsitz erfaßt. Ihre Wirkung auf die Bootsgeschwindigkeit wird mit einem Beschleunigungsgeber gemessen. Die Erfassung der Ruderwinkel und des Rollwegs ermöglicht Effektivitätsuntersuchungen des Ruderschlags.

Die Relevanz der mit einer solchen Anordnung zu erfassenden Verlaufsdaten ist unbestritten, da man in ihnen eine Reihe von Fehlern in der Grobform des Bewegungsablaufs erkennen kann, die noch nicht einmal vom geschulten Auge des Trainers gesehen werden können (vgl. [3]). Diese Daten erlauben darüber hinaus auch die Untersuchung der Auswirkung von veränderten Ansteuerungen einzelner Kenngrößen auf den restlichen Datensatz. Dies ist insofern von eminenter Bedeutung, da die Änderung einer Kenngröße nicht unabhängig von den anderen Kenngrößen ist. Als Beispiel dienen hier die Vergrößerung der Ruderwinkel zur Effektivierung des

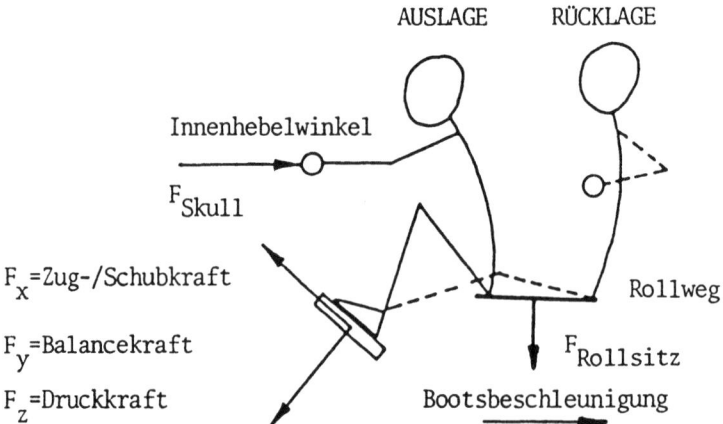

Abb. 4. Schematische Darstellung der im fahrenden Boot erfaßten physikalischen Meßgrößen

Ruderschlags, die nur dann wirksam wird, wenn der Ruderer auch in der Lage ist, über den vergrößerten Schlagbereich den Druck am Blatt zu halten.

An psychologischen Daten sind für die Technikansteuerung Aussagen über die Innensicht der Ruderer von Interesse, die ihre kognitiven, motivationalen und emotionalen Prozesse abbilden. Da dafür keine Standarderfassungsmethode existiert, hat Lippens (in diesem Buch, S. 158) auf der Grundlage von Q-sort-Techniken eine Kartenlegemethode entwickelt, die den Prozeß des Verbalisierens und Rekonstruierens der Innensicht der Ruderer systematisiert und objektiviert.

Die in diesem Rekonstruktionsprozeß verwendeten Begriffe dienen, je nach anzusteuerndem Ziel, zur Instruktion, zur Selbstinstruktion oder zur Konkretisierung der Inhalte des mentalen Trainings. In der Regel läuft das Techniktraining, das diese beiden Datenquellen verwendet, folgendermaßen ab:
- Thematisierung der anzusteuernden biomechanischen Größe,
- Erfassung der Innensicht des Ruderers,
- Meßfahrt mit mehreren Belastungsstufen,
- Rechnerauswertung der physikalischen Daten vor Ort,
- Vergleich von physikalischen und psychologischen Daten bzgl. Konkordanzen und Diskrepanzen, Vergleich mit früheren Trainingsergebnissen,
- Thematisierung der anzusteuernden Größen in kontrollierter Ruderer-Trainer-Interaktion, weitere Trainingsplanung,
- Durchführung der Trainingseinheit.

In der Praxis glauben wir die Wirksamkeit dieses Ansteuerungsverfahrens durch die schnelle und bleibende Umstellung von biomechanischen Kenngrößen in verschiedenen Bootsgattungen nachgewiesen zu haben. Für eine statistische Absicherung durch Zeitreihenanalysen ist allerdings der Datensatz noch zu klein. In Zukunft sollen in dieses Techniktraining verstärkt Überlegungen zur Physiologie hinzukommen, um zu einer wissenschaftlich noch geschlosseneren Begründung für ein Training im Rudern zu kommen.

Literatur

1. Berry DC, Broadbent DE (1984) On the relationship between task performance and associated verbalizable knowledge. Q J Exp Psychol [A] 36:209–231
2. Hacker W (1978) Allgemeine Arbeits- und Ingenieurpsychologie. Deutscher Verlag der Wissenschaften, Berlin
3. Hänyes B (1987) Berichte aus der Arbeit der biomechanischen Leistungsdiagnose im Deutschen Ruderverband 1986. In: Schröder W (Hrsg) Bericht über das Rudersymposium am 29.5.1987 am Fachbereich Sportwissenschaft der Universität Hamburg (s. auch Beitrag in diesem Buch, S. 152)
4. Körndle H (1983) Zur kognitiven Steuerung des Bewegungslernens. Dissertation, Oldenburg
5. Lippens V (1987) Analyse und Optimierung der Bewegungsvorstellung von Rennruderern. (In diesem Buch, S. 158)
6. Mechling H (1986) Lerntheoretische Grundlagen von Feedbackprozeduren bei sportmotorischem Techniktraining. In: 2. Berliner Workshop „Medien im Sport". Die Steuerung des Technik-Trainings durch Feedback-Medien. Akademieschrift 37 des DSB, Frankfurt
7. Nolte V (1985) Die Effektivität des Ruderschlages. Bartels & Wernitz, Berlin
8. Schneider E, Hauser M (1981) Biomechanical analysis of performance in rowing. In: Morecki A et al. (eds) Biomechanics VII-B. University Park Press, Baltimore
9. Thalmaier A (1979) Zur kognitiven Bewältigung der optimalen Steuerung eines dynamischen Systems. Z Exp Angew Psychol 26:388–421

Möglichkeiten einer biomechanischen Leistungsdiagnose im Rudern

B. Hänyes

Aufgabenbereich

Der Aufgabenbereich der Leistungsbiomechanik umfaßt die Aufgaben Technikanalyse – Technikansteuerung und Konditionsanalyse – Konditionsansteuerung [1].

Wegen der vielen Freiheitsgrade des Systems "Ruderer – Boot" existiert bis heute keine tragfähige analytische Beschreibung der Rudertechnik. Die Versuche einer Modellbildung (u.a. [4, 5]) führten zu keiner für eine biomechanische Leistungsdiagnostik praktikablen Beschreibung des Sollwertes einer Rudertechnik.

Aufgrund der Erfahrung durch zahlreiche Untersuchungen mit Spitzenruderern (ca. 400 Messungen im Zeitraum 1980–1987), sowie unter Berücksichtigung physikalischer und anatomischer Gesetzmäßigkeiten, ist eine Analyse der Rudertechnik mit Hilfe des Außenkriteriums „Bootsgeschwindigkeit/Bootsbeschleunigung" möglich. Grundlage dieser Analyse bilden dabei die bisherigen empirisch gewonnenen Daten.

Technische Möglichkeiten

Die z.Z. bei biomechanischen Untersuchungen im Rudern eingesetzte Apparatur bietet die Möglichkeit die biomechanischen Kennlinien der Ruderer in ihrem Wettkampfboot rückwirkungsfrei aufzunehmen. Dabei werden folgende Parameter gemessen:
– die am Riemen-/Skullblatt wirkende „Wasserkraft",
– die am Stemmbrett angreifenden Kräfte,
– die auf den Rollsitz wirkenden Kräfte,
– der Weg des Rollsitzes,
– der Ruderwinkel/Arbeitsbereich des Ruderers,
– als Außenkriterium die Bootsgeschwindigkeit/-beschleunigung.

Durch Kombination dieser Größen lassen sich weitere Parameter ermitteln. So ergibt sich z.B. aus der am Stemmbrett aufgebrachten Kraft und der am Ruderblatt wirkenden „Wasserkraft" der Wirkungsgrad, dessen Ermittlung Schröder 1977 gefordert hat [6].

Das Aufzeichnungsgerät kann bis zu 16 Kanäle parallel aufzeichnen. Damit können auch im Achter noch zwei Parameter je Ruderer gleichzeitig erfaßt werden.

J.M. Steinacker (Hrsg.)
Rudern
© Springer-Verlag Berlin Heidelberg 1988

Die Meßapparatur im Boot (ohne Meßstemmbrett) wiegt für einen Zweier ca. 4 kg (jeder weitere Bootsplatz ca. 250 g). Die Meßaufnehmer werden so installiert, daß die Parameter rückwirkungsfrei mit dem eigenen Gerät der Aktiven erhoben werden können. So lassen sich auch geringe Abweichungen vom Optimum erfassen, wie sie im Spitzenbereich auftreten.

Hiermit können sinnvolle Aussagen zu individuellen Ausprägungen und daraus resultierenden Auswirkungen getroffen werden, so daß damit eine Technikanalyse und eine Techniksteuerung innerhalb der Bandbreite individueller Stilarten einer bestimmten Technik gewährleistet ist.

Die Aufnahmedauer beträgt bis zu 30 min. Je nach Aufgabenstellung ist die Möglichkeit gegeben, Veränderungen der Technik während einer Trainingseinheit oder eines Rennens zu erfassen. Daraus können Aussagen zur Konditionsanalyse und zur Konditionssteuerung abgeleitet werden [2].

Die sofortige Auswertung der Daten im Anschluß an die Messung kann entweder über einen Mehrkanalschreiber oder über einen Personalcomputer erfolgen. Damit ist die von Ballreich geforderte Sofort-/Schnellinformation für die Techniksteuerung gegeben [1].

Untersuchungsbeispiel

Im folgenden werden Möglichkeiten einer biomechanischen Leistungsdiagnose im Rudern dargestellt, die mit dem oben beschriebenen Meßinstrumentarium durchgeführt wurden.

Zwei Fragestellungen wurden u. a. untersucht:
1. Wie verändern sich biomechanische Kennlinien im Verlauf eines Ruderrennens bei Mitgliedern einer Achtermannschaft?
2. Welche Auswirkungen haben Anweisungen des Steuermannes auf die biomechanischen Parameter während eines Ruderrennens?

Für die Untersuchung dieser Fragen wurde die Meßapparatur in einen Achter eingebaut. Die Mannschaft nahm mit diesem Boot an einem Trainingsrennen teil. Die biomechanischen Kennlinien wurden während des gesamten Rennens aufgezeichnet.

Der Steuermann erhielt den Auftrag, zu festgelegten Zeitpunkten bestimmte Anweisungen zu geben. Folgende Taktik wurde für die ersten 500 m des Rennens festgelegt:
- 20 Startschläge,
- 10 Schläge „extreme Länge",
- 10 Schläge „Anriß",
- 10 Schläge „Beine",
- 10 Schläge „Endzug".

Bei der Untersuchung der ersten Frage müssen physiologische Werte berücksichtigt werden, da die physiologischen Parameter den Leistungsverlauf während eines Rennens bestimmen. Typische physiologische Leistungsverläufe für Ruderrennen sind u. a. bei Mader u. Hollmann sowie bei Schneider angegeben [3, 5].

Um das Rennen durchzustehen, zeigten die Ruderer des untersuchten Achters –
biomechanisch gesehen – drei unterschiedliche Strategien (Abb. 1).

Strategie A: Der Ruderer bringt während des Startspurtes höhere Maximalkraft-
werte als während des gesamten übrigen Rennens. Das Kraftmaximum wird im
Verlauf des Rennens immer niedriger und steigt erst im Endspurt wieder leicht an.
Der Ruderer zeigt während des gesamten Rennens die gleiche Struktur bei der
Kraftkurve. Verbindet man die Kraftmaxima miteinander, so erhält man einen
Kurvenverlauf, der dem typischen Leistungsverlauf bei einem Ruderrennen ent-
spricht.

Strategie B: Dieser Ruderer steuert den Leistungsverlauf im Rennen nicht über die
Höhe des Kraftmaximums. Dieses erreicht während des Rennens fast immer das
gleiche Niveau. Die niedrigere Leistung im Mittelteil des Rennens ist die Folge einer
Strukturänderung des Kraftverlaufes. Die Kurve zeigt in der Mitte des Rennens

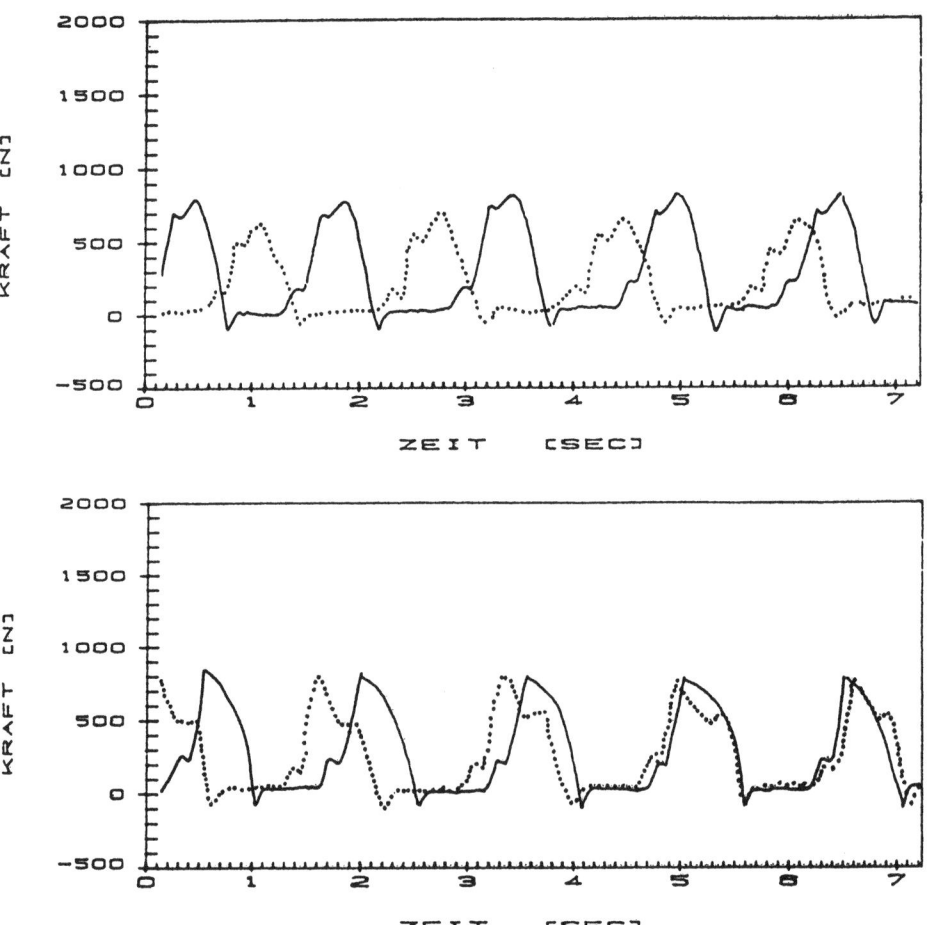

Abb. 1. Beispiele für Veränderungen der Kraft-Zeit-Verläufe während eines Ruderrennens (*obere
Kurven:* gleiche Struktur der Kraftkurve während des gesamten Rennens mit niedrigerem Kraftmaximum im Mittelteil des Rennens; *untere Kurven:* Strukturänderungen im Verlauf des Rennens;
durchgezogene Linie: Kurven zu Beginn des Rennens; *gepunktete Linie:* Kurven in der Mitte des
Rennens)

Einbrüche nach dem Erreichen des Maximums. Dadurch wird bei gleichem Kraftmaximum die Leistung pro Schlag geringer. Der typische Leistungsverlauf wird dadurch auch von diesem Ruderer dargestellt.

Strategie C: Dieser Ruderer zeigt keine wesentlichen Änderungen der biomechanischen Parameter während des gesamten Rennens. Das Rennen war für ihn eine

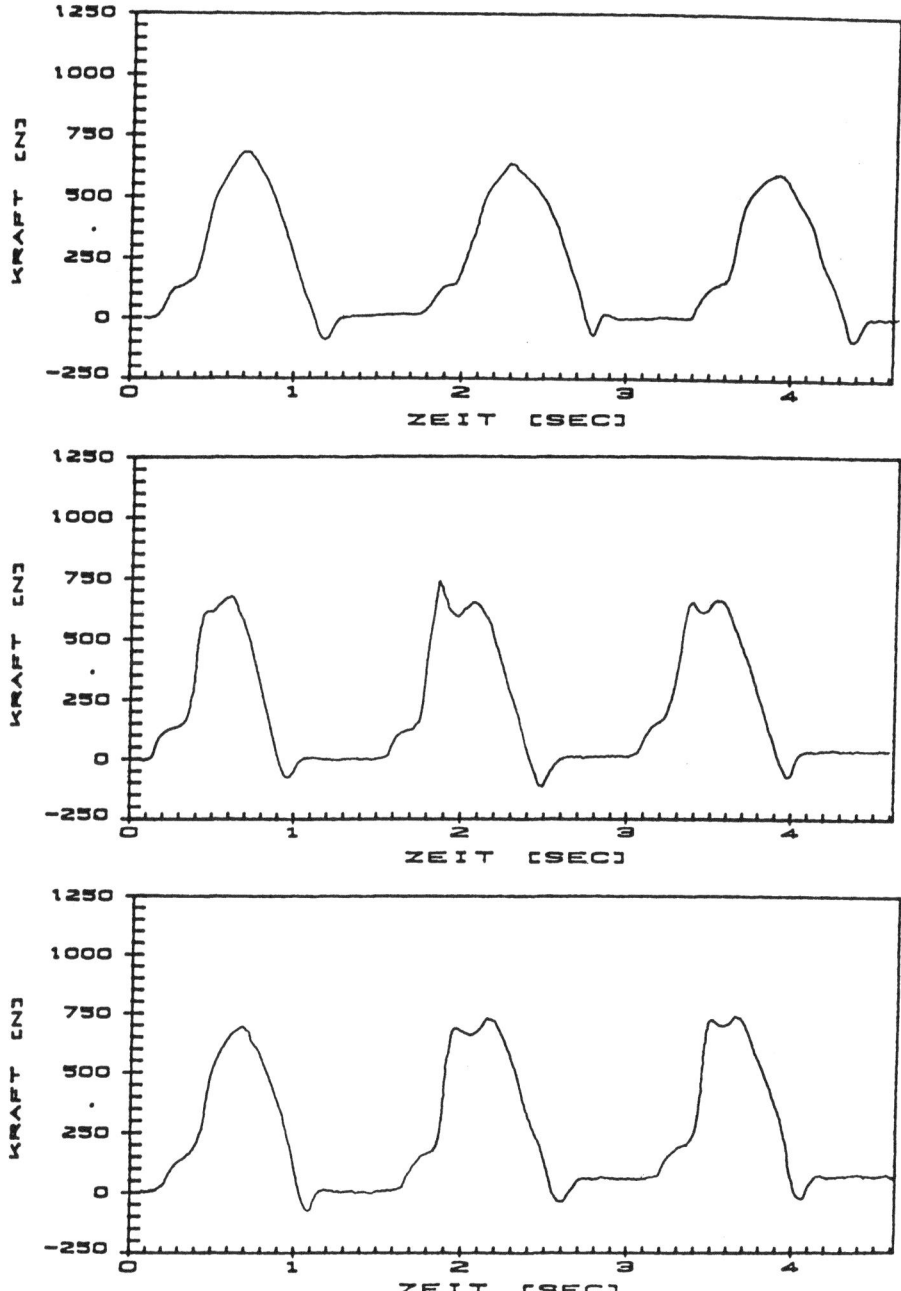

Ab. 2. Änderungen im Kraft-Zeit-Verlauf nach Anweisungen des Steuermannes (*obere Kurve:* normaler Verlauf; *mittlere Kurve:* Anweisung „Anriß"; *untere Kurve:* „Anweisung „Beine")

Unterforderung. Entweder hat sich dieser Ruderer im Rennen geschont oder er ist zu stark für diese Mannschaft, so daß er sich nicht ausrudern konnte. Dieses kann an der Gesamtleistung des Ruderers im Vergleich zu seinen Mannschaftskameraden abgelesen werden.

Auch die Untersuchung, wie sich Anweisungen des Steuermannes auf biomechanische Parameter der Ruderer auswirken, brachte interessante Ergebnisse.

Es zeigte sich, daß sich in diesem Fall bei den untersuchten Ruderern durch die Anweisungen höchstens die Höhe des Kraftmaximums änderte, die typische Struktur jedoch erhalten blieb. Eine Änderung in der Struktur der Kraftkurve, wie sie durch die Art der verschiedenen Anweisungen zu erwarten war, trat nur bei einem Ruderer auf. Hier waren deutliche Veränderungen im Kraft-Zeit-Verlauf zu erkennen (Abb. 2).

Die Anweisung „extreme Länge" führte bei den meisten Ruderern dazu, daß sie bei den nächsten 2–3 Schlägen die weitesten Auslagewinkel während des gesamten Rennens erreichten, diese jedoch nicht einmal über die geforderten 10 Schläge hielten.

Auch bei allen anderen Anweisungen ist eine Veränderung der Kennlinien nur über 1–3 Schläge zu erkennen (Abb. 3).

In dem untersuchten Fall zeigt sich, daß die Anweisungen zwar für einen kurzen Moment eine erhöhte Aufmerksamkeit der Ruderer hervorriefen, eine Umsetzung in Form einer Strukturänderung des Kurvenverlaufs jedoch nicht erreicht wurde. Da die Anweisungen in einem Fall sogar zu negativen Veränderungen des Kraft-Zeit-Verlaufes führten, ist die Form der Anweisung sorgfältig zu wählen und ihr Ziel mit den Ruderern zu besprechen.

Zusammenfassung

Das biomechanische Untersuchungsinstrumentarium im Rudern ist so weit entwickelt, daß es die Anforderungen, die der Bundesausschuß Leistungssport im DSB an eine biomechanische Leistungsdiagnostik stellt, voll erfüllt. Die Athleten werden rückwirkungsfrei mit ihrem eigenen Wettkampfgerät untersucht. Es können selbst geringe Abweichungen vom Optimum festgestellt werden. Die Auswertung direkt im

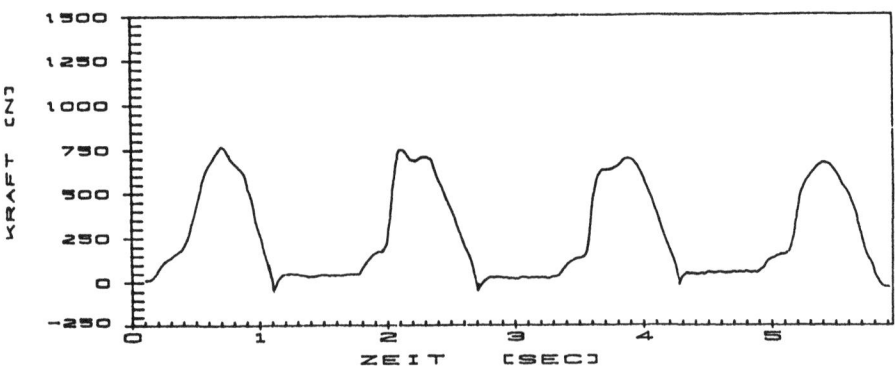

Abb. 3. Änderungen in der Struktur einer Kraftkurve nach einer Anweisung des Steuermannes; nach dem dritten Schlag tritt die ursprüngliche Struktur wieder auf

Anschluß an die Messung gewährleistet die für die Techniksteuerung notwendige Schnellinformation.

Mit der vorhandenen Meßapparatur können Aussagen zur Technik- und Konditionsanalyse getroffen werden, die den Trainern und Aktiven sinnvolle Hinweise bei der Technik- und Konditionssteuerung geben.

Literatur

1. Ballreich R (1987) Anforderungen an den wissenschaftlichen Service. Leistungssport 17:11−15
2. Hänyes B, Körndle H, Lippens V (1986) Neues aus der biomechanischen Praxis: „Gerätetest mit Hand und Fuß". Rudersport 104:226−227
3. Mader A, Hollmann W (1977) Zur Bedeutung der Stoffwechselleistungsfähigkeit des Eliteruderers im Training und Wettkampf. Beiheft zu Leistungssport 7:8−25
4. Nolte V (1985) Die Effektivität des Ruderschlages. Bartels & Wernitz, Berlin
5. Schneider E (1980) Leistungsanalyse bei Rudermannschaften. Limpert, Bad Homburg
6. Schröder W (1977) Moderne Anfängerausbildung. Voraussetzung für ein modernes Rudertraining. In: Adam K et al. (Hrsg) Rudertraining. Limpert, Bad Homburg

Analyse und Optimierung der Bewegungsvorstellung von Rennruderern*

V. Lippens

Einleitung

Wir benutzen bei trainingsbegleitenden Maßnahmen eine komplexe Bewegungsanalyse [10], in die physikalische und psychologische Daten eingehen. Das Verfahren
basiert auf dem Analyseperspektivenmodell von Kasten [4] und der Theorie der
Einsicht von Wertheimer [12].

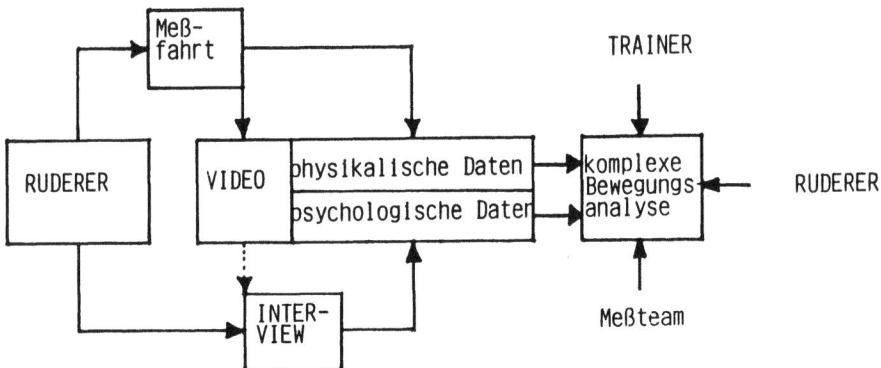

Abb. 1. Schema des Untersuchungsablaufes

Zur Beantwortung der Frage nach den bewegungsbegleitenden inneren Prozessen,
die zur Realisierung bestimmter biomechanischer Kennlinien führen, muß die Bewegungsausführung durch physikalische Daten festgehalten und die Bewegungsvorstellung durch psychologische Daten rekonstruiert werden.

Wir erarbeiten uns daher ein „Interpretationskonstrukt" [6] der Ruderbewegung,
indem wir die Perspektiven der untersuchten Ruderer und der am täglichen Trainingsprozeß beteiligten Trainer sowie die der nur kurzfristig hinzukommenden Wis-
senschaftler in die Bewegungsanalyse einbeziehen [4]. Nur so können aus den neu
erschlossenen Zusammenhängen zwischen physikalischen und psychologischen
Daten sinnvolle Einsichten erarbeitet und begründete Interventionen für die Trainingspraxis abgeleitet werden [12].

* Das Projekt wird vom Bundesinstitut für Sportwissenschaft unter der Projekt-Nr. VF 0407/06/11/86
finanziell unterstützt

J. M. Steinacker (Hrsg.)
Rudern
© Springer-Verlag Berlin Heidelberg 1988

Verfahren zur Erfassung der Bewegungsvorstellung

Da es bei der Erfassung der Bewegungsvorstellung keine Standardverfahren gibt, haben wir in offenen Interviews von den Ruderern erfragt, wie sie das „Idealbild" der Ruderbewegung mit der „Vorstellungswelt" in Einklang bringen.

Wir erhielten Angaben zum Verhalten des Hecks, die sich auf die Umsetzung biomechanischer Forderungen an eine optimale Technik beziehen [9], und über die Bedeutung der Blatt- und Bootsgeräusche, die die Vielzahl der von den Ruderern zu koordinierenden Anforderungen in übergeordneten Wahrnehmungssystemen [11] bündeln, sowie Berichte über emotionale Erlebensinhalte, die über die mehr fertigkeitskontrollierenden Kriterien hinausgingen.

Aus der Gesamtzahl der inhaltsanalytisch anhand der Interviews gewonnenen Kriterien, die den Ruderern Rückmeldungen über ihre Handlungsausführungen liefern, haben wir einen Fragebogen zum „Lauf" des Bootes und drei Kartenlegetests zur Auslage, zum Druchzug und zum „Lauf" des Bootes konstruiert.

In beiden Erhebungstechniken geht es darum, daß die Ruderer aus den vorgelegten Items diejenigen aussortieren, die ihre aktuelle Ruderbewegung adäquat beschreiben. Dann werden die Items nach Ähnlichkeiten in Gruppen zusammengefaßt und nach Wichtigkeit geordnet. Als Ergebnis liegt zum Schluß eine Rangfolge von Kategorien mit den zugehörigen Items vor.

Da die Erfassung und Interpretation der psychologischen Daten eine Reihe von Schwierigkeiten mit sich bringt [1, 5], benutzen wir die Daten weniger zur Erklärung der Ruderhandlung als zur „Steuerung der Handlungsveränderung" [3]. Die Überprüfung dieser Veränderungen erfolgt in einer Kontrolluntersuchung anhand der physikalischen Daten.

Optimierung der Bewegungsvorstellung

An zwei Beispielen soll die Optimierung der Bewegungsvorstellung nach einer komplexen Bewegungsanalyse demonstriert werden. In beiden Fällen stand uns ein vollständiger Datensatz zur Verfügung, so daß wir im ersten Beispiel die psychologischen Daten mit den physikalischen validieren und im zweiten die physikalischen Daten mit den psychologischen explorieren konnten.

1. Beispiel:

Anläßlich einer Technikanalyse (RZ I) wies uns der Trainer eines Junioren-Zweier-ohne auf das Gieren des Hecks bei Fahrten mit niedriger Belastung hin, das bei höheren Belastungen stark zurückging. Nach Analyse der physikalischen Daten fanden wir eine Erklärung in den großen Variationen des Auslagewinkels bei einem Ruderer. Das Problem ließ sich auch im Ergebnis des Kartenlegetests „Auslage" rekonstruieren. Die in einer früheren Untersuchung gebildeten Kategorien „Oberkörperdrehung" und „Oberkörpervorlage" wurden vom Ruderer nicht mehr angegeben.

Zusammen mit dem zur Bewegungsanalyse hinzugezogenen Physiotherapeuten haben wir die Ursache des Fehlers auf mangelnde Beweglichkeit im Oberkörper

Tabelle 1. Ergebnis des Kartenlegetests „Auslage" (JM 2-, R 1)

Untersuchung: RZ 86 I u. II		
Voruntersuchung	Hauptuntersuchung	Kontrolluntersuchung
Rang Kategorie	Rang Kategorie	Rang Kategorie
I Zusammenspiel	I Streckung	I Körperdrehung
II Umkehrpunkt	II Subj. Empfinden	II Streckung
III Voraussetzungen	III Rollarbeit	III Oberkörpervorlage Wasserfassen
IV Rollarbeit Oberkörperdrehung Oberkörpervorlage	IV Körperdrehung	IV Rollarbeit
V Streckung	V Körperanspannung	V Allgemeines
VI Anspannung		

zurückgeführt. Dem Ruderer wurde zusätzlich zu speziellen Dehnübungen ein mentales Training empfohlen, das die Items zur „Oberkörperdrehung" und „Oberkörpervorlage" in den Mittelpunkt der Aufmerksamkeit stellte.

In der Kontrolluntersuchung (RZ II) nach 1 Woche ließ sich das Ergebnis der verbesserten Bewegungsausführung in den physikalischen Daten feststellen.

2. Beispiel:

Auf der Suche nach dem optimalen Auslagewinkel fragte uns 1986 der Trainer eines Frauen-Einers nach der angemessenen Stemmbretteinstellung. In einer Serie von Versuchsfahrten haben wir den geeigneten Auslagewinkel durch schrittweise Veränderung der Einstellung ermittelt. Parallel dazu haben wir mit dem Kartenlegetest „Lauf" die Auswirkungen auf die bewegungsbegleitenden Prozesse der Ruderin festgehalten.

Tabelle 2. Ergebnis des Kartenlegetests „Lauf des Bootes" (SF 1×)

Untersuchung: HH 86 I		
vor 1. VF	nach 1. VF	nach 2. VF
Rang Kategorie	Rang Kategorie	Rang Kategorie
I Krafteinsatz Entspannung	I Störgrößen	I Geräusche
	IV Geräusche	II Heck
V Dynamik		V Auslagehaltung
VI Gleichmäßigkeit		VIII Spontaneität
VIII NN	VIII Entspannung	
XV Geräusche		
	XIV Krafteinsatz	
XIX Subjektivität		
	XX Gleichmäßigkeit	

Vor der ersten Versuchsfahrt erfaßten wir das allgemeine Wissen über den optimalen Lauf des Bootes. Nach der ersten Versuchsfahrt, noch mit der gewohnten Bootseinstellung, konkretisierte die Ruderin die Ergebnisse des Kartenlegetests mit der Angabe von Störgrößen, die auf die ungewohnten Meßskulls (Blattform, Griffe, Gewicht) und Meßapparatur (Instabilität des Bootes) zurückzuführen waren.

Nach Veränderung der Stemmbretteinstellung bildete sich die nun aufgrund der weiteren Auslage veränderte Bewegungssteuerung im Ergebnis des Kartenlegetests durch die Angabe der Kategorie „Auslagehaltung" ab.

Auffällig ist darüber hinaus, daß die Kategorie „Geräusche" von Test zu Test an Bedeutung gewann. Da die Kategorie auch im Ergebnis eines Kartenlegetests 1987 erhalten blieb, vermuten wir, daß die Bewegungsvorstellung der Ruderin durch die Lenkung der Aufmerksamkeit beim Sichten der Items ergänzt wurde.

Thesen zur Anwendung des Verfahrens

An einem dritten Beispiel sollen einige Aspekte angesprochen werden, die bei der Anwendung des Verfahrens zu beachten sind. 1987 hatten wir die Gelegenheit, bei einem Männer-Achter kontinuierlich während der Saison psychologische Daten zu erheben.

3. Beispiel

1. Die unterschiedlichen Anforderungen an die Ruderbewegung in den verschiedenen Bootsklassen führt zu einer Spezifizierung der Bewegungsvorstellung (s. Druck unter II–III).

Tabelle 3. Ergebnisse des Fragebogens „Lauf des Bootes" (SM 8+) (W = Konkordanz-Koeffizient nach Kendall)

Untersuchung: HH 87				
Zeitpunkt	II (4/87)	III (5/87)	V (5–6/87	VI (6/87)
Rang	Kategorie			
I	Laufen	Laufen	Druck	Druck
II	Rhythmus	Druck	Laufen	Laufen
III	Gefühle	Rhythmus	Heck	Gleiten
IV	Gleichgewicht	Heck	Rhythmus	Rhythmus
V	Gleiten	Gleiten	Gleiten	Gleichgewicht
VI	Druck	Gleichgewicht	Gleichgewicht	Heck
VII	Geschwindigkeit	Gefühle	Geschwindigkeit	Geschwindigkeit
VIII	Entspannung	Geschwindigkeit	Gefühle	Entspannung
IX	Heck	Entspannung	Entspannung	Geräusche
X	Geräusche	Geräusche	Geräusche	Gefühle
	(W = 0,366)	(W = 0,391)	(W = 0,421)	(W = 0,444)
	(n = 7)	(n = 7)	(n = 8)	(n = 7)
vorwiegend Training im:	4-/2-	8+	8+/2-	8+

2. Durch die aufgeführten Items wird die Aufmerksamkeit auf bestimmte Kategorien gelenkt, die vorher nicht mit Bedeutung versehen waren (s. Heck unter III–V). Dies läßt sich zur Technikansteuerung ausnutzen.
3. Es findet ein „psychologischer" Lernprozeß statt. Durch die wiederholte Arbeit mit dem Untersuchungsverfahren lernen die Ruderer auf die Innensicht zu achten und sie entsprechend zu verbalisieren [7] (s. Tabelle 2: Geräusche). – Das Diagnosemittel scheint auch ein Trainingsmittel zur Schulung der kognitiven Fähigkeiten [8] zu sein.
4. Die Gefahr von „ansteckenden Effekten" [2] besteht. Die Ruderer spekulieren auf die Bedeutung der Items für den Trainer und/oder Versuchsleiter und verfälschen die Ergebnisse (s. Geräusche unter II–V). Dies läßt sich durch Einweisung in die Ziele und Techniken der Untersuchungen abbauen.
5. Die Erhebungssituation kann störende Einflüsse auf die Versuchsdurchführung ausüben, die in einer einmaligen Erhebung nicht herausgefiltert werden können (s. Gefühle unter II–VI). Verbesserungen sind durch Kontrolluntersuchungen u. U. auch nach der Saison zu erwarten.
6. Der physiologische Trainingsprozeß überlagert die Ergebnisse der psychologischen Untersuchungen, so daß aufgrund des Trainingszustandes mögliche Aufmerksamkeitszuwendungen nicht zu entdecken sind (s. Gleichgewicht unter II–III). Die Hinzunahme von physiologischen Daten in die komplexe Bewegungsanalyse könnte u. U. Abhilfe schaffen.

Diskussion

Die Analyse und Optimierung der Bewegungsvorstellung mit den Verfahren des Fragebogens und Kartenlegetests hat sich in einer Reihe von Untersuchungen bewährt. Bei einer kontinuierlichen und systematischen Anwendung verspricht die komplexe Bewegungsanalyse einzelfallanalytische Hilfestellungen bei dem Bemühen von Trainern und Ruderern die sich z. T. widersprechenden biomechanischen Anforderungen (vgl. [9]) in eine individuell optimale Technik der Ruderbewegung umzusetzen. Eine derartige Biomechanik hätte dann den Schritt von der Technikanalyse zur Technikansteuerung vollzogen. Der biologische Aspekt ließe sich je nach Problemlage durch physiologische und/oder soziologische Datensätze in der komplexen Bewegungsanalyse ergänzen.

Literatur

1. Ericsson KA, Simon HA (1980) Verbal reports as data. Psychol Rev 87:172–179
2. Huber GL (1973) Psychometrische Einzelfalldiagnostik, Beltz, Weinheim
3. Huber GL, Mandl H (1981) Probleme des Zugangs zu handlungsleitenden Kognitionen durch Verbalisation. In: Michaelis W (Hrsg) Bericht über den 32. Kongreß der D.G.f.P., Zürich 1980, Bd 1. Hogrefe, Göttingen Zürich Toronto, S 177–178
4. Kasten H (1983) Das Analyseperspektiven-Modell: Ein Brückenschlag zwischen qualitativ-interpretativen und experimentell-analytischen Forschungsdaten? In: Lüer G (Hrsg) Bericht über den 33. Kongreß der D.G.f.P. Mainz 1982, Bd 1. Hogrefe, Göttingen Zürich Toronto, S 161–164

5. Kellogg RT (1982) When can we introspect accurately about mental processes? Mem Cognit 10:141–144

6. Lenk H (1978) Handlung als Interpretationskonstrukt. In: Lenk H (Hrsg) Handlungstheorien – interdisziplinär, Bd 2/1. Fink, München, S 279–350

7. Lewin K (1981) Die Erziehung der Versuchsperson zur richtigen Selbstbeobachtung und die Kontrolle psychologischer Beschreibungen. In: Graumann C-F (Hrsg) Kurt-Lewin-Werksausgabe, Bd 1. Huber, Bern, S 153–211

8. Martin D (1979) Grundlagen der Trainingslehre, 2. Aufl. Hofmann, Schorndorf

9. Nolte V (1985) Die Effektivität des Ruderschlages. Bartels & Wernitz, Berlin

10. Rieder H (1983) Didaktische Aspekte der Ansteuerung sportmotorischer Techniken. Leistungssport 13:21–26

11. Runeson S (1977) On the possibility of „smart" perceptual mechanisms. Scand J Psychol 18:172–179

12. Wertheimer M (1964) Produktives Denken, Kramer, Frankfurt am Main

Möglichkeiten der Rechnerverarbeitung von physikalischen Daten zweier Spitzenruderer

M. Ueberschär, J. Janßenharms und *P. Krüger*

Einleitung

Die sinnvolle Nutzung der elektronischen Datenverarbeitung macht auch vor der Messung und Auswertung biomechanischer Daten nicht halt. Die bisherige Methode der Auswertung sah so aus, daß die einzelnen Datenkanäle mittels eines Schreibers zu Papier gebracht wurden. Diese erste Auswertung dauerte ein Vielfaches einer Meßfahrt und war sehr aufwendig [1, 3].

Unter Zuhilfenahme eines Personalcomputers (PC) kann ein großer Teil der Arbeit direkt im Anschluß an eine Meßfahrt durchgeführt werden. Bei einer Auswertung mit einem PC werden drei Schritte durchlaufen:
- Das Einlesen der Meßdaten von der Kassette über ein 16-bit-Wandlermodul und ein Übertragungsprogramm in den PC.
- Die Sicherung der Daten auf Diskette. Damit ist eine Verfügbarkeit der Daten zur späteren Weiterverarbeitung gesichert für eine Übertragung auf einen Großrechner und Auswertungen (z.B. Vergleiche mit anderen Meßfahrten) zu einem späteren Zeitpunkt.
- Überprüfung der Daten auf etwaige Fehler bei der Meßaufnahme. Somit besteht die Möglichkeit einer sofortigen Behebung an der entsprechenden Aufnahmeeinheit.

Ziel dieser Arbeit war es, den Einsatz eines PC für den Routineeinsatz in der Biomechanik zu erproben [2].

Methodik der Meßdatenverarbeitung

Für die Verarbeitung von Meßdaten wird ein „IBM-kompatibler" PC benutzt. Das Gerät ist ausgestattet mit einem 16-bit-Prozessor mit Taktfrequenz 4,77 MHz und Arbeitsspeicher von 640 kByte. Zusätzlich sind ein Floppylaufwerk und eine 20 MByte-Festplatte in den Rechner integriert. Angegliedert ist ein Farbmonitor für hochauflösende Grafik über eine EGA-Karte. Als Betriebssystem wird MS-DOS 3.20 benutzt, und die Verarbeitungsprogramme wurden in Turbo-Pascal erstellt.

Die physikalischen Daten werden im Boot des Ruderers aufgenommen. Dazu stehen 16 Kanäle zur Verfügung, so daß je nach Erfordernis und Ziel der Messung verschiedene Konfigurationen in der Bestückung vorgenommen werden können. Eine sinnvolle Ausnutzung der Apparatur ist die Aufnahme der Kräfte an den Skulls (Riemen) mit Dehnungsmeßstreifen (DMS), die dazugehörigen Ruderwinkel über Potentiometer, der Rollweg, die Beschleunigung sowie die Stemmbrettkräfte von

J.M. Steinacker (Hrsg.)
Rudern
© Springer-Verlag Berlin Heidelberg 1988

Steuer- und Backbord in allen drei Richtungen durch den Einsatz von Kistler-Elementen. Diese Meßdaten werden direkt im Boot auf eine Kassette übernommen. Die bestehende Version des Verarbeitungsprogramms für Meßdaten bietet mehrere Bearbeitungsschritte an. Es können die Daten mehrerer Meßfahrten in einem Bild dargestellt werden. Hierbei kann jeder zu zeichnende Kanal einzeln angewählt werden. Die Darstellung der Kurve kann über zusätzlich einstellbare Parameter verschieden auf dem Bildschirm positioniert werden. Bei der Darstellung werden zur Kennzeichnung die Namen der Dateien und die Bezeichnung der gezeichneten Kanäle angegeben. Dadurch ist eine spätere Wiederholung der Zeichnung des gleichen Bildes möglich. Durch eine Hardcopy kann der Bildschirminhalt mittels eines Matrixdruckers ausgegeben werden.

Neben dem Zeichnen der Meßdaten gibt es die Möglichkeit verschiedene Berechnungsverfahren aufzurufen. [4] Hierzu seien nur die Bestimmung der Schlagzahl und überstrichener Ruderwinkel vom Wasserfassen bis zum Endzug erwähnt. Ein weiterer Punkt ist die Berechnung des Integrals und des Differentials einzelner Kanäle. Die so berechneten neuen Daten (z. B. Integral der Beschleunigung) können mit dem gleichen Programm wie oben erwähnt, auf dem Bildschirm zur Darstellung gebracht werden [2].

Innerhalb des Programms wird mit Hilfe einer Vektorenprozedur der in Fahrtrichtung und senkrecht zur Fahrtrichtung wirksame Anteil der Stemmbrettkraft berechnet. Bei Betrachtung des Kurvenverhaltens fällt die Zunahme bei der senkrechten Stemmbrettkraft auf. Die entstandenen Kurven spiegeln also einen visuell wahrnehmbaren Sachverhalt, das Ducken des Bootes wider (Abb. 1)

Beispiel einer Anwendung

Die im folgenden dargestellte Anwendung des Programms soll keine qualitative oder quantitative Bewertung der dazu benutzten Meßfahrten sein, sondern nur einige der unter dem letzten Punkt erläuterten Möglichkeiten veranschaulichen (siehe auch [1, 2]).

Ein Vergleich dieser zwei vorhandenen Kurven zeigt einige Auffälligkeiten in ihrem Verlauf. Man kann unterschiedliche Größen und Formen der negativen und positiven Bootsbeschleunigung erkennen. Die Kurve von Abb. 2 zeigt im entsprechenden Bereich keine größeren Schwankungen. Vermutungen über das Zustandekommen bzw. Fehlen dieser „Buckel" können sofort mittels eines weiteren Bildes überprüft werden. Eine Hypothese ist, daß die Kurvenformen durch unterschiedliches Rollverhalten zustandekommen.

Das Minimum der Bootsbeschleunigung liegt mit dem Minimum des Rollweges, der Auslage zeitlich gleich. Das absolute Maximum für einen Schlag fällt in der Bootsbeschleunigung etwa mit dem Erreichen des Maximums in der Rollwegkurve zusammen. Zusätzlich trifft das zweite Maximum der zweiten Beschleunigungskurve mit dem Ende des Maximums in der Rollbahn zusammen. Ein Vergleich der beiden Rollwegkurven zeigt einen Unterschied auf im Anstieg zum Maximum. Liegen bei dem zweiten Ruderer (Abb. 2) Anstieg und Abfall der Kurve symmetrisch um das Minimum, so ist bei dem ersten Ruderer eine zum Maximum abflachende Kurve festzustellen (Abb. 3).

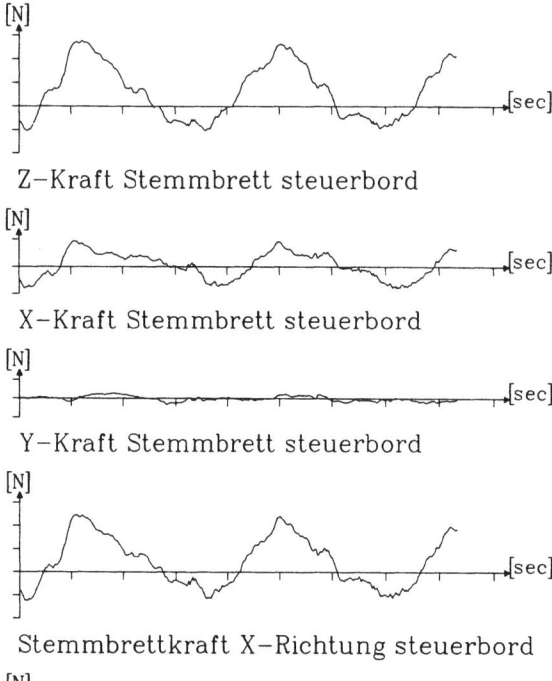

Z–Kraft Stemmbrett steuerbord

X–Kraft Stemmbrett steuerbord

Y–Kraft Stemmbrett steuerbord

Stemmbrettkraft X–Richtung steuerbord

Stemmbrettkraft Z–Richtung steuerbord

Abb. 1. Zeitliche Verläufe der Kraft steuerbord in Z-, X-, Y-Richtung, gemessen am Stemmbrett und in Bootsebene umgerechnete Stemmbrettkräfte in X- und Z-Richtung

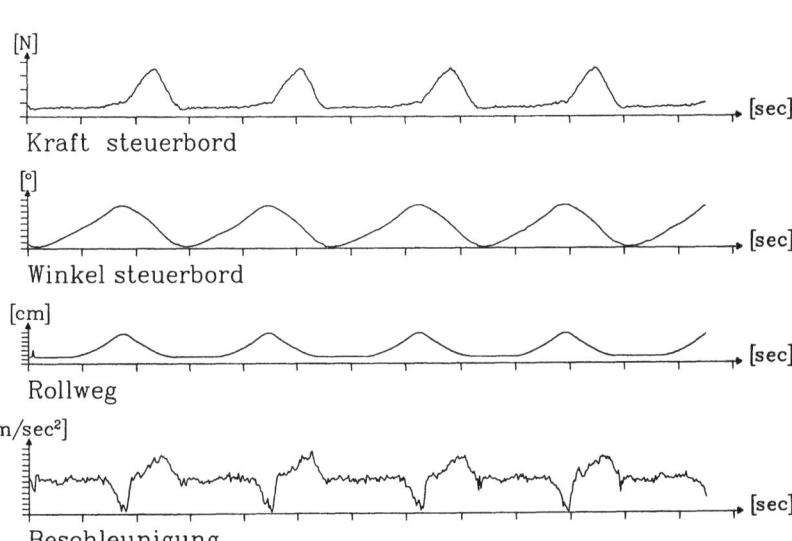

Kraft steuerbord

Winkel steuerbord

Rollweg

Beschleunigung

Abb. 2. Zeitlicher Verlauf der Skullkraft steuerbord, des dazugehörigen Ruderwinkels, des Rollsitzweges und der Bootsbeschleunigung

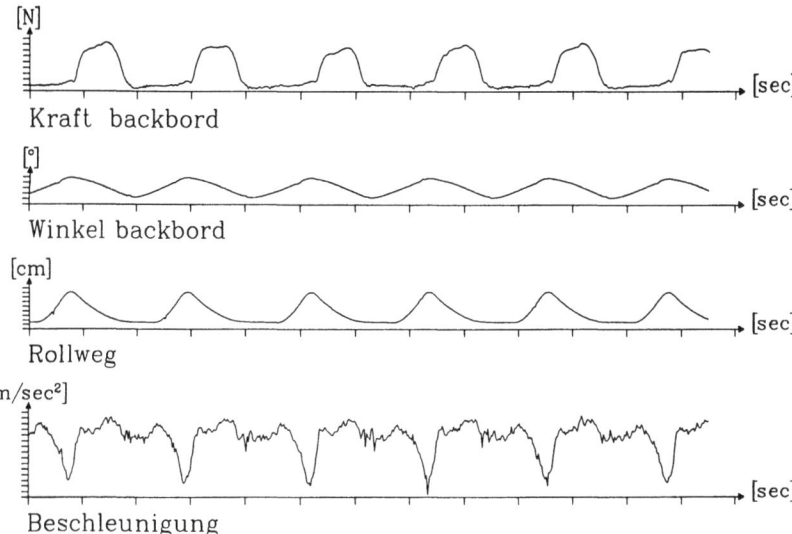

Abb. 3. Zeitlicher Verlauf der Skullkraft backbord, des dazugehörigen Ruderwinkels, des Rollsitz-weges und der Bootsbeschleunigung

Es kann nun überprüft werden, welche Zusammenhänge zwischen den bisher dargestellten Kurven von Beschleunigung und Rollweg mit dem Ruderwinkel und der an den Skulls auftretenden Kraft bestehen. Die Winkelkurve zeigt einen gleichmäßi-gen Verlauf und ist ohne größere Schwankungen. Die dazugehörige Kraftkurve zeigt einen kontinuierlichen Anstieg, wobei der Beginn der maximalen Steigung mit den Umkehrpunkten in Winkel- und Rollwegkurve zusammenfällt. Das Kraftmaximum wird unmittelbar vor dem Maximum der Beschleunigung erreicht.

Ebenso wie bei Abb. 3 ist die Winkelkurve durch einen kontinuierlichen Verlauf gekennzeichnet, der Anstieg zum Maximum hin ist allerdings etwas steiler. Einen größeren Unterschied kann man bei der Betrachtung der Kraftkurve für die Skulls erkennen. Ist bei Abb. 2 festzustellen, daß eine gedachte Gerade zwischen Beginn der maximalen Steigung und Maximum sich nahezu überdecken, so wird in Abb. 3 ein Anstieg festgestellt, der äußerst steil ist. Diesem steilen Anstieg folgt eine weitere Steigung in abflachender Form zum Maximum hin. Man kann nun weitere Kurven hinzuziehen, um eine mögliche Ursache für diese Unterschiede festzustellen.

Sicherlich wäre es aber notwendig, eine zusätzlich gemachte Videoaufnahme her-anzuziehen, auf der das eine oder andere Phänomen im Kurvenverlauf durch das Bewegungsverhalten des Ruderers zu erkennen und somit zu erklären ist.

Literatur

1. Hänyes B, Körndle H, Lippens V (1986) Gerätetest mit Hand und Fuß. Rudersport 10
2. Janßenharms J, Lippens.V (1987) Zauberformel Biomechanik. Rudersport 5:80–82
3. Schneider E (1980) Leistungsanalyse bei Rudermannschaften. Limpert, Bad Homburg
4. Zurmühl R (1965) Praktische Mathematik für Ingenieure und Physiker. Springer, Berlin Heidel-berg New York

Über ein mathematisches Modell des Ruderns*

K. Affeld, K. Schichl und *S. Ruan*

Einleitung

In seiner umfassenden Arbeit über die Effektivität des Ruderschlags bemerkt Nolte [6], daß praktische Folgerungen in den biomechanischen Veröffentlichungen, die er durchgearbeitet hat, nicht zu finden waren. Die Ursache hierfür kann sicher nicht ein Mangel an Untersuchungen sein, denn in den zitierten Arbeiten werden viele Meßmethoden und Modelle beschrieben. Möglicherweise ist der geringe Erfolg dadurch bedingt, daß sowohl bei Messungen als auch bei Modellen schon zu Beginn meist nicht klar definiert wurde, welche Einzelfrage eigentlich beantwortet werden sollte.

Besonders bei einer Modellbildung muß man Vereinfachungen vornehmen, da die Modelle sonst schon bei einfachen Vorgängen so kompliziert werden, daß man die Übersicht verliert – und gerade Übersicht und Verständnis will man ja gewinnen.

Mathematische Modelle des Rudervorgangs sind in der Literatur verschiedentlich behandelt worden.

Pope [7] beschreibt ein mathematisches Modell des Systems Ruderer, Boot und Ruder. Diese Elemente werden zu Massenpunkten zusammengefaßt; er nimmt einen Vortrieb an und einen Widerstand, der mit dem Quadrat der Bootsgeschwindigkeit eingeht. Es ist also ein Schwerpunktmodell, das aber wesentliche Mängel hat:

Die Geschwindigkeit des Rudererschwerpunkts wird als proportional zur Winkelgeschwindigkeit des Ruders angenommen. Dies impliziert, daß der Ruderer in sich unbeweglich ist und daß im Wasser ein Schlupf auftritt, der Null ist oder konstant. Dies entspricht nicht der Realität [4].

In dem Modell wird weiterhin versucht, die Hydrodynamik der Blattumströmung abzubilden. Als Vereinfachung wird angenommen, daß die Wasserkraft senkrecht zur Blattachse steht [3]. Wie wir heute wissen, ist das nicht richtig [1, 6, 8].

Popes Modell bildet den Einfluß der Massenverschiebungen auf die Bootsgeschwindigkeit ab, aber nur in qualitativer Weise, denn die errechnete Bootsgeschwindigkeit zeigt Sprünge und weicht weit von dem Verlauf einer gemessenen Bootsgeschwindigkeit ab [6, 11].

Celentano et al. [3] beschreiben ein einfaches Modell, das sich aber ebenfalls auf die irrige Annahme stützt, daß die Wasserkraft senkrecht zum Blatt gerichtet ist.

Nolte [6] geht über beide Modelle hinaus: Der Ruderer wird durch ein Hominoidmodell abgebildet, und am Blatt postuliert er richtigerweise neben dem Widerstand

---

* Diese Arbeit wird von der Deutschen Forschungsgemeinschaft gefördert. Für die Errechnung der benetzten Oberfläche aus dem Spantriß danken wir Herrn Dipl.-Ing. Axel Mohnhaupt, Berlin

J.M. Steinacker (Hrsg.)
Rudern
© Springer-Verlag Berlin Heidelberg 1988

auch einen Auftrieb. Das Modell wird aber nur in seinen Grundgleichungen vorgestellt. Rechnung und Anwendung auf konkrete Fragen finden sich nicht.

Das im folgenden beschriebene mathematische Modell soll über das bisher Bekannte hinausgehen. Zunächst soll die Zielsetzung umrissen werden und bestimmt werden, was das Modell leisten kann und was nicht.

Das Boot wird also durch folgende Daten definiert: Masse und Form.

Die Gesamtmasse des Systems bestimmt damit die benetzte Oberfläche des Bootes und auch die eingetauchte Länge. Der Bootswiderstand wird durch den Reibungswiderstand der ebenen Platte angenähert [10]. Dies erscheint zulässig, da der Wellenwiderstand wegen der großen Länge des Bootes vernachlässigt werden kann. Als Länge der Platte wird die Eintauchlänge angesetzt, die Breite ergibt sich aus der Größe der benetzten Oberfläche, damit erhält man für den Widerstand:

$$F_{Wid} = 0{,}036 \, \varrho \, F_{benetzt} \, (l_{Boot}/v)^{-1/5} \, (\dot{x}_{Boot})^{9/5} \tag{1}$$

oder mit der Abkürzung C_1

$$F_{Wid} = C_1 \, (\dot{x}_{Boot})^{9/5} \tag{2}$$

C_1 ändert sich bei veränderten Bootsparametern, wie einem veränderten Gewicht oder Bootsriß. Aber auch eine veränderte Wassertemperatur beeinflußt C_1.

Das Modell, wie es bisher dargestellt ist, kann noch weiter vereinfacht werden. Wie eine Rechnung zeigt, haben die Drehbewegungen der Gliedmaßen nur einen geringen Anteil an den Massenkräften in x-Richtung, und die Glieder können deshalb zu Massenpunkten werden, die jeweils in der Mitte des Ersatzkörpers angeordnet sind. Weiterhin sind die Beschleunigungen in der y-Richtung fast ohne Wirkung auf die Bewegung des Bootes in x-Richtung und werden deshalb auch vernachlässigt. Damit bleibt nur die Bewegung in einer Achse übrig, und wir haben somit ein eindimensionales Schwerpunktmodell des Systems Ruderer – Boot. Auf dieses System wirken zwei äußere Kräft $F_i(t)$: der Vortrieb und der Widerstand. Während einer Ruderaktion beschleunigt der Vortrieb den Gesamtschwerpunkt, und der Widerstand bremst ihn dann wieder ab. Im zeitlichen Mittel soll die Bewegung aber gleichmäßig sein. Damit hebt sich im Mittel die Wirkung dieser äußeren Kräfte auf. Während der Ruderaktion wirken jedoch die Massenkräfte und die äußeren Kräfte auf das System und bewirken die typische Bewegung von Ruderer und Boot. Für jeden Zeitpunkt muß das Gleichgewicht der Kräfte herrschen:

$$\sum \ddot{x}_i(t) \, m_i + \sum F_i(t) = 0 \tag{3}$$

Die einzelnen Massenpunkte m_i, die die Gliedmaßen abbilden, sind durch die Gelenke miteinander verbunden, es handelt sich also um eine kinematische Gelenkkette. Durch die Bewegungsgesetze sind damit auch die Beschleunigungen $\ddot{x}_i(t)$ der einzelnen Massen definiert. Über die Gelenkkette werden neben der Bewegung auch die Kräfte übertragen, so daß man daraus im Prinzip die Wirkung auf das Boot errechnen kann. In der Praxis stößt dies jedoch auf unüberwindliche Schwierigkeiten: die Bewegungsgesetze wurden ja durch Auswertung eines Videofilmes gewonnen, aus dem man lediglich die *Positionen* der Massenpunkte erhalten kann, nicht aber die

Beschleunigungen. Um sie zu ermitteln, muß man *zweimal differenzieren*. Wegen der unvermeidlichen Fehler bei der Bildauswertung führt dies zu Kurven, die so stark schwanken, daß sie für eine Kräfteberechnung ungeeignet sind. Diese Erfahrung findet sich auch bei anderen Autoren [6, 7].

Mit einem neuen Ansatz kann dieses Problem jedoch gelöst werden: Es wird nicht mehr versucht, die Beschleunigung der Einzelmassen zu errechnen, sondern die Beschleunigung des *Gesamtschwerpunktes* des Ruderers wird ermittelt. Zunächst werden die Massenpunkte der Gliedmaßen paarweise zusammengefaßt. Dann wird aus den Positionen der resultierenden 8 Einzelmassen die *Lage* des Gesamtschwerpunktes mit folgender Gleichung ermittelt:

$$x_{Schwpkt} = \sum x_i m_i / \sum m_i \tag{4}$$

Auf der einen Seite finden wir weitgehend optimierte Boote und Rudertechniken, oft entscheidet nur ein geringer Vorsprung über den Sieg. Ein Vorsprung von nur 2 m entspricht bei einer Rennstrecke von 2000 m nur 0,1%. Mit den großen Vereinfachungen, die man treffen muß, ist es ganz unrealistisch, eine Modelltreue zu erwarten, die dieser Genauigkeit entspricht. Trotzdem kann aber eine Modellbildung konkrete Aussagen auch in diesem Genauigkeitsbereich liefern: Man muß dazu nicht die *absolute Genauigkeit*, sondern eine *relative* anstreben. Es wird also nicht versucht, ein Modell eines Ruderers und eines Bootes mit dem realen Ruderer und seinem Boot zu vergleichen, sondern es wird ein Modellruderboot mit einem anderen verglichen, das sich in dem fraglichen Parameter vom ersten unterscheidet. Wenn die wesentlichen physikalischen Einflüsse richtig modelliert sind, wird man hier eine konkrete Aussage erhalten, obwohl das Modell von der Realität abweicht. Man kann so Einflüsse erkennen, wie es mit *keiner anderen Methode möglich* ist, weil in diesem Genauigkeitsbereich Messungen und Probeläufe nicht erreichbar sind. Wie anders will man z. B. ermitteln, welchen Vorteil eine Bootsgewichtseinsparung von 2 kg erbringt? Experimente und erst recht Probeläufe sind viel zu ungenau.

Im folgenden wird deshalb versucht, eine enge Verknüpfung zwischen dem Modell und den damit beantwortbaren Fragen herzustellen.

Der Modellbildung geht eine Reihe von Einschränkungen voraus:

– Der Ruderer setzt seine metabolische Leistung in mechanische Leistung um. Dies ist ein physiologischer Vorgang und wird in unserem Modell nicht betrachtet.
– Der Rudervorgang wird im wesentlichen bestimmt durch *Massenkräfte* und durch *hydrodynamische Kräfte*. Die hydrodynamischen Kräfte wirken am Bootsrumpf und am Ruderblatt, aber es werden nur die am *Bootsrumpf* betrachtet, weil nur sie der Rechnung zugänglich sind. Die Umströmung des Ruderblattes dagegen ist ein kompliziertes dreidimensionales und instationäres Strömungsproblem mit einer freien Oberfläche. Eine mathematische Modellbildung ist hier, wenn überhaupt, nur mit einem sehr großen Aufwand möglich und wird nicht versucht. Dagegen ist ein mechanisches Modell des Vorgangs gut realisierbar [1, 8], und die hydrodynamischen Kräfte am Ruderblatt können gemessen werden. Für das hier untersuchte Modell ist aber nur das Ergebnis der Blattumströmung, der Vortrieb, interessant.

Das nachfolgend beschriebene Modell berücksichtigt die Massenkräfte von Boot und Ruderer sowie Vortriebs- und Widerstandskräfte. Luftkräfte haben einen geringeren Einfluß und werden nicht betrachtet. Obwohl das Modell auf den konkreten Maßen, Massen und dem Bewegungsmuster eines individuellen Ruderers beruht, kann man es *allgemein anwenden*: Man kann das Bewegungsmuster ändern, die Maße und Massen eines anderen Ruderers einsetzen und errechnen, wie sich diese Veränderungen auf die Geschwindigkeit auswirken.

Methodik

Der Ruderer wirkt 2fach auf das Boot: durch seine Bewegung entstehen Massenkräfte, durch seine Ruderaktion ein Vortrieb. Er wird zunächst als ein Hominoidmodell [5] angenommen: der Körper wird durch Elemente wie Zylinder und Kugel ersetzt, die die gleichen Massen und die gleichen Längen haben wie die natürlichen Gliedmaßen. Die in diesem Modell verwendeten Maße stammen aus Messungen [9]. Abb. 1 zeigt ein Schema des Ruderers. Die Bewegungen der Gliedmaßen zueinander können durch Winkel-Zeit-Funktionen beschrieben werden (Abb. 2). In diesem Fall sind sie aus einem Videofilm von einem Sportruderer ermittelt worden. Dem Ruderer wird weiterhin eine bestimmte Leistung zugeordnet. Der Vortriebsimpuls hat den Verlauf einer Sinuskurve, die Dauer wird durch die Bewegung bestimmt, die Größe der Kraft wird später errechnet und dann für den Ruderer so bestimmt, daß seine Leistung konstant ist.

Der Ruderer wird also durch folgende Daten definiert:
- Masse und Länge der Gliedmaßen,
- Bewegungsgesetz der Gliedmaßen,
- Verlauf und Dauer der Kraft.

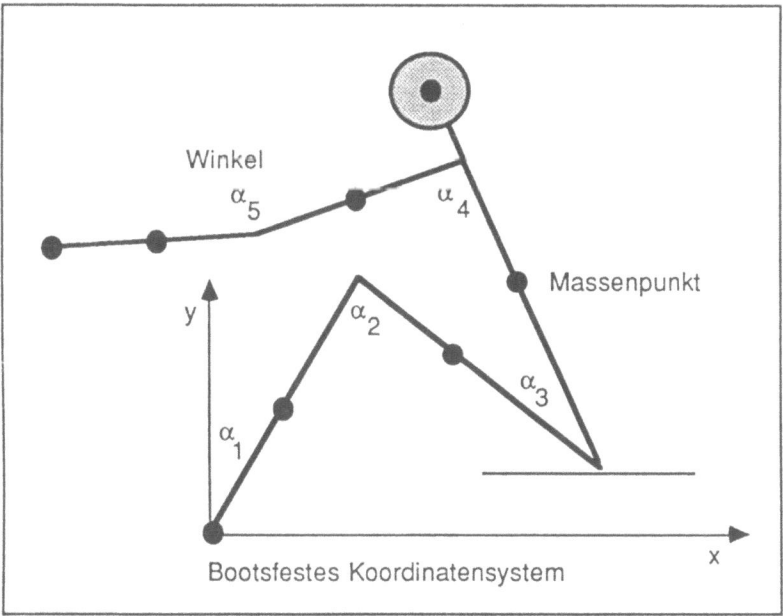

Abb. 1. Der Ruderer wird durch Lage und Größe der einzelnen Massenpunkte beschrieben

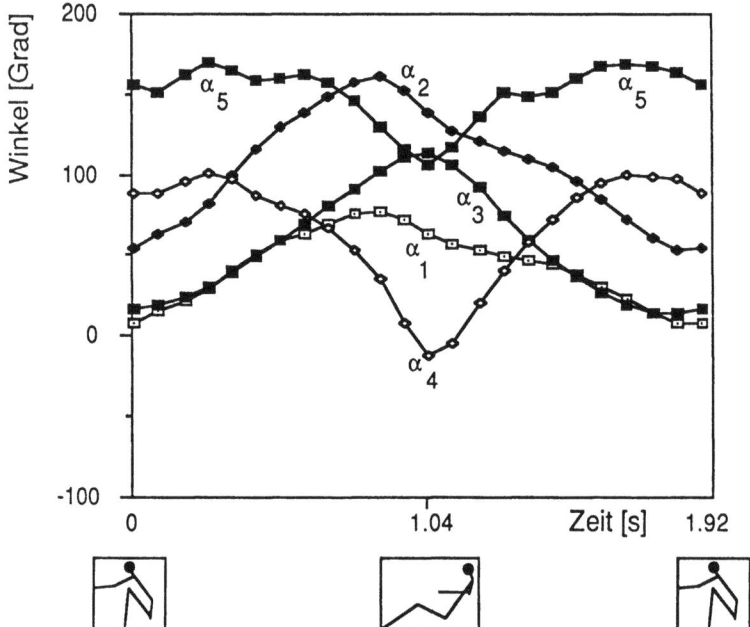

Abb. 2. Winkelfunktionen der einzelnen Gelenkpunkte, ermittelt aus Videoaufzeichnungen eines Sportruderers

Für das mathematische Modell des Bootes wird der Riß eines realen Bootes verwendet. Der Riß bestimmt, wie die benetzte Oberfläche und der Auftrieb zusammenhängen.

Nachfolgend wird diese Koordinate des Rudererschwerpunktes x_{Schwkt} mit $x_{Ruderer}$ bezeichnet.

Das Koordinatensystem ist hierbei bootsfest, denn alle Körperpositionen wurden auf den Fußpunkt des Ruderers bezogen. Dieser Fußpunkt befindet sich aber auch in einer beschleunigten Bewegung, da die Füße über das Stemmbrett starr mit der Bootsmasse verbunden sind, die aber nicht ortsfest, sondern frei verschieblich ist. Hier muß nun ein Wechsel des Koordinatensystems erfolgen. Beziehen wir uns auf das ortsfeste System mit einem beliebigen Ursprungspunkt, so gilt für jeden Zeitpunkt:

$$F_1 = x_{Ruderer} - x_{Boot} \tag{5}$$

Wobei F_1 eine durch die Kinematik und Massen bestimmte Funktion ist. Sie beschreibt also den Abstand zwischen den Schwerpunkten von Boot und Ruderer und wird aus den Meßwerten ermittelt. Weil hier für jeden Zeitpunkt gleichzeitig fünf Meßwerte eingehen, gleichen sich bei diesem Verfahren die Meßfehler bei der Erfassung der einzelnen Winkel so weit aus, so daß man eine *differenzierbare Kurve* erhält. Damit kann das Schwerpunktmodell auf ein System mit nur zwei Massen vereinfacht werden. Die Gleichung für das Gleichgewicht der Kräfte lautet dann:

$$F_{Wid} + F_{Vortr} + \ddot{x}_{Boot}\, m_{Boot} + \ddot{x}_{Ruderer}\, m_{Ruderer} = 0 \tag{6}$$

Durch Umformung und Einsetzung der Funktion F_1 erhält man dann:

$$\ddot{x}_{Boot}(m_{Boot} + m_{Ruderer}) + \ddot{F}_1 m_{Ruderer} + C_1(\dot{x}_{Boot})^{9/5} + F_{Vortr} = 0 \qquad (7)$$

Diese Differentialgleichung wird in eine Differenzengleichung umgewandelt, indem man setzt:

$$\ddot{x}_{Boot} = (\dot{x}_{Boot,\,i} - \dot{x}_{Boot,\,i-1})/\Delta t \qquad (8)$$

Damit erhält man aus (7) eine Gleichung für $\dot{x}_{Boot}$, die man iterativ mit dem Newton-Verfahren lösen kann. Das Verfahren konvergiert gut, schon nach drei Iterationen wird eine Genauigkeit von 10^{-6} erreicht. Für jeden Zeitpunkt wird also das Gleichgewicht der Kräfte ermittelt und die dazugehörige Bootsgeschwindigkeit errechnet. Von Schritt zu Schritt verändern sich dabei die Werte der Funktionen F_1 – Massenkräfte durch die Bewegung des Ruderers – und F_{Vortr}, die zeitveränderliche Vortriebskraft. Auf diese Weise wird die Bootsgeschwindigkeit für den ganzen Zyklus errechnet. Zu Beginn der Rechnung muß man eine Anfangsgeschwindigkeit annehmen. Am Ende des Durchlaufs wird diese aber meist nicht wieder erreicht, da sie nur geschätzt wurde. Das System ist also beschleunigt oder abgebremst worden. Es soll aber eine bestimmte gleichförmige Geschwindigkeit gefahren werden, deshalb wird der Impuls des Ruderers so lange verändert, bis die – aus der Videoauswertung bekannte – Durchschnittsgeschwindigkeit erreicht ist. Dies ist dann die Vergleichsgeschwindigkeit, mit der die Variationen des Modells verglichen werden. Dazu wird der so errechnete Impuls gespeichert. Mit der errechneten Geschwindigkeit kann man dann die Leistung errechnen, die der Sportler abgibt. Es ist die Nettoleistung, die für den Vortrieb genutzt werden kann. Die vom Sportler selbst aufzubringende Leistung kann unter Berücksichtigung des hydromechanischen Wirkungsgrades ermittelt werden. Letzterer wird aber in diesem Modell als unveränderlich angenommen. Man denkt sich also einen Sportler mit einer definierten Leistung und setzt ihn in Boote, die in ihren Parametern verändert worden sind. Oder aber man verändert die Bewegung des Ruderers, nimmt aber an, daß sich seine Leistung nicht verändert. So kann man beispielsweise den Einfluß eines verlangsamten Vorrollens untersuchen. Man kann so eine optimale Bewegungsform des Ruderers finden – natürlich nur im Rahmen dieses Schwerpunkt-Widerstand-Modells. Ob sich diese Bewegung mit der muskelmechanisch optimalen Bewegung vereinen läßt, ist wieder eine andere Frage.

Ergebnisse und Diskussion

Mit dem mathematischen Modell kann der Geschwindigkeitsverlauf des Bootes errechnet werden. Abb. 3 (oben) zeigt dies im Vergleich zu einer anderen Kurve, die durch Messungen bestimmt wurde [6]. Die Geschwindigkeit fällt beim Durchzug zunächst ab und erreicht beim Vorrollen ihr Maximum. Dies wird vom Modell richtig abgebildet. Unterschiede zu den gemessenen Kurven sind allerdings ebenfalls deutlich, aber auch wahrscheinlich, da die Meßkurven von unterschiedlichen Sportlern und Booten gewonnen worden sind. Hier ist es wünschenswert, spezielle Meßfahrten für den Vergleich mit dem Modell zu unternehmen.

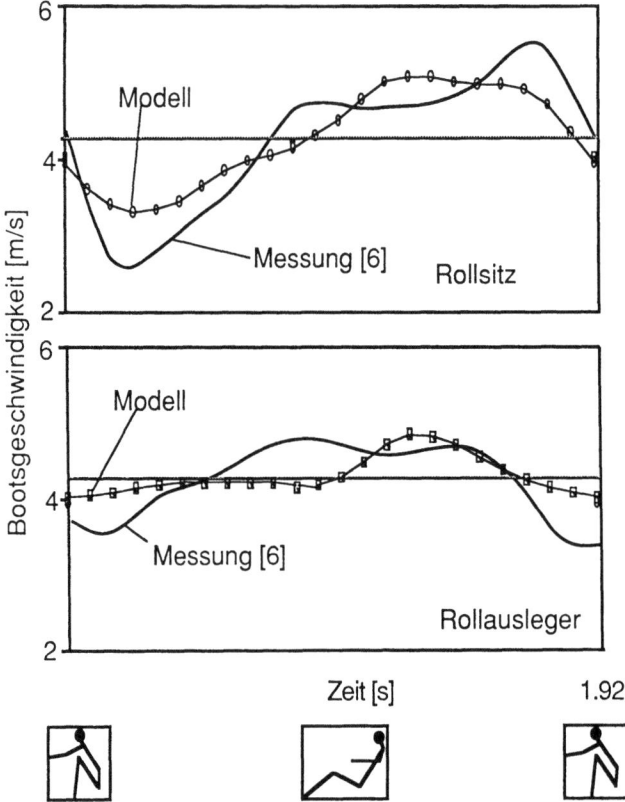

Abb. 3. Vergleich der Bootsgeschwindigkeit beim Rollsitzboot und beim Rollauslegerboot. Aufgetragen ist das Ergebnis der Modellrechnung sowie ein Meßergebnis, das allerdings von einem anderen Ruderer stammt

Mit dem Modell wurde weiterhin ein Boot mit einem Rollausleger nachgebildet und mit einem Rollsitzboot verglichen. Wie zu erwarten, ist die Schwankung der Bootsgeschwindigkeit beim Rollausleger geringer, und damit sinkt auch der Widerstand, der ja mit der Potenz von 9/5 eingeht. Errechnet man die Durchschnittsgeschwindigkeit, so ergibt sich ein Vorteil von 2,06 cm/s, was bei 470 s einen Vorsprung von 9,7 m ausmacht. Die Bootsgeschwindigkeit des Rollauslegerbootes ist in Abb. 3 (unten) wiederum im Vergleich mit einer gemessenen Kurve dargestellt. Auch hier sind deutliche Unterschiede erkennbar, die noch geklärt werden müssen. Eine weitere interessante Frage ist, welchen Einfluß das Bootsgewicht hat: Eine Gewichtseinsparung am Boot von 2 kg ergibt beispielsweise gegenüber dem Normalboot einen Vorsprung von 6,2 m.

Die Abweichungen der errechneten Bootsgeschwindigkeit von den Meßwerten erfordern eine Prüfung, ob die wesentlichen Einflußgrößen richtig modelliert worden sind. Erst dann wird man sich auf die errechneten Werte auch verlassen können. Der Einfluß der Massenkräfte wurde bereits überprüft: Dazu führte ein Ruderer mit bekannter Massenverteilung in einem Rollsitz-Einer die übliche Ruderbewegung

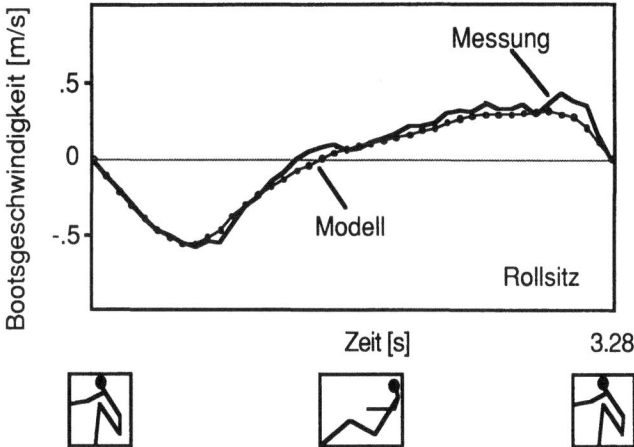

Abb. 4. Bootsgeschwindigkeit beim Vor- und Zurückrollen während eines simulierten Ruderschlages ohne Krafteinsatz im Renneiner. Aufgetragen ist das Ergebnis der Modellrechnung und das für den gleichen Ruderer aus Videoaufnahmen ermittelte Meßergebnis

durch, allerdings ohne Wasser zu fassen, so daß die Bootsmittelgeschwindigkeit Null war. Die Bootsverschiebung konnte dann mit einer Videokamera erfaßt und später gut ausgewertet werden. Der Vergleich zwischen der errechneten und der mit Hilfe der Videoaufnahmen ermittelten Geschwindigkeitsverteilung zeigt eine sehr gute Übereinstimmung (s. Abb. 4).

Beim Bootswiderstand kann ein Auslaufversuch Aufschluß geben. Ein in seinen Parametern bekanntes Boot wird mit definierter Geschwindigkeit angeschoben, das Abnehmen der Geschwindigkeit vermessen und wiederum mit Rechnungen verglichen.

Eine Überprüfung des Modells, die über das eben Angeführte hinausgeht, wird aber sehr schwierig sein. Im Laufe der Jahre ist die in vielen Wettkämpfen erarbeitete Kombination von Bootsparametern und Rudertechnik weitgehend optimiert worden. Es können nur noch kleine Verbesserungen gefunden werden, die entsprechend kleine Auswirkungen haben. Wie soll man aber eine Rechnung überprüfen, die beispielsweise eine Geschwindigkeitssteigerung von 2 cm/s vorhersagt? Bei einer Zeit von 7,8 min bedeutet dies zwar einen deutlichen Vorsprung von 9,4 m, die mittlere Geschwindigkeit unterscheidet sich aber nur um 0,37%. Mit dieser Genauigkeit kann man aber keine Probeläufe reproduzieren. Es wäre sogar dann schwierig, wenn der Vorgang nur technisch bestimmt wäre und die variable menschliche Leistung nicht einginge. Obwohl also eine direkte Überprüfung der Treue des Modells nicht möglich ist, kann man zuverlässig untersuchen, welchen Einfluß die Veränderung eines bestimmten Parameters auf die Geschwindigkeit hat. Da viele und wesentliche Parameter im Modell berücksichtigt werden, kann man das Modell zu einem neuen Untersuchungswerkzeug der Rudertechnik ausbauen.

Literatur

1. Affeld K, Schichl K (1985) Untersuchungen der Kräfte am Ruderblatt mit Hilfe eines mechanischen Simulators. Bericht des Hermann Föttinger Instituts, TU Berlin
2. Atkinson EC (1898) Some more rowing experiments. Nat Sci 13:89
3. Celentano F, Cotili G, Di Prampero, Cerretelli PE (1974) Mechanical aspects of rowing. J Appl Physiol 36:642
4. Gütschow W (1957) Filmaufnahmen von Rennbooten und ihre Auswertung. Rudersport 10:230
5. Hatze G (1986) Methoden biomechanischer Bewegungsanalyse. Österreichischer Bundesverlag, Wien
6. Nolte V (1985) Die Effektivität des Ruderschlages. Bartels & Wernitz, Berlin
7. Pope DL (1973) On the dynamics of men and boats and oars. In: Mechanics and Sport, The American Society of Mechanical Engineers, AMD Vol 4
8. Pude W (1984) Strömungsuntersuchungen des Ruderblattes. Diplomarbeit, TU Berlin
9. Saziorski WM, Aruin AS, Selujanow WN (1984) Biomechanik des menschlichen Bewegungsapparates. Sportverlag, Berlin
10. Schlichting H (1965) Grenzschichttheorie. Braun, Karlsruhe
11. Schneider E (1980) Leistungsanalyse bei Rudermannschaften. Limpert, Bad Homburg
12. Wittig G (1986) Konzeption und Aufbau einer Meßeinrichtung zur Bestimmung des Wirkungsgrades beim Rudern. Diplomarbeit, TU Berlin

Ermittlung des strömungsmechanischen Wirkungsgrades beim Rudern*

K. Schichl und *K. Affeld*

Einleitung

Seitdem es den Rudersport als sportliche Disziplin gibt, hat man nach Möglichkeiten gesucht, die Leistung des Sportlers zu erfassen. Mit Ergometern kann man die körperliche Leistungsfähigkeit des Sportlers messen, aber nicht bestimmen, wie diese für den Vortrieb des Bootes eingesetzt wird. Im Ruderbecken findet man Verhältnisse, die dem Rudern im Boot näherkommen, sich davon aber immer noch wesentlich unterscheiden – so in der Stabilisierung des Bootes um seine Längsachse und in der Bewegung des Wassers. Das Ideal, ein Boot so zu instrumentieren, daß man alle wichtigen Meßwerte erhält, ist vielfach versucht, aber trotz großer Anstrengungen bisher noch nicht erreicht worden. Es fehlt noch immer das Meßinstrument, mit dem die Vortriebswirksamkeit der Ruderaktion gemessen werden kann, das sich schon Adam [1] wünschte:

„Der größte Wunschtraum des modernen Trainers schließlich ist ein Meßinstrument, das sowohl die aufgewandte als auch die in Geschwindigkeit verwandelte Arbeit über eine beliebige Zeit von Schlägen einzeln oder summiert zu messen und aufzuschreiben gestattet. „Die Größe, die die in Geschwindigkeit verwandelte Arbeit zur aufgewandten in Beziehung setzt, ist der *Wirkungsgrad*, der hier beim Rudern überwiegend von der Strömungsmechanik bestimmt ist. Der *strömungsmechanische Wirkungsgrad* ist also die Größe, die gesucht wird.

Zum ersten Mal wurde über die Messung dieses Wirkungsgrades von Atkinson [4] berichtet. Er setzt die vom Ruderer aufgewandte Arbeit ins Verhältnis zur Nutzarbeit – Bootsgeschwindigkeit mal Widerstand. Damit erhält er einen mittleren Wert über die ganze Ruderaktion. Auch spätere Messungen anderer Autoren sind Mittelwertbildungen. Darüber schreibt Nolte [7]:

„Der Wirkungsgrad ist der komplexe Ausdruck für den vom Ruderer erzielten Effekt seiner gesamten Bewegung unter Benutzung des Ruderbootes, seiner Konstruktion und der Geräteabmessungen, Veränderungen des Wirkungsgrades lassen direkt *keine Unterscheidung* zu, welcher Teil der Bewegung oder der Konstruktion dafür verantwortlich ist." Viele trainingsrelevanten Fragen können danach also nicht beantwortet werden.

Ziel der vorliegenden Arbeit ist es, zu zeigen, daß eine richtig durchgeführte Messung des Wirkungsgrades doch das leisten kann, was sich Adam erträumte. Dies

* Diese Arbeit wurde in Teilen von der DFG und vom BISp gefördert

J. M. Steinacker (Hrsg.)
Rudern
© Springer-Verlag Berlin Heidelberg 1988

ist dann möglich, wenn der Wirkungsgrad *abhängig von der Zeit oder vom Ruderwinkel* gemessen wird.

Zunächst seien noch einige Betrachtungen zur Entwicklung des Wirkungsgradbegriffes vorangestellt. Dies ist eng mit der physikalischen Vorstellung von der Entstehung des Vortriebs durch das Ruderblatt verbunden. Die Wasserkräfte am Ruderblatt wurden in der Vergangenheit als Widerstandskräfte verstanden und man versuchte, daraus den Vortrieb abzuleiten. Man setzte folgende Definition an:

Der Widerstand, den das Blatt erfährt, entsteht im Wesentlichen durch die Winkelbewegung des Ruders. Die Reaktionskraft steht also senkrecht zum Bewegungsradius und der Widerstand wirkt somit senkrecht zur Blattfläche. Als Beispiel hierzu seien Celentano et al. [5] zitiert:

"The reaction excerted by the water upon the blade is considered as perpendicular to the oar axis".

Es wurde sogar eine Ruderkonstruktion erprobt, bei der die Blattfläche parallel geführt wurde, um eine Vortriebskomponente ausschließlich in Fahrtrichtung zu erhalten. Dies hat sich aber nicht bewährt und deutet darauf hin, daß die Vorstellung von der Entstehung des Vortriebs nicht richtig war. Man erkannte, daß das Blatt nicht rechtwinklig zu seiner Achse angeströmt wurde. In Meßreihen wurde deshalb versucht, den Widerstandsbeiwert des Ruderblattes unter verschiedenen Anstellwinkeln zu erfassen [9]. Man sah also wohl die Abweichung der Realität von der idealen Form der Anströmung unter 90 Grad, blieb aber in Gedanken bezogen auf die *Längsachse des Ruders,* während die Kräfte aber auf die *Blattbahn* bezogen werden müssen. Einen Versuch zur Ermittlung der Kräfte auf dieser Basis hat Nolte [8] unternommen. Er geht von einer Blattfläche aus, die auf einer gekrümmten Bahn und unterschiedlich angestellt durch das Wasser geführt wird und dabei nicht nur Widerstandskräfte, sondern auch *Auftriebskräfte* erfährt. Seine Ermittlung läuft folgendermaßen:

Im Meßboot werden Dollenkraft und Ruderwinkel gemessen, und das Boot wird während der Meßfahrt mit Zeitlupe gefilmt. Aus dem Film wird die Geschwindigkeit von Boot und Ruderer gewonnen. Mit diesen Daten werden die Anströmgeschwindigkeit des Ruderblattes und sein Anströmwinkel errechnet. Mit der Fläche des Ruderblattes werden nun mit den Auftriebs- und Widerstandsbeiwerten der gewölbten Platte die Wasserkräfte errechnet. Mit den so errechneten Kraftkomponenten auf das Blatt hat man auch den Anteil in Vortriebsrichtung und kann im Prinzip den Wirkungsgrad errechnen. Diese Methode hat jedoch folgende Schwächen:

- die Beiwerte für den Widerstand und den Auftrieb, c_w und c_A, gelten nur für kleine Winkel und für eine stationäre Strömung,
- die Form der vermessenen gewölbten Platte weicht von der des Ruderblattes ab,
- es tritt weiterhin eine freie Oberfläche auf, die Grenzfläche Wasser – Luft.

Ein solches Problem ist auch mit den heute sehr weit entwickelten Methoden der mathematischen Modellierung schwierig zu lösen, so daß man hier besser den Weg der direkten Messung beschreitet, wie von uns vorgeschlagen und durchgeführt. Nolte errechnet weiterhin den Wirkungsgrad aus Leistungen, die er vorher über die Periodendauer gemittelt hat, und er kann deshalb auch nicht den Wirkungsgrad als Größe, die sich mit der Zeit und mit dem Ruderwinkel ändert, ermitteln. Damit ist kein genauer Bezug zu Bewegungsmustern möglich, sondern nur Empfehlungen, wie etwa: „Die Bewegung des Ruderers muß derart sein, daß die Geschwindigkeits-schwankungen des Bootes aufgrund dieser Bewegungen möglichst gering sind." Das Problem ist hier ja, daß mit der Leistungsentfaltung auch eine große Körperbewe-gung – nämlich die Rollbewegung – verknüpft und mit der Einschränkung dieser Körperbewegung auch eine Leistungseinbuße verbunden ist. Die Frage müßte also anders gestellt werden:

Wie groß ist der Gewinn durch eine Einschränkung der Körperbewegung im Vergleich zur damit verbundenen Leistungseinbuße? Man muß also zwei Quantitäten zu jedem Zeitpunkt der Bewegung miteinander vergleichen. Erst mit der Kenntnis des *zeitabhängigen* Wirkungsgrades kann diese Frage beantwortet werden.

Methodik

Ebenso wie bei Nolte wird das Ruderblatt als Fläche aufgefaßt, die sich auf einer Bahnkurve bewegt und dabei Auftrieb und Widerstand erfährt. Im Gegensatz zu ihm wird aber nicht versucht, die Umströmung des Ruderblattes zu berechnen, sondern die Wasserkräfte am Ruderblatt werden *gemessen*. Eine Messung ist erforderlich, weil die Umströmung des Blattes ein komplizierter nicht – periodischer und instatio-närer Vorgang mit einer freien Oberfläche ist, der kaum auf einfachere Strömungs-fälle zurückgeführt werden kann. Um die Messungen richtig interpretieren zu kön-nen, wird die Wirkung der Blattkraft zunächst theoretisch untersucht. Es sollen folgende Definitionen gelten:
- Als Blattbahn wird die Bahn der Blattspitze bezeichnet.
- Der Widerstand des Blattes F_w ist die Wasserkraft in der Richtung der Blattbahn.
- Der Auftrieb F_A des Blattes ist die Komponente senkrecht zur Blattbahn.
- Die Kraft senkrecht zur Ruderlängsachse ist die Querkraft F_Q.
- Die Kraft in der Ruderlängsachse ist die Längskraft F_N.
- Die Vortriebskraft F_V ist die Komponente der Blattkraft in Fahrtrichtung.
  Weiterhin werden folgende Annahmen getroffen:
- Die Wasserkraft F_R verändere ihren Angriffspunkt nicht.
- Das Moment, das die Wasserkräfte auf das Blatt ausüben, sei zu vernachlässigen.

Die Blattbahn entsteht durch die Überlagerung der Winkelbewegung des Ruders und der Bootsbewegung. Sie ist in einem Ausschnitt in schematischer Form in Abb. 1 dargestellt. Nach der Definition steht der Auftrieb senkrecht zur Blattbahn, der Widerstand liegt parallel zu ihr. Bewegt sich ein Körper auf der Bahn gegen den Widerstand, so wird dafür folgende Arbeit benötigt:

$$A = \int_{S_1}^{S_2} F(s)ds \tag{1}$$

mit: A: Arbeit
  F(s): Kraft in Richtung der Bahn
  ds: Weginkrement
  S_1:   Anfangspunkt
  S_2:   Endpunkt

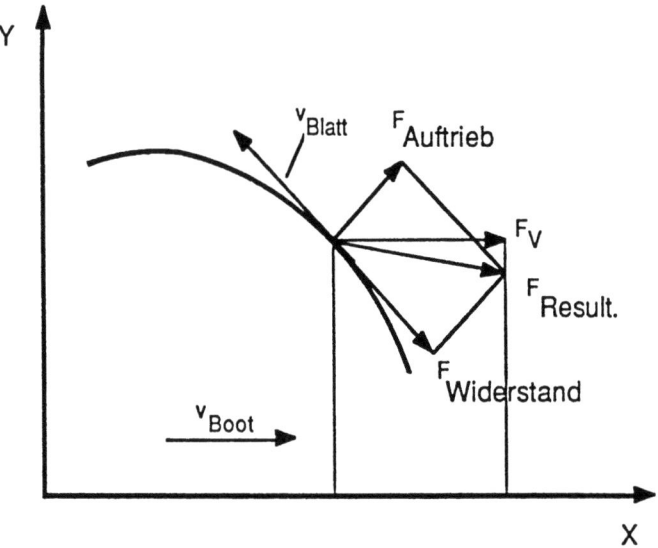

Abb. 1. Verschiebungsarbeit des Ruderblattes längs der Bahnkurve. Es entstehen ein Auftrieb und ein Widerstand. Beide tragen zum Vortrieb bei, aber nur der Widerstand geht in die Verlustarbeit ein

Der Auftrieb trägt hierzu nichts bei. Die Bahnkurve verläuft i. allg. geneigt zur Fahrtrichtung. Deswegen haben dann sowohl Widerstand als auch Auftrieb eine Komponente in Bootsfahrtrichtung. Die Summe dieser beiden Komponenten ist der Vortrieb. Wird die Arbeit auf die Zeit bezogen, gewinnt man die Leistung. Die für die Bewegung nützliche Leistung ist dann das Produkt aus Vortrieb und der Geschwindigkeit des Systems. Eine Verlustleistung tritt nach obiger Betrachtung nur im Zusammenhang mit dem Widerstand auf. Man kann damit den strömungsmechanischen Wirkungsgrad folgendermaßen angeben:

$$\text{strömungsmechanischer Wirkungsgrad} = \frac{\text{Nutzleistung}}{\text{Nutzleistung} + \text{Verlustleistung}} \quad (2)$$

oder in anderer Schreibweise:

$$\eta_{\text{Strömungsmechanik}} = \frac{V_{SP}(t)\, F_V(t)}{V_{SP}(t)\, F_V(t) + v_{Blatt}(t)\, F_W(t)} \quad (2)$$

mit: v_{SP} : Geschwindigkeit des Systemschwerpunkts
F_V : Vortriebskraft
v_{Blatt} : Blattgeschwindigkeit
F_W : Blattwiderstandskraft

Die Verlustleistung wird also zur Überwindung des Widerstandes des Blattes im Wasser benötigt und zum geringen Teil sofort in Wärme, hauptsächlich aber in Bewegungsenergie des Wassers umgewandelt. Sie tritt in Form von Wirbelenergie auf, die sich langsam durch Reibung in Wärme umwandelt. Da der Ruderer die gesamte Leistung aufbringen muß – wir vernachlässigen die Reibung an der Dolle und am Rollsitz – kann man auch setzen:

Verlustleistung + Vortriebsleistung
= Handkraft*Innenhebel*Winkelgeschwindigkeit

und damit erhalten wir für den Wirkungsgrad:

$$\eta_{\text{Strömungsmechanik}} = \frac{V_{SP}(t)\, F_V(t)}{M(t)\, \omega(t)} \tag{3}$$

mit: M : Rudermoment
      ω : Ruderwinkelgeschwindigkeit

Wie sich zeigen läßt, sind beide Formen der Wirkungsgradberechnung ineinander überführbar, also im Inhalt identisch [2].

Zur Untersuchung der Blattumströmung wurde ein mechanischer Simulator der Blattbewegung entwickelt [2, 8]. Das Blatt wird so geführt, als wenn ein reales Ruderboot verbeifahren würde. Es wird also der Standpunkt des ortsfesten Betrachters gewählt. Das Blatt bewegt sich durch Wasser in einem Becken, und die Reaktionskräfte auf das Blatt werden gemessen. Die Ein- und Austauchbewegung des Blattes wird nicht untersucht, sondern nur die Bewegung parallel zur Wasseroberfläche. Das System hat grundsätzlich drei Freiheitsgrade – die x- und y-Koordinaten eines ausgezeichneten Punktes, der Blattspitze und der Winkel des Blattes. Hinzu kommt die Zeit als vierte Dimension. In der praktischen Realisierung gibt es aber nur einen Freiheitsgrad, den Ruderwinkel, weil das Ruderblatt auf einer festen Bahn geführt wird. Die Grundlage für diese Bahn sind Bahnkurven der Blattspitzen eines von einer Brücke gefilmten Ruderbootes, wie sie auch schon von Gütschow [6] untersucht wurden. Verwendet wurden Auswertungen von eigenen Zeitlupenaufnahmen. Diese so gewonnene Blattbahn kann man durch eine Gelenkkette nachahmen, wie Abb. 2 zeigt. Das Ruderblatt, das auf diese Weise durch das Wasser geführt wird, ist an einer Zweikomponentenwaage befestigt. Sie zerlegt die in allgemeiner Weise an dem Blatt angreifende Wasserkraft in die beiden Komponenten Querkraft und Längskraft. Mit dem Ruderwinkel, der auch gemessen wird, können die Kräfte der Bewegung zugeordnet werden.

Ergebnisse und Diskussion

Auf der Basis dieser Messungen und von theoretischen Untersuchungen konnte erstmals der *Wirkungsgrad des Ruderblattes als Funktion der Zeit* – also ruderwinkelabhängig – gemessen werden (Abb. 3). Dieses Bild ist nur als erstes Ergebnis zu betrachten, eine eingehende Untersuchung mit einer Veränderung der Bahn und mit modifizierten Ruderblättern ist geplant. Hierfür wird ein weiterer Simulator entwickelt, bei dem das Ruderblatt rechnergesteuert jede Blattbahn abfahren kann.

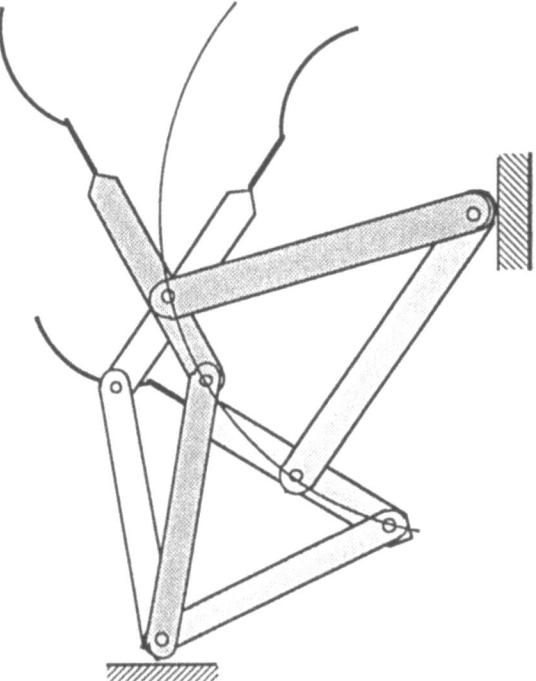

Abb. 2. Gelenkschema des mechanischen Simulators. Durch eine Gelenkkette geführt, wird ein Ruderblatt im Labor genauso durch das Wasser bewegt, als ob ein Ruderboot vorbeifahren würde. Am Blatt werden die Wasserkräfte gemessen

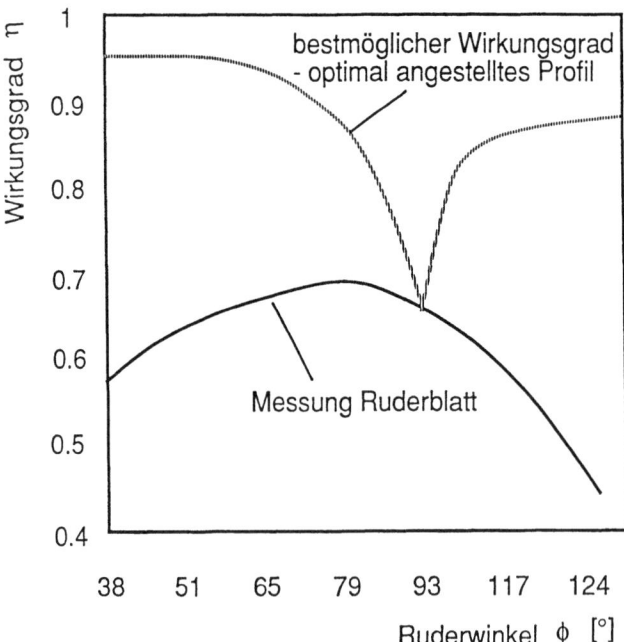

Abb. 3. Strömungsmechanischer Wirkungsgrad eines Ruderblattes als Funktion des Ruderwinkels im Vergleich mit dem theoretisch erreichbaren Wirkungsgrad. Die große Differenz läßt vermuten, daß für das Ruderblatt eine optimale Form noch nicht gefunden ist

Aber auch an den bisher gewonnenen Kurven lassen sich interessante Beobachtungen machen: der Wirkungsgrad schwankt stark und hat ein deutliches Maximum, im Bereich der Endlagen liegt er weit unter dem theoretisch möglichen Wirkungsgrad. Den theoretisch möglichen Wirkungsgrad erhält man, indem man ein flächengleiches Profil auf der gleichen Bahn bewegt und es aber optimal zur Bahn anstellt.

Dies ist sicher technisch nicht in dieser Weise zu realisieren. Dennoch läßt die große Differenz zum Wirkungsgrad des normalen Blattes vermuten, daß in dem Bereich der Ruderblattoptimierung noch wesentliche Verbesserungen möglich sind. Ziel ist aber letztlich die Wirkungsgradmessung im Boot. Deswegen wurde parallel zur Entwicklung des neuen Simulators mit der Entwicklung einer mobilen Meßanlage begonnen (gefördert vom BISp).

Die Messung des strömungsmechanischen Wirkungsgrades als zeitabhängige Größe ist mit dem Simulator erstmalig gelungen. Die Strömungsmechanik des Ruderblattes kann damit unter realistischen Bedingungen im Labor untersucht werden, und es kann nun eine Optimierung der Form des Ruderblattes auf der Basis von *Meßwerten* begonnen werden. Dies erscheint deshalb aussichtsreich, weil beim Rudern ein so großer Betrag der Ruderleistung durch Strömungsverluste am Blatt verlorengeht.

Zusammenfassung

Die bisherigen Arbeiten zur Erfassung des hydrodynamischen Wirkungsgrades werden kritisch betrachtet. Auf der Grundlage von theoretischen Überlegungen wird der hydrodynamische Wirkungsgrad als Funktion der Zeit oder des Ruderwinkels errechnet. Der dafür erforderliche Vortrieb wird nicht errechnet, sondern gemessen. Dazu wurde zunächst ein mechanischer Simulator zur Bewegung eines Ruderblattes im Wasserbecken entwickelt, mit dem erstmalig die Wasserkräfte vollständig gemessen werden konnten. Die Übertragung dieser Erkenntnisse auf das freifahrende Boot wurde begonnen [3, 10].

Literatur

1. Adam K (1977) Rudertraining. Limpert, Bad Homburg, S 106
2. Affeld K, Schichl K (1985) Untersuchungen der Kräfte am Ruderblatt mithilfe eines mechanischen Simulators. Bericht des Hermann Föttinger Instituts, TU Berlin
3. Affeld K, Schichl K, Wittig G (1987) Entwicklung einer Meß- und Analysevorrichtung zur Messung des fluiddynamischen Wirkungsgrades des Ruderblattes bei einem freifahrenden Ruderboot. Ergebnisbericht zum BISp Antrag VF 0407/20/08/86. Bericht des Hermann Föttinger Instituts, TU Berlin
4. Atkinson EC (1898) Some more rowing experiments. Nat Sci 13:89
5. Celentano F, Cotili G, Di Prampero, PE Cerretelli (1974) Mechanical aspects of rowing. J Appl Physiol 36:642
6. Gütschow W (1957) Filmaufnahmen von Rennbooten und ihre Auswertung. Rudersport 10:230
7. Nolte V (1985) Die Effektivität des Ruderschlages. Bartels u. Wernitz, Berlin
8. Pude W (1984) Strömungsuntersuchungen des Ruderblattes. Diplomarbeit, TU Berlin
9. Schuster S, Boes C (1967) Untersuchungen an Ruderriemen. Bericht Nr. 353/67 der Versuchsanstalt für Wasserbau und Schiffbau, Berlin
10. Wittig G (1986) Konzeption und Aufbau einer Meßeinrichtung zur Bestimmung des Wirkungsgrades beim Rudern. Diplomarbeit, TU Berlin

Direkte Geschwindigkeitsmessung im Ruderboot zur Leistungsvorgabe bei Feldtests

R. J. W. Michalsky

Einleitung

Feldtests im Rudern stellen ein wichtiges Hilfsmittel bei der Beurteilung von Spitzensportlern dar. Sie ergänzen die Leistungsdiagnostik, die mit Ruderergometrietests im Labor betrieben wird, und die Trainingssteuerung der Athleten auf dem Wasser. Die vom Ruderer erbrachte Leistung wird in Abhängigkeit vom Wirkungsgrad hauptsächlich in den Bootsvortrieb umgesetzt [3]. Die daraus resultierende Bootsgeschwindigkeit wird aber bei Feldtests durch Störgrößen, wie z. B. Wasserverhältnisse (Strömungen), beeinflußt. Erfahrungen mit Feldtests haben uns gezeigt, daß Belastungsvorgaben im Boot über die Schlagzahl sehr schwer zu verwirklichen sind [4]. Um also vergleichbare Ergebnisse zu erhalten, ist es notwendig, die Bootsgeschwindigkeit relativ zum Wasser messen zu können.

Ziel der Arbeit ist es deshalb, eine einfache, praktikable Geschwindigkeitsmeßmethode zu entwickeln. Das Meßgerät soll den Bootsvortrieb wenig stören und soll leicht ohne Veränderungen auf verschiedenen Booten montierbar sein. Über eine Anzeige soll dem Ruderer die aktuelle Geschwindigkeit dargestellt werden können, damit er eine Geschwindigkeitsvorgabe einhalten kann.

Methodik

Die Meßkette in dem von uns entwickelten Meßgerät besteht aus drei Bausteinen: Meßfühler – Meßgrößenumformer – Meßwertverarbeitung (Anzeige, Speicherung). Diese werden im folgenden beschrieben.

Den Meßfühler bildet ein strömungsdynamisch günstig modifiziertes Staurohr nach Prandtl, welches in einem Abstand von mindestens 1,5 Bootsbreiten (ca. 45 cm) vor dem Bug ins Wasser eintaucht. In diesem Bereich wird die Wasserströmung noch nicht von den vom Bootskörper verursachten Turbulenzen beeinflußt [5]. Das Staurohr nimmt über die seitlichen Wandöffnungen den hydrostatischen Druck p_{st} und über die vordere Öffnung den Gesamtdruck p_{ges}, der sich aus dem Stömungsgeschwindigkeitsdruck des Wassers und dem hydrostatischen Druck zusammensetzt, auf [2]. Der Aufbau eines Prandtl-Staurohrs ist in Abb. 1 schematisch dargestellt. Über zwei getrennte Leitungen werden der hydrostatische Druck p_{st} und der Gesamtdruck p_{ges} dem Meßgrößenumformer, einem piezoresistiven Druckaufnehmer, zugeführt. Dieser ist als Differenzdrucksensor ausgeführt. Damit wirkt auf ihn direkt der dynami-

J. M. Steinacker (Hrsg.)
Rudern
© Springer-Verlag Berlin Heidelberg 1988

Abb. 1. Schematische Darstellung eines Staurohrs nach Prandtl. Der hydrostatische Druck p_{st} und der Gesamtdruck p_{ges} werden über zwei getrennte Öffnungen aufgenommen und weitergeleitet. v stellt die Strömungsgeschwindigkeit des Wassers relativ zum Staurohr dar

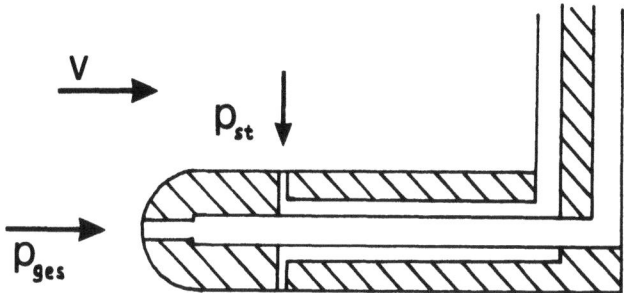

sche Druck (Staudruck, Geschwindigkeitsdruck) p_d. Es besteht der Zusammenhang [1, 5]:

$$p_d = p_{ges} - p_{st} \tag{1}$$

Der Druckaufnehmer ezeugt nun eine dem Staudruck proportinale Spannung.

Die weitere Meßwertverarbeitung erfolgt in zwei Schritten. Erster Schritt ist die Meßwertanzeige. Das Meßgerät, am Stemmbrett angebracht, mißt die vom Druckaufnehmer erzeugte Spannung und zeigt sie dem Ruderer über eine gut sichtbare Anzeige an. Da die Empfindlichkeit der Anzeige sehr hoch ist, können verschiedene Dämpfungsstufen wahlweise zugeschaltet werden. Der Ruderer erhält einen Anzeigewert, über einen oder mehrere Ruderzyklen gemittelt, welcher der gefahrenen Durchschnittsgeschwindigkeit gegenüber Wasser entspricht. Um die gesuchte Geschwindigkeit v zu erhalten, benutzt man die energetischen Beziehungen der Strömung, wie sie in der Bernoulli-Gleichung beschrieben sind [1, 2].

$$\varrho/2\, v_1^2 + p_1 + \varrho g h_1 = \varrho/2\, v_2^2 + p_2 + \varrho g h_2 \tag{2}$$

So ändert man durch Verwendung des Staurohrs die Anteile an kinetischer und potentieller Energie am Staupunkt. Nach Umformung der Gleichung (2) gilt für den inkompressiblen Aufstau:

$$p_d = \varrho/2\, v^2 \tag{3}$$

Die Strömungsgeschwindigkeit v ergibt sich damit zu [5]:

$$v = \sqrt{2/\varrho\, p_d} \tag{4}$$

Einen zweiten Schritt der Meßwertverarbeitung stellt die Datenspeicherung dar. Dazu wird ein Taschencomputer im Boot mitgeführt. Ein spezielles Programm erlaubt die Aufzeichnung und spätere Übertragung auf einen größeren Rechner, mit dessen Hilfe die Daten statistisch aufgearbeitet und ausgewertet werden können.

Ergebnisse und Diskussion

Die Geschwindigkeitsmessung mit einem Staurohr nach Prandtl und unserem Meßgerät ist einfach und praktikabel zu handhaben und bei verschiedenen Booten anwend-

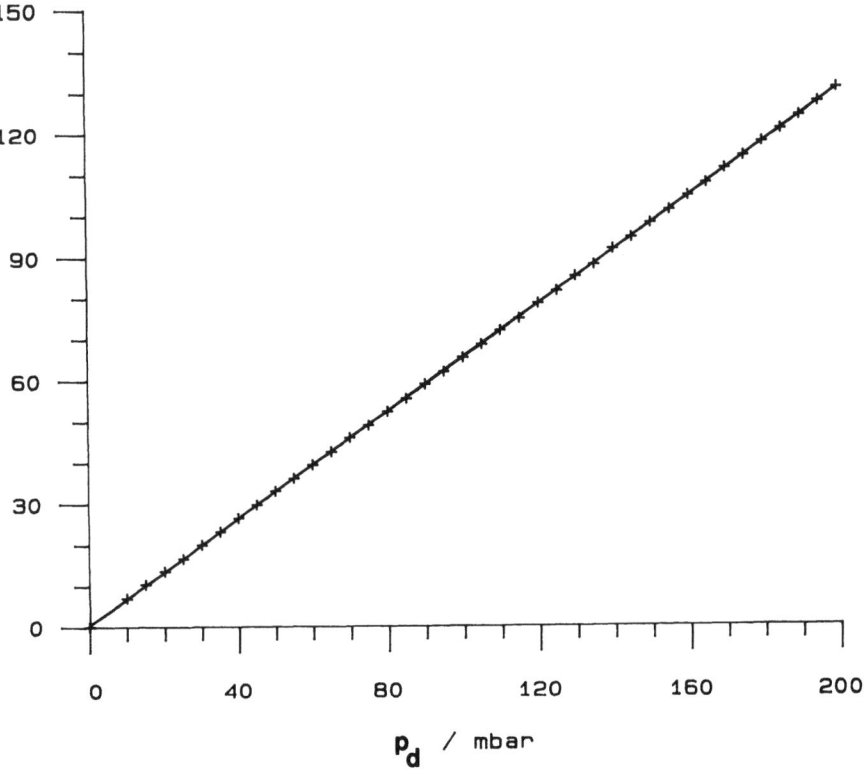

Abb. 2. Das Kalibrationsdiagramm zeigt die Abhängigkeit der Meßspannung U vom Staudruck p_d. Die Regressionsgerade $U = 6,5 p_d + 4,68$ ($r = 1,0$) ist eingezeichnet

bar. Durch die stömungsdynamische Modifizierung wird die Beeinflussung des Bootswiderstands durch die Meßanordnung selbst sehr gering gehalten. Auf Grund einer exakten Kalibration, geringer Trägheit des Systems und hoher Empfindlichkeit des Meßgeräts findet eine genaue Geschwindigkeitsmessung statt. Dies zeigt sich in der vom Druckaufnehmer erzeugten, dem dynamischen Druck (Geschwindigkeitsdruck) p_d proportionalen, streng linearen Spannung U. Die Regressionsgerade (Abb. 2). berechnet sich zu:

$$U = 6,5 \, p_d + 4,68 \qquad (r = 1,0)$$

Eine Eichung des Meßgeräts ist möglich und noch beabsichtigt. Die gesuchte Geschwindigkeit wird über die Bernoulli-Gleichung berechnet [5] (Abb. 3). Eine gut sichtbare digitale Anzeige gibt dem Ruderer direkt Aufschluß über die Momentangeschwindigkeit (Istwert) des Ruderboots gegenüber Wasser. Damit ist die Geschwindigkeitsmessung unabhängig von Wasserströmungen. Sie ermöglicht es, dem Ruderer Belastungsvorgaben (Sollwerte) im Boot machen zu können, die er konstant einhalten kann. Die so vom Athleten erbrachte Leistung ist unabhängig von seinem subjektiven Belastungsgefühl und damit reproduzierbar [4]. Ein Nachweis der Reproduzierbarkeit durch entsprechende Versuchsmessungen steht noch aus.

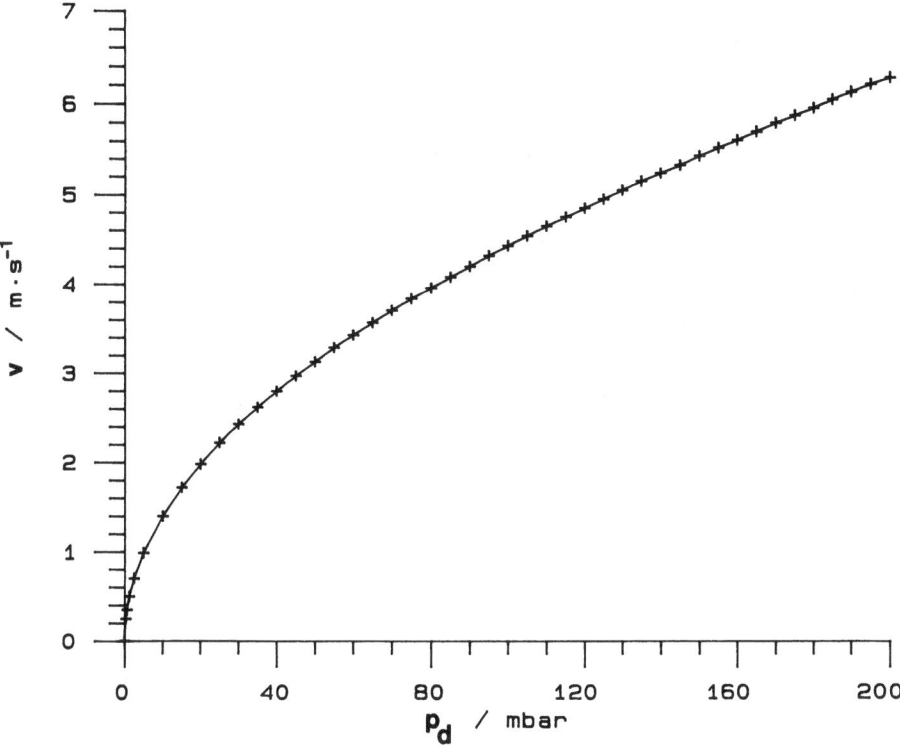

Abb. 3. Darstellung der Beziehung zwischen dem Staudruck p_d und der über die Bernoulli-Gleichung berechneten Bootsgeschwindigkeit v

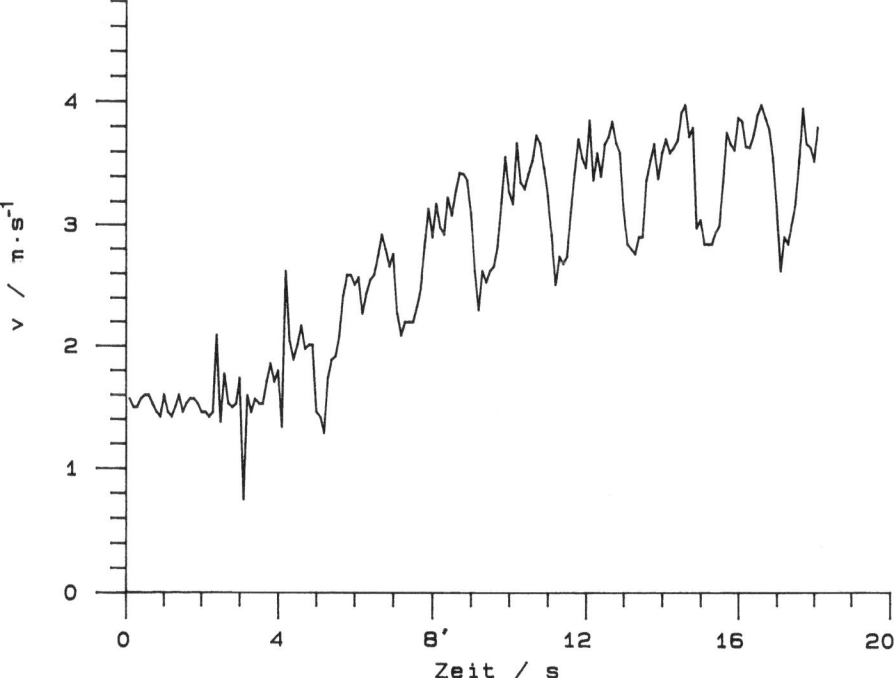

Abb. 4. Zeitlicher Verlauf der Bootsgeschwindigkeit v beim Anfahren in einem Einer auf strömendem Gewässer. v steigt mit den einzelnen Ruderschlägen auf ein konstantes Niveau an

Die Speicherung der Daten erfolgt durch einen Taschencomputer im Boot und ermöglicht eine Auswertung an Land. So läßt sich z. B. der zeitliche Verlauf der Geschwindigkeit in Form eines v/t-Diagramms gut darstellen (Abb. 4). Eine vergleichende Diskussion mit den in der Literatur schon beschriebenen Geschwindigkeitszeitverläufen kann zum gegenwärtigen Zeitpunkt noch nicht erfolgen.

Abschließend ist zu bemerken, daß dieses Meßverfahren die Durchführung von Feldtests, bei denen die Belastungsvorgabe direkt als Geschwindigkeitsvorgabe erfolgen soll, sehr erleichtern wird [4].

Literatur

1. Niebuhr J (1977) Physikalische Meßtechnik, Bd 2: ̇Meßprinzipien und Meßverfahren. Oldenbourg, München Wien
2. Prandtl L (1960) Führer durch die Strömungslehre. Vieweg & Sohn, Braunschweig
3. Schneider E (1980) Leistungsanalyse bei Rudermannschaften. Limpert, Bad Homburg
4. Steinacker JM, Michalsky R, Grünert-Fuchs M, Lormes W (1987) Feldtests im Rudern. Dtsch Sportmed [Sonderheft] 38:19–26
5. Truckenbrodt E (1968) Strömungsmechanik. Springer, Berlin Heidelberg New York

In Fahrtrichtung sitzend Rudern –
ein neues Prinzip der Hebelanordnung

K. Affeld und *F. Witt*

Einleitung

Beim traditionellen Rudern wendet der Ruderer dem Fahrtziel den Rücken zu, er fährt also im Prinzip zeitweise blind und orientiert sich durch mehr oder weniger häufiges Umdrehen. Geringe Bootsgeschwindigkeit und weite Gewässer lassen dies nicht unbedingt als Nachteil erscheinen. Mit der Zunahme der Wassersportler – man denke an die vielen Windsurfer – werden manche Gewässer zu einer dicht befahrenen Verkehrsfläche, die eine erhöhte Aufmerksamkeit erfordert. Eine Form des Ruderns, bei der der *Ruderer in Fahrtrichtung blickt,* erscheint hier nützlich. Einmal ist dies natürlich möglich, indem der Ruderer am Innenhebel des Ruders nicht zieht, sondern drückt. Der Muskelapparat des Menschen wird aber bei der Drückbewegung wenig günstig belastet, weil die starke Streckmuskulatur der Beine nicht eingesetzt werden kann. Die Gondoliere in Venedig haben eine Technik, bei der sie ebenfalls beim Rudern nach vorne schauen. Sie können die Beinmuskulatur nützen, indem sie ihr Gewicht verlagern und auch Schritte machen. Beide Bewegungsformen weichen stark von der des Sportruderns mit Rollsitz ab. Es hat Versuche gegeben, diese günstige Bewegungsform des Ruderns, die sich in vielen Jahren entwickelt hat, mit dem Sitzen in Fahrtrichtung zu verbinden: durch ein Getriebe, das die Winkelbewegung des Ruders am Ausleger umkehrt. Bewährt hat sich diese Konstruktion nicht, denn das Ausheben und Drehen des Blattes ist dann nicht mehr auf einfache Weise möglich, und im Getriebe geht weiterhin Energie durch Reibung verloren.

Wie nachfolgend gezeigt wird, ist aber eine überraschend einfache Lösung des Problems möglich, die keine der oben erwähnten Nachteile hat.

Methodik

Die Hauptforderung an eine neue Hebelanordnung ist, daß die Bewegungsform des Ruderns weitgehend erhalten bleibt. Das betrifft in erster Linie die Bewegung des Ruderers, aber auch die Bewegung des Blattes im Wasser. Da sich der Kraftaufwand nicht verändern soll, dürfen sich also auch die Bahnkurven des Blattes nicht verändern [2].

An einem Ruder – Riemen oder Skull – wirken im wesentlichen drei Kräfte: die Wasserkraft, die Handkraft und die Reaktionskraft an der Dolle. Bei der traditionellen Anordnung wirken sie von der Blattspitze aus gesehen in der Reihenfolge:

Wasserkraft, Dollenkraft, Handkraft.

J. M. Steinacker (Hrsg.)
Rudern
© Springer-Verlag Berlin Heidelberg 1988

Bezieht man sich auf das bootsfeste Koordinatensystem, so bildet das Ruder einen *zweiarmigen Hebel* mit der Dolle als ruhender Achse. Damit ist ein Achspunkt gegeben, an dem sich die Bewegungsrichtung umkehrt. Will der Ruderer also einen Impuls in Fahrtrichtung erzeugen, so muß er Masse – Wasser – in der umgekehrten Richtung beschleunigen; der Hebel kehrt diese Richtung um, und der Innenhebel muß also in Fahrtrichtung gezogen werden. Damit ist dann die Sitzrichtung festgelegt.

Eine neuartige Anordnung des Ruderers im Boot kann nun erreicht werden, wenn statt des zweiarmigen Hebels ein *einarmiger Hebel* verwendet wird [1]. Die Reihenfolge der Kräfte lautet nunmehr, wiederum von der Blattspitze aus gesehen:

Wasserkraft, Handkraft, Dollenkraft,

d. h. der Achspunkt befindet sich am blattfernen Ende des Ruders, und Blattspitze und Hand bewegen sich gleichsinnig. Beim Durchzug kann der Ruderer also in Fahrtrichtung blickend sitzen. Ein dem konventionellen Rudern gleichartiger Bewegungsablauf wird erreicht, wenn folgende Bedingungen erfüllt sind:

der Bewegungsradius des Blattes muß gleichbleiben,

der Bewegungsradius der Hände muß gleichbleiben.

Die erste Bedingung bestimmt die Blattbahn und bedeutet hier, das die Entfernung „Blattspitze-Achspunkt", also die ganze Ruderlänge gleich dem Außenhebel ist. Die zweite Bedingung erfordert, daß die Entfernung „Achspunkt – Angriffspunkt der Hände" gleich dem Innenhebel ist. Die Begriffe Innen- und Außenhebel beziehen sich auf die konventionelle Anordnung, bei der neuen Anordnung lassen sie sich nicht sinnvoll anwenden, da es sich ja um einen einarmigen Hebel handelt.

In beiden Fällen stimmen aber die Verhältnisse von Kraftarm zu Lastarm überein, deshalb ist die Belastung beim Durchzug unverändert. Ein Vergleichsschema zeigt Abb. 1.

Eintauchen und Ausheben sowie das Drehen des Blattes sind allerdings andersartig: zum Eintauchen des Blattes müssen die Hände gesenkt und zum Ausheben gehoben werden. Auch das Drehen des Blattes vor dem Eintauchen ist verändert und erfolgt in umgekehrtem Drehsinn wie beim konventionellen Rudern.

Die neue Hebelanordnung eignet sich natürlich besonders für ein Riemenboot. Bei einem Skullboot müssen sich die Skulls überkreuzen, was technisch möglich ist, aber

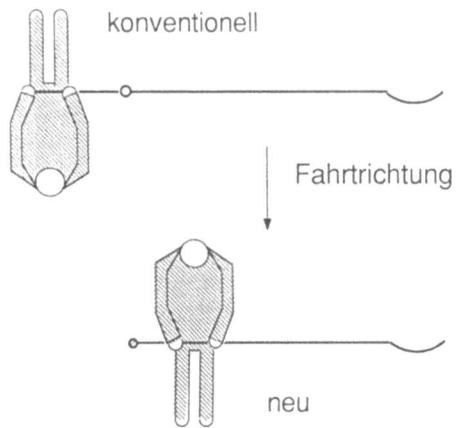

Abb. 1. Vergleich der neuen Hebelanordnung mit dem konventionellen System in schematischer Form

eine sehr aufwendige Auslegerkonstruktion erfordert, die in diesem Falle in der Mittellinie des Bootes angebracht werden muß.

Die Lagerung der Ruder ist bei der neuen Anordnung komplizierter als bei der alten. War vorher die Dolle nicht nur der Achspunkt für die Winkelbewegung, sondern auch für die Aushebebewegung, so befindet sich jetzt der Achspunkt ganz am Ende des Ruders, und es sinkt mit seinem ganzen Gewicht hinunter. Damit der Ruderer nicht das ganze Gewicht des Ruders aus dem Wasser heben muß, ist jetzt eine Feder vorgesehen, die das Absinken des Ruders ausgleicht und eine leichte Aushebe- und Eintauchbewegung ermöglicht. Auf diesem Gelenk liegt also ein erhebliches Biegemoment. Damit trotzdem eine leichte Drehung des Ruders möglich ist, ist eine hochwertige Lagerung erforderlich, in diesem Fall durch ein Nadellager. Das Einsetzen des Ruders in die Dolle erfolgt durch einfaches Einstecken in eine Hülse. Das Biegemoment an der Dolle sorgt für eine ausreichende Fixierung.

Wie oben schon angeführt, ist die Gesamtlänge des Ruders gleich dem Außenhebel des konventionellen Ruders. Da der Ausleger sich zudem auf der anderen Seite befindet, halbiert sich die Breite, die das Boot mit den Rudern einnimmt. Dies ist ein interessanter Gesichtspunkt für das Wanderrudern, da es dem Rudern schmalere Gewässer erschließt. Unterstützt wird dies durch die besseren Sichtverhältnisse, da schmale Gewässer meistens eine häufige Richtungsänderung erfordern. Bei gleichen Belastungen sind die Spannungen im Ruderholm geringer, so daß er leichter gefertigt werden kann.

Da die Bewegung umgekehrt zur konventionellen erfolgt, ist auch die Massenverschiebung genau entgegengesetzt. Beim Durchzug wird das Boot also nicht langsamer, sondern schneller. Die Geschwindigkeitsschwankung ist aber insgesamt nicht größer als beim konventionellen Boot, wie eine mathematische Modellierung zeigt. Hier ist also für den Widerstand des Bootes kein Nachteil, aber auch kein Vorteil zu erwarten.

Durch eine Kombination mit einer konventionellen Ruderanordnung ergibt sich allerdings ein Vorteil, weil die Schwankung der Geschwindigkeit dann bedeutend geringer ist.

Ergebnisse

Das neue Prinzip wurde in einem Sportboot realisiert. Als Rumpf wurde die Kunststoffschale eines Zweier-Wanderbootes (Fa. New Wave, Berlin) verwendet und von einer Bootswerft (Fa. Pirsch, Berlin) entsprechend der neuen Hebelanordnung ausgebaut (Abb. 2). Es wurden konventionelle Rollsitze verwendet. Die Ausleger wurden neu konstruiert. Das Einsetzen der Ruder in die Dolle erfolgt auf andere Weise, aber ähnlich einfach wie bisher. Die Ruder sind um ein Drittel kürzer und damit auch leichter. Die für das Fahren erforderliche Gewässerbreite halbiert sich, bedingt durch die kürzeren Ruder und die Auslegeranordnug.

Das Boot wurde erstmals beim Rennen „Quer durch Berlin" im September 1986 vorgestellt und fuhr außer Konkurrenz mit [3]. Das neue Prinzip wurde als mathematisches Modell mit dem konventionellen Rudern in bezug auf Geschwindigkeit verglichen. Hier zeigt sich zunächst kein Vorteil, aber auch keine Unterlegenheit. Der

Abb. 2. Ansicht des neuen Bootes (Foto Engler, Berlin)

wesentliche Wert erscheint aber bei der Anwendung des Prinzips für das Wanderrudern zu liegen.

Diskussion

Die Realisation bei einem Wanderboot zeigt, daß die Überlegungen, die zur neuen Hebelanordnung führten, richtig sind. Für den Erfinder überraschend, zeigte sich allerdings die Mehrzahl der Ruderer keineswegs begeistert. Das Boot begegnet weitgehend Skepsis – „das ist doch kein richtiges Rudern" –, und es wird auch teilweise mit einem Paddelboot verglichen. Da das System technisch gleichwertig ist, ist es letztlich eine Frage der Gewohnheit und auch der Mentalität – die einen sehen gerne zurück, die anderen lieber nach vorne. Dies ist also kein Punkt, über den zu streiten es sich lohnt.

Einen wirklichen Vorteil bei Wettkämpfen kann das neue System aber bringen, wenn es mit dem konventionellen System kombiniert wird. Wie bekannt, verursacht die Massenverschiebung der Ruderer bei der Rollbewegung eine Ungleichförmigkeit der Bootsgeschwindigkeit. Dies erhöht den Widerstand, da er mit der Potenz 9/5 der Bootsgeschwindigkeit eingeht. Erstrebenswert ist also eine gleichmäßige Geschwindigkeit. Dies wird erreicht, wenn für jeden Ruderer ein zweiter im Boot sitzt, der die genau entgegengesetzte Bewegung vollführt. In der Technik wird dies beispielsweise beim Boxermotor realisiert, der ja auch besonders laufruhig ist. Eine mathematische Modellierung zeigt, daß die Geschwindigkeitsschwankung bei einem solchen Kombinationsboot wesentlich geringer ist als bei einem Rollauslegerboot. Ob die Wettbewerbsbestimmungen ein solches Ruderboot zulassen würden, ist allerdings eine andere Frage.

Zusammenfassung

Es wird eine neuartige Anordnung von Ruder, Ausleger und Ruderer und Boot vorgestellt, bei der der Ruderer in Fahrtrichtung sieht. Die wesentlichen Bewegungsabläufe des Ruderers, vor allem beim Durchzug, sind gleichartig. Wegen der Anordnung des Auslegers – der Ruderer sitzt zwischen Dolle und Blatt – ist eine Anwendung für das Riemenrudern näherliegend. Als Vorteil ist zu sehen, daß der Ruderer nach vorn gewendet sitzt und daß die Verkehrsbreite des Bootes halbiert ist. Ein Vorteil für das Wettkampfrudern ist zunächst nicht zu erkennen. Ein deutlicher Vorteil ergibt sich allerdings für den Riemenvierer oder Riemenachter, wenn die Hälfte der Mannschaft konventionell, die andere dagegen mit der neuen Hebelanordnung rudert.

Literatur

1. Affeld K (1986) Riemenantrieb für ein Ruderboot, Patentanmeldung DE 3609299 A1 Deutsches Patentamt
2. Gütschow W (1957) Filmaufnahmen von Rennbooten und ihre Auswertung. Rudersport 10:230
3. Runkel K (1986) Rudern in Fahrtrichtung. Rudersport 33/86:707

Krafttraining

Struktur und Sinn eines modernen Krafttrainings

F. Zintl und *F. Held*

Gliederung des komplexen Begriffs „Kraft"

Nach dem derzeitigen Wissensstand in der allgemeinen Trainingslehre werden folgende Arten (Erscheinungsweisen) der Kraft unterschieden:

Maximalkraft. Die Maximalkraft wird als Basisfähigkeit aufgefaßt. Sie stellt „den höchsten, bei maximaler Willkürkontraktion gegen einen unüberwindlichen Widerstand realisierten Kraftwert dar" [5]. Wird die im Muskel vorhandene Kraftreserve, die willentlich nicht erfaßbar ist, hinzugerechnet, spricht man von *Absolutkraft.* Die Differenz zwischen Absolutkraft (= exzentrische Maximalkraft) und Maximalkraft wird als Kraftdefizit bezeichnet.

Schnellkraft. Die Schnellkraft stellt die Fähigkeit zu hohem Kraftanstieg pro Zeiteinheit dar. Sie gibt Auskunft, wie schnell die Maximalkraft entwickelt werden kann (maximaler Kraftgradient oder Explosivkraft). Schnellkraft gibt es demgemäß in statischer und dynamischer Form. Statische Schnellkraft ist sinnvoller mit Maximalkraftgradient ausgedrückt. Der historisch gewachsene Begriff „Schnellkraft" ist die *dynamische Schnellkraft.*

Reaktivkraft. Die zusätzlichen Eigenheiten der Reaktivkraft als Sonderform der Schnellkraft berechtigen zu einer eigenständigen Betrachtung. Unter Reaktivkraft wird die Schnellkraft im Dehnungs-Verkürzungs-Zyklus verstanden [3].

Kraftausdauer. Sie ist die Ermüdungswiderstandsfähigkeit bei längeren Kraftleistungen. Es sind 3 Bereiche zu unterscheiden:
- Maximalkraftausdauer: ca. 85% und mehr der Maximalkraft eingesetzt,
- „laktazide" Kraftausdauer: ca. 75–60% der Maximalkraft eingesetzt,
- „aerobe" Kraftausdauer: ca. 50–30% der Maximalkraft eingesetzt.

Die o. g. Bezeichnungen sollen als Arbeitstitel die *vorrangige* Energiebereitstellung und damit die bestimmende Art des vorliegenden Stoffwechselgeschehens in der Muskelzelle andeuten. Im ersten Fall geht es dabei um den Abbau der Phosphate mit Anlaufen der Glykolyse (Arbeitsdauern maximal 25–30 s, Intensitätseinbruch wegen hoher Phosphatausschöpfung), im zweiten Fall um die volle Ausnutzung der anaeroben Glykolyse (Arbeitsdauern 45–90 s; Intensitätseinbruch wegen Übersäuerung) und im dritten Fall um eine relativ hohe Ausnutzung der anaeroben Glykolyse bei schon hoher Nutzung der aeroben Glykolyse (Arbeitsdauern ca. 2–8 min; Intensitätsabbruch wegen Übersäuerung).

J. M. Steinacker (Hrsg.)
Rudern
© Springer-Verlag Berlin Heidelberg 1988

Relevante Kraftarten für das Rudern

Maximalkraft – Schnellkraft – Reaktivkraft

Maximalkraft ist im Rudern in einem bestimmten Optimum erforderlich. Mehr Maximalkraft wird die Ruderleistung nicht mehr fördern. So wird im Nachwuchsbereich ein Maximalkrafttraining notwendig sein, während die Bedeutung im Hochleistungsbereich auf Grund der umfangreichen Trainingsjahre geringer ist. Häufig kommt es dann nur auf ein Erhalten der Maximalkraft an.

Orientierungswerte für die erforderliche Größe der Maximalkraft eines Ruderers sind (nach Nilsen, persönliche Mitteilung):

Armbeuger: Maximallast beim „Bankziehen": Körpergewicht + 10%
Beinstrecker: Maximallast beim Kniebeugen: doppeltes Körpergewicht

Es reicht aber nicht aus, nur maximale Kraft zu erbringen. Es ist auch der Verlauf der Kraft-Zeit-Kurven beim Durchzug zu berücksichtigen. Es scheint, daß eine nach links verschobene asymmetrische Kraft-Zeit-Kurve – vor allem bei hohen Schlagfrequenzen und Bootsgeschwindigkeiten – aus biomechanischer Sicht optimal ist [4], da mit einem schnellen Anstieg der Kraft zu Beginn des Schlages auch schnell Wirkung auf das Blatt gebracht werden kann. Daraus läßt sich ableiten, daß eine schnelle Maximalkraftentwicklung (steiler Kraftgradient = hohe Explosivkraft) erforderlich ist. Zum Erreichen dieser Kurvenform ist u. U. auch für Hochleistungssportler ein Maximalkrafttraining mit der Trainingsmethode der intramuskulären Koordination erforderlich.

Im Sinne eines steilen Kraftgradienten sind auch Methoden des Reaktivkrafttrainings (z. B. Sprünge, Tiefsprünge) einsetzbar. Sollte die Reaktivkraft beim Rudern (in der Umkehr Vorrollen – Durchzug) eine Bedeutung haben, müßte diese Kraftart ausgeprägter trainiert werden (s. reaktive Trainingsmethoden).

Kraftausdauer

Beim Rudern werden im Laufe eines Ruderwettkampfs alle Formen der Kraftausdauer angesprochen.

Maximalkraftausdauer ist während der ersten 12–15 Schlägen erforderlich. Dabei wird wegen der sehr hohen Arbeitsintensität und der Trägheit des Anlaufs anderer Energiebereitstellungsprozesse der Phosphatspeicher sehr wahrscheinlich stark beansprucht.

Trainiert wird dieser Typ der Kraftausdauer sinnvollerweise mit Methoden des Hypertrophietrainings, da auch damit am wirkungsvollsten die Phosphatspeicher vergrößert werden können.

„Laktazide" Kraftausdauer wird auf der ganzen Strecke benötigt. Beweis: Hohe Laktatwerte auf der Strecke und am Ende der Strecke. Dieser Typ von Kraftausdauer wird mit der extensiven und intensiven Intervallmethode bzw. mit der Wiederholungsmethode trainiert.

Die „aerobe" Kraftausdauer wird mit aerobem Ausdauertraining in den dafür bekannten Trainingsformen ausreichend abgedeckt. Darauf soll hier nicht näher eingegangen werden.

Trainingsmethoden im Rudern

Im Rudern werden derzeit empirisch Kraft- und Kraftausdauerprogramme genutzt. Dabei werden oft Trainingsformen angewendet, die nicht für das Trainingsziel geeignet sind.

In den folgenden Tabellen sind jeweils sinnvolle Methoden mittels der Belastungskomponenten (Arbeitsweise, Intensität = Spannungsentwicklung + Auflast, Dauer = Wiederholungszahlen, Umfang = Serienzahl, Pausendauer) kurz charakterisiert. Die Zahlenangaben sind als Orientierungswerte zu betrachten, da sie je nach Art der Übung (eingelenkige oder mehrgelenkige Bewegungen) stark differieren können. Es ist grundsätzlich günstiger, sich jeweils nach der relevanten Zeitdauer für die Belastungsphase zu richten. Die Wiederholungszahlen ergeben sich daraus.

Trainingsmethoden für Maximalkraft, Schnellkraft und Reaktivkraft

Die Trainingsmethoden zum Muskelaufbau (Hypertrophie) werden in Tabelle 1 dargestellt. Der pauschale Richtwert für die Belastungszeit pro Serie ist 20–25 s. Für das isokinetische Training werden Cybex- oder Nautilusgeräte eingesetzt.

Desmodromische Methoden beruhen auf dem Einsatz von Geräten, die durch vorgegebene Bewegungsgeschwindigkeit mittels eines Motors zwangsgesteuert sind (z. B. motorgetriebene Schnelltrainer).

Die Trainingsmethoden zur intramuskulären Koordination (Erhöhung der Reizfrequenz und Rekrutierung) sind in Tabelle 2 zusammengestellt.

Der pauschale Richtwert für die Belastungszeit pro Serie ist 8–12 s.

Im Grundlagentraining muß wegen der altersspezifischen Wachstumsverhältnisse (Knochen-, Muskelwachstum) hier von zu intensiven Belastungen abgeraten werden. Die Übungen sind so anzulegen, daß die Wirbelsäule nicht zu stark belastet wird.

Die Methoden des Reaktivkrafttrainings sind in Tabelle 3 dargestellt. Wegen des vorrangig neuronalen Geschehens liegen ähnliche Verhältnisse wie bei IK-Training vor. Diese Trainingsmethode bezieht sich hier nur auf die Beinstreckmuskulatur.

Trainingsmethoden zur Kraftausdauer

Maximalkraftausdauer

Ziele sind die Vergrößerung der Phosphatspeicher und eine hohe Laktattoleranz. Anwendung finden die Methoden zum Muskelaufbau (Hypertrophie, s. Tabelle 1).

Für alle Leistungsstufen gilt: Auflast mehr an der unteren Grenze wählen und Wiederholungen dafür steigern (ca. 15–18 Wiederholungen, bis 35–45 s Belastungsdauer).

„Laktazide" Kraftausdauer

Ziele sind das Hervorrufen und damit die Verbesserung der laktaziden Energiebereitstellung und eine hohe Laktattoleranz. Ausgangspunkt für die Belastungskomponen-

Tabelle 1. Trainingsmethoden zum Muskelaufbau (Hypertrophie), Richtwert für die Belastungszeit: 20–25 s je Serie (* mögliche Geräte: Cybex-/Nautilusgeräte, ** mögliche Geräte: Schnell – motorgetriebene Krafttrainingsmaschinen)

| | Standardmethode | Im Hochleistungstraining | |
		isokinet. Methode*	desmodromische M.**
Arbeitsweise	konzentrisch	konzentrisch	konzentr.-exzentr.
Auflast Spannungsentwicklung	80–90% zügig	60–70% langsam	20–35% kontinuierlich nach vorgeg. Bewegungsgeschwindigkeit
Wiederholungen	6–8	12–15	Arbeitsdauer: 35–45 s
Serien	4–6	3	3–5
Pause	3–5 min	3–5 min	3–5 min
		Im Aufbautraining	
Auflast Spannungsentwicklung	70–85% zügig	55–65% langsam	ca. 25% kontinuierlich nach vorgeg. Bewegungsgeschwindigkeit
Wiederholungen	8–12	10–15	Reizdauer: 25–35 s
Serien	4–6	3	3–5
Pause	3–5 min	3–5 min	3–5 min
		Im Grundlagentraining	
Auflast Spannungsentwicklung	60–70% zügig	50–60% langsam	
Wiederholungen	10–12	10–12	
Serien	3–4	3	
Pause	3–5 min	3–5 min	

ten ist die Belastungsdauer. Man strebt Belastungsdauern an, in denen die glykolytische Energiebereitstellung ihren Höhepunkt (40–60 s) bzw. die Laktatanhäufung ihre Höchstwerte erreicht (90–120 s). Die Belastungsintensität (= Auflast + Bewegungsgeschwindigkeit) soll für die jeweilige Dauer optimal hoch sein.

Am besten bewährt sich das disziplinspezifische Training (im Ruderboot, Ruderergometer) mit Zusatzbelastungen wie

- Widerstandsvergrößerung: längere Ruder, Vergrößern der Blattfläche, Halbmannschaftsrudern, Bremse in Form von Eimern, höhere Schlagfrequenzen.
- Widerstandsverringerung: Gegenstromrudern, kürzere Ruder, Verkleinern der Blattfläche, Großbootrudern.

Tabelle 2. Trainingsmethoden zur intramuskulären Koordination (Erhöhung der Reizfrequenz und Rekrutierung), Richtwert für die Belastungszeit 8–12 s pro Serie, (* Helfer notwendig zur Beförderung der Last in die Ausgangsposition, ** Doppelserie = 2 Einzelwiederholungen mit kurzer Pause – 30 s – 1 min⁻ dazwischen)

	Im Hochleistungstraining	
	Methode der maximalen konzentrischen Kontraktion	Methode der maximalen exzentrischen Kontraktion
Arbeitsweise	konzentrisch	exzentrisch
Auflast	90–100%	ca. 130%*
Spannungsentwicklung	explosiv	explosiv
Wiederholungen	1–3	5–6
Serien	4–6 Doppelserien**	3
Pause	3–5 min	3 min
	Im Aufbautraining	
Auflast	80% 5 Wiederholungen 85% 4 Wiederholungen 90% 2–3 Wiederholungen 95% 1 Wiederholungen 100% 1 Versuch	115–120%
Spannungsentwicklung	explosiv	explosiv
Wiederholungen	siehe Auflast	5–6
Serien	4–5	3
Pause	3–5 min	3 min
	Im Grundlagentraining	
Auflast	85% 3 Wiederholungen 80% 4 Wiederholungen 75% 5 Wiederholungen 70% 6 Wiederholungen	35–50%
Spannungsentwicklung	explosiv	explosiv
Wiederholungen	siehe Auflast	7
Serien	3	5
Pause	3–5 min	3–5 min

Hantelübungen unter Einsatz ruderspezifischer Muskelgruppen sind ebenfalls geeignet (z.B. Bankziehen, Kniebeugen, Beinpresse). Die Übungen für das Leistungstraining sind in Tabelle 4 aufgeführt.

Regenerationszeiten

Im Trainingsgeschehen ist die kurzfristige (zwischen den Belastungsserien) und längerfristige (zwischen den Trainingseinheiten) Regeneration zu unterscheiden.

Je nach Art des Krafttrainings muß im Regenerationsgeschehen Rücksicht genommen werden auf die Wiederauffüllung der verbrauchten Energiereserven, auf die

Tabelle 3. Methoden des Reaktivkrafttrainings

	Hüpfen beid- und einbeinig	Sprungübungen	Tiefsprünge
Hochleistungstraining	X	X	X
Aufbautraining	X	X	–
Grundlagentraining	X	X	–
Arbeitsweise	exzentrisch u. konzentrisch	exzentrisch u. konzentrisch	exzentrisch u. konzentrisch
Auflast	ohne u. mit geringer Zusatzlast	ohne Zusatzlast	ohne Zusatzlast
Spannungsentwicklung	explosiv	explosiv	explosiv
Wiederholungen	30	10	10
Serien	3	3	3–5
Pause	5 min	5 min	5 min

Tabelle 4. Methoden für das Training der „laktaziden" Kraftausdauer im Hochleistungstraining

	Extensive I.-Methode	Intensive I.-Methode	Wiederholungs-methode	Isokinetische Methode
Arbeitsweise	konzentrisch	konzentrisch	konzentrisch	konzentrisch
Auflast	30–50%	40–60%	–	30–50%
Spannungsentwicklung	zügig	zügig bis explosiv	zügig	langsam
Wiederholungen	30–50	15–25	–	30–50
Reizdauer	45–90 s	30–45 s	bis zur Erschöpfung	40 s – 2 min
Serien	4–6	4–6	3–4	3–5
Pause	lohnend	lohnend	15 min	lohnend

Tabelle 5. Richtwerte für Regenerationszeiten für das Krafttraining (I.-Training = Intervalltraining)

		Volle Regeneration	Unvollkommene Regeneration
Muskelaufbau	zwischen Serien	4– 6 min	2– 4 min
	zw. T.-Einheiten	36–48 h	18–24 h
Intramuskuläre Koordination	zwischen Serien	3– 5 min	–
	zw. T.-Einheiten	ca. 48 h	–
Reaktivkraft	zwischen Serien	3–5 min	–
	zw- T.-Einheiten	mind 48 h	–
Maximalkraft-ausdauer	zwischen Serien	4– 6 min	2–4 min
	zw. T.-Einheiten	36–48 h	18–24 h
Laktazide Kraftausdauer	zwischen Serien	15–30 min	30 s (extensives I.-Training) bis 90 s (intensives I.-Training)
	zw. T.-Einheiten	ca. 48–72 h	18–24 h

Beseitigung der angefallenen Stoffwechselprodukte (z. B. Milchsäure), auf das neuronale Geschehen (z. B. Transmittersubstanzen) und auf das hormonelle Geschehen (z. B. Adrenalin, Noradrenalin). Jede Belastung und damit auch Erholung hat komplexen Charakter. Die Erholungszeit wird letztlich bestimmt von den jeweils dominanten Einflußgrößen (s. oben).

Orientierungswerte auf Grund praktischer Erfahrungen und biologischer Gegebenheiten sind in Tabelle 5 zusammengefaßt.

Periodisierung des Krafttrainings

Maximalkrafttraining

Zur Periodisierung sind zwei Erfahrungstatsachen zu verwerten. Einerseits sind die Zeitdauern zu berücksichtigen, in denen ein Deckeneffekt erreicht wird:

	erste Wirkungen	Deckeneffekt
Muskelaufbautraining	15–18 TE	40–48 TE
Intramuskul. Koordinationstraining	6– 9 TE	24–32 TE

Andererseits ist zu bedenken, daß für die Übertragung auf das Rudern ein Verzögerungseffekt vorliegt (1–3 Wochen).

Daraus leiten sich folgende Periodisierungsmöglichkeiten ab:

1. Periodisierungsmöglichkeit

40–48 TE	24–32 TE	
Muskelaufbau	IK-Training	total 54–80 TE

2. Periodisierungsmöglichkeit

20–24 TE	8–12 TE	15–20 TE	12 TE
Muskelaufbau-T.	IK-Training	Muskelaufbau-T.	IK-Training

Diese Möglichkeiten kommen in Frage, wenn eine ausreichend lange Vorbereitungsperiode (4–5 Monate) zur Verfügung steht. Im Sinne von „Kraftschubphasen" muß auf die unteren Schwellenwerte der Trainingswirkungen zurückgegriffen werden, was dann etwa Zeitdauern von 6–7 Wochen (24–28 TE) beansprucht. Wenn – wegen ausreichender Muskelsubstanz – auf ein Hypertrophietraining verzichtet werden kann und nur IK-Training erforderlich ist, kann mit entsprechender Belastungsmethodik in 3–4 Wochen (12–16 TE) relativ viel erreicht werden.

Kraftausdauertraining

Da die *Maximalkraftausdauer* nach der Methode des Hypertrophietrainings erarbeitet wird, gelten für die Periodisierung die gleichen Zeitspannen wie beim Muskelaufbautraining (s. dort).

Das Training der *„laktazide" Kraftausdauer* wird heute in anderen Sportarten nicht mehr parallel mit den übrigen erforderlichen konditionellen Fähigkeiten über die ganze Trainingsperiode hinweg durchgeführt, sondern es wird als Block an das Maximalkrafttraining angereiht (Ende der Vorbereitungsperiode). Erfahrungswerte für eine ausreichende Entwicklung dieser speziellen Fähigkeit sind: 6–8 Wochen (18–24 TE), bei höchstens 3 Trainingseinheiten pro Woche. Die ersten Aufbauwettkämpfe können ohne weiteres mit in diese Trainingsphase einbezogen werden, wobei der Wettkampf als Trainingseinheit zu bewerten ist. Ziel dieses Trainingsblocks ist die Muskelzelle und die Psyche an hohe Übersäuerungen zu gewöhnen.

Idealisiertes Periodisierungsschema:

Muskelaufbau	IK-Training	Kraftausdauer-training	Wettkampfphase
1 2 3 4 5 6 7 8 Wochen	9 10 11 12 13 Wochen	14 15 16 17 18 19 20 Wochen	Erhaltungstraining

(in Anlehnung an [2])

Anmerkungen: Im Grundlagentraining und z. T. im Aufbautraining ist wegen altersspezifischer Einschränkungen der laktaziden Leistungsfähigkeit das „laktazide" Kraftausdauertraining zumindest eingeschränkt (1mal pro Woche während eines Kraftausdauerblocks) durchzuführen, wenn nicht sogar ganz zu unterlassen. Die ruderspezifische Leistungsfähigkeit ist zu dieser Zeit noch über eine reine Kraft- und aerobe Ausdauerarbeit zu steigern. – In diesem Zusammenhang ist darauf hinzuweisen, daß die in den „Trainingsempfehlungen des Deutschen Ruderverbandes" aufgeführten Kraftausdauerzirkel mehr den Charakter aeroben Kraftausdauertrainings haben als den des bisher angesprochenen „laktaziden" Kraftausdauertrainings.

Literatur

1. Bührle M (1985) Grundlagen des Maximal- und Schnellkrafttrainings. Hofmann, Schorndorf
2. Grosser M (1985) Krafttraining, 2. Aufl. BLV, München
3. Komi PV (1985) Dehnungs-Verkürzungs-Zyklus bei Bewegungen mit sportlicher Leistung. In: Bührle M (Hrsg) Grundlagen des Maximal- und Schnellkrafttrainings. Hofmann, Schorndorf, S 254–270
4. Nolte V (1985) Die Effektivität des Ruderschlags. Bartels & Wernitz, Berlin
5. Schmidtbleicher D (1984) Strukturanalyse der motorischen Eigenschaft Kraft. Lehre der Leichtathletik 35:1785–1792

Trainingssteuerung im Rudern anhand muskelphysiologischer Parameter

K. Lehnertz und *B. Pampus*

Einleitung

Mit der Entwicklung relativ preisgünstiger Lichtschrankensysteme, mit denen auch über sehr kurze Wegstrecken zuverlässige Zeitmeßwerte erhoben werden können, gewinnen physiologische Parameter zunehmend an Bedeutung, die bisher für die sportliche Praxis wenig Beachtung gefunden haben. Ein solcher Parameter, der für die Steuerung des Krafttrainings von großem Nutzen sein kann, ist die Muskelleistungsschwelle (MLS). Die MLS markiert den Punkt, an dem der Skelettmuskel mit einem relativen Maximum der Energieübertragung arbeitet. Als Leistungsindikator dient der Impuls der durch Muskelkraft beschleunigten Körper. Wir haben die MLS bei einigen für das Krafttraining des Ruderers gebräuchlichen Bewegungsformen ermittelt und ihren Nutzen für die Trainingssteuerung erprobt. Exemplarisch soll hier über die Befunde beim Bankziehen berichtet werden.

Methode

Die Abb. 1 zeigt den Versuchsaufbau zur Ermittlung der individuellen Leistungscharakteristik beim Bankziehen: Der Proband liegt in Bauchlage auf einem gepolsterten Brett so hoch vom Boden entfernt, daß er mit gestreckten Armen eine Langhantel umgreifen kann. Die Langhantel muß mit „aller Kraft" (maximalem Willenseinsatz) zur Brettunterkante hochgezogen werden. Oberhalb der Hantelstange befinden sich Infrarotlichtschranken, mit denen die Zeit gemessen wird, die die Hantelstange zum Passieren der Wegstrecke zwischen den Lichtschranken benötigt. Zur erstmaligen Ermittlung der MLS sind mit einer stufenweisen Steigerung um 10 kg jeweils 6 Versuche zu absolvieren. Für die Auswertung wird das rechnerische Zeitmittel aus den 5 Bestversuchen berücksichtigt und über die Wegstrecke und die gehobene Last der Impuls (Impuls = Masse · Geschwindigkeit) errechnet. Die Zeitdauer zwischen den Versuchen wird so gewählt, daß bis zum nächsten Versuch eine vollständige Erholung gewährleistet ist. Der Zeitbedarf beim erstmaligen Ermitteln der MLS liegt bei ca. 1 h. Im Trainingsprozeß werden dann nach angemessener Aufwärmarbeit zur Kontrolle des aktuellen Leistungszustandes mit dem „Schwellengewicht" (= Gewicht, mit dem der jeweilige Sportler sein Leistungsmaximum erreicht) 2–4 Versuche absolviert und anschließend – orientiert am Bestergebnis – entsprechende Trainingsmaßnahmen geplant.

J.M. Steinacker (Hrsg.)
Rudern
© Springer-Verlag Berlin Heidelberg 1988

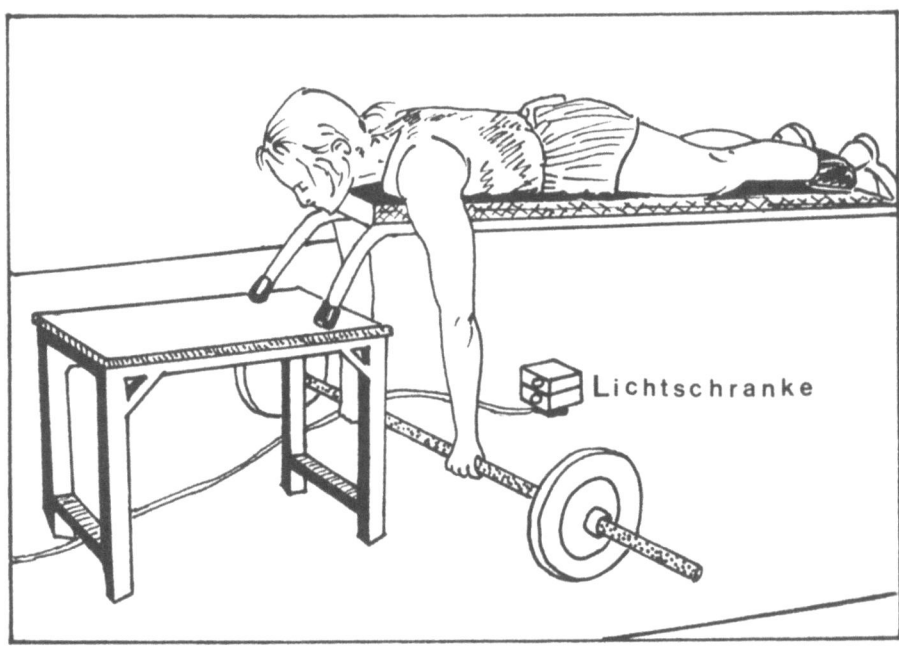

Abb. 1. Versuchsaufbau zur Ermittlung der Muskelleistungsschwelle (MLS) beim Bankziehen

Ergebnisse

Für den ersten Untersuchungszeitraum standen uns als Probanden Sportstudenten und Leistungssportler aus verschiedenen Sportarten – darunter auch Ruderer – zur Verfügung (Tabelle 1). Derzeit (Oktober 1987 bis April 1988) läuft eine trainingsbegleitende Untersuchung mit jugendlichen Ruderern.

Unabhängig vom individuellen Muskelpotential zeigt sich bei allen untersuchten Sportlern bezüglich des muskulären Leistungstransfers – als Indikator dient der Impuls der beschleunigten Hantel – die gleiche Verlaufscharakteristik (Abb. 2): Die Muskelleistung nimmt mit wachsender Last bis zu einem Maximum, der Muskelleistungsschwelle (MLS), zu und fällt danach wieder ab.

Erste Befunde aus trainingsbegleitenden Kontrollen haben gezeigt, daß sich nach ermüdenden Belastungen nicht nur auf allen Belastungsstufen die Muskelleistung reduziert, sondern daß sich auch die MLS verschiebt. Das heißt, bei Ermüdung wird das momentane Leistungsmaximum erst mit einer höheren Last erzielt. Die Abb. 3 veranschaulicht schematisch diesen Sachverhalt.

Diskussion

Sowohl aus muskelphysiologischen Untersuchungen in situ als auch aus Experimenten mit isolierten Muskeln, Muskelfasern und Myofibrillen ist die Leistungscharakte-

Tabelle 1. Ergebnisse über die Ermittlung der Muskelleistungsschwelle (MLS) beim Bankziehen an 24 männlichen Sportlern. Neben den Maximalwerten für den Impuls (als Leistungsindikator) und der kinetischen Energie (als Schnellkraftindikator) sind die dabei jeweils gehobenen Gewichte und erzielten Geschwindigkeiten aufgeführt

Alter	Sportart	$Impuls_{max}$	bei	mit	E_{kinmax}	bei	mit	Iso_{max}
		kgm/s	kg	m/s	kgm^2/s^2	kg	m/s	N
30	L.Athl.	56,05	90	0,62	21,67	50	0,93	2349,7
28	L.Athl.	50,4	90	0,56	17,56	30	1,08	2030,1
49	L.Athl.	47,13	90	0,52	16,37	30	1,04	2081,3
17	Rudern	47,07	80	0,59	16,77	30	1,06	2237,5
23	Triathl.	46,8	90	0,52	17,1	30	1,07	2047,2
30	Triathl.	45,6	80	0,57	16,5	40	0,91	2049,6
20	Rudern	44,61	90	0,50	16,98	40	0,92	1974,0
17	Rudern	44,1	70	0,63	17,18	50	0,83	1812,9
27	Triathl.	42,4	80	0,53	16,56	40	0,91	1837,3
16	Rudern	41,41	70	0,59	16,00	40	0,89	1798,3
20	Rudern	41,22	80	0,52	15,73	40	0,89	1576,2
16	Rudern	40,79	70	0,58	14,32	40	0,85	1717,8
17	Rudern	40,44	80	0,51	15,40	30	1,01	1376,2
26	Triathl.	39,52	80	0,49	14,07	30	0,97	1527,4
18	Rudern	39,2	80	0,49	13,49	30	0,95	1669,0
17	Rudern	39,2	70	0,56	14,7	30	0,99	1592,1
17	Rudern	37,1	70	0,53	12,96	40	0,81	1625,0
21	Triathl.	36,09	70	0,52	13,50	30	0,95	1691,0
17	Rudern	35,70	70	0,51	12,96	30	0,93	1434,7
18	Rudern	35,0	70	0,50	11,4	20	1,07	1451,8
17	Rudern	34,80	60	0,58	13,37	30	0,94	1361,5
27	Triathl.	34,80	60	0,58	12,50	30	0,91	1376,2
28	Tennis	33,27	60	0,55	12,20	30	0,90	1479,6
16	Rudern	31,98	60	0,53	11,24	30	0,87	1273,7

ristik des Skelettmuskels – so wie sie sich auch in unseren Messungen niederschlägt – seit langem bekannt [2, 3, 7]. Lehnertz hat vor kurzem ein modifiziertes Querbrükkenmodell postuliert, mit dem u. E. die diesen Beobachtungen zugrundeliegenden muskelinternen Vorgänge hinreichend beschrieben werden können [4, 5]. Der postulierte Prozeß wird mit der sog. Kalziumdiffusions/-bindungshypothese erfaßt. Diese besagt, daß bei maximaler Stimulierung die Geschwindigkeit der Kraftentwicklung in erster Linie von der Zeit abhängt, die für die Diffusion der Kalziumionen aus dem sarkotubulären System ins Sarkomere zu den Kalziumbindungsstellen (Troponin) an den Myofilamenten benötigt wird. Aus Befunden über die Kinetik kalziumabhängiger Reaktionen läßt sich ein ähnliches Zeitprofil konstruieren, wie es den Kurven von muskulären Kraftentwicklungen zugrunde liegt [1, 6].

Beim Heben von beweglichen Lasten mit maximaler Muskelstimulierung wird die Zeit, die für die Kalziumdiffusion/-bindung zur Verfügung steht, durch die Masse der zu hebenden Last bestimmt. Dem liegt folgender Sachverhalt zu Grunde: Jeder Körper verharrt so lange in seinem Ruhe-/Bewegungszustand, bis auf ihn eine Kraft wirkt, die größer ist als sein Beharrungsvermögen (Trägheit) und seine Gewichtskraft. Da auf der einen Seite Trägheit und Gewichtskraft Eigenschaften der Masse

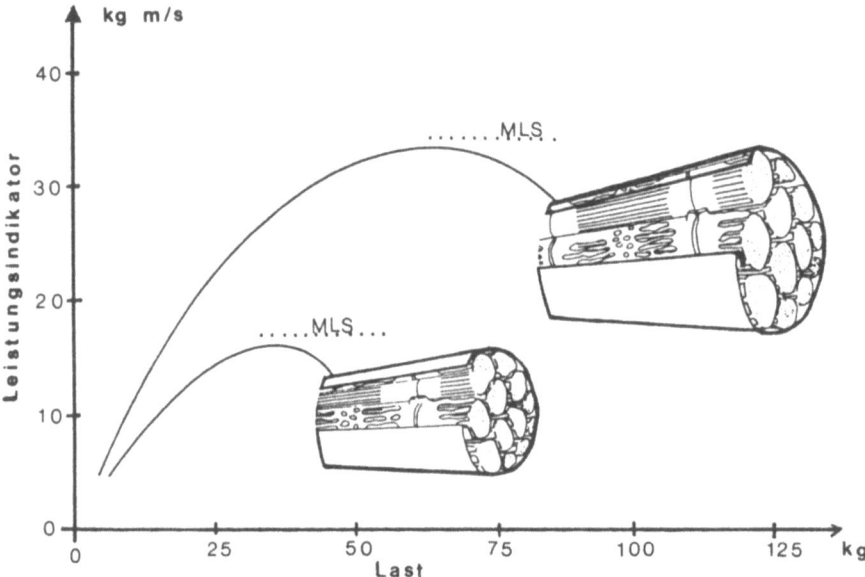

Abb. 2. Diagramm über die typische Leistungscharakteristik von maximal stimulierten Muskeln beim Beschleunigen unterschiedlich großer Lasten. Als Leistungsindiaktor dient der Impuls (mv) der beschleunigten Last. (Weitere Erläuterungen s. Text)

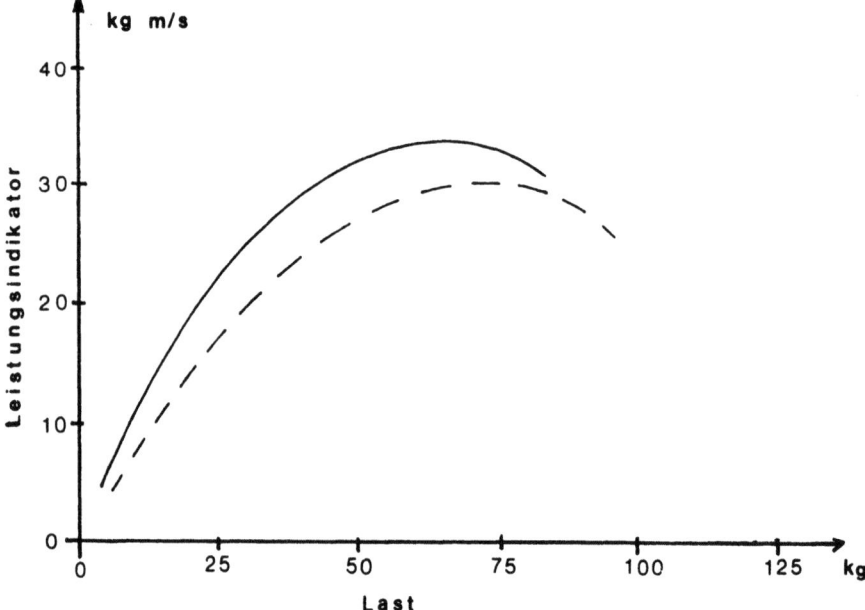

Abb. 3. Leistungsdiagramm in erholtem und ermüdetem Zustand: Verglichen mit dem Verlauf der Leistungskurve aus Tests im erholten Zustand (—) ist bei Ermüdung (---) sowohl eine Reduzierung der Maximalleistung als auch eine Verschiebung der MLS zu beobachten

sind und ihr proportional, und auf der anderen Seite die Bildung von Muskelkraft und die Kalziumdiffusion/-bindung zeitlich parallel verlaufen, hängt die Zeit, die bei maximaler Stimulierung für die Kalziumdiffusion/-bindung zur Verfügung steht, von der Masse des zu bewegenden Körpers ab. Es gilt: Je größer die Masse, desto länger die Zeit und um so größer die Kraft.

Die Leistung (= Kraft · Weg durch(!) Zeit) nimmt mit steigender Last so lange zu, bis die Größe der Last eine Geschwindigkeitsreduzierung der Querbrückenzyklen verursacht. Aus der Abb. 2 wird anhand der schematischen Darstellung deutlich, daß dicke Muskelfasern, die aus Myofibrillen mit großem Querschnitt bestehen, gegenüber dünnen Fasern nicht nur gegen hohe Widerstände mehr Kraft entwickeln können, sondern aufgrund der größeren Oberflächen der Myofibrillen (= kurze Diffusionsstrecken für Kalzium) auch gegen leichtere Gewichte schneller Kraft bilden und damit bereits im niederen Lastbereich relativ hohe „Schnellkraftwerte" (kinetische Energie; Tabelle 1) erzielen.

Im Hinblick auf die Ökonomisierung des Krafttrainings gewährleistet die an der MLS orientierte Trainingssteuerung eine optimale Reizsetzung [3]. Beim Training im Bereich der MLS wird nämlich innerhalb jeder Serie das neuromuskuläre System sowohl innervatorisch als auch metabolisch maximal gefordert. Darüber hinaus ist über die MLS eine ständige Kontrolle des Leistungszustandes möglich, was zur Individualisierung der Trainingsbelastungen beitragen kann.

Für die Kraftdiagnostik ist die MLS eine besonders gut geeignete Bezugsgröße: Weil die Korrelation zum Schnellkraftparameter Beschleunigungsvermögen (ermittelt über die kinetische Energie der beschleunigten Körper) (r = 0,96) und zur isometrischen Maximalkraft (r = 0,92) jeweils sehr hoch ist, lassen sich aus den Messungen der MLS gute Voraussagen sowohl für das Schnellkraft- als auch für das Maximalkraftvermögen ableiten. Gegenüber der isometrischen Maximalkraft hat die MLS nicht nur den Vorzug der engeren Beziehung zur Schnellkraft und wahrscheinlich auch zur Kraftausdauer (Untersuchungen dazu werden derzeit durchgeführt), sondern darüber hinaus sind sowohl die Beanspruchungen von Sehnen und Bändern als auch die Anforderungen an die Motivation der Sportler beim Ermitteln der MLS erheblich geringer als beim Messen der isometrischen Maximalkraft.

Zusammenfassung

Der Einsatz von Lichtschranken, mit denen auch über sehr kurze Wegstrecken zuverlässige Zeitmeßwerte erhoben werden können, ermöglicht eine differenzierte Trainingssteuerung unter Bezug auf bisher wenig berücksichtigte physiologische Parameter. Orientiert an der Muskelleistungsschwelle (MLS) sind eine Optimierung des Muskeltrainings und eine Diagnose des Leistungszustandes möglich.

Literatur

1. Brandt PW, Cox RN, Kaway M, Robinson T (1982) Regulation of tension in skinned muscle fibers. Effect of cross-bridge kinetics on apparent Ca^{2+} sensitivity. J Gen Physiol 79:997–1016
2. Hill AV (1939) The heat of shortening and the dynamic constants of muscle. Proc Roc Soc Lond [Biol] 126:136–195

3. Kaneko M, Fuchimoto T, Toji H, Suei K (1983) Training effect of different loads on the force-velocity relationship and mechanical power output in human muscle. Scand J Sports Sci 2:50–55
4. Lehnertz K (1984) Molekularmechanische Grundlagen der Muskelkraft bei Schlagbewegungen. Leistungssport 5:27–34
5. Lehnertz K (1985) Mechanismen der Kraftregulierung im Skelettmuskel. Leistungssport 4:33–40
6. Ridgway EB, Gordon AM (1984) Muscle calcium transient. Effect of post-stimulus length changes in single fibers. J Gen Physiol 83:75–103
7. Wilkie DR (1950) The relation between force and velocity in human muscle. J Physiol 110:249–280

Isokinematische Beurteilung der Kniestreckkraft beim Ruderer

V. Sadil, T. Bochdansky, H. Raimann und *P. Haber*

Fragestellung

Ohne Berücksichtigung anderer Faktoren der Motorik wie Ausdauer, Beweglichkeit oder Koordination, haben wir in einer Pilotstudie bei 18 österreichischen Kaderrudern die Kniestreckkraft gemessen. Uns interessierte, ob sich aus den Meßwerten Gemeinsamkeiten und typische Kraftverläufe ermitteln lassen. Außerdem wurden die Meßdaten mit den am gleichen Tag erhobenen spiroergometrischen Daten verglichen.

Material und Methodik

Untersucht wurden 6 Frauen (Durchschnittsalter 20,5 Jahre, Körperoberfläche 1,78 m²) und 12 Männer (19,2 Jahre/2,05 m²).

Die Messungen wurden mit dem am Institut für Physikalische Medizin der Universität Wien entwickelten isokinematischen Dynamometer „Dynamic" der Fa. Wintersteiger durchgeführt [1–4].

Der Meßsitz besteht aus einem Meßhebel, dessen Drehachse mit Hilfe der verstellbaren Sitzflächen und Rückenlehnen der Drehachse des Kniegelenkes des durch ein 4-Punkt-Gurtsystem fixierten Probanden angeglichen wird. Am Meßhebel sind Dehnungsmeßstreifen befestigt, die Winkelstellung des Meßarmes wird über ein Potentiometer registriert. Der Meßhebel wird über ein Hydrauliksystem mit einer konstanten Winkelgeschwindigkeit, die innerhalb von 5–10 ms erreicht wird, bewegt. Die Meßwerte werden analog-digital gewandelt und am angeschlossenen PC angezeigt. Zusätzlich wird die Winkelstellung des Meßhebels und der Drehmomentverlauf auf einem Speicheroszilloskop mitgeschrieben. Den Winkel Φ, bei dem gemessen werden soll und die Winkelgeschwindigkeit Ω des Meßarmes ($0-180°s^{-1}$) werden vor jeder Einzelmessung vom Versuchsleiter über den PC angewählt.

Es werden zwei Meßserien durchgeführt. Zuerst wird bei einer Winkelgeschwindigkeit $\Omega = 10°s^{-1}$ durch mehrfache Messungen bei verschiedenen Flexionswinkeln des Kniegelenkes jener Winkel Φ' bestimmt, bei dem der Proband das höchste Drehmoment erreicht. In einer zweiten Meßreihe wird für Φ' bei 6 verschiedenen Winkelgeschwindigkeiten das Drehmoment gemessen. Aus der Beziehung Drehmoment – Winkel (1. Meßserie) und Drehmoment – Winkelgeschwindigkeit (2. Meßserie) ergibt sich eine dreidimensionale Kurve (Abb. 1).

J.M. Steinacker (Hrsg.)
Rudern
© Springer-Verlag Berlin Heidelberg 1988

F.H., m, 20J., 85kg, 190cm

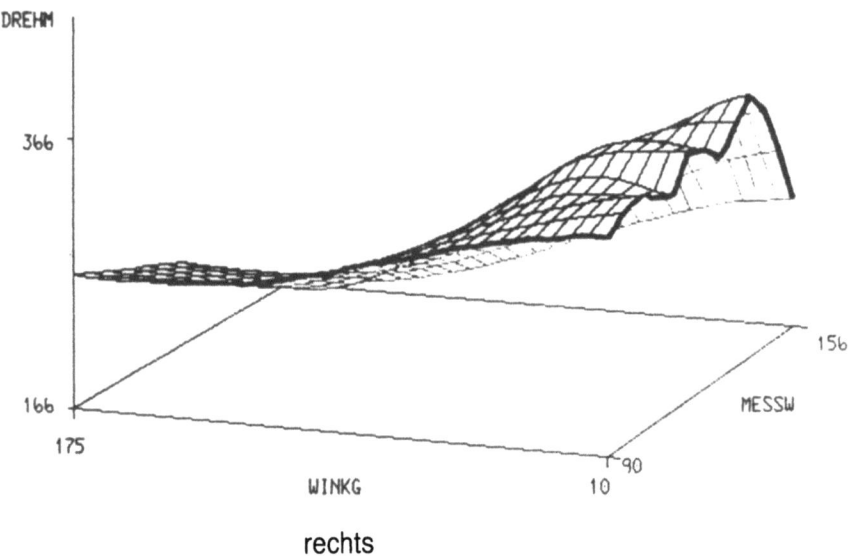

rechts

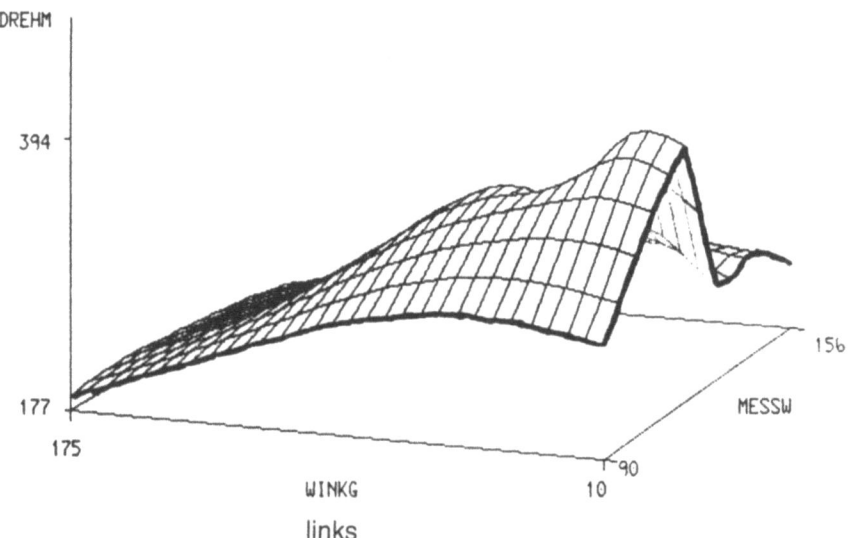

links

Abb. 1. Drehmoment-Winkel-Winkelgeschwindigkeitsbeziehung: (×−Achse: Winkel, y−Achse: Winkelgeschwindigkeit, z-Achse: Drehmoment); rechts: T = 366 nm (Φ = 140°, Ω = 10°s^{-1}), links: T = 378 nm (Φ = 120°, Ω = 30°s^{-1})

Die Reproduzierbarkeit der Meßergebnisse ist, vor allem bei den langsamen Winkelgeschwindigkeiten, hoch. Bei einer Variabilitätsprüfung ergab sich eine Standardabweichung von ± 3,6% für Ω = 10°s^{-1} und von ± 9,9% bei Ω = 180°s^{-1} [5].

Es bestehen folgende Unterschiede gegenüber anderen (isokinetischen) Geräten (z.B. von Cybex)

1. Mechanisch-elektronisch:
   a) Der Meßarm wird über den gesnmten Winkelbereich mit einer konstanten Winkelgeschwindigkeit geführt. Daher kann sowohl konzentrisch als auch exzentrisch gemessen werden. Wird Ω nur nach oben limitiert, ist nur eine konzentrische Messung möglich.
   b) Die Meßwerte werden aus ungefilterten Daten ermittelt (keine Vorschaltung eines Frequenzfilters).
2. Biochemisch und neurophysiologisch:
   a) 1,8 s nach einem akustischen Signal setzt sich der Meßhebel in Bewegung. Da der Proband nach dem Signal maximal anspannen soll, ist eine isometrische Vorspannung der Muskulatur gewährleistet, bevor die Messung erfolgt.
   b) Der Meßarm durchläuft beim „Dynamatic" nur einen bestimmten Winkelsektor, dadurch verkürzt sich die Meßdauer auf 0,5–2 s. Dies limitiert den Verbrauch energierreicher Phosphate. Zwischen den Einzelmessungen verhindert eine Pause von 30 s eine Ermüdung. Durch eine zyklische Bewegung (Messung bei Streckung und Beugung, je nach Meßprotokoll auch mehrmals hintereinander) dauert die Messung viel länger, der Proband ermüdet, außerdem werden andere Anforderungen an die Koordinationsfähigkeit gestellt [7].

Ergebnisse

Die Frauen sind nur gering schwächer als die Männer, auch die Drehmomentdifferenzen zwischen linkem und rechten Bein sind statistisch nicht signifikant. 15 Sportler (12 Männer, 3 Frauen) hatten das Drehmomentmaximum ($\Omega = 10°s^{-1}$) bei einem Knieflexionswinkel Φ' von 60°, 1 Frau bei 55° und 2 Ruderinnen bei 50° (Tabelle 1). Die Männer haben bei $\Phi' = 60°$ eine deutliche Drehmomentspitze, die bei den Frauen nicht ausgeprägt ist (Abb. 2).

Die Kniestreckkraft der Ruderer liegt damit nur wenig unter den Werten einer Gruppe von Bodybuildern (365,5 ± 150,819 nm, 260–709 nm). Auch für die Bodybuilder wurde das Drehmomentmaximum bei einem Knieflexionswinkel von 60° und $\Omega = 10°s^{-1}$ gemessen [6].

In der zweiten Meßreihe (Φ', Drehmoment bei 10, 30, 45, 60, 120 und 180°s^{-1}) wurden die höchsten Drehmomentwerte bei $\Omega = 10°s^{-1}$ erreicht (Tabelle 2). Die Drehmoment-Winkelgeschwindigkeitskurven fallen gleichmäßig ab, bei den Männern wurden aber z. T. bei $\Omega = 120°s^{-1}$ und 180°s^{-1} gleiche Drehmomente gemessen (Abb. 3).

Die bei der Dynamometrie gemessenen Drehmomente wurden mit den Werten der spiroergometrischen Leistungsbeurteilung verglichen. Eine signifikante Korrelation mit p < 0,05 fand sich nur zwischen der maximalen Sauerstoffaufnahme (4764 ± 923 ml, 3320–6351 ml) und dem maximalen Drehmoment. Keine Korrelation findet sich zwischen der Leistung (365,7 ± 69,2 W, 250–500 W; 47,1 ± 6,1 W/kg, 36–58 W/kg) und dem Drehmoment.

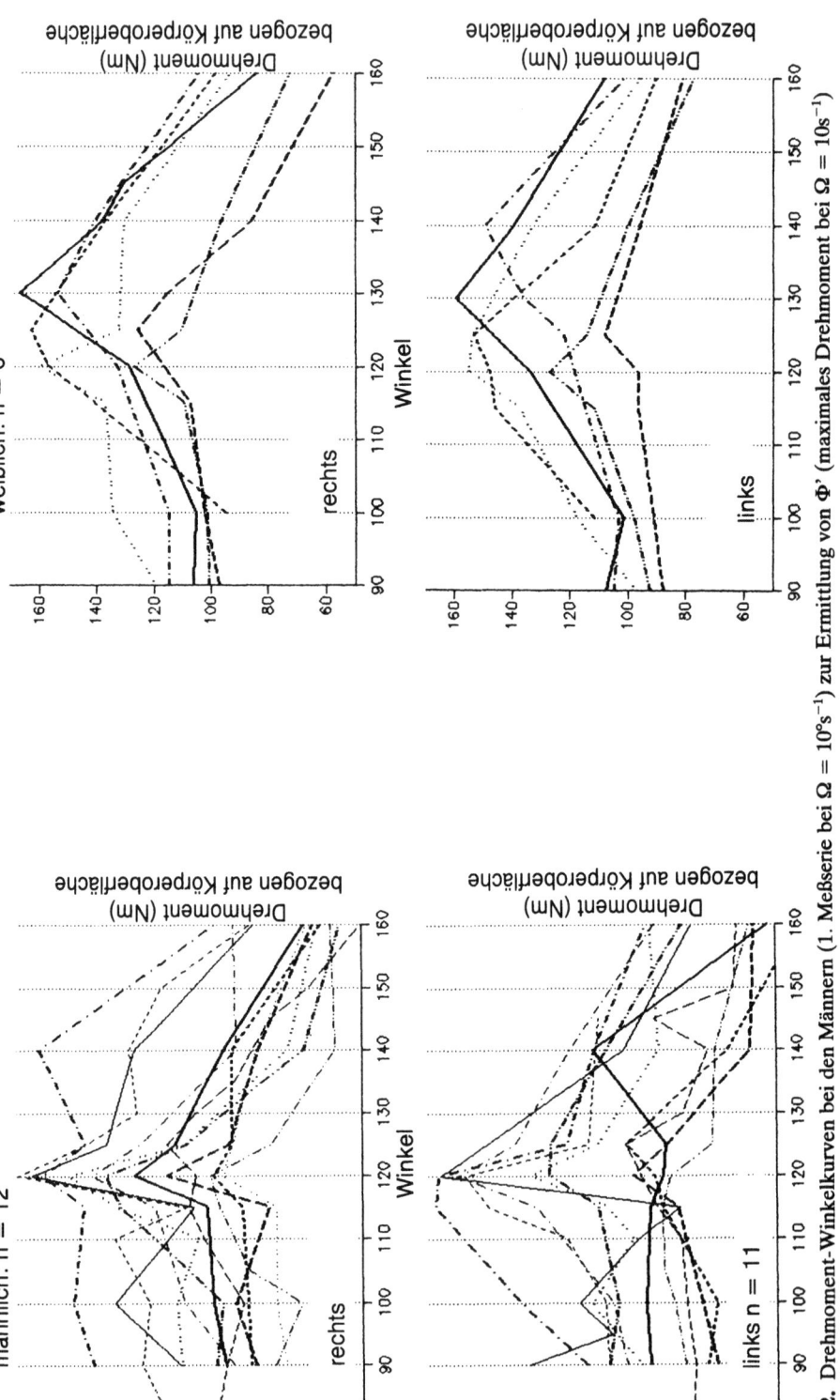

Abb. 2. Drehmoment-Winkelkurven bei den Männern (1. Meßserie bei $\Omega = 10^{\circ}s^{-1}$) zur Ermittlung von Φ' (maximales Drehmoment bei $\Omega = 10s^{-1}$)

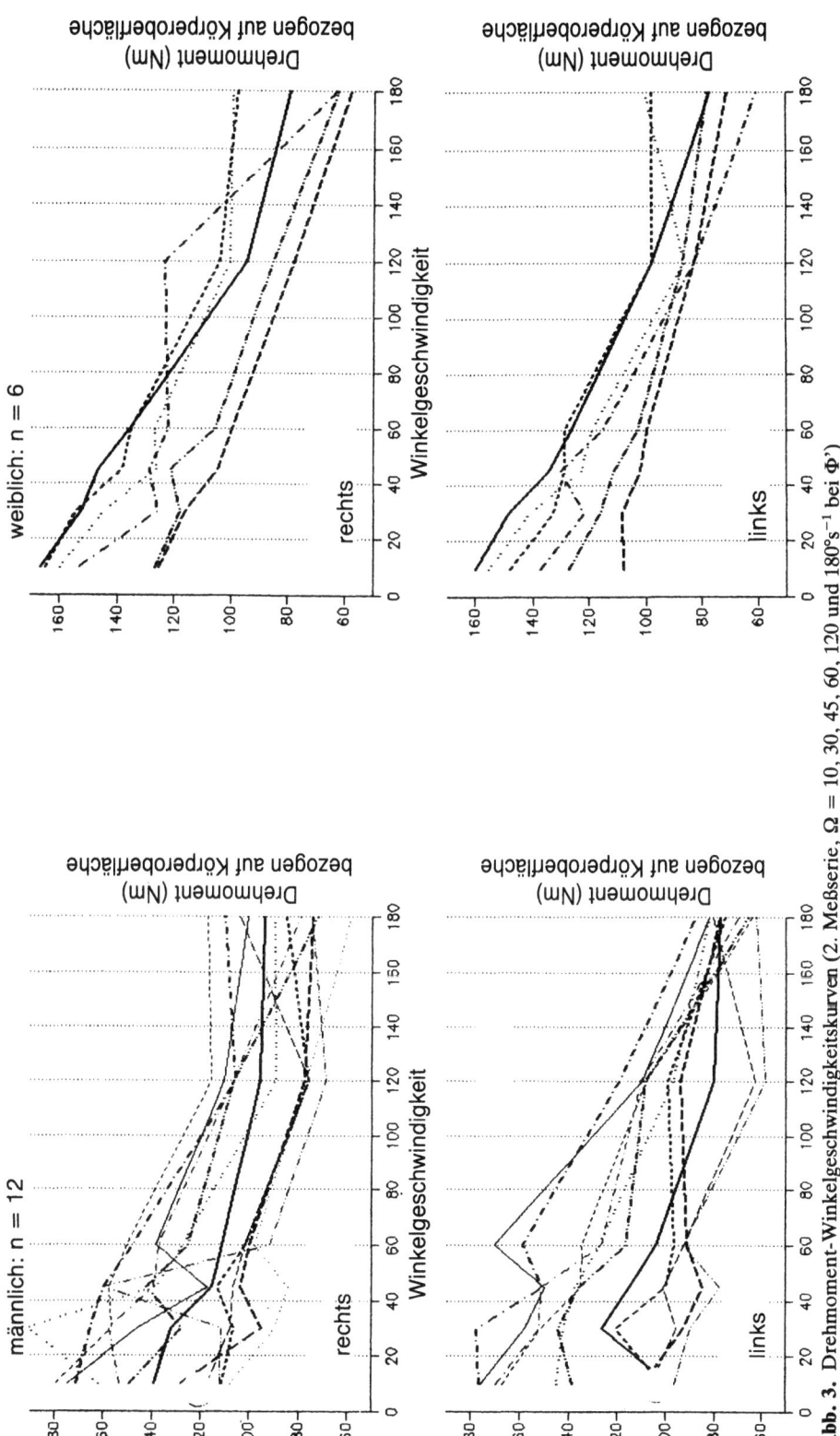

Abb. 3. Drehmoment-Winkelgeschwindigkeitskurven (2. Meßserie, $\Omega = 10, 30, 45, 60, 120$ und $180°s^{-1}$ bei Φ')

Tabelle 1. Drehmoment bei Winkelgeschwindigkeit $\Omega = 10°s^{-1}$

$\Omega = 10°s^{-1}$	Männer rechts	(n = 12) links	Frauen rechts	(n = 6) links	gesamt rechts	(n = 18) links
Mittelwert	310,92	293,6	266,3	256,7	296,1	280,6
Stand. abw.	72,2	69,9	39,7	34,9	65,6	61,4
Minimum	197	184	198	194		
Maximum	438	378	302	293		

Tabelle 2. Drehmomentmaxima (Ein Mann wurde, verletzungsbedingt, nur rechts gemessen)

Drehmomentmaximum (gemessen bei Φ')	Männer re	li	Frauen re	li
bei $10°s^{-1}$	15	13	17	17
bei $30°s^{-1}$	2	4	1	1
bei $45°s^{-1}$	1	–	–	–

Diskussion

Auch bei den Ruderern ergab sich im wesentlichen die bekannte Abhängigkeit zwischen Kraft (Drehmoment) und Bewegungsgeschwindigkeit [10]. Auch die Drehmoment-Winkel-Beziehung zeigt im Vergleich zu den untersuchten Bodybuildern [6], abgesehen von den Maximalwerten, keinen sportartspezifischen Unterschied. Die Frauen sind allerdings bei $\Omega = 10°s^{-1}$ über einen größeren Winkelbereich „kräftig" als die Männer. Ebenso wie andere Autoren fanden wir bei unseren Untersuchungen keine signifikante Seitendifferenz [9].

Es besteht zwischen den Beurteilungskriterien kardiozirkulatorischer Leistungsfähigkeit und Skelettmuskelkraft keine offensichtliche Abhängigkeit. Soll eine Veränderung im Trainingszustand eines Sportlers, z. B. nach Verletzungen oder im Trainingsaufbau, beurteilt werden, muß sowohl ergometriert als auch dynamometrisch untersucht werden. Die isokinematische Dynamometrie eignet sich vor allem für Verlaufsbeobachtungen. Dies setzt eine Standardisierung der Meßmethodik und Reproduzierbarkeit der Meßwerte voraus. Die isokinematische Dynamometrie berücksichtig muskelphysiologisch wichtige Faktoren [3, 7] und unterscheidet sich auch meßtechnisch von anderen „isokinetischen" Meßgeräten. Wir haben unsere Methode deshalb als „isokinematisch" bezeichnet, da hier nicht die Kraft, sondern die Bewegung des Meßarms während der Messung konstant bleibt [2, 3, 5].

Mit dieser isokinematischen Meßmethode können neue Ergebnisse über die komplexe Größe Kraft gewonnen werden. Es ist wichtig, noch weitere Erfahrungen zu sammeln, um dann auch die Wettkampfrelevanz unserer Beobachtungen zu beurteilen.

Literatur

1. Baron R, Bachl N, Bochdansky T, Lechner H (1987) Untersuchungen von Stoffwechselparametern bei kinematisch unterschiedlichen Belastungen an einem Mechatronic-Belastungsgerät. In: Rieckert H (Hrsg) Sportmedizin – Kursbestimmung. Springer, New York Tokyo Berlin Heidelberg
2. Bochdansky T, Lechner H (1986) Das hydraulische Dynamometer. Ein Gerät zur Beurteilung der Muskelkräfte bei der Kniebewegung. Z Phys Med Balneol Med Klimatol 15:83–85
3. Bochdansky T, Lechner H (1986) Neue Möglichkeiten der Statuserhebung der Oberschenkelmuskulatur durch das isokinematische Dynamometer. In: Rappelsberger P, Pfundner P, Gell G (Hrsg) Medizin-Technik-Medizinische Informatik '86, Oldenbourg, Wien München
4. Bochdansky T, Lechner H, Bachl N, Baron R (1987) Anaerobalaktazide Meßdatenerfassung und deren Bezug zur aeroben Leistungsprognose. In: Rieckert H (Hrsg) Sportmedizin-Kursbestimmung. Springer, New York Tokyo Berlin Heidelberg
5. Bochdansky T, Raimann H, Sadil V, Lechner H (1987) Variabilitätsuntersuchung der Kniestreckkraft mit einem isokinematischen Dynamometer. Z Phys Med Balneol Med Klimatol 16:270
6. Hammer N (1987) Der Zusammenhang zwischen der dynamometrischen Kniestreckkraft und der Standhochsprunghöhe bei Bodybuildern. Hausarbeit, Institut für Leibeserziehung und Sportwissenschaften, Abteilung Leistungsphysiologie, Universität Wien
7. Hill AV (1951) The mechanics of voluntary muscle. Lancet II:947–951
8. Perrine JJ, Edgerton VR (1978) Muscle force-velocity and power-velocity relationships under isokinetic loading. Med Sci Sports 10:159–166
9. Scharf HP, Noack W (1987) Die Bedeutung isokinetischer Kraftmessung in Sport und Rehabilitation. Sportverletzung Sportschaden 3:142–149
10. Wilkie DR (1950) The relation between force-velocity in human muscle. J Physiol 110:149–180

Isokinetisches Krafttraining im Rudern

V. Nolte

Einleitung

Das Krafttraining im Rudern hat neben einer langen Tradition auch eine große Vielfalt entwickelt. Allerdings sind wissenschaftlich gesicherte Aussagen zum Kraftausdauertraining spärlich, während das Maximal- und Schnellkrafttraining umfangreich bearbeitet scheinen [1, 5]. Doch wohl in keiner anderen Sportart findet sich das Problem, die Kraftausdauer zu trainieren, deutlicher als beim Rudern: jeder Ruderschlag erfordert einen relativ hohen Krafteinsatz, zu dem ein großer Prozentsatz der Körpermuskulatur einzusetzen ist; andererseits trainiert der Ruderer für Rennen zwischen ca. 5:30 min und 7:30 min, und dies stellt eine hohe Anforderung an die Ausdauer, die für solch lang andauernde Belastungen wettkampfentscheidend wird. Im Krafttraining ist allein unstrittig, daß die Ruderleistung ab einem bestimmten Leistungsniveau nur noch durch ruderspezifisches Krafttraining zu steigern ist. Dabei bezieht sich die Spezifik sowohl auf die physiologischen Trainingsreize wie auch auf die Bewegung an sich. Gerade in Regionen, die von starken Wettereinflüssen im Laufe des Jahres betroffen sind, wird es demnach immer wichtiger, entsprechende Trainingsgeräte zur Verfügung zu haben, die diesen Anforderungen nachkommen. Nur somit ist auf Dauer ein ruderspezifisches Krafttraining in genügend großem Umfang möglich.

Grundlegende Überlegungen

Counsilman [2] brachte als erster die Überzeugung zum Ausdruck, daß die Bewegung des Schwimmers im Wasser zum Antrieb isokinetisch ist, d.h. mit konstanter Geschwindigkeit ausgeführt wird. Folgerichtig führte er isokinetische Trainingsgeräte in den Schwimmsport ein und hatte damit großen Erfolg. Troup et al. [6] referierten Untersuchungen, die diese Erfolge belegen helfen. So hat das isokinetische Krafttraining deutlich höhere Leistungsverbesserungen sowohl bei der Kraftausdauer als auch bei der Maximalkraft ergeben. Dies scheint insofern verständlich, da durch die isokinetische Belastung jede mögliche Gelenkwinkelstellung eines Körpergliedes beliebig stark angesprochen werden kann. Die Bewegung muß allein mit der vom Gerät vorgegebenen Geschwindigkeit durchgeführt werden [3]. Damit steuert sich die Belastung entsprechend der Fähigkeit des Sportlers selbst. Gerade diese Aspekte sind bei einem Krafttraining mit Gewichten oder Federn nicht zu erreichen.

J.M. Steinacker (Hrsg.)
Rudern
© Springer-Verlag Berlin Heidelberg 1988

Da der Nutzen des isokinetischen Trainings erstmals im Schwimmen erkannt wurde, sind bis heute alle isokinetischen Trainingsgeräte insbesondere für Schwimmbewegungen geeignet. Inzwischen übernehmen auch die anderen Wassersportarten Kanu und Rudern Trainingsgeräte aus dem Schwimmsport. Ein Gerät, das die Ruderbewegung simuliert und isokinetisch gesteuert ist, gab es jedoch bislang noch nicht.

Vorstellung des isokinetischen Ruderergometers

Um die o. g. Vorteile für das ruderspezifische Training zu nutzen, wurde ein neuartiges Ruderergometer (Hersteller: KST-Motorenversuch, Bad Dürkheim) entwickelt, an das folgende Anforderungen gestellt wurden:
a) Simulation der Ruderbewegung,
b) isokinetische Belastung mit einstellbarer Zuggeschwindigkeit,
c) Möglichkeit einer biomechanischen Analyse des Krafttrainings mit direkter Anzeige,
d) Widerstandsfähigkeit gegenüber einem rauhen Trainingsbetrieb.

Ein nach den in Rennbooten üblichen Maßen und mit den üblichen Einzelteilen (Rollsitz, Stemmbrett, Innenhebel mit Griffen) ausgestatteter, stationärer Ruderplatz wurde mit einer hydraulischen Bremseinrichtung versehen, die die Drehung des Innenhebels mit einer beliebig hoch einstellbaren aber konstanten Geschwindigkeit zuläßt. Mit Hilfe von Kraft- (Dehnungsmeßstreifen) und Winkelmeßeinrichtungen (Potentiometer) ist eine vollständige Kontrolle der Bewegung des Innenhebels möglich. Per Computer werden diese Meßdaten verarbeitet und nach jedem Ruderschlag direkt auf dem Monitor dargestellt. Folgende Daten können sowohl graphisch als auch numerisch angezeigt werden:
a) das Drehmoment, das der Ruderer am Innenhebel erzeugt,
b) der Ruderwinkel,
c) die Ruderleistung,
d) die Zuggeschwindigkeit.
Hinzu kommen als Ausgabeparameter:
e) die laufende Zeit,
f) die Schlagfrequenz,
g) die Pulsfrequenz (bei zugeschaltetem Meßgerät).

Diese Daten können durch Anwahl von vier verschiedenen Monitorbildern in verschiedenen Kombinationen vom Ruderer direkt beobachtet werden. Er kann also direkt den nächsten Ruderschlag korrigieren und somit seine Rudertechnik ebenso wie die Trainingsbelastung exakt einstellen. Hierzu können Idealkurven bzw. -werte mit in das Bild eingeblendet werden, so daß nicht nur die Abweichung, sondern auch die notwendige Korrektur abzulesen ist.

Alle Informationen eines Trainings können gespeichert werden, so daß sowohl eine nachträgliche Analyse erfolgen kann als auch die einmal erbrachten Werte als Maßstab für spätere Trainings dienen können. Anhand eines Längsschnitts der Trainingsergebnisse kann dann eine Leistungsentwicklung dokumentiert werden.

Isokinetisches Training

Beim Rudern wird über den Rudergriff die Kraft des Ruderers zum Antrieb übertragen. Durch Trainingsmaschinen versucht der Sportler seine Fähigkeiten zu steigern, eine noch größere Leistung zum Antrieb des Bootes zu erzeugen. Die Leistung ist das Produkt aus Kraft und Geschwindigkeit, so daß zu diesem Zweck zwei Möglichkeiten offenstehen: Aufbringen von größeren Kräften bei gleicher Bewegungsgeschwindigkeit oder Erhöhung der Geschwindigkeit unter Beibehaltung der Zugkraft [4]. Dieser letzte Punkt ist der Vorteil des isokinetischen Trainings im Rudern gegenüber dem Training mit Gewichten etc.

Ein isokinetisches Training im Rudern bedeutet also, daß mittels entsprechender Mechanismen die horizontale Zuggeschwindigkeit am Griff konstant gehalten wird. Dabei sieht ein typischer Geschwindigkeitsverlauf wie in Abb. 1 aus. Die Höhe der Durchzugsgeschwindigkeit wird vorgewählt. In beiden Umkehrphasen der Ruderbewegung, zum Beginn und zum Ende des Schlages, ist die Horizontalgeschwindigkeit des Griffs gleich Null. Zu Beginn des Durchzuges muß also zuerst einmal Geschwindigkeit aufgenommen werden, bis die eingestellte maximale Geschwindigkeit erreicht wird. Die Zeit vom Beginn des Schlages bis zum Erreichen der vorgewählten Geschwindigkeit soll „Beschleunigungsphase" heißen. Auch das Abbremsen der Bewegung zum Umkehrpunkt am Ende des Schlages dauert eine gewisse Zeit. Diese wird „Abbremsphase" genannt. Zwischen Beschleunigungs- und Abbremsphase befindet sich die eigentliche „isokinetische Phase".

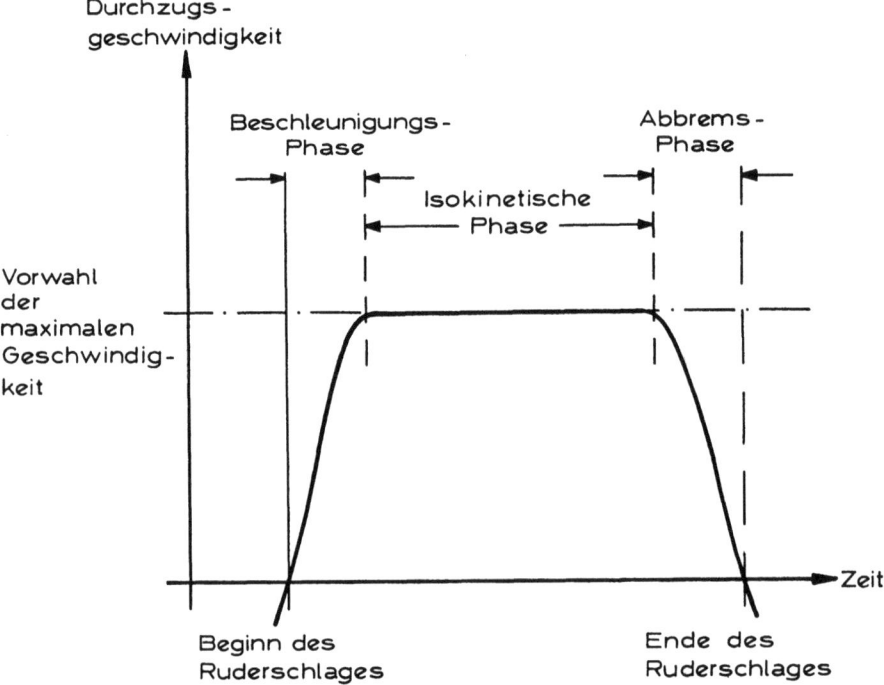

Abb. 1. Prinzipieller Verlauf der Durchzugsgeschwindigkeit beim isokinetischen Ruderergometer

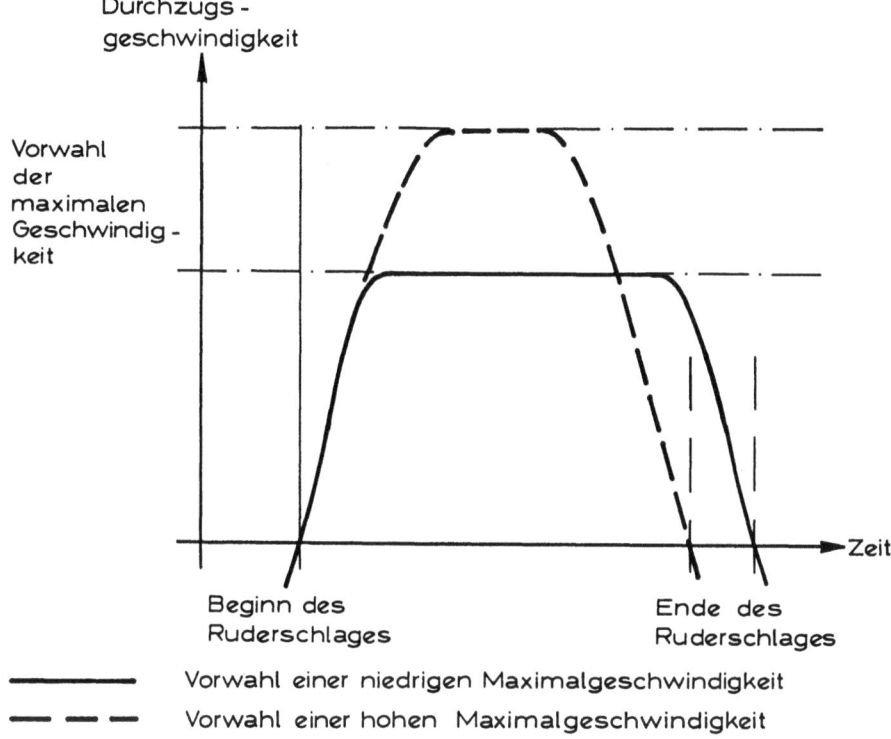

Abb. 2. Veränderung des Verlaufs der Durchzugsgeschwindigkeit bei der Vorwahl verschiedener maximaler Geschwindigkeiten

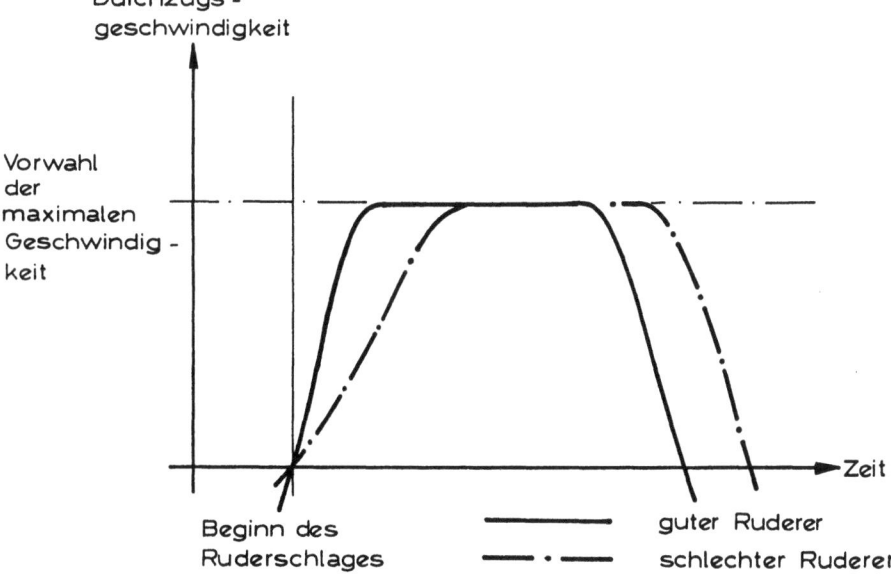

Abb. 3. Unterschiede im Verlauf der Durchzugsgeschwindigkeit bei verschieden gut ausgebildeten Ruderern

Durch Veränderung der Vorwahl der Zuggeschwindigkeit bleibt der Verlauf der Geschwindigkeitskurve grundsätzlich erhalten, wie in Abb. 2 zu sehen. Die Gesamtdauer wird bei höherer Durchzugsgeschwindigkeit kürzer.

Je länger die isokinetische Phase ist, um so mehr Möglichkeiten hat der Ruderer hohe Kräfte aufzubringen und entsprechend hohe Leistungen zu erzielen. Aufgrund des Verlaufs der Durchzugsgeschwindigkeiten, insbesondere wenn diese hoch vorgewählt sind, lassen sich demnach Ruderer unterscheiden. Ein „guter" Ruderer wird die vorgewählte Geschwindigkeit eher erreichen (s. Abb. 3). Dieser Effekt tritt insbesondere unter Ermüdung auf. Die Beobachtungen decken sich sehr genau mit Erfahrungen beim Rudern im Boot. Hierin liegt ein weiterer Trainingseffekt der isokinetischen Belastung.

Ausblick

Das neue isokinetische Ruderergometer hat vielfältige Einsatzmöglichkeiten. Das ruderspezifische Kraftausdauertraining scheint mit dem Gerät besser möglich. Es bietet darüber hinaus die Möglichkeit der biomechanischen Analyse, der Technik- und Konditionssteuerung sowie der motivationalen Beeinflussung. Es bietet für wissenschaftliche Arbeiten neue Ansätze.

Literatur

1. Bührle M (1985) Grundlagen des Maximal- und Schnellkrafttrainings. Schriftenreihe des Bundesinstitut für Sportwissenschaft, Bd 56. Hofmann, Schorndorf
2. Counsilman JE (1968) The science of swimming. Prentice-Hall, Englewood Cliffs
3. Ehlenz H, Grosser M, Zimmermann E (1983) Krafttraining – Grundlagen, Methoden, Trainingsprogramme. BLV, München
4. Nolte V (1984) Grundlegende Erkenntnisse der Biomechanik im Rudern. In: Nolte V (Hrsg) Bericht zum 13. FISA-Trainer-Kolloquium. Philler, Minden, S 114–141
5. Schmidtbleicher D (1980) Maximalkraft und Bewegungsschnelligkeit. In: Rieder H (Hrsg) Beiträge zur Bewegungsforschung im Sport. Limpert, Bad Homburg
6. Troup J, Plyley M, Sharp R, Costill D (1981) Development of peak performance: Strength training and tapering. Swimming World 8:25–28

Medizinische Aspekte

Vergleich des Blutdruckverhaltens bei Fahrrad- und Ruderergometrie

G. Dörfler und *J. M. Steinacker*

Einleitung

Die geläufigste Belastungsmethode ist die Fahrradergometrie, die bei relativ geringem apparativen Aufwand gut vergleichbare Ergebnisse liefert. Für diese standardisierte Methode wurden auch von mehreren Untersuchern Normwerte für den Blutdruck unter Belastung veröffentlicht [1, 3, 4, 5].

Über die Blutdruckbelastungsreaktion bei anderen Ergometriearten liegen deutlich weniger Veröffentlichungen vor [2, 5].

Unsere Arbeitsgruppe führt die Fahrrad- und die Ruderergometrie routinemäßig im Rahmen der sportmedizinischen Leistungsdiagnostik durch. Ein Vergleich des Blutdruckverhaltens bei verschiedenen körperlichen Belastungen war somit naheliegend.

Gemessen wird der Blutdruck üblicherweise am Oberarm mittels Membran- oder Quecksilbermanometer, unter Ausnutzung des akustischen Phänomens der „Korotkov"-Töne. Dieses Verfahren erbringt ausreichend genaue, reproduzierbare systolische Werte; die diastolischen Werte sind erheblich schlechter vergleichbar. Weiterhin stehen beide Werte in Abhängigkeit zum Oberarmumfang [3, 4, 5].

Die direkte, invasive Messung des Blutdrucks in Arterien erbringt die genauesten Werte und erlaubt zudem die ununterbrochene fortlaufende Registrierung [5].

Während unserer Studie wurde der Blutdruck direkt über einen Katheter in der A. radialis gemessen.

Methodik

Bei 10 freiwilligen, gut trainierten Ruderern wurde nach Aufklärung über die mit dem Eingriff verbundenen Risiken ein Katheter in lokaler Betäubung in die A. radialis unter sterilen Bedingungen in „Seldinger"-Technik eingeführt. Verwandt wurde ein dünner, flexibler Katheter von 0,9 mm Außen- und 0,6 mm Innendurchmesser.

Katheter und Drucksystem waren mit heparinisierter, physiologischer Kochsalzlösung gefüllt. Die Übertragung des arteriellen Blutdrucks zwischen Katheter und dem Druckaufnehmer erfolgte über einen 2 m langen, druckfesten Teflonschlauch. Als Druckfühler wurde ein vorkalibrierter Wandler nach dem DMS-Prinzip verwandt

Wir bedanken uns bei der Fa. Hellige, Freiburg, für die leihweise Überlassung des Blutdruckmeßplatzes

J. M. Steinacker (Hrsg.)
Rudern
© Springer-Verlag Berlin Heidelberg 1988

(Fa. Hellige, Freiburg). Dieser liefert nach Herstellerangaben eine druckproportionale, elektrische Spannung mit einer Genauigkeit von ± 1%. Der Druckwandler war neben dem Probanden in Herzhöhe befestigt; eine Nullpunkteichung wurde vor jeder Ergometrie vorgenommen. Eine selbstentwickelte analoge elektronische Schaltung erlaubte die Ableitung des systolischen, des diastolischen und des mittleren arteriellen Drucks aus dem elektrischen Spannungssignal des Wandlers. Während der Versuche wurden diese drei Signale fortlaufend auf einem Schreiber registriert. Mit einem offenen System (Ergo-Pneumo-Test, Jäger, Würzburg) wurden während der Belastungen spirometrische Daten im Abstand von jeweils 15 s erfaßt und abgespeichert. Die Ergometrien selbst wurden als leicht modifizierter Mehrstufentest (MST) durchgeführt. Die Anfangsbelastung war 150 W, Steigerung jeweils um 50 W bis zur Endbelastung von 350 W.

Zwischen den Belastungsstufen lag jeweils eine Pause von 1 min Dauer. Jeder Proband wurde zuerst am Fahrradergometer belastet (FE), nach entsprechender Erholungspause erfolgte die Belastung am Ruderergometer (RE).

In der Auswertung wurden die Blutdruckwerte beider Ergometriearten jeweils am Ende der Belastungsstufen verglichen, weiterhin nach der ersten, der dritten und der fünften Minute in der Erholungsphase. Während die Fahrradergometrien nur vernachlässigbare, bewegungsinduzierte Druckartefakte lieferten, waren diese bei den Ruderergometrien wesentlich größer. Aufgrund der unterschiedlichen Frequenzbereiche konnten die im Schlauchsystem durch Bewegung entstandenen Druckschwankungen aber von dem mit der Herzfrequenz überlagerten Blutdruck unterschieden werden.

Ergebnisse

Abb. 1 zeigt das Verhalten des systolischen Drucks im Vergleich beider Belastungsarten. Der Blutdruck steigt, wie zu erwarten, belastungsabhängig deutlich an.

Ein signifikanter Unterschied der Blutdruckwerte beider Belastungsarten besteht nicht; in der Tendenz ist der systolische Blutdruck bei Ruderbelastung eher niedriger. Auch die Erholungsphase zeigt keine signifikanten Unterschiede.

Abb. 2 zeigt das Verhalten des mittleren arteriellen Drucks. Die Tendenz während der FE ist belastungsabhängig deutlich steigend. Im Gegensatz dazu findet sich bei der RE eine eher gleichbleibende bis fallende Tendenz. In der höchsten Belastungsstufe von 350 W ist der mittlere arterielle Druck in der RE signifikant geringer, die Erholungsphase weist keine mathematisch signifikanten Unterschiede auf.

Abb. 3 zeigt das Verhalten des diastolischen Blutdrucks. Ab 200 W ist bei Ruderarbeit der diastolische Blutdruck signifikant niedriger als bei Fahrradarbeit. Die Erholungsphase wiederum weist keine statistisch auswertbaren Unterschiede auf.

Diskussion

Bei den von uns untersuchten Versuchspersonen finden sich ähnliche systolische Werte bei Ruder- und Fahrradarbeit, der arterielle Mitteldruck ist tendenziell, der diastolische Blutdruck ist beim Rudern durchweg signifikant niedriger.

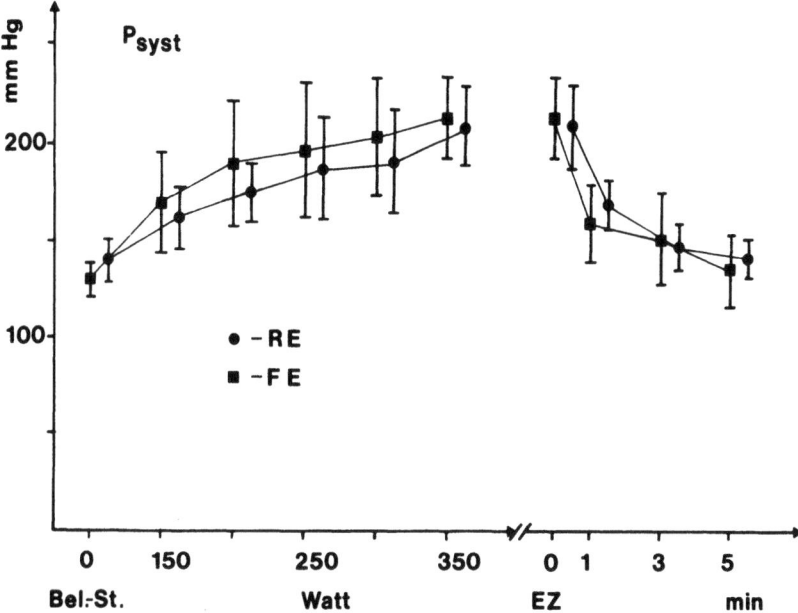

Abb. 1. Verhalten des systolischen Blutdrucks (P_{syst}) im Vergleich der Fahrradergometrie (FE) zur Ruderergometrie (RE) bei 10 Versuchspersonen. Die Ordinate zeigt den Blutdruck in mmHg. In der Abszisse sind die Belastungsstufen von Ruhe über 150 W bis 350 W eingetragen, getrennt davon die Erholungszeit bis zu 5 min. Verbunden wurden die Mittelwerte aus den Messungen der 10 Probanden, weiterhin ist die Standardabweichung eingezeichnet

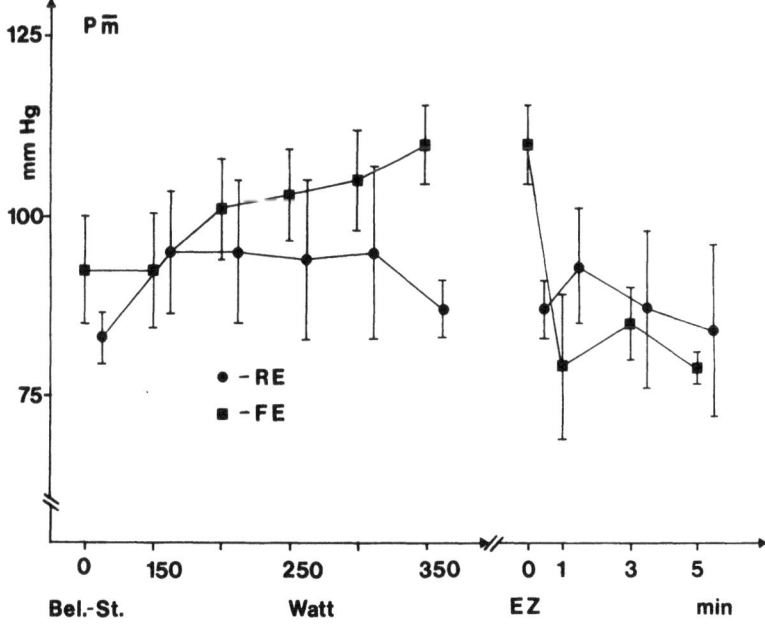

Abb. 2. Verhalten des mittleren arteriellen Drucks $P_{\bar{m}}$ bei Ruder- (RE) und Fahrradergometrie (FE) bei 10 Versuchspersonen (Legende sonst wie bei Abb. 1)

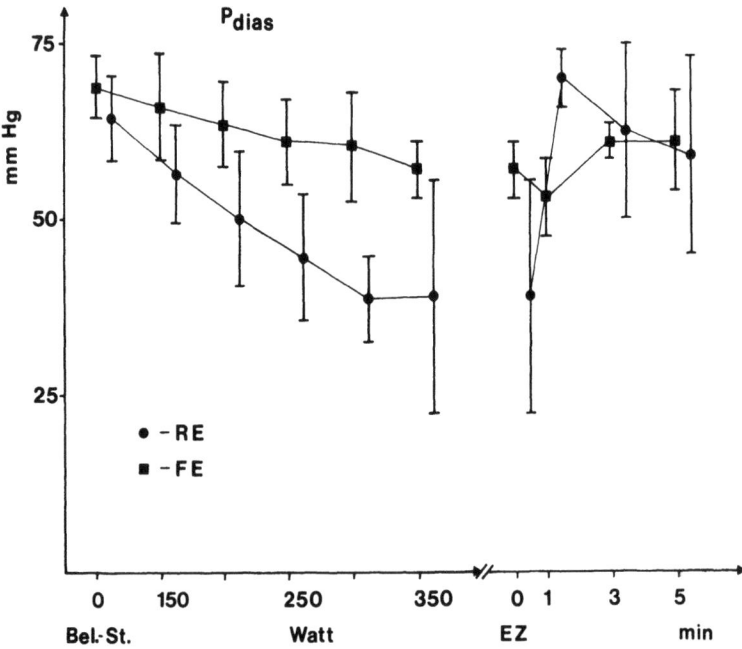

Abb. 3. Verhalten des diastolischen Drucks P_{dias} bei Ruder- und Fahrradergometrie bei 10 Versuchspersonen (Legende sonst wie bei Abb. 1)

Diese Ergebnisse stehen in einem gewissen Widerspruch zu einem älteren Bericht. Dabei wurde aber kein systematischer Vergleich verschiedener Belastungen mit definierter Leistung durchgeführt [2]. Trotz der höheren kardiokorporalen Beanspruchung bei Ruderarbeit [6, 7] und des somit höheren HMV's gegenüber Fahrradarbeit auf derselben Belastungsstufe [1, 3, 5] findet die kardiozirkulatorische Anpassung bei Ruderarbeit offenbar nicht durch Erhöhung des systolischen und des mittleren arteriellen Drucks statt, sondern durch Erniedrigung des peripheren Widerstands. Dies wäre ein günstiger Effekt dieser Belastungsform.

Es ist bekannt, daß durch die periphere Lage der Punktionsstelle an der A. radialis diastolische Blutdruckwerte etwas niedriger bestimmt werden [5]. Dieser Effekt könnte durch die Armarbeit beim Rudern verstärkt werden, erklärt aber dennoch nicht die signifikanten Unterschiede.

Denkbar wäre belastungsspezifisch ein unterschiedliches venöses Preload am Herzen durch die Arbeit beim Rudern [2, 3]. Dies müßte noch weiter untersucht werden.

Für Rudersportler scheint nach der vorliegenden Untersuchung Rudern kein erhöhtes Risiko einer Belastungshypertonie darzustellen.

Literatur

1. Ekelund LG, Holmgren A (1967) Central hemodynamics during exercise. Circ Res 20/21 [Suppl I]
2. Fleischer H, Zerzawy R, Petenyi M, Bachmann K (1976) Telemetrische Untersuchungen der Herz- und Kreislaufbelastung beim Rudern. Sportarzt Sportmed 27:97–100
3. Kindermann W, Reindell H, Keul J (1977) Hämodynamik bei Gesunden und Kranken unter körperlicher Belastung. Sportarzt Sportmed 28:199–203
4. Langbehn AF (1985) Definition und Stellenwert des Belastungshochdrucks. Med Klin 2:22–26 (Sondernummer)
5. Löllgen H (1986) Kardiopulmonale Funktionsdiagnostik. Ciba, Basel
6. Steinacker JM (1983) Die Ruderergospirometrie als Methode der sportartspezifischen Leistungsdiagnostik. Dtsch Z Sportmed 34:333–342
7. Steinacker JM, Marx TR, Marx U, Lormes W (1986) Oxygen consumption and metabolic strain in rowing ergometer exercise. Eur J Appl Physiol 55:240–247

„Vierer mit" – Rudern mit Sehgeschädigten und Blinden. Ein Projekt des Deutschen Ruderverbandes

F. Kreiß

Jede gesellschaftliche Gruppierung, so auch der Sport, hat die Pflicht und Aufgabe, sich mit ihren Möglichkeiten und Ressourcen für die Belange der Gesellschaft einzusetzen, bei der Lösung gesellschaftlicher Probleme mitzuwirken; dieses um so eher, wenn das Prinzip „Gemeinnützigkeit" zum Wesen der Organisation gezählt wird, ja sogar in besonderer Weise herausgestellt ist.

Der Deutsche Ruderverband hat sich mit seinem Projekt „Vierer mit" dieser Aufgabe bewußt gestellt und ist als Sportorganisation mit seinem Sportartenangebot auf die Gruppe der Sehgeschädigten und Blinden zugegangen.[1]

Neben dem Bewußtsein einer gesellschaftlichen Verpflichtung des Verbandes steht die Erkenntnis der besonderen Eignung der Sportart Rudern für den Sport der genannten Gruppe behinderter Menschen:
- Rudern ist eine den ganzen Körper beanspruchende Kraftausdauersportart,
- Rudern ist eine Sportart, die in besonderer Weise die Koordination schult,
- Rudern als Sportart vermittelt ein besonders intensives Erleben der Natur und der Naturelemente,
- Rudern ist eine Mannschaftssportart, in der der einzelne in dem Angewiesensein auf den anderen zum anderen geführt wird.

Die Struktur des Deutschen Ruderverbandes sowie die funktionsfähigen und für den einzelnen überschaubaren Vereinsstrukturen lassen die Organisation des Rudersports als besonders geeignet erscheinen für ein Angebot sportlicher Betätigung an sehgeschädigte und blinde Mitbürger.

Die Situation der sehgeschädigten und blinden Menschen, die möglichen Auswirkungen der Behinderung bei Sehgeschädigten und Blinden soll im folgenden in kurzen Ansätzen verdeutlicht werden [3, 10, 13]:
- Die durch die Behinderung bedingten fehlenden Entwicklungsreize führen zu Defiziten in psychischen, motorischen, physischen und sozialen Bereichen, die nicht oder nur bedingt durch ein verstärktes Training anderer Sinnesorgane kompensiert werden können.
- Der Mangel an Bewegungserfahrung führt vielfach zu Bewegungshemmungen, die den Effekt mangelnder Bewegungsreize noch verstärken bis hin zu Bewegungsangst und absoluter motorischer Reduktion, die wiederum häufig begleitet wird von einer bewußten und gewollten Isolation.

---

[1] Deutscher Ruderverband. Strukturplan. Hannover, Hanau 1985

J. M. Steinacker (Hrsg.)
Rudern
© Springer-Verlag Berlin Heidelberg 1988

– Ein solcher Prozeß wird häufig noch verstärkt durch immer wieder zu beobachtende „Überhütung" behinderter Menschen durch die betreuenden Personen.

„Der Hauptgrund, daß viele blinde Kinder inaktiv sind, liegt nicht nur in ihren begrenzten Möglichkeiten, sondern auch in falschen Einstellungen von seiten der Eltern, Lehrer und der allgemeinen Öffentlichkeit" ([5], S. 204).

Das Angebot „Rudern für Sehgeschädigte und Blinde" durch den Deutschen Ruderverband verfolgt dabei mehrere Ziele. Zunächst geht es ganz allgemein um die Minderung der Folgen der Sehschädigung, d. h. Abbau motorischer Störungen, Stärkung der Körperfunktionen, Ökonomisierung der körperlichen Bewegung, Förderung der Restfunktionen, Steigerung des allgemeinen psychophysischen Leistungsvermögens. Sport im Ruderverein, Sport überhaupt kann Hilfe sein zur Aufhebung von Apathien, zur Aufgabe einer vielfach selbstgewählten Isolation. Sport im Verein führt hin zu einem Leben in heterogenen wie auch homogenen Gruppen, dabei kann der Sport Einsichten und Verständnis vermitteln für die Situation Behinderter gegenüber Nichtbehinderten, er kann helfen, Vorurteilsschranken auf beiden Seiten abzubauen. Die Grundlage hierzu liegt auch darin begründet, daß ein Sporttreiben hinführen kann zu sich selber, zum „Ich", zur Selbständigkeit und damit zu einem neuen Selbstbewußtsein.

Die Steigerung der Erlebnisfähigkeit und damit eine Erhöhung der Lebensqualität zeigt sich beim Rudersport z. B. in einem Hinführen zum bewußten Erleben der Umwelt und Natur, wie es in wenig anderen Sportarten für diese Behindertengruppe möglich wird. Der Deutsche Ruderverband wendet sich mit seinem Angebot an die Gruppe der Sehgeschädigten und Blinden mit dem Ziel, diese in den Regelverein zu integrieren.

Die Inhalte der rudersportlichen Aktivitäten mit Sehgeschädigten und Blinden sind bestimmt durch Formen des Breiten- und Freizeitsports, d. h. vor allem Wanderrudern und Fitneßrudern. Das schließt nicht aus, daß auch ein wettkampforientierter Rudersport zum Tragen kommen kann, wenn entsprechendes Interesse und Können gegeben sind. Die Sehbehinderung stellt nicht grundsätzlich die Ausklammerung des Leistungssports dar; das Beispiel eines erblindeten Schweizer Ruderers, der sowohl im Achter als auch im Vierer Schweizer Meister wurde, beweist das.

Das Erlernen der Ruderbewegung erfolgt über eine Ausbildung und Verstärkung von kinästhetischen und vestibulären Regelkreisen. „Der Ausfall jeglicher optischer Informationen führt bei Blinden zu einer sensorischen Organisation, bei der kinästhetische, akkustische und taktile Informationen überwiegen" ([6], S. 196).

Das Prinzip der kybernetischen Lehrweise beim Rudern führt zu folgender Lernorganisation: Aufgabenstellungen werden verbalisiert. Der Blinde muß nun bei seinen Lösungsversuchen über den kinästhetischen und vestibulären Analysator den Vergleich zwischen Istwert und Sollwert herstellen. Diesen Vergleich kann der Blinde aber nur unter Berücksichtigung früherer Lernerfahrungen wie der verbalisierten Erfahrung durch den Lehrenden ziehen.

Der Aufbau der Bewegung verläuft dann nach Meinel in drei Phasen.

In der „ersten Lernphase – Entwicklung der Grobkoordination,
          zweiten Lernphase – Entwicklung der Feinkoordination,
          dritten Lernphase – Stabilisierung der Feinkoordination und Entwicklung
          der variablen Verfügbarkeit" ([11], S. 235).

Im Lernbereich der Sehgeschädigten und Blinden kann dieser Lernprozeß erheblich verzögert ablaufen. Der Sehbehinderte muß viel Zeit haben, um diese neue Welt zu „begreifen" und zu „erfahren". Die Lerngeschwindigkeit hängt ab von Faktoren wie dem Zeitpunkt des Eintritts der Behinderung, dem Grad der Sehschädigung, den motorischen Vorerfahrungen, den konditionellen Voraussetzungen, der Komplexität des Bewegungsablaufs. Die Fähigkeit, akustische Signale richtig deuten zu können, Bewegungsbeschreibungen verstehen zu können und diese auch umzusetzen, spielen eine ganz wesentliche Rolle wie auch ganz besonders die Lernatmosphäre, in der der Lernprozeß abläuft.

Im Unterricht mit Sehbehinderten und Blinden gilt es Prinzipien zu beachten, die von der besonderen Situation der Betroffenen bestimmt sind:

- Feste Organisationsformen helfen Sicherheit zu gewährleisten und die Konzentration nicht zu stören.
- Die notwendige Zuwendung zum einzelnen, die individualisierung des Unterrichtens erfordert einen recht hohen Betreuungsaufwand.
- Dem Training der zur Verfügung stehenden Restsinne kommt eine besondere Bedeutung zu, wie auch der Schulung der Orientierungsfähigkeit in Raum und Zeit.
- Der Rudersport ist prädestiniert dazu, dem Sehgeschädigten und Blinden umfassende Materialerfahrung zu vermitteln. Der Blinde „erfährt" und „ergreift" das Material im eigentlichen Wortsinne. Diese Verdinglichung des Unterrichtsprozesses verhindert, daß Unterricht stark verbalisiert abläuft. Gerade für den Blinden ist es von besonderer Bedeutung, umfangreiche Material- und Umwelterfahrung sammeln zu können, um so zum einen Erlebnis- und Erfahrungsdefizite abbauen zu können, zum anderen ein höheres Maß an Selbständigkeit zu erwerben.

Der Rudersport eignet sich in besonderer Weise für die Zielgruppe der Sehgeschädigten und Blinden. Er trägt dem Bewegungsbedarf und Bewegungsbedürfnis in besonderer Weise Rechnung. Im sportlichen Vollzug sind Sehende und Blinde gleichgestellt; der Blinde kann alles,, nur nicht sehen. Die Mannschafts- und Natursportart Rudern kann der erwünschten Integration behinderter Menschen in besonderer Weise zuarbeiten.

Die bisherigen Aktionen und die Maßnahmen innerhalb des Projektes „Vierer mit – Rudern für Sehgeschädigte und Blinde" des Deutschen Ruderverbandes haben all dieses bestätigt und herausgearbeitet: für den Rudersport ist aufgrund seiner besonderen Struktur eine ganz große Aufgabe gegeben. Die bisher gemachten Erfahrungen und Erfolge ermutigen, in der Arbeit fortzufahren. Dabei sind besondere Akzente zu setzen auf die Aus- und Fortbildung von Betreuern. Dieses hat durch die Erstellung von Lehrkonzeptionen, Lehrmaterialien und durch ein gezieltes Angebot an Lehrgangsmaßnahmen zu geschehen. Darüber hinaus muß Informationsmaterial entwickelt werden, sowohl für die betroffenen Sehgeschädigten und Blinden selber wie auch für die Vereine, die für die Arbeit zu gewinnen sind. Die Dokumentation aller bisherigen Erkenntnisse dient der Sicherung der Erfahrung als Grundlage für weitere Überlegungen.

„Vierer mit" – mehr als ein Programm, eine verantwortliche Aufgabe.

Literatur

1. Bleidick U (1976) Pädagogik der Behinderten, 3. Aufl., Marhold, Berlin
2. Ciuraj R (1983) Rudern für Blinde. In: Scherer F (Hrsg) Sport mit blinden und sehbehinderten Kindern und Jugendlichen. Hofmann, Schorndorf, S 234–239
3. Goerke GW (1985) Integration von Sehgeschädigten im Rudersport. Rudersport 21:461–462
4. Grosser M, Hermann H, Tusker F, Zintl F (1987) Die sportliche Bewegung. BLV, München
5. Jochheim KA, Schoot P van der (Hrsg) Behindertensport und Rehabilitation, Teil II. Hofmann, Schorndorf
6. Kosel H (1981) Behindertensport. Pflaum, München
7. Kreiß F (1981) Möglichkeiten und Grenzen des Behindertensports. Rudersport 10
8. Kreiß F (1982) Möglichkeiten des Behindertensports. Sportpraxis 2:5 (Lehrbeilage: Der Übungsleiter)
9. Kreiß F (1986) Sport mit Behinderten. Rudersport 11:249–250
10. Kreiß F (1987) „Vierer mit" – ein Programm für und mit Behinderten. Rudersport 27:633–635
11. Meinel K, Schnabel G (1976) Bewegungslehre. Volk & Wissen, Berlin
12. Schröder W (1975) Blinde Kinder lernen rudern. Rudersport 31
13. Schröder W (1986) Rudern mit stark Sehbehinderten und Blinden. Rudersport 11:251–253
14. Ulbrich K (1986) Rudern mit Behinderten – insbesondere Blinden. Erfahrungen und Absichten. Rudersport 16
15. Ulbrich K (1987) DRV-Projekt: Sehgeschädigten-Rudern. Rudersport 23:551

Verletzungs- und Schadensrisiko beim Rudern

G. Helbing

Einleitung

Das Verletzungsrisiko im Rudersport ist aus unfallchirurgischer Sicht äußerst gering, insbesondere ist die Inzidenz sportartspezifischer Verletzungen niedrig. Leistungsruderer entwickeln aber neben der Wasserarbeit eine Vielzahl ergänzender Trainingsaktivitäten wie Waldlauf, Radfahren, Krafttraining mit Hanteln oder Beinstoßgeräten u. a. m. Verletzungsmöglichkeiten bei diesen Sportarten müssen deshalb dem Risiko des Ruderers hinzugerechnet werden.

Schäden im Sinne chronischer Überlastungsreaktionen können zwar prinzipiell auftreten, sind aber bei regelmäßiger sportmedizinischer Überwachung und dem Alter sowie Leistungsvermögen angepaßter Trainingsplanung weitgehend vermeidbar.

Spezifische Verletzungsmechanismen

Schwere Abdominalverletzungen, auch perforierende Verletzungen durch Bugspitzen finden sich zwar in der Literatur erwähnt [4], stellen aber die extreme Ausnahme dar. Am meisten exponiert sind die Hände; insbesondere beim Skiffrudern, aber auch beim Riemenrudern kann es (durch Kontakt des gefaßten Riemens mit der Bordwand) zu Prellungen und Quetschungen der Finger kommen. Ferner finden sich Probleme mit Blasen- und Schwielenbildungen. Üblicherweise bedürfen solche Läsionen aber nicht einer Behandlung durch den Facharzt. Blasen werden steril abpunktiert, aber nicht entfernt, damit die darunterliegende, empfindliche Haut noch geschützt bleibt. Schwielen sollen regelmäßig mit Bimsstein abgetragen werden, besonders ausgeprägte Schwielen können mit Salizylsäure (Paste, 3%ig) aufgeweicht und in dünnen Schichten abgelöst werden. Ein Schutzverband ist anschließend erforderlich.

Schadensrisiko

Bei den von Leistungsruderern geklagten Beschwerden stehen Wirbelsäulenprobleme an erster Stelle, gefolgt von Kniebeschwerden, Schwierigkeiten mit Handgelenken und Sehnen, ferner Hüftbeschwerden und Symptomen im Bereich des Schultergürtels [1, 5]. Zwar kommt es unter der Belastung des Ruderns zu einer Erhöhung

J. M. Steinacker (Hrsg.)
Rudern
© Springer-Verlag Berlin Heidelberg 1988

des Bandscheibendrucks [2, 3], eine Koinzidenz zwischen dem Rudern und manifesten Wirbelsäulenerkrankungen besteht aber offenkundig nicht, da Ruderer nicht häufiger als vergleichbare Gruppen in der Normalbevölkerung betroffen sind. Dennoch erscheint es für die sportmedizinische Betreuung von Ruderern sinnvoll, die bei Wirbelsäulenproblemen in Frage kommenden Differentialdiagnosen hier noch einmal kurz zusammenzufassen.

Hinter dem Begriff *Lumbago* verbirgt sich ein akuter Schmerz ("Kreuz- oder Rückenschmerzen"). Die symptomatische Manifestation beginnt plötzlich und geht einher mit reflektorischer Verspannung der autochthonen Rückenmuskulatur, normalerweise ohne daß eine Körperhälfte besonders betroffen wäre. Auslösend wirkt meistens das Anheben einer Last bei gebeugtem Rücken. Ursache sind degenerative Prozesse der Bandscheiben, die mit einer Tonusverminderung einhergehen und zu einer Protrusio des Diskus gegen den Spinalkanal führen. Drucksteigerungen im Abdomen (Husten, Pressen) können die Symptomatik verstärken bzw. Rezidive auslösen.

Therapeutisch kommen initial analgesierende Maßnahmen in Frage, später Wärmeapplikation und Lockerungsmassagen gegen die Muskelverspannung. Im postakuten Stadium sind ausgewogene physiotherapeutische Maßnahmen mit Rücken- und Bauchmuskelübungen angezeigt. Unter adäquater Therapie sind die Symptome voll reversibel.

Mit *"low back pain"* werden chronische Kreuzschmerzen infolge manifester Verschleißprozesse der kleinen Wirbelgelenke bezeichnet. Durch Viskositätsminderung der Bandscheiben-Gallertkerne sintern die Wirbelkörper zusammen, die Gelenkfacetten schieben sich ineinander, eine Spondylarthrose bildet sich aus.

Die Therapie ist auch hier symptomatisch mit Wärmeapplikation, Lockerungsmassagen und einer konsequent durchgeführten Bewegungstherapie mit Kräftigung der gesamten Rumpfmuskulatur.

Das *lumbale Wurzelreizsyndrom* muß gegen die beiden vorgenannten Zustände sorgfältig abgegrenzt werden. Ursache ist meist die Protrusio einer Bandscheibe oder der Prolaps eines Nucleus pulposus. Folge ist eine Einengung der Foramina intervertebralea mit Kompression der entsprechenden Nervenwurzel. Die Raumverdrängung spielt sich mehrheitlich seitlich ab, da median das Längsband relativ gut Widerstand gegen einen Bandscheibenvorfall leistet.

Die Symptomatik ist hoch akut mit plötzlich einschließendem Schmerz, reflektorischer Muskelverspannung und Seitenverbiegung der Wirbelsäule. Je nach Lokalisation findet sich ein objektivierbares neurologisches Defizit mit Hypästhesien meist in den Dermatomen L_4, L_5 oder S_1 und möglicher Abschwächung des PSR oder ASR. Bei eindeutigem neurologischen Defizit ist die operative Behandlung mit Entfernung des Nucleus pulposus oder des Sequesters nötig.

Für die Entstehung einer *Skoliose* (Drehungsverbiegung) bei Ruderern gibt es keinerlei Hinweise. Seitliche Verkrümmungen der Wirbelsäule werden allerdings bei Riemenruderern gelegentlich beobachtet, Krankheitswert kommt ihnen jedoch nicht zu. Besteht bei einem jungen Rudersportler bereits eine Skoliose, dann kann abhängig vom Ausmaß die Einschränkung des aktiven Trainings notwendig werden.

Ein therapeutischer Nutzen, wie etwa beim therapeutischen Reiten, ist bei bestehenden Anomalien der Wirbelsäule durch das Rudern nicht zu erwarten.

Die nach Häufigkeit an zweiter Stelle bei Ruderern angegebenen *Kniebeschwerden* werden nur ausnahmsweise durch eine Chondromalazie verursacht. Überwiegend handelt es sich um sog. „Hyperpressionssyndrome", bedingt durch rudertechnische Unzulänglichkeiten. Besonders scheint die früher geübte Technik mit langer Rollbahn, extremer Beugung und voller Streckung der Kniegelenke im Endzug Knieprobleme induziert zu haben. Ebenso können übertriebenes Training mit dem Beinstoßgerät oder sog. Tiefkniebeugen mit Zusatzlast unnötige Kniebeschwerden verursachen [5]. In diesem Zusammenhang ist darauf hinzuweisen, daß bei kraftvoller Streckung die Patella einen enormen Druck (über 1 Tonne!) auf das Gleitlager ausübt. Einseitige Trainingsbelastungen für die Kniegelenke sollen deswegen durch Ausgleichssportarten wie Schwimmen kompensiert werden.

Probleme mit den Extensorsehnen am Handgelenk *("rower's wrist")* können ein limitierender Faktor werden, da sie den Athleten besonders in seiner Leistungsfähigkeit einschränken. Sofern sie bedingt sind durch fehlerhafte Skull- oder Riemenführung, inadäquaten Griffdurchmesser oder falsche Hebellänge, muß die Beseitigung entsprechend kausal ansetzen. Sonst sind therapeutisch Eisanwendungen, antiphlogistische Maßnahmen, bedingt auch das "taping" zu empfehlen. Tapeverbände sind allerdings mit Einschränkungen anzuwenden, da sie – zu straff angelegt – die Durchblutung beeinträchtigen können.

Schlußfolgerungen

Insgesamt ist das Verletzung- und Schadensrisiko beim Rudern im Vergleich zu vielen populären Sportarten wie Fußball, anderen Ballspielen, Skifahren, Leichtathletik, Reiten usw. extrem niedrig. Sportartspezifische Verletzungen ernsteren Ausmaßes werden kaum beobachtet, Verletzungen bei Ausgleichssportarten wie Krafttraining oder Radfahren müssen allerdings bei Leistungsruderern prinzipiell dem Rudern angelastet werden.

Auch für die Entstehung von Wirbelsäulenveränderungen, vermehrtem Knorpelverschleiß im Bereich der unteren Gliedmaßen oder von Problemen im Bereich der Hüftgelenke und des Schultergürtels durch aktives Rudern gibt es keinerlei Hinweise. Die Morbidität ist bei Ruderern nicht höher als in vergleichbaren Altersgruppen der Normalbevölkerung. Lediglich Überlastungssyndrome der Unterarmstrecksehnen ("rower's wrist") sind als ruderspezifisch anzusehen und müssen durch Verbesserung der Technik, individuelles Anpassen der Griffdurchmesser oder Hebellängen an den Ruderer beseitigt werden.

Trainer wie Sportmediziner müssen die Athleten dahingehend betreuen und beraten, daß sich Training und Ausgleichstraining sinnvoll ergänzen, einseitige und biomechanisch ungünstige Belastungen vermieden werden. Dazu gehört primär eine korrekte, neuesten Erkenntnissen angepaßte Rudertechnik, aber auch dosiertes Krafttraining mit einer auf die individuellen Verhältnisse ausgelegten Übungsfrequenz und *ohne* übertriebene Gewichtsbelastung.

Literatur

1. Hagerman FC (1984) Applied physiology of rowing. Sports Med 1:303–326
2. Jäger M, Wirth CJ (Hrsg) (1986) Praxis der Orthopädie. Thieme, Stuttgart
3. Nachemson A, Morris JM (1964) In vivo measurements of intradiscal pressure. J Bone Jt Surg 46-A:1077–1092
4. Pförringer W, Rosemeyer B, Bär HW (Hrsg) (1985) Sport – Trauma und Belastung. Perimed, Erlangen
5. Pohlentz H (1985) Sportmedizinische Betreuung von Rennruderern. In: Körner T, Schwanitz P (Hrsg) Rudern. Sportverlag, Berlin DDR

Rudern und Scheuermann-Krankheit

M. Rütten und *L. Rütten*

Rudern ist eine Sportart mit Belastung des ganzen Körpers. Wie bei jeder Sportart muß unterschieden werden in Leistungssport, Breitensport und Behindertensport. Bei ungünstigen konstitutionellen Bedingungen können auch bei Breitensportarten Schäden auftreten. Der 1927 von Bätzner erstmals eingeführte Begriff des Sportschadens zeigt, daß bei einem Mißverhältnis von Belastung und Belastbarkeit schleichende pathologische Veränderungen auftreten können. Sportschäden haben nach Groh [2] bis 5% aller Sporttreibenden, dabei ist der Sportschaden z.Z. das größte Problem des modernen Hochleistungssports. Das bradytrophe Gewebe des Bewegungsapparates hat sich dabei für die sportliche Höchstleistung als limitierender Faktor erwiesen. Hinzu kommt die sich ändernde Geweberelation, da bis zur Pubertät die Muskelmasse 30% des Körpergewichts beträgt, danach aber 40%. Für eine Schädigung ist der Akzellerierte besonders anfällig. Die sportliche Aktivität des Ruderns fällt hauptsächlich in die Zeit des Körperwachstums, deshalb soll versucht werden, aus orthopädischer Sicht den Zusammenhang zwischen der Sportart Rudern und einem möglichen Sportschaden der wachsenden Wirbelsäule aufzuzeigen. Hierfür sind einige Hinweise zur normalen und pathologischen Anatomie und zur Biomechanik erforderlich.

Die Entwicklung bis zur fertigen Wirbelsäule läuft über die Ursegmente, wobei die Ausbildungen der Bandscheibenräume aus den Intrasegmentalspalten zu vielfältigen Entwicklungsstörungen führen können. Bedingt durch den aufrechten Gang muß sich die Wirbelsäule des Menschen auf veränderte statische Bedingungen einstellen, wobei eine physiologische Krümmung der Wirbelsäule als Lendenlordose und Brustkyphose bezeichnet wird. Eine Verstärkung oder Abflachung dieser Krümmungen kann abhängig von Stärke und Dauer zur Schädigung führen. Besonders anfällig ist die in Kyphose stehende Brustwirbelsäule, weil der Belastungsdruck im Bereich der Wirbelkörper und der Bandscheibenräume liegt. Eine Belastung in verstärkter Kyphose wird durch Verlagerung der Druckspitzen und der Druckrichtung deshalb auch die ventralen Anteile der Wirbelsäule beansprucht. In verstärktem Maß trifft dies auf die normal in Lordose stehende Lendenwirbelsäule zu. Die wirbelüberspringende Rückenstreckmuskulatur liegt dorsal der Wirbelkörperreihe und gibt dem normal gebauten Körper die aufrechte Haltung und die Beweglichkeit. Jede Änderung der günstigsten Körperhaltung führt zur Funktionseinbuße und zur Schädigung bis hin zur Krankheit. Die sitzende Lebensweise brachte die Wirbelsäule in eine großbogige C-förmige Fehlstellung, die großbogige Kyphose führt nachweislich zu Deformierungen der einzelnen Wirbel und zur Degeneration. Der Sport kann diese Fehlform beseitigen und die Folgen verhindern, sofern sich der Mensch

J.M. Steinacker (Hrsg.)
Rudern
© Springer-Verlag Berlin Heidelberg 1988

an die anatomischen und physiologischen Gegebenheiten seines Körpers hält [4, 14, 15].

Die zwischen den Wirbelkörpern liegenden Bandscheiben mit dem zentralen gallertartigen Nucleus pulposus verformen sich bei Druckzunahme, bei Entlastung nehmen sie wieder die alte Form ein. Der axiale Druck gewährleistet eine günstige Druckverteilung, bei seitlichen oder Rotationsbewegungen wird der Nucleus pulposus zum Ausweichen gezwungen. Bei Schädigung des Anulus fibrosus kann es zu den klassischen Möglichkeiten einer dorsalen Diskushernie kommen. Die durch Diffusion erfolgende Ernährung des bradytrophen Bandscheibengewebes ist durch den Pumpmechanismus mit abwechselndem Druck und Unterdruck gewährleistet. Dauernder Druck oder Unterdruck führen zur Degeneration. Für den Gelenkknorpel und für die Bandscheibe ist der durch Fehlhaltung bedingte Dauerdruck gleichermaßen verhängnisvoll. Bewegung führt nicht durch Abrieb zum Verschleiß, sondern erhält den Knorpel.

1921 beschrieb Holger W. Scheuermann aus Kopenhagen das Krankheitsbild der Adoleszentenkyphose [16] mit seinen typischen während der Pubertät auftretenden Aufbaustörungen in Form der aseptischen Knochennekrose an den Wachstumsgrenzen der Wirbelkörper. Es kommt zu den Deformierungen in typischer Form, meist verbunden mit einer Rundrückenbildung, mit einer Bewegungseinschränkung und mit Schmerzen. Die bleibende Deformierung der Wirbelkörper führt später zur Degeneration und Funktionseinbuße des Wirbelsäulenabschnittes (Abb. 1). Als Ursache der Wachstumsstörungen an der Wirbelkörper-Bandscheibengrenze werden unverändert erbliche, konstitutionelle und endokrine Veränderungen angesehen. Die Krankheit wird vorwiegend bei lang aufgeschossenen Jungen und Mädchen gefunden. Sie steht zeitlich mit der Pubertät und ihrem Überangebot an somatotropen Wachstumshormonen bei Minderangebot der Sexualhormone in Zusammenhang.

Abb. 1. Wirbelkörper bei Scheuermann-Krankheit

Durch Kyphosehaltung und Belastung in Kyphose werden die Wirbelkörperdeformierungen verstärkt. Der Scheuermann-Rücken läßt sich mit Abflachung der Kyphose (Korsett, Gipsliegeschale, Operation) und Kräftigung der Rückenstreckmuskulatur aufrichten. Mit der Aufrichtung vermindert sich der Druck an den Wachstumszonen.

Auffallend häufig findet sich neben den typischen Veränderungen im Röntgenbild und den Befunden der klinischen Untersuchung gleichzeitig eine Skoliose mit exzentrischer Belastung der Bandscheiben, wodurch die Diskussion über die mechanische Ursache der Scheuermann-Krankheit oder mindestens deren Verschlimmerung ein weiteres Argument erhält.

Es ist nicht verwunderlich, daß neben den Kyphosehaltungen aus der Arbeitswelt auch Sportarten mit Wirbelsäulenbelastung immer wieder als ungünstige Faktoren bei der Scheuermann-Krankheit angesehen werden. In der Literatur wird dabei als verschlimmernde Sportart häufig auch das Rudern angeführt [2, 3, 8, 10, 11, 17, 18].

Solche Nachweise sind sehr schwierig, wir sind angewiesen auf vergleichende Studien unter Ruderern, gegenüber anderen Sportarten und gegenüber Nichtsportlern. Die elementare Bewegung des Hochhebens mit der kräftigen Rückenstreckmuskulatur entspricht in anderer Ebene dem Rudern. Die Ruderbewegung gibt es, solange der Mensch mit günstiger Hebelwirkung etwas fortbewegen will. Die bei Bewegung verstärkte Kyphose ist dabei physiologisch. Die ungünstigen Druckbelastungen in den extremen Endstellungen werden vermieden. Es konnte nachgewiesen werden, daß beim Ruderdurchzug jede Bandscheibe um 1 mm komprimiert wird [5]. Dies ist genau in axialer Richtung der Pumpmechanismus, der zur Ernährung des Knorpels erforderlich ist. Voraussetzung ist ein Ruderstil, der die Rückenstreckmuskulatur mitbenutzt. Extreme Fehlstellungen des Rückens beim Rudern sind mit Sicherheit ungünstig, dieses gilt sowohl für eine zu starke Streckung im Lendenwirbelbereich wie auch eine zu starke Dehnung der Lendenwirbelsäule. Der windschnittige Ruderstil einiger Ruderer ist eindeutig für die Wirbelsäule problematisch. Die intradiskalen Druckmessungen haben gezeigt, daß bei Anspannung der Rückenstreckmuskulatur der Druck in den Bandscheibenräumen verkleinert wird [1, 7, 12, 13].

Die günstige Beeinflussung der Wirbelsäule durch Rudern kann durch vergleichende Untersuchungen bestätigt werden. Bei der Durchschnittsbevölkerung besteht schon zwischen dem 20. und 30. Lebensjahr eine Erkrankungsrate an Kreuzschmerzen von 40%, bei Ruderern dagegen sehr selten [6]. Echte Bandscheibenvorfälle sind bei Ruderern eine Rarität [6]. Stärkere Belastungen treten allerdings beim Wintertraining mit ungewohnten Sportarten auf.

Die Morbiditätsrate für die Scheuermann-Krankheit liegt bei der Normalbevölkerung den Literaturangaben nach bei 20–30%, sofern die klinischen Befunde herangezogen werden. Röntgenaufnahmen der Wirbelsäule zeigen bei 80% der Bevölkerung Residuen von Aufbaustörungen. Dabei wird der Krankheitswert der Befunde von den verschiedenen Fachgruppen unterschiedlich eingestuft. Auffallend ist, daß bei deutlichen Scheuermann-Veränderungen nur jeder 5. über Beschwerden klagt. Wegen der unterschiedlichen Bewertung der Befunde werden in der Literatur die gesonderten Scheuermann-Veränderungen und die gesamten Wirbelsäulenveränderungen sehr unterschiedlich angegeben. Entsprechend den Literaturangaben werden einige wirbelsäulenbelastende Sportarten aufgezeigt (Abb. 2). Wenn man bedenkt,

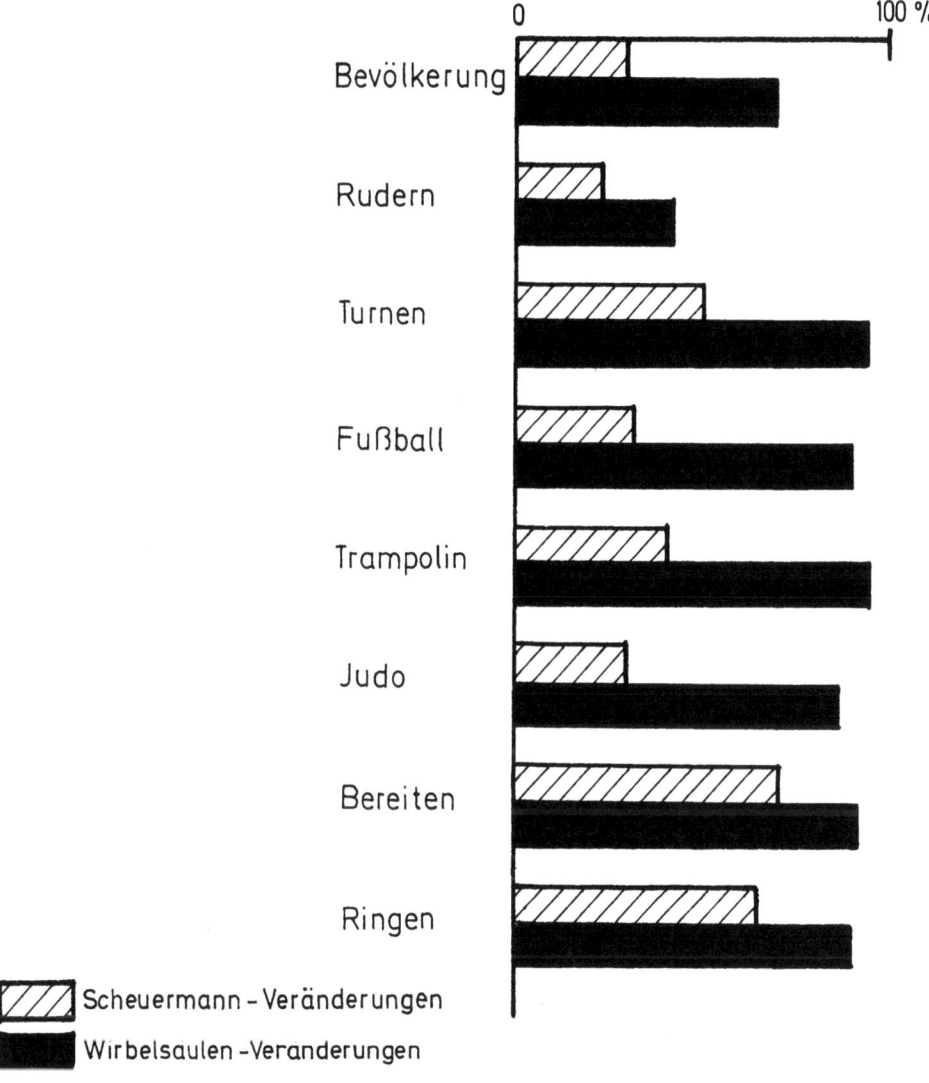

Abb. 2. Literaturangaben über Scheuermann-Veränderungen und gesamte Wirbelsäulen-Veränderungen [2, 3, 5, 8, 11, 17, 18]

daß der Beginn des Rudertrainings in die Pubertät fällt und gerade Akzelerierte für diesen Sport geeignet sind, sprechen die Zahlen gegen einen Zusammenhang zwischen Rudern und Scheuermann-Krankheit.

Die graphische Darstellung (Abb. 3) gibt die Beobachtungen und Untersuchungen der Autoren wieder. Die Kurven A und B geben die unterschiedlichen Prozentsätze zwischen Scheuermann-Veränderungen und Scheuermann-Krankheit wieder. Auffallend ist die Abflachung der entsprechenden Kurven C und D für Ruderer. Dies veranschaulicht, daß durch Rudern die Wirbelsäule aufgerichtet und die deformierten Wirbelkörper besser aufgebaut werden. Wenn Rudern wenigstens eine Verschlimmerung einer Scheuermann-Krankheit verursachen würde, müßten die

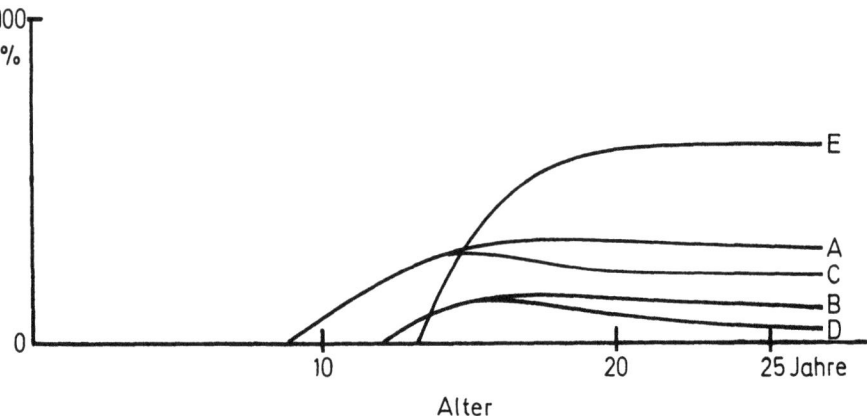

Abb. 3. Scheuermann-Krankheit (*A* in der Bevölkerung, *B* in der Bevölkerung mit Beschwerden, *C* bei Ruderern, *D* bei Ruderern mit Beschwerden, *E* gedachte Kurve bei Rudern als Ursache)

Erkrankungszahlen bei Ruderern steil ansteigen, entsprechend der Kurve E. Das ist aber nicht der Fall. Scheuermann-Veränderungen finden sich bei Ruderern, die sehr jung mit dem Sport begonnen haben, deutlich seltener [5, 6, 9].

Der richtige Ruderstil sollte aus orthopädischer Sicht vermeiden, eine zu starke Brustkyphose zu betonen, da dadurch die Rückenstreckmuskulatur wenig beansprucht wird und deswegen wahrscheinlich eine bestehende Scheuermann-Erkrankung verstärkt wird. Wichtig ist auch, zusätzlich zum Rudern und den begleitenden Trainingsformen, vor allem dem Krafttraining, eine andauernde gymnastische Übung der Beweglichkeit der Wirbelsäule, eine Dehnung und Kräftigung der Rückenmuskulatur durch ein sinnvolles Gymnastikprogramm. Diese Feststellungen decken sich mit den Aussagen der Sportärztekommission des Deutschen Ruderverbandes, die jahrelang Leistungssportler untersucht und betreut hat [6].

Dagegen ist die Wirbelsäule des Heranwachsenden durch viele schädigende Ereignisse über den ganzen Tag hin gefährdet. Erinnert sei an das stundenlange falsche Sitzen in der Schule, bei Schularbeiten oder im Beruf mit nach dorsal gekipptem Becken und Lendenkyphose.

Zusammenfassend kann festgestellt werden, daß die schädigenden Einflüsse des täglichen Lebens eine erhebliche Krankheitsursache für die wachsende Wirbelsäule darstellen. Dagegen ist der Rudersport aus der Kenntnis seiner Bewegungsabläufe heraus als günstige ausgleichende Sportart zu bezeichnen. 1 h Rudern täglich kann aber nicht 12 h falsche Haltung wettmachen. Eine Entstehung der Scheuermann-Krankheit oder deren Verschlimmerung durch Rudern kann nicht bestätigt werden. Es kommt durch normales Breitensportrudern und dessen günstige biomechanischen Einflüsse auf die Wirbelsäule sogar zur Besserung der objektiven und subjektiven Befunde. Rudern ist auch bei bestehender Scheuermann-Krankheit günstig, dabei ist auf orthopädisch gerechten Ruderstil und die Mitbewegung des Rückens zu achten. Rennrudern sollte bei einem floriden Scheuermann mit Schmerzen dagegen vorübergehend abgesetzt und durch normales Rudern ersetzt werden.

Literatur

1. Andersson BJG, Örtegran R, Nachemson A (1977) Intradiscal pressure, intra-abdominal pressure and myoelectric back muscle activity related to posture and loading. Clin Orthop 129:156–164
2. Groh H (1971) WS-Schäden beim Leistungssport. Sportarzt Sportmed, S 270–273
3. Groher W (1975) Auswirkungen des Hochleistungssports auf die Lendenwirbelsäule. Hofmann, Schorndorf (Schriftenreihe des Deutschen Sportbundes)
4. Harms P (1980) Sportfähigkeit beim Morbus Scheuermann. Die juvenilen Wachstumsstörungen der Wirbelsäule. Hippokrates, Stuttgart (Die Wirbelsäule in Forschung und Praxis, Bd 89, S 103)
5. Hertel P (1977) Wirbelsäulenschäden und Rudersport. In: Lenk H (Hrsg) Handlungsmuster Leistungssport. Hofmann, Schorndorf, S 313–321
6. Hertel P (1982) Rudern. In: Pförringer B (Hrsg) Sporttraumatologie. Perimed, Erlangen, S 141–149
7. Horst M (1982) Die mechanische Beanspruchung der Wirbelkörper-Deckplatte. Hippokrates, Stuttgart (Die Wirbelsäule in Forschung und Praxis, Bd 95)
8. Köhler G, Noak H (1959) Zur Frage der Wirbelsäulenveränderungen bei Ruderern unter besonderer Berücksichtigung weiblicher Leistungsruderer. Der Sportarzt 10:3
9. Lauer J (1981) Die Auswirkungen des Leistungssports Rudern auf das Achsenorgan Wirbelsäule. Med Dissertation, Universität des Saarlandes, Homburg/Saar
10. Lieban J, Wulkenhaar H (1974) Die Scheuermann'sche Erkrankung bei Ruderern. Beitr Orthop 21:220–227
11. Mohin W (1967) Sportverletzungen und chronische Schäden des Sports an der Wirbelsäule. Springer, Berlin Heidelberg New York (Hefte für Unfallheilkunde, Bd 91, S 155–162)
12. Nachemson A (1960) Lumbar intradiscal pressure. Acta Orthop Scand [Suppl] 43
13. Nachemson A, Morris JM (1964) In vivo measurements of intradiscal pressure. J Bone Joint Surg 46:1077–1092
14. Prokop L, Jelinek R, Suckert R (1980) Sportschäden. Fischer, Stuttgart
15. Romer U (1973) Die Prophylaxe der Scheuermann'schen Krankheit. Orthopäde 2:140–145
16. Scheuermann H (1921) Kyphosis juvenilis dorsalis. Z Orthop Chir 21:305
17. Steinbrück K, Barthel T (1985) Sportliche Belastbarkeit bei Morbus Scheuermann. Prakt Orthop 17: 245–253
18. Steinbrück K, Krahl H, Rompe G (1980) Sporttauglichkeit bei Scheuermann-Kyphose im Breiten- und Leistungssport. Die juvenilen Wachstumsstörungen der Wirbelsäule. Hippokrates, Stuttgart (Die Wirbelsäule in Forschung und Praxis, Bd 89, S 105)

Biochemische Reaktionen von Ruderern nach erschöpfender sportartspezifischer Ausbelastung unter besonderer Berücksichtigung der Schutzwirkung von Magnesium auf die Muskelzelle

C. Buhl, P.E. Nowacki, N. Heinz, G. Beuther, S.W. Golf, V. Graef, J. Münch und *L. Róka*

Einleitung

Das 2wertige Kation Magnesium beeinflußt die Kontraktilität der Muskulatur und trägt zur Erhaltung der Zellmembranfunktion bei [1, 4].

Ausdauer- und Leistungssportler weisen nicht selten ein Magnesiumdefizit auf [4, 5].

Die vorliegenden Untersuchungen sollen die Frage klären, welche Effekte beim Ausdauersportler nach Magnesiumsupplementierung zu beobachten sind, ob durch Magnesiumgabe die Funktion der Zellmembran aufrecht erhalten und das Austreten von Enzymen und Proteinen aus den Muskelzellen in den extrazellulären Raum verhindert werden kann.

Methodik

Als Probanden stellten sich 15 klinisch gesunde Ruderer (Alter: 21 J. 8 Mo. ± 4 J., Größe: 182,4 ± 7,6 cm, Gewicht: 77,3 ± 7,5 kg) zur Verfügung. In einem 2fachen Blindversuch erhielten alle Ruderer 4 Wochen lang ein Placebo-, daran anschließend ebenfalls über 4 Wochen ein Magnesiumpräparat (Magnesiocard Verla) mit einer täglichen Dosis von 20 mmol Magnesium. Sowohl nach der Placebo-, als auch nach der Magnesiumphase unterzogen sich alle Ruderer einem doppelten Ruderergometertest, wobei für jeden Ruderer zwischen den beiden Tests eine Pause von exakt 5 h bestand. Mit diesem 2maligen Rudertest wollten wir eine Wettkampfsituation der Ruderer mit Vor- und Zwischenstart am selben Tag simulieren.

Für die Spiroergometrie wurde das mechanisch gebremste Gjessing-Ruderergometer eingesetzt, mit welchem die Kraft- und Arbeitsverhältnisse im Boot gut simuliert werden können [10, 11, 12]. Die Empfehlungen zur Feststellung der maximalen Leistungsfähigkeit wurden eingehalten (d. h. individuelle Aufwärmphase möglichst ohne Laktatbildung, Einstufenbelastung von 6 min Dauer mit maximaler Ausbelastung, Bremsmasse von 3,0 kg) [3].

Vor und sofort nach jedem Gjessing-Test wurde venöses und kapilläres Blut, 24 h danach venöses abgenommen. Die CK-, LDH- und GOT-Aktivitäten sowie das Gesamtprotein wurden mit Routine-Labormethoden und kommerziell verfügbaren Testreagenzien bestimmt.

J.M. Steinacker (Hrsg.)
Rudern
© Springer-Verlag Berlin Heidelberg 1988

Ohne und nach der Magnesiumsupplementierung konnte bei 9 zw. 8 Ruderern die erschöpfende Fahrradspiroergometrie im Sitzen nach der 2-min-Stufentest-Methode [6, 7, 8] durchgeführt werden (Beginn der Belastung mit 250 W in den ersten 2 min, danach Steigerung der Belastung um 50 W alle 2 min bis zur Erschöpfung des Probanden).

Kontinuierlich wurde das EKG registriert, beim Ruderergometertest mit dem Telemetriegerät der Fa. Hellige, Freiburg i. Br., bei der Fahrradergometrie mit dem Oszilloskop Servomed und dem Dreikanalschreiber EK 26 derselben Firma. Neben den kardiozirkulatorischen Parametern (Hf, RR) wurden die respiratorischen Größen (AMV), die kardiopulmonalen ($\dot{V}O_2$, $\dot{V}O_2$/kg, $\dot{V}O_2$/Hf), sowie die korrelativen (AÄ) in Ruhe, unter Belastung und in der Erholungsphase minütlich bestimmt. Der Oxycon der Fa. Mijnhardt, Odijk, Niederlande, wurde hierzu eingesetzt.

Ergebnisse

Während der Gjessing-Ergometrie kam es zu einem deutlichen Anstieg der Serum-CK-Aktivitäten; sowohl nach der Placebo-, als auch nach Magnesiumsupplementierung war die CK nach dem 1. Test mit 99 ± 52 bzw. 89 ± 64 U/l niedriger als nach dem 2. Test, wo 121 ± 62 bzw. 107 ± 63 U/l gemessen wurde (Abb. 1).

Auffallend ist das Verhalten der LDH-Aktivitäten: nach der Placebogabe sank die LDH-Aktivität von ihrem Maximum mit 259 ± 171 U/l nach dem 1. Test auf 194 ± 51 U/l nach dem 2. Test ab. Nach Magnesiumsupplementierung hingegen war die LDH-Aktivität nach dem 1. Test mit 158 ± 23 U/l nahezu gleich hoch wie nach dem 2. Test mit 165 ± 18 U/l (Abb. 2).

Im Vergleich zur Placebophase konnten nach Magnesiumsupplementierung niedrigere CK- und LDH-Aktivitäten festgestellt werden (die statistisch hochsignifikant unterschiedlichen Werte sind in den Abb. 1 und 2 besonders gekennzeichnet).

Die Magnesiumsupplementierung wirkt sich auf die GOT-Aktivität und den Gesamtproteingehalt des Serums nicht aus; es zeigten sich für diese Parameter zwischen der Placebo- und der Magnesiumphase keine sicher signifikanten Unterschiede (Tabelle 1).

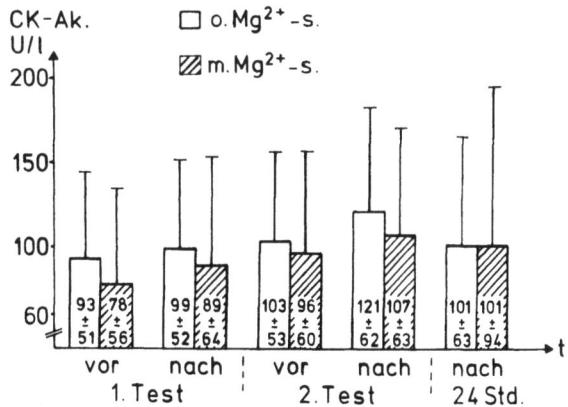

Abb. 1. Mittelwerte und Standardabweichungen der CK-Aktivitäten vor und nach den mit T_1 und T_2 bezeichneten beiden Gjessing-Ruderergometertests von 15 Ruderern nach 4wöchiger Placebo- und Magnesiumsupplementierung, wobei signifikante Unterschiede mit [++] gekennzeichnet werden

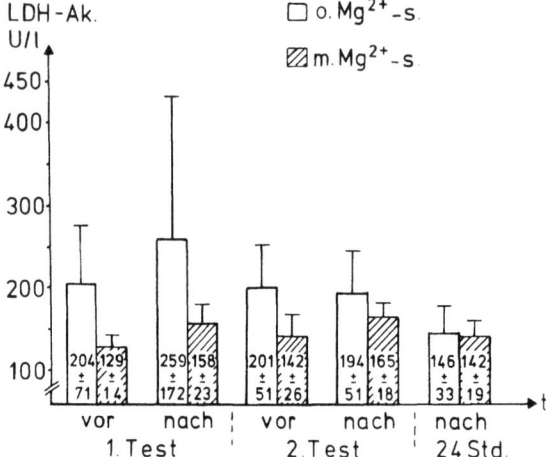

Abb. 2. Mittelwerte und Standardabweichungen der LDH-Aktivitäten vor und nach den mit T_1 und T_2 bezeichneten beiden Gjessing-Ruderergometertests von 15 Ruderern nach 4wöchiger Placebo- und Magnesiumsupplementierung, wobei signifikante Unterschiede mit [++] gekennzeichnet werden

Tabelle 1. Mittelwerte und Standardabweichungen der CK-, LDH- und GOT-Aktivitäten und des Gesamtproteins vor und nach dem doppelten Gjessing-Ruderergometertest von 15 Ruderern nach 4wöchiger Placebo- und Magnesiumsupplementierung, wobei hochsignifikante Unterschiede mit [++] gekennzeichnet werden

		CK U/l		LDH U/l		GOT U/l		Ges. Prot. g/l	
Mg^{2+}-Gabe		−	+	−	+	−	+	−	+
vor T_1	$\bar{x} =$	93	78	204	129[++]	9	10	77	78
	$s = \pm$	51	56	71	14	3	2	6	4
nach T_1	$\bar{x} =$	99	89	259	158[++]	12	12	81	86
	$s = \pm$	52	64	172	23	3	3	6	5
vor T_2	$\bar{x} =$	103	96	201	142[++]	10	10	74	75
	$s = \pm$	53	60	51	26	2	2	6	4
nach T_2	$\bar{x} =$	121	107	194	165	12	12	82	83
	$s = \pm$	62	63	51	18	3	2	6	4
nach 24 h	$\bar{x} =$	101	101	146	142	9	11	72	73
	$s = \pm$	63	94	33	19	2	3	5	4

Interessant ist, daß beim 2-min-Stufentest auf dem Fahrradergometer von den Probanden nach Magnesiumgabe etwas mehr geleistet werden konnte als ohne. Während bei den getesteten Ruderern am Ende der Placebophase eine durchschnittliche maximale Leistung von 288 ± 18 W zu verzeichnen war, wurden nach Magnesiumsupplementierung durchschnittlich 309 ± 18 W erbracht.

Sowohl nach der Placebo- als auch nach der Magnesiumsupplementierung erreichten die Ruderer am Fahrradergometer etwa gleich hohe maximale Herzfrequenzen (nach Placebo: 179 ± 10, nach Magnesium: 182 ± 11 Schläge/min). Erwähnt werden muß, daß bei der 2. Untersuchung niedrigere kardiopulmonale Leistungsgrößen festgestellt wurden (Abb. 3). So nahm das maximale AMV von 147,5 ± 25,5 auf 136,5 ± 32,3 l und die maximale absolute O_2-Aufnahme von 4,9 ± 0,5 auf 4,6 ± 0,9 l ab.

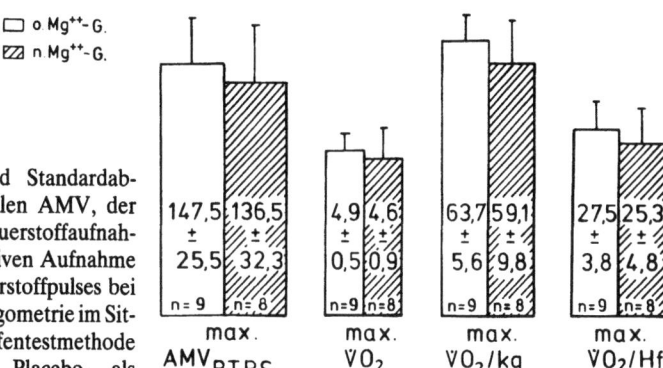

Abb. 3. Mittelwerte und Standardabweichungen des maximalen AMV, der maximalen absoluten Sauerstoffaufnahme, der maximalen relativen Aufnahme und des maximalen Sauerstoffpulses bei erschöpfender Fahrradergometrie im Sitzen nach der 2-min-Stufentestmethode sowohl nach 4wöchiger Placebo-, als auch Magnesiumsupplementierung

Diskussion

Bei Muskelarbeit kommt es durch eine erhöhte, reversible, aber auch durch eine infolge von Zellnekrosen veränderte Zellpermeabilität zu einem Enzymanstieg im Serum, wobei sich das Enzymmuster im Serum dem des Skelettmuskels angleicht [9]. Während der Verlauf der CK-Aktivitäten den Enzymübertritt infolge zellulärer Nekrosen wiedergibt, kann der schnelle LDH-Anstieg durch Mobilisierung der Blutreservepools (Leber, Milz) mit überdurchschnittlich hohen LDH-Aktivitäten und/oder durch einen aktiven, mit der Laktatelimination gekoppelten Transport von LDH aus den Zellen in den extrazellulären Raum erklärt werden.

Durch Magnesiumgabe konnte die über dem Normbereich liegende Ruhe-CK in den normalen Bereich gesenkt werden; aber auch unter Belastung wird das Ausmaß der Muskelzellschädigung durch die Magnesiumsupplementierung etwas reduziert. Nach Magnesiumsupplementierung sind die LDH-Aktivitäten in Ruhe sowie nach der Belastung niedriger, was für eine veränderte Durchlässigkeit der Zellmembran spricht. Die von verschiedenen Autoren [2, 13] berichtete Erniedrigung der GOT-Aktivitäten und des Gesamtproteins unter Belastung nach Magnesiumgabe konnte von uns nicht beobachtet werden.

Vergleicht man die beiden Untersuchungen von Ruderern auf dem Fahrradergometer nach der 2-min-Stufentest-Methode, so läßt sich eine Abnahme der kardiopulmonalen Leistungsdaten bei etwa gleich hoher maximaler Herzfrequenz feststellen. Die Klärung der Frage, ob nun diese verbesserte Ausnutzung des Sauerstoffs ausschließlich der Magnesiumsupplementierung zuzuschreiben ist, oder ob evtl. auch eine Änderung von Art und Intensität des Trainings dieses Ergebnis mitbeeinflußt hat, soll und muß Ziel weiterer Untersuchungen sein.

Zusammenfassung

Bei 15 Ruderern wurde sowohl nach einer 4wöchigen Placebo-, als auch nach einer 4wöchigen Magnesiumsupplementierung ein doppelter Gjessing-Ruderergometertest, sowie ein 2-min-Stufentest auf dem Fahrradergometer im Sitzen durchgeführt.

Bei der sportartspezifischen Ruderergometrie ist vor allem die Abnahme der LDH-Aktivität (nach dem 1. Testlauf) durch Magnesiumsupplementierung auffällig.

Beim Fahrradergometertest konnte eine Abnahme des maximalen Atemminutenvolumens und der maximalen absoluten Sauerstoffaufnahme beobachtet werden, was für eine Verbesserung der Sauerstoffausnutzung in der Peripherie spricht.

Ob über die Schutzwirkung von Magnesium hinaus auch eine Verbesserung der sportlichen Prognose erreicht werden kann, müßte weiter abgeklärt werden.

Literatur

1. Altura BM, Altura BT (1986) Magnesiumcalcium interrelationship in vascular smooth muscle. Magnesium Bull 8:338–350
2. Classe H-G, Hirneth H (1987) Wie wichtig ist Magnesium für den Sportler? Apoth J 9:21–28
3. Damm F, Nolte V (1985) Einsatz der Gjessing-Ergometrie zur Leistungsbestimmung. Trainerj Rudersport 103/34:VI–VII
4. Golf S, Graef V, Riedinger H, Bertschat F (1987) Schutzeffekt von Magnesium für die Membran der Muskelzelle beim Marathonläufer. Dtsch Z Sportmed 38:51–59
5. Haralambie G (1979) Magnesiumstoffwechsel bei körperlicher Belastung. Krankenhausarzt 52:293–299
6. Nowacki PE (1975) Möglichkeiten der medizinischen Leistungsdiagnostik. In: DSB Bundesausschuß Leistungssport (Hrsg) Informationen zum Training. Medizinische Betreuung des Leistungssportlers in Training und Wettkampf. Leistungssport [Beiheft] 3:77–119
7. Nowacki PE (1977) Sportmedizinische und leistungsphysiologische Aspekte des Ruderns. In: Adam K, Lenk H, Nowacki P, Rulffs M, Schröder W (Hrsg) Rudertraining. Limpert, Bad Homburg vor der Höhe S 251–615
8. Nowacki PE, Küstner W, Haag H (1975) The influence of exhaustive efforts at high altitude (2040 m) on serum enzymes (CPK, CPK_{akt}, LDH, SGOT, SGPT) in well trained athletes. In: Howald H, Poortsmans JP (eds) Metabolic adaption to prolonged physical exercise. Birkhäuser, Basel, S 78–84
9. Schmidt E, Schmidt FW (1979) Enzymologie. In: Siegenthaler W (Hrsg) Klinische Pathophysiologie. Thieme, Stuttgart New York, S 177–195
10. Schneider E (1980) Leistungsanalyse bei Rudermannschaften. Limpert, Bad Homburg
11. Steinacker JM (1983) Die Ruderspiroergometrie als eine Methode der sportartspezifischen Leistungsdiagnostik. Dtsch Z Sportmed 34:333–342
12. Steinacker JM, Grünert M, Lormes W, Wodick RE (1985) Die sportartspezifische Leistungsdiagnostik mit dem Ruderergometer. Trainerj Rudersport 103/34:I–VI
13. Stucke E, Kron W, Schardt G, Ertel HH (1979) Der Einfluß oraler Magnesiumzufuhr auf die Leistungsfähigkeit des menschlichen Organismus unter standardisierter ergometrischer Belastung. Dtsch Z Sportmed 30:22–27

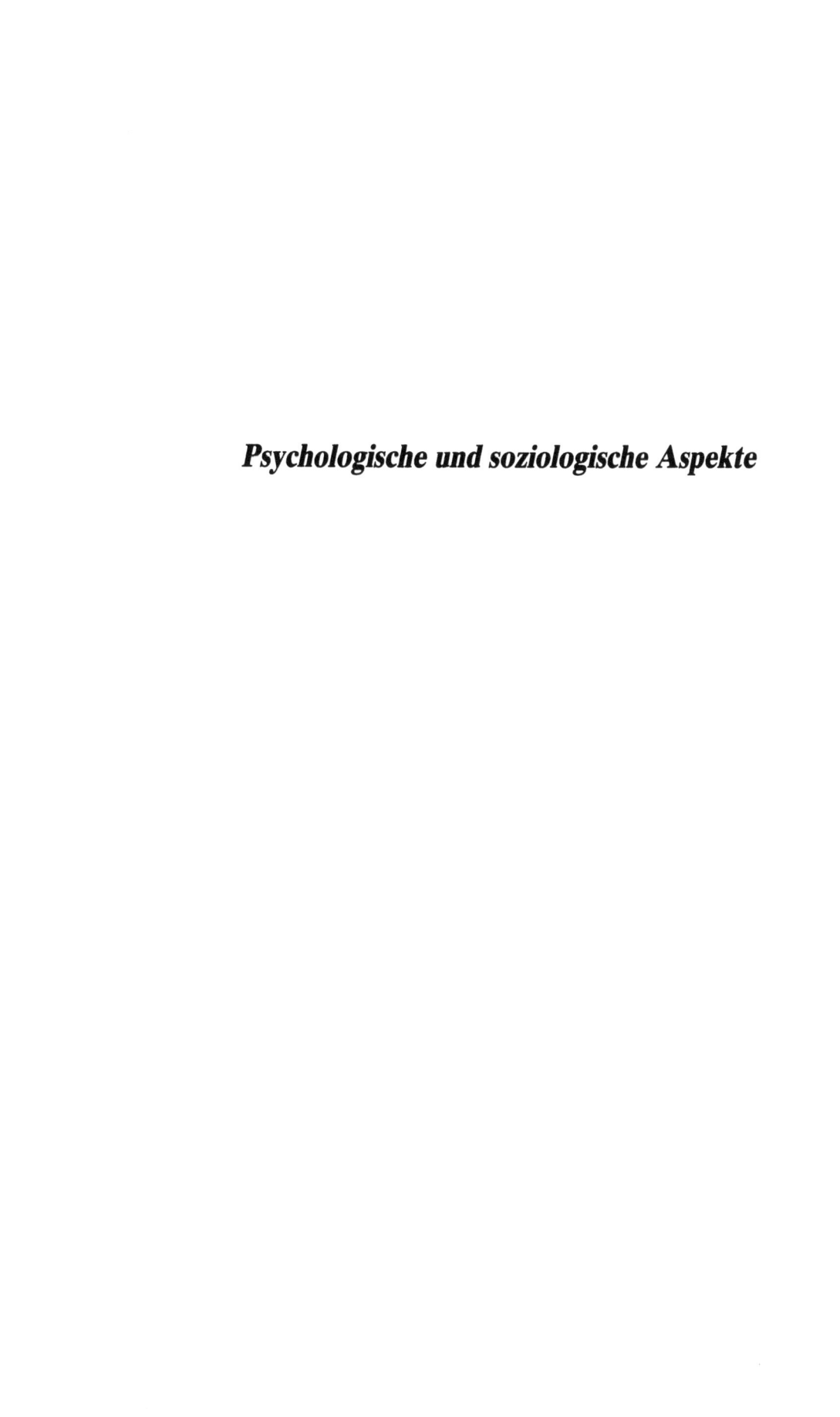

Psychologische und soziologische Aspekte

Gehören „Geselligkeit" und „Freizeit" in die Trainingsplanung?

V. Fritsch und *M. Lutz*

Einleitung

Im Rahmen eines Forschungsprojekts der Universität Konstanz zum Thema „Geselligkeit im Sport" wurde ein Phänomen des Sports aufgegriffen und analysiert, das sich bisher kaum als Gegenstand wissenschaftlicher Untersuchungen im Sport darstellte, sondern sich vielmehr durch spekulative und pauschal aufgestellte Theorien auszeichnet [1, 2, 4]. So werden dem Sport gesellige Werte zugewiesen, ohne den weitgefaßten Begriff „Geselligkeit" auch nur vorläufig definiert zu haben.

Mit dem Ziel, Strukturen und Funktionen sowie die Bedeutung von Geselligkeit im Sport zu erfassen, wurde die Literatur gesichtet und einige kleine empirische Studien – mit Hilfe teilnehmender Beobachtung und halbstandardisierter Interviews – an Wanderruderern einerseits und Spitzenruderern andererseits durchgeführt. Aus den gewonnenen Ergebnissen läßt sich folgende These ableiten: In der besonderen Situation des Trainingslagers mit Spitzenruderern kommt der Geselligkeit eine bislang unterschätzte Bedeutung zu. Sie sollte in die Trainingsplanung mitaufgenommen werden, indem gesellige Situationen bewußt ermöglicht werden.

Die sozialen Möglichkeiten der Geselligkeit

Die besondere Leistung der Geselligkeit liegt darin, Gehalte verschiedenster Kommunikationsformen zu vereinnahmen. So ermöglicht Geselligkeit einerseits einen sachlichen Informationsaustausch, andererseits bietet sie genügend Raum für persönliche Kontakte. Sie grenzt sich durch diese Möglichkeiten klar von rein sachlichen und rein persönlichen Kommunikationsformen ab, womit sie sich innerhalb bestimmter Grenzen, die als untere bzw. obere Geselligkeitsschwellen bezeichnet werden, bewegt [3, 5]. Damit stellt Geselligkeit eine eigene – wie wir meinen – in der Situation eines Trainingslagers hilfreiche Kommunikationsform dar (Tabelle 1). Sie erfordert soziale Fähigkeiten wie Toleranz und Einordnung als Voraussetzung zum Gelingen der Geselligkeit. Die aufgezeigten Strukturen, Funktionen und Bedeutung von Geselligkeit rechtfertigen ihre Berücksichtigung in der Organisation eines Trainingslagers.

J. M. Steinacker (Hrsg.)
Rudern
© Springer-Verlag Berlin Heidelberg 1988

Tabelle 1. Kommunikationsformen im Trainingslager

	Obere Geselligkeits- schwelle			Untere Geselligkeits- schwelle	
Sachbezogene Gespräche Diskussionen Besprechungen					Persönliche Beziehungen Freundschaft
Mit dem Ziel	←——→	Geselligkeit	←——→		Mit dem Ziel
Informations- austausch					Austausch persön- licher/intimer Erfahrungen und Empfindungen

Das Geselligkeitsverständnis in den untersuchten Gruppen

Die Mitglieder der Leichtgewichtsnationalmannschaft (Damen wie Herren) wurden während des WM-Trainingslagers 1986, die Wanderruderer nach einer Ruderwanderfahrt bezüglich ihres Geselligkeitsverständnisses befragt, sowie hinsichtlich ihres tatsächlichen Geselligkeitsverhaltens beobachtet. Bei der Befragung konnte ein allgemeines, in wesentlichen Punkten übereinstimmendes Geselligkeitsverständnis festgestellt werden:

Grundvoraussetzung geselligen Beisammenseins ist das Zusammentreffen mehrerer Personen mit der Bereitschaft, sich durch persönliche Beiträge zu engagieren. Ebenso wie Sympathie dient ein gemeinsamer Erfahrungsbereich als Kommunikationsgrundlage.

Unterschiede zwischen den Wanderruderern und den Spitzenruderinnen und -ruderern äußern sich im wesentlichen in der Form und Funktion von Geselligkeit und sind zum einen auf die Altersstrukturen der untersuchten Gruppen – die Wanderruderer waren im Durchschnitt 65 Jahre, die Rennruderer 23 Jahre alt – zum anderen auf die divergierenden Zielsetzungen zurückzuführen (Tabelle 2). Die Wanderruderer finden Geselligkeit vorwiegend in formalisierten und institutionalisierten Veranstaltungen, die Rennruderer hingegen verweisen auf informelle spontane Geselligkeitsformen – beispielsweise gemütliche Runden – und betrachten diese als typische, ihrer Generation entsprechende Weise des Zusammenseins.

Zur spezifischen Ausprägung geselliger Situationen im Rudern

Die in der Literatur vertretene Hypothese, Geselligkeit verfolge keinen Zweck außerhalb ihrer selbst (vgl. [5]) kann in dieser allgemeinen Form nicht übernommen werden: in der Wanderrudergruppe bestätigt sich diese zweckfreie Form zwar, unter den extremen Leistungsanforderungen des Hochleistungssports scheint Geselligkeit in Hinblick auf das sportliche Ziel jedoch zweckgerichtete Funktionen zu überneh-

Tabelle 2. Erscheinungsformen der Geselligkeit

	Rennruderer	Wanderruderer
Voraussetzungen	– Zusammensein mehrerer Personen – Gemeinsamer Erfahrungshorizont als Kommunikations- grundlage – Harmonie, Sympathie – Persönliches Engagement	
Form	Eher informell, spontan	Eher formalisiert
Funktion	– Kommunikation – Sich-kennenlernen – Kompensation – Informationsaustausch – Integration – Geselligkeit als Mittel zum Zweck	– Relativ zweckfrei – Geselligkeit als Wert an sich

men. Diese Funktionen liegen im Austausch sportbezogener Informationen, in der Entwicklung eines für das Erreichen des sportlichen Ziels erforderlichen Wir-Gefühls und im erholsamen Ausgleich zu den physischen und psychischen Belastungen. Damit übernimmt Geselligkeit im Leistungssport ebenso wie im untersuchten Breitensportbereich eine kompensatorische Funktion.

Aufgrund dieser Funktionen wird Geselligkeit von beiden Gruppen sehr geschätzt, insbesondere die Rennruderer messen ihr unter den extremen Belastungen eines Trainingslagers eine wesentliche Bedeutung bei.

Folgerungen

Es genügt nicht – wie bisher praktiziert –, die Befriedigung grundlegender Bedürfnisse wie dem der Geselligkeit mehr oder weniger dem Zufall zu überlassen. Vielmehr muß Geselligkeit quasi als Ziel- und Zwecksetzung konkret in die Trainingsplanung und -steuerung integriert werden. Im Rahmen eines Trainingslagers kann Geselligkeit etwa durch die Organisation von Festen, Spielabenden und Ausflügen angeregt werden. Die Planung eines Trainingslagers muß zum einen Freiräume für die Entfaltung spontaner Geselligkeit schaffen, zum anderen bedarf es einer Berücksichtigung des Bedürfnisses nach organisierter Geselligkeit.

Die besondere Bedeutung der organisierten Geselligkeit liegt darin, die Geselligkeitsfähigkeit, eng verknüpft mit Verhaltensweisen wie Toleranz und Integrität, zu entwickeln.

Literatur

1. Digel H (1986) Über den Wandel der Werte in Gesellschaft, Freizeit und Sport. In: Deutscher Sportbund (Hrsg) Die Zukunft des Sports. Hofmann, Schorndorf, S 14–68
2. Fritsch V (1987) Struktur und Bedeutung von Geselligkeit im Sport, dargestellt am Beispiel verschiedener Rudergruppen. Zulassungsarbeit Sportwissenschaft, Konstanz

3. Gehring A (1969) Die Geselligkeit. Köln Z Soziol Sozialpsychol 21:241–255
4. Lutz M (1987) Struktur und Bedeutung von Geselligkeit im Sport dargestellt am Beispiel verschiedener Tennismannschaften. Zulassungsarbeit Sportwissenschaft, Konstanz
5. Simmel G (1984) Grundfragen der Soziologie, 4. Aufl Walter de Gruyter, Berlin

Angst und Streß – notwendig für Leistung?

H.-P. Görres

Problemstellung

In den frühen 60er Jahren fanden die ersten Versuche, mit wissenschaftlich fundierten, psychologischen Methoden sportliche Leistungen verbessern zu helfen, statt. Das „Mentaltraining" von Enkelmann und die „progressive Entspannung" von Jacobson sollten die störende Angst vor dem Wettkampf dämpfen, um anschließend leichter und lockerer kämpfen zu können. Das Ergebnis vieler dieser Versuche war überraschend: insbesondere die Athleten, die die besten Fortschritte in der progressiven Entspannung erreicht hatten, die ihr Lampenfieber und ihre Versagensängste abgelegt hatten, vermochten nur noch in Einzelfällen Höchstleistungen und Siege zu erbringen. Irgend etwas schien trotz bester Therapie der Ängste durch das entspannte Wohlbefinden vor Starts, vor Kämpfen im somatischen Bereich negativ beeinflußt zu werden. Nach den jetzigen Erkenntnissen darf als gesichert gelten, daß ein zu wenig an psychischer Erregung, an Angst oder Lampenfieber den Wettkämpfer nicht oder nur mit Verzögerung auf Höchstform bringt, während ein zuviel ihn behindert oder gar blockiert.

Überraschende Niederlagen sog. „haushoher Favoriten" mögen oft Folgen zu geringer psychischer Erregung sein, während auch eine Übererregtheit zu einer Blockierung der Leistungsfähigkeit führen kann. Deswegen ist es in beiden Fällen schwierig, die im Training erbrachten Leistungen auch im Wettkampf zu realisieren.

Entspannung

Um ein „Angsttraining" richtig zu dosieren, müssen wir zunächst einmal lernen, was wir tun müssen, um Angst abzubauen, zu verhindern oder zu therapieren.

Angst und Entspannung sind bekanntlich inkompatibel, unvereinbar. Wo Angst im Vordergrund des emotionalen Erlebens steht, gibt es keine Entspannung und umgekehrt [2, 3, 6].

Darauf basieren einige Entspannungstechniken, wie z. B. das „autogene Training" von I. H. Schultz. Es wird von den erfolgreichen Sportlern der DDR praktisch mit Ausschließlichkeit verwandt [5]. Daneben sind noch sehr beliebt die „progressive Entspannung" von Jacobson oder auch das Biofeedbacktraining [4]. Das „autogene Training" (AT) wirkt vorwiegend auf der Basis formelhafter Selbstbeeinflussung („meine Arme sind ganz schwer"), die progressive Entspannung arbeitet mit systematischem An- und Entspannen aller erreichbarer Muskeln des Körpers, und das

J. M. Steinacker (Hrsg.)
Rudern
© Springer-Verlag Berlin Heidelberg 1988

Biofeedback bringt Entspannung über die optisch und/oder akustische Rückmeldung bestimmter vegetativer Funktionen des Körpers wie Puls, Blutdruck, Hautleitfähigkeit oder Temperatur. Das Biofeedback kann im übrigen auch exzellent für Aktivierungsprozesse, „zum Aufheizen" benutzt werden.

Der Sportler sollte sich aus dem Angebot der Entspannungstechniken die für seine Persönlichkeit passende Methode auswählen und diese gründlich erlernen. Dann wird er Entspannung und Ruhe immer dann herstellen können, wenn er oder sein Trainer glauben, sie zu brauchen. So beispielsweise beim Umschlagen von Streß in Distreß bzw. auch beim gezielten Herstellen und Kontrollieren von Eustreß. Wenn der Sportler weiß, daß er sich aus einer Überanstrengung leicht herausnehmen kann, wird er weitaus williger bis an seine äußerste Leistungsgrenze heranzuführen sein [1].

Trainieren von Eustreß

Gerade in der Psychologie ist es schwierig, von „allgemein gültigen" Regeln und Maximen auf den speziellen Fall zu schließen. Alle Menschen, auch alle Sportler, unterscheiden sich hinsichtlich ihrer Vorstellungskraft, ihrer Empfindlichkeit auf Streß und ihrer An- und Entspannungsfähigkeit derart, daß dieses Gebiet weitgehend individuell erarbeitet werden muß.

Ein Beispiel: Bei einer Regatta wollen die meisten Ruderer vom Start weg schnell an die Spitze, um „die anderen zu kontrollieren". Diese Offensivtaktik ist psychologisch relativ einfacher, während eine Defensivtaktik, also das Rennen von hinten zu gewinnen, sicher psychologisch sehr viel schwieriger ist. Hier ist sicherlich sehr hilfreich, entweder schon vor dem Rennen eine gute „Eustreßlage" vorbereitet zu haben, oder aber, eine solche während des Rennens aufzubauen. So kann der Sportler sich eine kräftige Wut vorstellen, die er gegen den Trainer, den Gegner oder gewisse Kameraden imaginiert. Diese Wut – bzw. ihre Energie – wird dann diszipliniert und gezielt in Aktivität umgesetzt. Wichtig ist dabei, daß die Eustreßlage bis zum Ziel durchgehalten wird. Nur so ist der Körper bereit, sich bis an die Grenzen der Leistungsfähigkeit antreiben zu lassen.

Beim Trainieren von Eustreß ist sehr wichtig, daß die vorgestellten Stressoren glaubwürdig sind. Gleichzeitig dürfen sie ausschließlich im Rennen selbst in Wirksamkeit treten. Auch „guter Streß", selbst wenn es sich nur um vorgestellten handelt, kann bekanntlich für Körper und Seele Langzeitfolgen haben [7].

Es ist also nicht so, daß der Sportler, um zusätzliche Streßenergien zu erreichen, nur einfach Streß und Angst in sich zu erzeugen braucht, er muß auch wissen, wie er mit seinen Emotionen nach dem Wettkampf umzugehen hat. Beispielsweise kann er nach dem Kampf sein spezifisches Entspannungstraining durchführen. Der Verfasser hat in der Praxis nur selten mit Leuten zu tun gehabt, die nicht über die notwendige Vorstellungskraft verfügten, um sich selbst unter Streß zu stellen. Bei solchen Individuen kann man dann immer noch mit anderen Verstärkern arbeiten, oder man geht gleich auf hypnotische oder parahypnotische Verfahren. Parahypnotisch ist beispielsweise, wenn der Trainer mit einem Schlüsselwort oder -satz ein bestimmtes, eingeübtes Reaktionsmuster entweder hoher Anstrengung oder tiefer Entspannung bei seinen Schützlingen ablaufen lassen kann.

Zusammenfassung

Im Leistungs- oder Hochleistungssport ist weithin durch technische oder trainingsmä-
ßige Verbesserungen bei einem voll leistungswilligen Athleten kaum mehr viel zu
verbessern. Der erfolgreiche Trainer wendet längst psychologische Tricks – zumeist
unbewußt oder aus langer Erfahrung – an, um seine Schützlinge zu Extremleistungen
zu motivieren. Angst und Streß sind solche Motivatoren. Vorsichtig eingesetzt,
können sie die Leistungsfähigkeit auf biologischem Weg (über Hormone und Endor-
phine z. B.) im Wettkampf erheblich steigern. Deswegen ist es ganz wichtig zu wissen,
wann und wo und in welchem Maße ein Entspannungstraining und wann und wo und
in welchem Maße ein „Eustreßtraining" sinnvoll ist. Jedenfalls sei mit Nachdruck
betont, daß vor jedem Erzeugen von Angst und Streß der Rettungsanker Entspannungstraining leicht erreichbar sein muß.

Literatur

1. Görres H-P (1981/82) Freundschaft mit der Angst. Natürl Gesund 11/81-4/82:310ff
2. Mutschler E (1973) Arzneimittelwirkungen. Wissenschaftliche Verlagsgesellschaft, Stuttgart,
   S 210
3. Ogilvie B (1974) The sweet psychic jolt of danger. Psychol Today, p 93
4. Petzold E (1979) Übende Psychotherapeutische Verfahren. In: Psychologie des zwanzigsten
   Jahrhunderts, Bd 9. Kindler, München, S 833ff
5. Schabert K (1985) Psychoregulative Verfahren im Trainings- und Ausbildungsprozeß. In: Körner
   T, Schwanitz P (Hrsg) Rudern. Sportverlag, Berlin/DDR, S 206–212
6. Selye H (1974) Streß – Bewältigung und Lebensgewinn. Dtv, München, S 23
7. Vester F (1986) Phänomen Streß. Dtv, München, S 45ff

Bewegungsregulation und motorisches Lernen

Rudern lernt man mit Leib und Seele – Zur Bedeutung von motorischen Fähigkeiten, Kognitionen und Emotionen für das Rudernlernen

K. Willimczik

Sportmotorische Leistungsfähigkeit

„Rudern können" stellt eine spezifische sportmotorische Leistungsfähigkeit dar, die wie andere sportmotorische Leistungsfähigkeiten, z.B. Skilaufen, Schwimmen oder aber auch Laufen – in mehrfacher Hinsicht als komplex angesehen werden kann. Sie setzt sich aus einer Reihe von Einzelaspekten zusammen, die von unterschiedlichen, klar abgrenzbaren Wissenschaften untersucht werden können:

- Der Antrieb eines modernen Ruderboots mit Auslegern und Rollsitz ist zunächst ein rein mechanisches Problem.
- Zum biomechanischen Problem wird die Bewegungsaufgabe Rudern, wenn wir den Ruderer als Beweger des Ruderbootes in die Betrachtung einbeziehen. Als biomechanisch sind z.B. die Fragen nach den unterschiedlichen Geschwindigkeitsverläufen der einzelnen Körperteile innerhalb des Systems Ruderer oder aber die Frage nach den optimalen Winkeln zwischen den Körpersegmenten oder aber die nach der Koordination von Teilimpulsen einzelner Körperteile anzusehen.
- Ein weiterer Aspekt betrifft die Energiebereitstellung für das Rudern. Für den erforderlichen Kraftaufwand über die Zeit werden unterschiedliche Energien benötigt bzw. wird die Energie je nach Strecke und Leistungsniveau unterschiedlich bereitgestellt.
- Und schließlich muß angeführt werden, daß beim Ruderer, beim Training wie vor allem beim Wettkampf, Kognitionen ablaufen, daß er Emotionen empfindet, die in einer Wechselwirkung mit der jeweils zu realisierenden Ruderleistung stehen.

Die hier sicher noch unvollständige Auflistung von Teilaspekten der Leistungsfähigkeit im Rudern sollte darauf hinweisen, daß zu ihrer Bearbeitung eine Reihe von wissenschaftlichen Einzeldisziplinen herangezogen werden müssen, beginnend mit der Physik, über die Medizin hin bis zur Psychologie. Bei einer disziplinübergreifenden Betrachtungsweise könnte man die Analyse der Leistungsfähigkeit als sportwissenschaftlich-interdisziplinär bezeichnen.

Die sportmotorische Leistungsfähigkeit Rudern ist noch ein sehr komplexer Problemgegenstand, der für eine wissenschaftliche Betrachtung eine weitere thematische Einschränkung erforderlich macht. In einer Reihe von Untersuchungen sind wir dem Problem des Erlernens des Ruderns nachgegangen. Damit haben wir uns bewußt auf jenen Aspekt der Veränderung beschränkt, der auf die Technik des Ruderns gerichtet ist. Fragen des Trainingsprozesses, der Veränderung, die nach den Gesetzmäßigkeiten der Adaptation abläuft, haben wir bewußt ausgeklammert.

J.M. Steinacker (Hrsg.)
Rudern
© Springer-Verlag Berlin Heidelberg 1988

Der Frage des Erlernens des Ruderns sind wir in zwei unabhängigen Unter-
suchungsblöcken nachgegangen. Der erste bezog sich auf eine eher
naturwissenschaftliche Analyse des Lernprozesses. In diesen Untersuchungen waren
wir vor allem interessiert herauszufinden, in welcher Weise sich die intermuskuläre
Koordination im Laufe des Lernprozesses verändert und welche Beziehungen zwischen einem kinematographisch, einem dynamographisch und einem elektromyogra-
phisch ermittelten Lernverlauf gefunden werden können. Im zweiten Untersuchungs-
block haben wir dann die Frage untersucht, welche Bedeutung motorische und
psychische Merkmale für den Lernprozeß haben.

Der Rudernlernprozeß aus biomechanischer Sicht

Im Rahmen einer Sportstudenten-Ausbildungsveranstaltung der Universität Bielefeld untersuchten wir den Rudernlernprozeß von 12 Sportstudentinnen und 12 Sportstudenten über 3 Tage. Dieser Zeitraum wird durchschnittlich benötigt, um das
Rudern in der Grobform zu erlernen. Die Versuchspersonen erhielten in der ersten
Übungseinheit eine Einführung in das Rudern im Doppelvierer. Sie stiegen dann
sofort in ein von uns ausgestattetes Meßboot, das in seinen Fahreigenschaften aber
einem normalen Übungseiner entspricht. Nach jeder der 6 Übungseinheiten absolvierten sie eine Fahrt im Meßboot.
    Die Abb. 1 und 2 geben exemplarisch Untersuchungsergebnisse wieder. Den
prozentualen Anstieg der elektrischen Aktivität während der Übungseinheiten 1–6
für den Vastus lateralis und den Biceps brachii zeigt Abb. 1. Aus der Abbildung geht
die extreme relative Verschiebung in der Beanspruchung der beteiligten Muskulatur
hervor. Während die Beanspruchung der Arme in etwa gleich bleibt, steigt die der
Beine stark an. Es stellt dies eine Verlagerung vom Einsatz der Arme mit der
geringeren Muskelmasse, aber der größeren Geschicklichkeit, hin zu dem der Beine
mit der bedeutend größeren Muskelmasse dar.
    In der Abb. 2 wird die Information deutlich, die man durch die Elektromyographie
zusätzlich zur Dynamographie erhält. Sowohl das Dynamogramm als auch das EMG
bezieht sich auf die sechste und letzte Übungseinheit, und zwar für eine Versuchsperson mit fehlerhafter Ruderausführung. Wie das Elektromyogramm deutlich macht,
kommt der ungleichmäßige Krafteinsatz, wie er sich im Dynamogramm zeigt,
dadurch zustande, daß eine technisch unzureichende „Koppelung" zwischen dem
Krafteinsatz der Beine und dem der Arme vorliegt.

Rudernlernen – eine interdisziplinäre Analyse

Praktiker, Sportlehrer wie Trainer, beobachten immer wieder, daß der Lernprozeß
offensichtlich nicht nur durch motorische Fähigkeiten und Fertigkeiten bestimmt
wird, daß vielmehr psychische Eigenschaften den Lernprozeß des Ruderns entscheidend beeinflussen können. Der Frage, welche Bedeutung diesen Merkmalen
zukommt, sind wir in zwei weiteren Untersuchungen nachgegangen. Versuchspersonen waren wiederum Sportstudentinnen und Sportstudenten, die keinerlei Vorerfahrung im Rudern hatten.

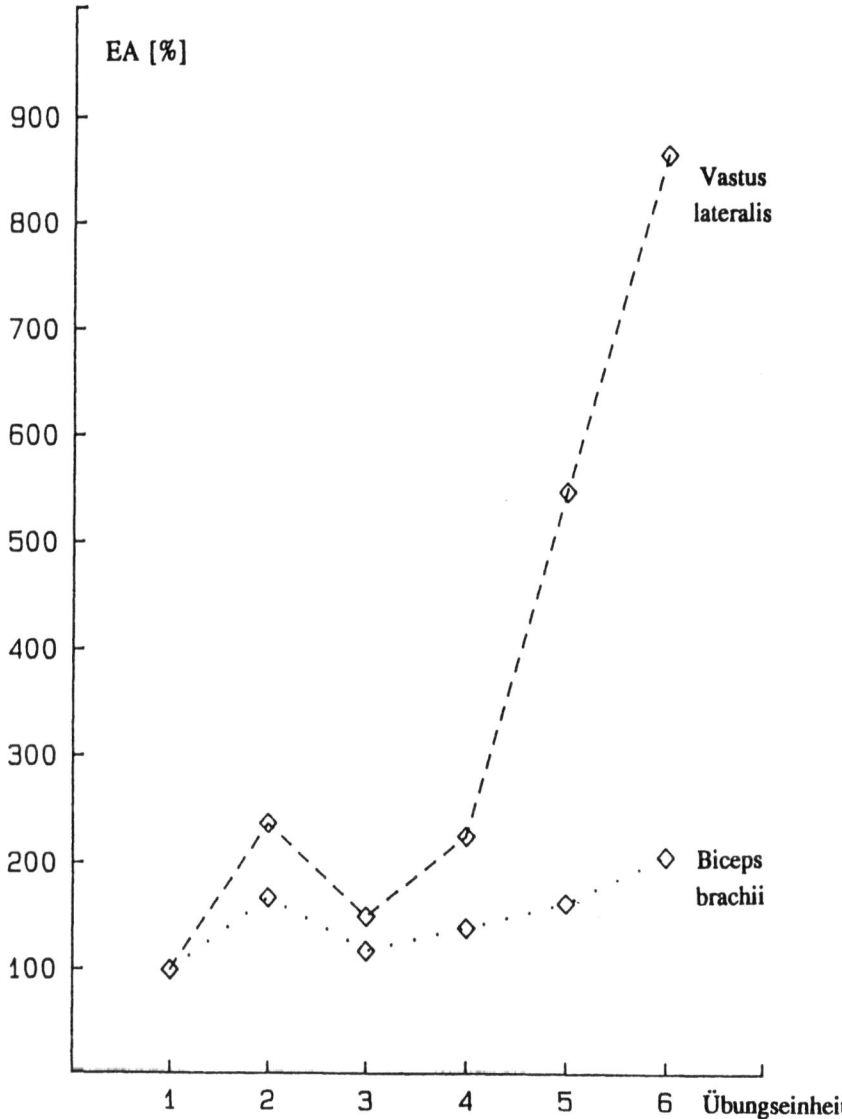

Abb. 1. Prozentualer Anstieg der elektrischen Aktivität während der Übungseinheiten 1–6 für den Vastus lateralis und den Biceps brachii (EA der ersten Übungseinheit = 100%)

In einer ersten Untersuchung (1984) wurden 8 Studentinnen und 14 Studenten, in einer zweiten Untersuchung (1986) 13 Studentinnen und 15 Studenten untersucht. Sie wurden vor Beginn eines 3tägigen Anfängerkurses hinsichtlich einer Reihe von Persönlichkeitsmerkmalen untersucht, von denen wir aufgrund der Fachliteratur [2, 3, 4] und der Praxiserfahrung annahmen, daß sie einen Einfluß auf die Lernleistung haben. Im einzelnen wurden in die Untersuchung einbezogen:

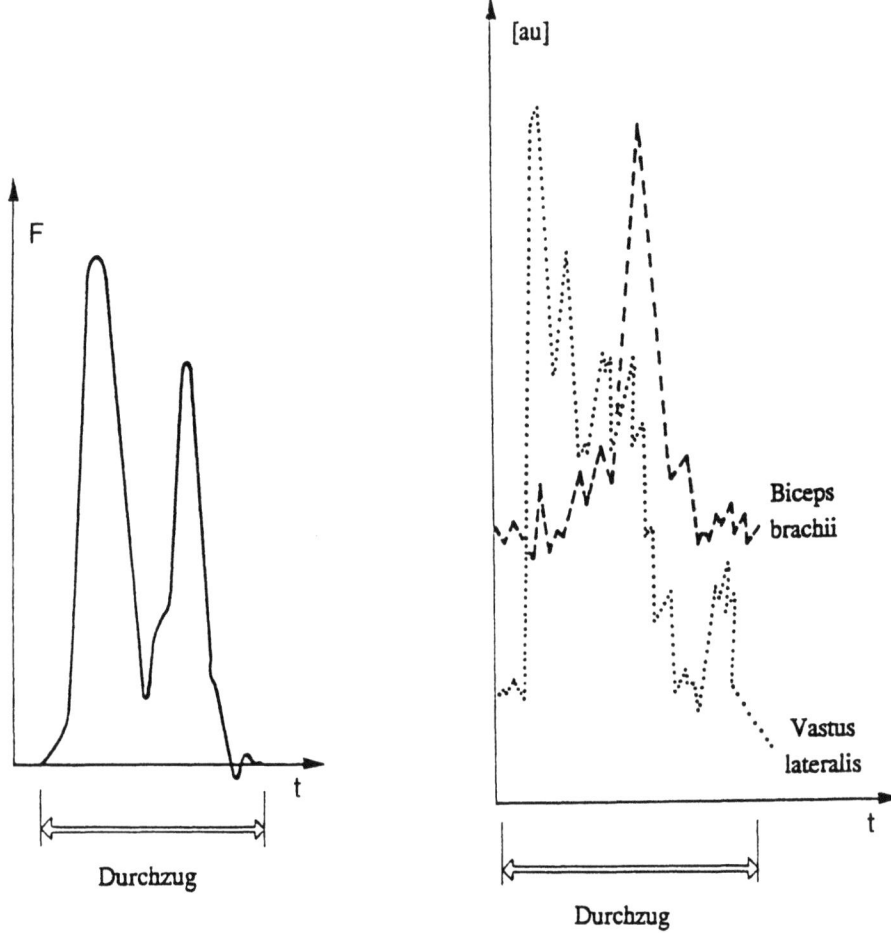

Abb. 2. Dynamogramm *(links)* und Elektromyogramm *(rechts)* eines (fehlerhaften) Ruderschlags nach der 6. Übungseinheit

- ruderspezifische Kraftausdauer (Ruderergometer);
- allgemeine und ruderspezifische Gleichgewichtsfähigkeit;
- Leistungsmotivation in der Differenzierung von
  - Hoffnung auf Erfolg,
  - Furcht vor Mißerfolg,
  - Gesamtmotivation,
  - Nettohoffnung;
- allgemeines und ruderspezifisches Konzept der eigenen Begabung;
- allgemeine und ruderspezifische Angst vor sozialen Konsequenzen;
- (ruderspezifische Angst vor Kontrollverlust;
- Kausalattributionen nach Erfolg und nach Mißerfolg (im Rudern).[1]

---

[1] Genaue Angaben über die Meßmethoden sowie die entwickelten Skalen können beim Verfasser angefragt werden

Als Kriterium für die Lernleistung beim Rudern diente die Zeit, die die Versuchs-personen am Ende des 3tägigen Kurses in einem Slalom erreichten. Die Entscheidung für dieses komplexe Kriterium erscheint deshalb sinnvoll, weil für ein Slalomrudern die Grundtechniken des Ruderns erforderlich sind, nämlich Vorwärts- und Rück-wärtsrudern sowie Wenden.

Unser Untersuchungsziel war es nun herauszufinden, ob es möglich ist, den Lerner-folg innerhalb der Ruderanfängerausbildung aufgrund der vorher erhobenen Persön-lichkeitsmerkmale vorherzusagen und damit die Lernleistung aufzuklären.

In Tabelle 1 ist zunächst der jeweilige Beitrag aufgeführt, den die Merkmale zur Aufklärung der Lernleistung einzeln leisten. Zum Verständnis der Tabellen sind zwei Vorbemerkungen erforderlich:

1. In allen unseren Untersuchungen zur Bedeutung von psychischen Merkmalen auf die sportliche Leistungsfähigkeit sind wir davon ausgegangen, daß nicht nur allge-meine Fähigkeiten und Eigenschaften einen Einfluß haben können, sondern daß es sogar wahrscheinlich ist, daß es für den Sport spezifische Merkmale gibt. Entsprechend haben wir z.B. ein allgemeines Begabungskonzept und ein sport-spezifisches Begabungskonzept erhoben.

2. Für Bereiche, für die Versuchspersonen noch keine Vorerfahrung mitbringen, wie dies z.B. für das Erlernen des Ruderns bei uns der Fall war, halten wir es zumindest für möglich, daß Unterschiede vorliegen hinsichtlich der Ausprägung der Persönlichkeitsmerkmale vor und nach einer ersten Erfahrung mit der zu erlernenden Fertigkeit. Entsprechend haben wir unsere Befragung zweimal vorge-nommen.

Von den Ergebnissen, die sich auf die Studentinnen beziehen, überrascht zunächst, daß weder die allgemeine noch die ruderspezifische Balancierfähigkeit die Lernlei-stung signifikant aufklären. Dies steht im Gegensatz zu anderen Untersuchungen von uns, in denen die Bedeutung der Koordinationsfähigkeit für das Erlernen sportspezi-fischer Fertigkeiten immer nachgewiesen werden konnte. Dagegen ist die Aufklärung der Lernleistung (Zeit im Slalom) durch die Kraftausdauer mit einer Korrelation von $-0{,}57$ und damit einer gemeinsamen Varianz von über 30% relativ hoch. Wir erklären uns dies damit, daß die Kraftausdauer die Kriteriumsleistung nicht direkt beeinflußt, sondern indirekt, indem sie ein intensives Üben ermöglicht.

Die Ergebnisse zum Einfluß der Leistungsmotivation auf die Lernleistung beim Rudern stützen jene theoretische Vorstellung (vgl. [1]), nach der die Nettohoffnung entscheidend für die Lernmotivatioan ist. Bei den Studentinnen lernen entsprechend die mehr, die einen höheren Nettohoffnungswert aufweisen ($r = -0{,}37$). Diese Korrelation ist bedeutend höher als die zwischen Hoffnung auf Erfolg und der Lernleistung ($r = -0{,}20$; $p = 0{,}26$) und zwischen Furcht vor Mißerfolg und der Lernleistung ($r = 0{,}26$; $p = 0{,}19$). Der motivationale Effekt der Furcht vor Mißerfolg kann darin gesehen werden, daß zur Vermeidung von Mißerfolg intensiver geübt bzw. trainiert wird. Daß die Furcht vor Mißerfolg in unserer Untersuchung nicht zum Tragen gekommen ist, sondern die Nettohoffnung (bei der von der Hoffnung auf Erfolg die Furcht vor Mißerfolg abgezogen wird), kann dadurch zustande gekommen sein, daß keine Zeit für ein zusätzliches Üben zur Verfügung stand.

Betrachten wir den Beitrag, den die einzelnen Konzepte der eigenen Begabung für die Aufklärung der Lernleistung liefern, so ist zunächst festzustellen, daß für alle 4

Tabelle 1. Produkt-Moment-Korrelation zwischen Lernleistung beim Anfängerrudern und ausgewählten Persönlichkeitsmerkmalen (Untersuchung 1984), sofern p ≤ 0,01 *(fettgedruckt und unterstrichen)*, 0,01 < p ≤ 0,05 *(fettgedruckt)*, 0,05 < p ≤ 0,10 *(normale Schrift)*

Persönlichkeitsmerkmal	Korrelation mit Lernleistung
Motorische Fähigkeiten	
– allgemeine Gleichgewichtsfähigkeit (modifizierter KTK)	
– ruderspezifische Gleichgewichtsfähigkeit (Rudersimulator nach Mester)	
– ruderspezifische Ausdauerfähigkeit (Watt nach 4 bzw. 6 min)	– 0,57
Leistungsmotivation	
– Hoffnung auf Erfolg	
– Furcht vor Mißerfolg	
– Gesamtmotivation	
– Nettohoffnung	– 0,37
Konzept der eigenen Begabung	
– allgemein, vorher	
– allgemein, nachher	**– 0,59**
– ruderspezifisch, voher	
– ruderspezifisch, nachher	**– 0,48**
Angst vor sozialen Konsequenzen	
– allgemein, vorher	**0,51**
– allgemein, nachher	**0,53**
– ruderspezifisch, vorher	**0,50**
– ruderspezifisch, nachher	**0,69**
Angst vor Kontrollverlust	
– ruderspezifisch, vorher	
– ruderspezifisch, nachher	**0,57**
Attributionen nach Erfolg	
– auf Begabung, vorher	
– auf Begabung, nachher	– 0,45
– auf Anstrengung, vorher	
– auf Anstrengung, nachher	
– auf Schwierigkeit, vorher	
– auf Schwierigkeit, nachher	
– auf Zufall, vorher	
– auf Zufall, nachher	**0,52**
Attributionen nach Mißerfolg	
– auf Begabung, vorher	
– auf Begabung, nachher	**0,63**
– auf Anstrengung, vorher	
– auf Anstrengung, nachher	
– auf Schwierigkeit, vorher	
– auf Schwierigkeit, nachher	
– auf Zufall, vorher	**0,75**
– auf Zufall, nachher	**0,48**

Begabungskonzepte ein positiver Zusammenhang zur Lernleistung besteht. Während dieser Zusammenhang für die Messung vor der Rudererfahrung aber statistisch nicht abgesichert werden konnte (r = − 0,28 und − 0,32), ist der Zusammenhang der Begabungskonzepte aufgrund von Erfahrung signifikant und auch relativ hoch (r = − 0,59 und − 0,48). Für das ruderspezifische Begabungskonzept überrascht das nicht, da aufgrund von Erfahrung eine realistische Einschätzung der eigenen Leistungsfähigkeit zu erwarten war. Das Ansteigen der Korrelation auch zwischen Lernleistung und allgemeinem Begabungskonzept gibt einen Hinweis darauf, daß der situative Kontext, in dem Fragebögen erhoben werden (hier das Ruderlager), nicht ohne Einfluß auf die Beantwortung zu einem allgemeinen Konzept ist.

Besonders hinweisen möchte ich auf den Beitrag der Angst vor sozialen Konsequenzen zur Aufklärung der Lernleistung. Hier hatten wir in gleicher Weise wie beim Konzept der eigenen Begabung differenziert, also nach der allgemeinen und nach einer ruderspezifischen Angst vor sozialen Konsequenzen gefragt und zwar vor und nach der Rudererfahrung. Für alle Teilaspekte ergeben sich signifikante Zusammenhänge mit der Lernleistung im Rudern, die für die ruderspezifische Angst aufgrund von Erfahrung verständlicherweise besonders hoch sind (r = 0,69). Ich führe dies auch deshalb an, weil wir die große Bedeutung der Angst vor sozialen Konsequenzen für das Lernen sportmotorischer Fertigkeiten in allen unseren Untersuchungen zum Rudern und zum Skifahren haben nachweisen können. Auch bei der Angst vor Kontrollverlust kommt die Erfahrung zum Tragen. Die Korrelation steigt hier von r = 0,24 (p = 0,21) auf r = 0,57 (p = 0,02). Offensichtlich muß man erst in das (zur Zeit der Untersuchung noch) kalte Wasser gefallen sein, um Angst vor Kontrollverlust über das Ruderboot zu bekommen.

Im Rahmen der kognitiven Motivationstheorie geht man davon aus, daß es sich positiv auf die Motivation und damit auf die Lernleistung auswirkt, wenn Versuchspersonen bei Erfolg eher internal als external attribuieren. Dies bedeutet, daß der Lernerfolg um so größer sein sollte, je mehr die Versuchspersonen als Ursachen für ihren Erfolg die eigenen Fähigkeiten und die eigene Anstrengung angeben und daß der Lernerfolg um so geringer ausfallen sollte, je mehr der Erfolg auf die nicht von der eigenen Person ausgehenden Faktoren Aufgabenschwierigkeit und Zufall zurückgeführt wird.

Für die Kausalattribuierung bei Mißerfolg wird als günstig angesehen, wenn die Versuchspersonen diesen weniger mit stabilen als mit instabilen Faktoren begründen, ihn also nicht (so sehr) auf fehlende Begabung und Aufgabenschwierigkeit zurückführen, sondern auf die (momentane) fehlende Anstrengung oder aber auf das (ebenfalls nicht stabile) Pech [3].

In der vorliegenden Untersuchung konnten auch diese allgemeinen kognitionspsychologischen Erkenntnisse weitgehend bestätigt werden. So haben diejenigen Mädchen mehr gelernt,
- die bei Erfolg stärker auf die eigene Fähigkeit attribuieren (r = − 0,45),
- die bei Erfolg weniger stark auf Zufall attribuieren (r = 0,52),
- die bei Mißerfolg weniger auf (mangelnde) Begabung attribuieren (r = 0,63).

Nicht eindeutig einzuordnen ist der Zusammenhang zwischen Attribuierung nach Mißerfolg auf Zufall und Lernleistung. Hier sprechen die Ergebnisse (r = 0,75 und r = 0,48) gegen die allgemeine attributionstheoretische Theorie. Allerdings haben eine Reihe von geschlechtsspezifischen Untersuchungen gezeigt, daß dies durchaus typische Kognitionen für Mädchen sind [3].

Zusammenfassend läßt sich hinsichtlich des *einzelnen* Einflusses der ausgewählten Persönlichkeitsmerkmale auf die Lernleistung beim Rudern feststellen, daß die Ergebnisse (weitgehend) theoriekonform sind und auch den Alltagserfahrungen der Praktiker entsprechen. Es spricht dies sowohl für die von uns getroffene Auswahl der einzelnen Persönlichkeitsmerkmale als auch für die Validität der von uns entwickelten Skalen. Vor allem aber weisen die Ergebnisse darauf hin, daß neben motorischen Fähigkeiten auch die kognitiven und emotionalen Persönlichkeitsmerkmale eine hohe Bedeutung für das Lernen motorischer Fertigkeiten haben.

Aus der Sportpraxis ist bekannt, und die umfassenden Theorien zur Leistungsmotivation berücksichtigen das, daß das Lernen im Sport ein ausgesprochen komplexer Vorgang ist. Entsprechend sind wir nicht dabei stehen geblieben, den Einfluß *einzelner* Persönlichkeitsmerkmale auf die Lernleistung zu überprüfen (Tabelle 2). Wir sind vielmehr der Frage nachgegangen, welchen kumulativen Einfluß die ausgewählten Persönlichkeitsmerkmale auf die Lernleistung im Rudern haben. Mit den Daten einer früheren Ruderuntersuchung (1984) haben wir schrittweise Regressionsanalysen gerechnet, um einen Hinweis auf das Zusammenwirken von Merkmalen aus unterschiedlichen Persönlichkeitsbereichen zu erhalten.

Das Ergebnis läßt sich dahingehend zusammenfassen, daß die simultane Berücksichtigung motorischer und psychischer Merkmale die Vorhersagbarkeit einer sportmotorischen Leistung entscheidend verbessert: neben der ruderspezifischen und der allgemeinen Gleichgewichtsfähigkeit, deren Lernrelevanz allgemein anerkannt wird, wirken die Leistungsmotivation und die Verarbeitung von Erfolg bzw. Mißerfolg (Kausalattribuierung) in diesem Komplex mit.

Auch wenn man berücksichtigt, daß der Stichprobenumfang mit einem n = 25 Versuchspersonen in dieser Untersuchung relativ gering ist, muß das erzielte multiple R von 0,90 und damit eine aufgeklärte Varianz von etwa 80% als sehr hoch angesehen werden.

Die Verwendung der multiplen Regression zur Klärung des kumulativen Einflusses von Prädiktorvariablen ist nicht unproblematisch, da sich dieses Verfahren (wie statistische Verfahren allgemein) stark an das empirische Datenmaterial anpaßt, so daß es leicht zu einer Überschätzung von Beziehungen kommt. Dies gilt besonders für den Fall, daß der Stichprobenumfang im Verhältnis zur Anzahl der in die multiple

Tabelle 2. Multiple Korrelationen zwischen der Lernleistung im Rudern und Persönlichkeitsmerkmalen (Untersuchung 1986). Signifikante Werte sind unterstrichen

Persönlichkeitsmerkmal	Multiples R	kumulativ	F-Wert einzeln
Gleichgewichtsfähigkeit (ruderspezifisch)	0,55	7,41	26,60
Leistungsmotivation	0,78	12,57	20,94
Kraftausdauer	0,85	12,88	5,94
Kausalattribuierung auf Anstrengung	0,88	12,93	2,34
Gleichgewichtsfähigkeit (allgemein)	0,90	11,07	1,56

Regression eingehenden Variablen gering ist, was auch für unsere Untersuchung zutrifft. Wir versuchen diese Gefahr dadurch zu mindern, daß wir zum einen Replikationsstudien durchführen, zum zweiten die Ergebnisse jeweils in einem größeren Kontext interpretieren. Die Ergebnisse der Replikationsstudien zeigen, daß die multiple Aufklärung von Lernleistungen im Rudern wie im Skilaufen immer zwischen 0,75 und 0,90 liegt, und daß in allen Untersuchungen den kognitiven und emotionalen Merkmalen ein großer Einfluß zukommt, wenn die Reihenfolge der einbezogenen Merkmale auch nicht immer dieselbe ist. Eine Interpretation unserer Ergebnisse im größeren Kontext stützt unsere Ergebnisse insofern, als diese sowohl in Übereinstimmung mit bestehenden Theorien als auch mit der Erfahrung der Praktiker stehen.

Literatur

1. Atkinson JW (1975) Einführung in die Motivationsforschung. Klett, Stuttgart (engl. Original 1964, Princeton)
2. Heckhausen H (1980) Motivation und Handeln. Lehrbuch der Motivationspsychologie. Springer, Berlin Heidelberg New York
3. Weiner B (1984) Motivationspsychologie. Beltz, Weinheim (engl. Original 1980, New York)
4. Willimczik K (1986) Lernen sportmotorischer Fertigkeiten ohne motorische Lernfähigkeit? Zur Bedeutung von motorischen Fähigkeiten, Kognitionen und Emotionen für das Lernen im Sport. Sportunterricht 35/10:377–387

Anwendung einer komplexen Bewegungsanalyse bei Ruderanfängern

M. Hinkel und *V. Lippens*

Neben Rennruderern untersuchen wir auch Ruderanfänger, um Aussagen über leistungsbestimmende Merkmale auf unterschiedlichen Fertigkeitsniveaus machen zu können. An den Strukturverläufen der Innen- und Außensicht von Ruderbewegungen zeigen sich Lern- und Optimierungsprozesse. Will man diese erklären, müssen aus handlungstheoretischer Sicht die Auswirkungen des Bewegungsverhaltens und die bewegungsbegleitenden Kognitionen und Emotionen in Beziehung gesetzt werden.

Methodik

Grundlage unseres Untersuchungsverfahrens sind die Experimente von Körndle [5] zur Bewegungsaufgabe des Pedalofahrens, dessen Vorgehensweise auf Rudern übertragen und modifiziert wurden.

Die Bewegungsausführungen der Ruderanfänger haben wir mit Hilfe von Videoaufzeichnungen (phänografische Daten) und biomechanischen Meßverfahren (physikalische Daten) festgehalten (vgl. Hänyes, s. S. 152). Die bewegungsbegleitenden Kognitionen werden von uns auf zweierlei Arten erfaßt: Im Anschluß an die Meßfahrt im Einer haben wir die Ruderlerner in offenen Interviews befragt. Zusätzlich wurden sie aufgefordert, ihre Wahrnehmungen und Empfindungen nach jeder Unterrichtseinheit schriftlich festzuhalten.

In dem 5tägigen Lernkurs fanden zwei Lehr-Lern-Einheiten pro Tag statt. Nach einer kurzen Einführung in die Handhabung des Ruderbootes wurden die Lerner nur noch auf gerätebedingte Möglichkeiten, den Ruderschlag zu effektivieren, hingewiesen. Ein Unterricht in vorgebenden Lernschritten (vgl. [8]) fand nicht statt. Dafür wurden je nach Fertigkeitsniveau abgestimmte Übungen angeboten, um die Bewegungserfahrung zu erweitern. Jeder Anfänger (n = 8) wurde täglich im Meßboot gemessen.

Ergebnisse

Aus den Untersuchungen ergaben sich u. a. folgende Resultate, die exemplarisch an zwei Ruderern (R1, R2) veranschaulicht werden sollen:
1. Die Auswirkungen des durch ein Experten-Rating der phänografischen Daten festgestellte *unterschiedliche Bewegungsverhalten* der Lerner kann mit Hilfe der physikalischen Daten präzisiert und objektiviert werden.

J. M. Steinacker (Hrsg.)
Rudern
© Springer-Verlag Berlin Heidelberg 1988

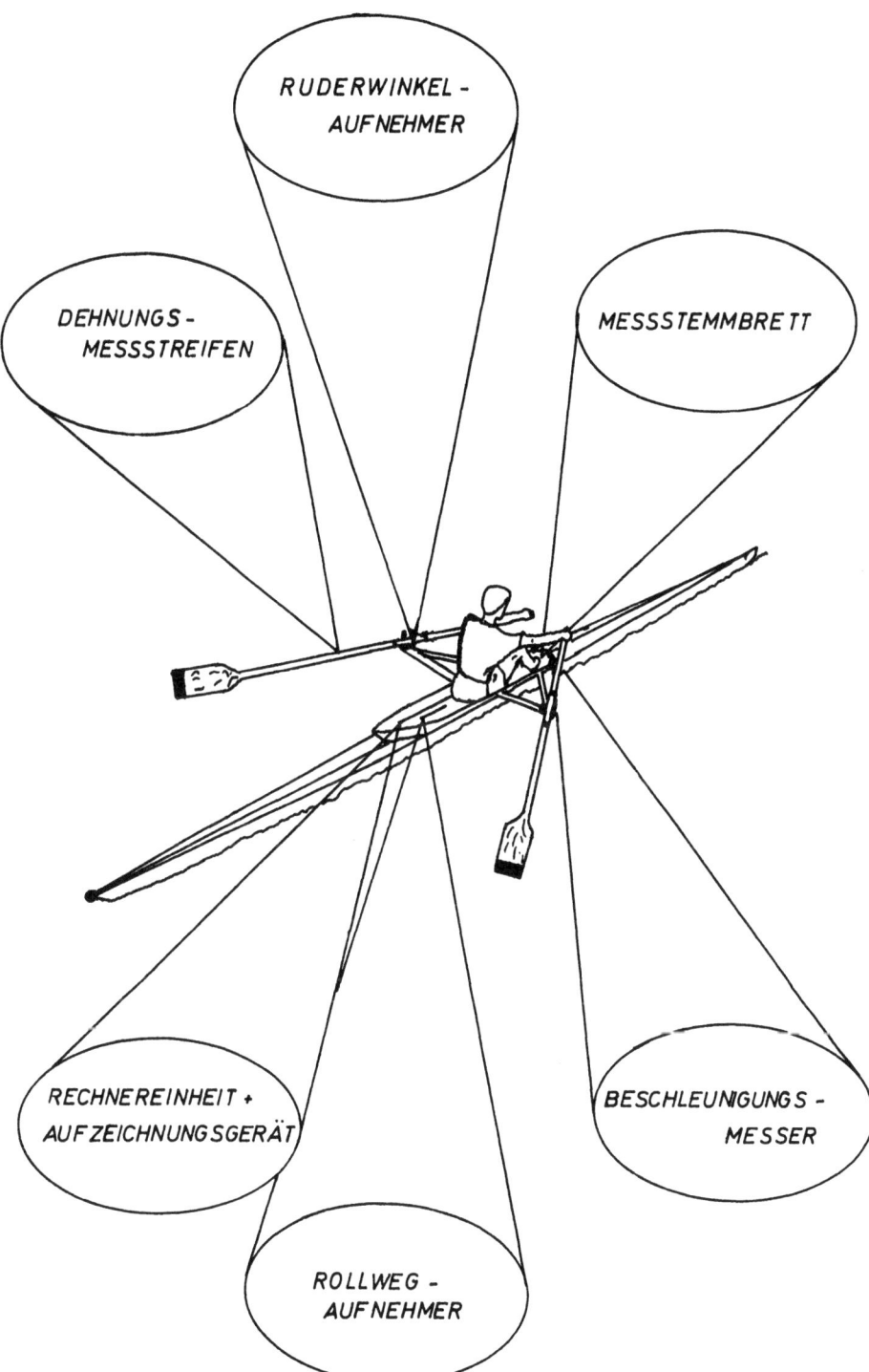

Abb. 1. Anordnung der Meßinstrumente im Skiff

Allerdings haben wir keine „für den Anfänger typischen Kraftkurven" [1] gefunden (vgl. Abb. 2 u. 3). In den Verläufen der biomechanischen Kennlinien sind aber lernstandspezifische Strukturen wiederzufinden, die R2 im Vergleich zu R1 auf einem höheren Fertigkeitsniveau einordnen.

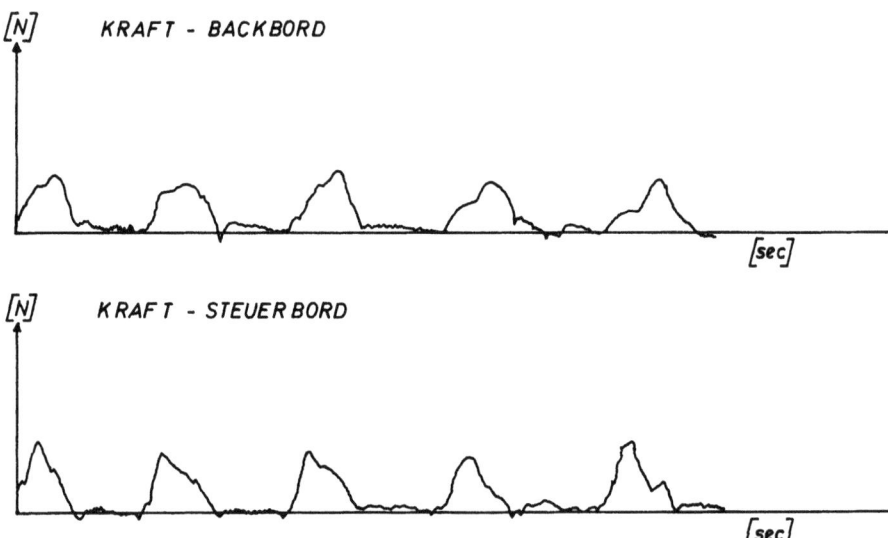

Abb. 2. Kraftkurven, gemessen am 2. Versuchstag, Ruderer 1

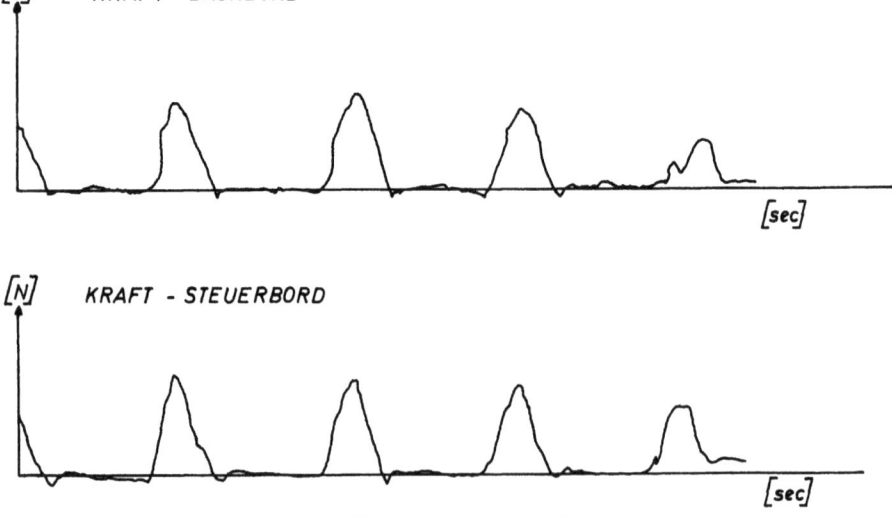

Abb. 3. Kraftkurven, gemessen am 2. Versuchstag, Ruderer 2

R1 nutzt die Länge der Rollbahn weniger aus als R2 (Abb. 4). Der Arbeitsbereich der Ruder ist bei R1 kleiner, obwohl er aufgrund seiner Körpergröße die besseren Voraussetzungen mitbringt (Abb. 5). Insgesamt zeichnen sich die Kennlinien von R1 durch eine größere Variation und Unregelmäßigkeit aus.

2. Die inhaltsanalytische Auswertung der psychologischen Daten zeigt bei den Ruderanfängern *verschiedene Lösungsstrategien* der Bewegungsaufgabe, die allein aus der Analyse des Bewegungsverhaltens nicht zu erkennen sind. Einige Anfänger wechseln das Thema sehr häufig. So nennt R1 pro Interview durchschnittlich 26 Items zu insgesamt 21 Kategorien, während bei R2 nur durchschnitt-

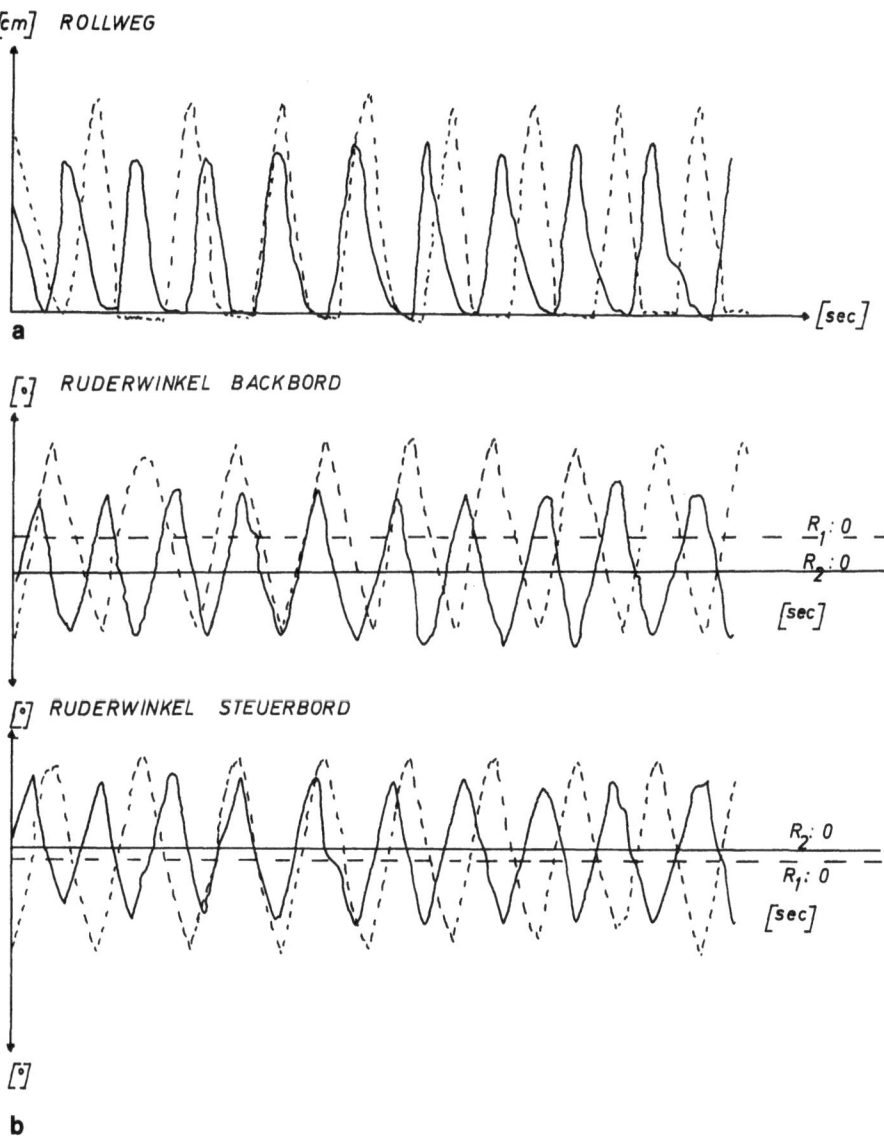

Abb. 4a, b. Weg-Zeit-Darstellung des Rollwegs und des Ruderwinkels bei den Ruderern R1 und R2

lich 7 Items zu insgesamt 18 Kategorien zu finden sind. Auch inhaltlich unterscheiden sich die Aussagen voneinander deutlich. R1 äußert sich überwiegend zu konkreten Operationen und dazugehörigen Kontrollkriterien (wie z. B. Gleichgewicht, Gleichmäßigkeit, Handführung). R2 hingegen gibt mehr Hinweise auf Oberbegriffe und emotionales Befinden (wie z. B. Gleiten, Laufen, Geräusche).

3. Die Ruderanfänger machen im Laufe des Lernprozesses Angaben über die *Geräuschwahrnehmung* zu individuell verschiedenen Zeitpunkten und mit wechselnder Bedeutung. Blatt- und Rollsitzgeräusche werden in unterschiedlichen kategorialen Zusammenhängen thematisiert.

R2 bezieht am 2. Tag das Geräusch der schleifenden Blätter auf „das unbeschreibliche Gefühl des auf dem Wasser Gleitens", während er am 4. Tag versucht das Schleifenlassen der Blätter zu verhindern und am Geräusch merkt, daß er „wieder ins Wackeln gekommen" ist. Dasselbe Blattgeräusch wird anfangs positiv, später negativ bewertet. R1 gewinnt am 3. Tag durch das Geräusch der schleifenden Blätter „ein Gefühl von Sicherheit" und betont auch am 5. Tag dessen Wichtigkeit. Hier bleibt die Bedeutung der Geräuschwahrnehmung konstant. Bei anderen Ruderanfängern löst das Rollsitzgeräusch die Blattgeräusche bei der Kontrolle des Rhythmus ab.

Diskussion

In der sportwissenschaftlichen Literatur sind kaum Hinweise zur Einordnung unserer Ergebnisse zu finden. Die Unterscheidung von „defizienten" und „sub-optimalen Handlungsstrategien" [4] erscheint uns nicht sinnvoll, zumal auch Hinweise zur Klassifizierung des sichtbaren Bewegungsverhaltens fehlen. Ob dies nur an dem sportartenspezifisch unterschiedlich ausgeprägten Aktivierungsgeschehen liegt, kann hier nicht diskutiert werden.

Innerhalb der Problemlösepsychologie sehen wir starke Übereinstimmungen mit den Ergebnissen der Experimente „zum Umgang mit Komplexität" [2]. In Anlehnung an die dort beschriebenen Effekte des Verhaltens schlagen wir aber statt der Unterscheidung von „negativen" und „positiven Versuchspersonen" auch die von „schnellen" und „langsamen Lernern" [6] vor.

Ob allerdings die unterschiedlichen Segmentierungen im Lernverlauf individuell zeitlich bedingt sind (vgl. [5]) und/oder von überdauernden Persönlichkeitsmerkmalen bestimmt werden [2], wissen wir z. Z. noch nicht. Ebenso können wir die Bedeutung der Geräuschwahrnehmung bei der Prognose des Könnenniveaus noch nicht abgesichert beurteilen. Wir stellen aber fest, daß sie in der Literatur zur Bewegungslehre nicht ausreichend berücksichtigt wird [z. B. 3, 6, 7, 9].

Literatur

1. Beickert E, Balle W, Smolka R (1983) Entwicklung und Erprobung eines Meßsystems für Felduntersuchungen im Rudern. In: Rieder H et al. (Hrsg) Motorik- und Bewegungsforschung, Hofmann, Schorndorf, S 105–110
2. Dörner D et al. (1983) Lohhausen – Vom Umgang mit Unbestimmtheit und Komplexität. Huber, Bern

3. Fetz F (1980) Bewegungslehre der Leibesübungen, 2. Aufl. Limpert, Bad Homburg
4. Fuhrer U (1984) Mehrfachhandeln in dynamischen Umfeldern. Verlag für Psychologie, Göttingen Toronto Zürich
5. Körndle H (1983) Zur kognitiven Steuerung des Bewegungslernens. Phil Dissertation, Universität Oldenburg
6. Meinel K, Schnabel G (1987) Bewegungslehre – Sportmotorik, 8. Aufl. Volk und Wissen, Berlin
7. Pöhlmann R (1986) Motorisches Lernen. Sportverlag, Berlin
8. Schröder W (1984) Rudern, 2. Aufl. Rowohlt, Reinbek
9. Singer RN (1985) Motorisches Lernen und menschliche Bewegung. Limpert, Bad Homburg

„Sensible Phasen" in der motorischen Entwicklung – ein untaugliches Konzept für das Kinder- und Jugendtraining

J. Baur

Einleitung

Annahmen über „sensible Phasen" in der motorischen Entwicklung tauchen in der Trainingsliteratur zunehmend auf, ohne daß sie allerdings einer genaueren Prüfung unterzogen würden [7, 10, 11, 13, 14]. Das Konzept ist dabei von der Ethnologie übernommen: *Als sensible Phasen werden jene Altersabschnitte bezeichnet, in denen spezifische umweltbezogene Verhaltensmuster* (wie z. B. das Bindungsverhalten an „Eltern"objekte) *sehr schnell erworben werden, in denen also eine hohe Sensibilität des Organismus für bestimmte Erfahrungen besteht.* Diese Phasen sind zeitlich begrenzt, wobei die zeitliche Begrenzung offenbar biogenetisch weitgehend fixiert ist. Der Erwerb entsprechender Erfahrungen vor und nach diesen Phasen beansprucht weit mehr Zeitaufwand, oder er gelingt nur unzureichend oder überhaupt nicht. Jedoch konnten die in der Zoologie gewonnenen Befunde über sensible Phasen im Bereich des menschlichen Verhaltens bislang kaum einigermaßen sicher bestätigt werden (vgl. im Überblick z. B. [9]). Deshalb muß auch Skepsis hinsichtlich möglicher sensibler Phasen in der motorischen Entwicklung überwiegen.

Empirische Befunde über „sensible Phasen"

In der trainingstheoretischen Literatur wird folgende Argumentation bevorzugt: Die empirisch ermittelten Entwicklungskennlinien für einzelne motorische Fähigkeiten konditioneller wie koordinativer Art verlaufen nicht kontinuierlich. Vielmehr gibt es Abschnitte mit großen und solche mit geringen Zuwachsraten, es lassen sich Abschnitte der Stagnation und solche mit negativen Veränderungsraten finden. Jene Altersabschnitte nun, in denen sich für bestimmte motorische Fähigkeiten besonders hohe Zuwachsraten, also sog. „Entwicklungsschübe" (z. B. [3]), beobachten lassen, seien als sensible Altersabschnitte anzunehmen, weil der Organismus in diesen Altersspannen für spezifische motorische Anforderungen besonders aufnahmebereit sei. Gleichsam „experimentell modifiziert" wird diese Argumentation, wenn auf die Wirkung systematisch gesetzter Belastungen Bezug genommen wird: Sensible Phasen werden dann postuliert, wenn sich, bei definierten Übungs- und Trainingsbelastungen, in bestimmten Altersbereichen deutlich größere Leistungssteigerungen ergeben, als dies in anderen Altersspannen der Fall ist.

Die bisher vorgelegten Befunde lassen sich nun allerdings schwerlich im Sinne des Konzepts der sensiblen Phasen interpretieren. Zwar wurden Entwicklungsschübe bei

J. M. Steinacker (Hrsg.)
Rudern
© Springer-Verlag Berlin Heidelberg 1988

Tabelle 1. Prozentuale jährliche Veränderungsraten der „Kraftausdauer" (Indikator: Aufrichten aus der Rückenlage bzw. "sit ups")

Alter (Jahre)	Hebbelinck u. Borms (Belgien; 1978)		Fetz (Österreich; 1982)		Crasselt et al. (DDR; 1985)	
	m	w	m	w	m	w
7	8,3		13,2	34,4		
8	7,7	16,7	6,9	3,5	19,5	14,0
9	14,3	0,0	3,3	4,5	7,8	10,8
10	0,0	14,3	7,4	0,0	6,7	7,6
11	12,5	0,0	1,9	6,5	6,9	7,7
12	0,0	0,0	2,9	4,0	12,9	7,8
13	− 5,6	0,0	1,9	− 2,9	2,1	2,2
14			5,5	− 1,0	6,6	3,8
15			0,0	0,0	4,3	0,5
16			7,8	4,0	3,2	3,1

verschiedenen motorischen Fähigkeiten in verschiedenen Altersabschnitten registriert. Aber das Ausmaß dieser Entwicklungsschübe und die Altersabschnitte, in denen sie beobachtet wurden, variieren beträchtlich, wie sich etwa am Beispiel eines Indikators für die „Kraftausdauer" (sit ups) dokumentieren läßt (Tabelle 1). Bei anderen Indikatoren ergibt sich ein ähnlich uneinheitliches Bild. Ebenfalls von Unsicherheiten und Widersprüchlichkeiten ist die Diskussion um die sog. „lohnende" Trainierbarkeit der einzelnen motorischen Fähigkeiten bestimmt (vgl. z. B. [5, 6, 10, 11, 12]). Damit ergibt sich als Fazit:

Weder die Befunde über die „durchschnittliche" Entwicklung der verschiedenen motorischen Fähigkeiten noch die Daten über deren Trainierbarkeit liefern bisher Anhaltspunkte für die Annahme von *biogenetisch induzierten, zeitlich fixierten* sensiblen Phasen mit einer besonderen organischen Reaktionsbereitschaft. Gleichwohl bleibt die Frage nach einer Erklärung für die registrierten Entwicklungsschübe bestehen, wobei verschiedene andere Erklärungsansätze in Betracht kommen.

Alternative Erklärungen für „Entwicklungsschübe"

Entwicklungsschübe resultieren *erstens* aus *Reifungsvorgängen*. Solche Reifungsvorgänge sind als Erklärung etwa für die deutliche Zunahme der Kraftfähigkeiten und deren Trainierbarkeit mit Beginn der Pubertät anzunehmen, wie sie vor allem bei männlichen Heranwachsenden beobachtet wurden (u. a. [3, 4, 6, 11, 15]). Generelle Reifungsprozesse sind jedoch nicht mit speziellen sensiblen Phasen gleichzusetzen. Denn im Unterschied zu den zeitbegrenzten sensiblen Phasen bleibt das aufgrund von Reifungsprozessen einmal erreichte Entwicklungsniveau prinzipiell erhalten. Die im Vergleich zur präpuberalen Altersspanne verbesserte Trainierbarkeit der Kraftfähigkeiten beispielsweise bleibt über die gesamte postpuberale Altersspanne hinweg und in der Folgezeit bestehen (vgl. dazu im einzelnen [2]).

Entwicklungsschübe können sich *zweitens* als Folge einer *bewegungsstrukturellen Entwicklungslogik* ergeben. Das Konzept der bewegungsstrukturellen Entwicklungslogik meint, daß sich die motorische Entwicklung nach funktionalen Gesetzmäßigkeiten insofern vollzieht, als bestimmte Fähigkeiten erst ausgebildet werden können, wenn vorher die bewegungsstrukturellen Voraussetzungen dafür erworben wurden. Beim Erwerb der fundamentalen motorischen Fähigkeiten z. B. ist das Greifen die Voraussetzung für die Körperaufrichtung in den Stand, und die Körperaufrichtung wiederum ermöglicht erst die aufrechte Fortbewegung. Entwicklungsschübe sind also auch damit zu erklären, daß zu einem bestimmten Alterszeitpunkt ein Entwicklungsniveau erreicht wird, auf dessen Grundlage einzelne motorische Fähigkeiten zügig ausgebildet werden können. Das sog. „Lernen auf Anhieb" etwa ist in diesem Sinne erklärbar [15].

In vielen Fällen kommen Entwicklungsschübe *drittens* durch *Umweltveränderungen* zustande. Das heißt: Nicht der Organismus reagiert besonders sensibel auf eine gleichbleibende Umwelt; vielmehr verändern sich – gerade „umgekehrt" – die Umwelteinflüsse, wodurch eine entsprechende Entwicklung der motorischen Fähigkeiten erst induziert wird. Die mehrfach beobachteten deutlichen Verbesserungen konditioneller und koordinativer Fähigkeiten im Verlauf der mittleren Kindheit [14, 15] hängen z. B. auch damit zusammen, daß in dieser Altersspanne alle Kinder an einem systematischen Sportunterricht in der Schule teilnehmen, der für viele von ihnen noch durch den Vereinssport ergänzt wird (vgl. dazu im einzelnen [1]).

Folgerungen für das Kinder- und Jugendtraining

Da *das Konzept der sensiblen Phasen* auf äußerst schwachen empirischen Beinen steht, ist es für Trainingskonzeptionen aufzugeben. Dies ist problemlos möglich, weil ein entwicklungsgemäßes Training aufgrund der geläufigen generellen Reifungsannahmen konzipiert werden kann (z. B. [6, 10, 15]), wobei insbesondere die Pubertät mit organischen Entwicklungen einhergeht, die veränderte Trainingsbelastungen (z. B. bezüglich der Kraftfähigkeiten) zulassen.

Dagegen ist das *Konzept einer bewegungsstrukturellen Entwicklungslogik* konsequenter weiterzuverfolgen. Denn dieses Konzept könnte sich, wenn es erst analytisch differenziert entfaltet ist, für die Trainingsplanung in zweifacher Hinsicht als besonders tauglich erweisen: Zum einen kann es wahrscheinlich präzisere diagnostische Kriterien für den „Einstieg" in den systematischen Trainingsprozeß liefern: Welche *funktionalen Voraussetzungen* bringen die einzelnen Heranwachsenden mit, bzw. wo liegen die *funktionalen Defizite* in bezug auf die Anforderungen derjenigen Sportart, in der sie mit dem Training beginnen wollen? Zum andern lassen sich mit diesem Konzept genauere Einsichten in einen *funktionalen methodischen Aufbau des längerfristigen Trainingsprozesses* in der betreffenden Sportart gewinnen: Welche koordinativen und konditionellen Fähigkeiten müssen auf welchem Niveau entwickelt sein, damit – aufbauend auf diesen Voraussetzungen – der nächste Trainingsschritt überhaupt erst erfolgversprechend getan werden kann?

Literatur

1. Baur J (1986) Körper- und Bewegungskarrieren. Habilitationsschrift, Universität Paderborn
2. Baur J (1987) Über die Bedeutung „sensibler Phasen" für das Kinder- und Jugendtraining. Leistungssport 17:9–14

3. Crasselt W, Forchel I, Stemmler R (1985) Zur körperlichen Entwicklung der Schuljugend in der Deutschen Demokratischen Republik. Barth, Leipzig
4. Fetz F (1982) Sportmotorische Entwicklung. Österreichischer Bundesverlag, Wien
5. Frey G (1978) Entwicklungsgemäßes Training in der Schule. Sportwissenschaft 8:172–204
6. Frey G (1982) Kindgemäßes Leistungstraining. Sportwissenschaft 12:275–300
7. Hahn E (1982) Kindertraining. BLV Verlagsgesellschaft, München Wien Zürich
8. Hebbeling M, Borms J (1978) Körperliches Wachstum und Leistungsfähigkeit bei Schulkindern. Barth, Leipzig
9. Hess EH (1975) Prägung. Kindler, München
10. Martin D (1982) Zur sportlichen Leistungsfähigkeit von Kindern. Sportwissenschaft 12:255–274
11. Weineck J (1987) Optimales Training, 5. Aufl. Perimed, Erlangen
12. Willimczik K (1983) Sportmotorische Entwicklung. In: Willimczik K, Roth K (Hrsg) Bewegungslehre. Rowohlt, Reinbek, S 240–331
13. Winter R (1980) Zum Problem der sensiblen und kritischen Phasen in der Kindheit und Jugend. Med Sport 20:102–103
14. Winter R (1984) Zum Problem der sensiblen Phasen im Kindes- und Jugendalter. Körpererziehung 34:342–358
15. Winter R (1987) Die motorische Entwicklung des Menschen von der Geburt bis ins hohe Alter (Überblick). In: Meinel K, Schnabel G (Hrsg) Bewegungslehre – Sportmotorik, 8. Aufl. Volk & Wissen, Berlin, S 275–397

Zur Gleichgewichtsproblematik im Rudern*

U. Bartmus und *H. de Marées*

Einleitung

Obwohl die Bedeutung des Gleichgewichts im Rudern seit Fairbairn [7] vor mehr als 60 Jahren häufig hervorgehoben wurde [12, 14], liegen zu diesem Bereich kaum empirisch-quantitative Ergebnisse vor. Diese defizitäre Situation ist jedoch nicht ruderspezifisch. Es kann generell festgestellt werden, daß das Thema „Gleichgewicht im Sport" sowohl von sportmedizinischer als auch von trainings- und bewegungs-wissenschaftlicher Seite relativ selten behandelt wird.

Beim Ruderanfänger stellt die ruderspezifische Gleichgewichtsfähigkeit – vor allem bei einer Ausbildung im lagesensiblen Skiff – eine Größe dar, ohne die eine Fortbewegung im Boot kaum möglich ist. Die zugehörigen Diskussionen über die optimale didaktisch-methodische Konzeption in der Ruderanfängerausbildung zogen sich – kontrovers geführt – über Jahrzehnte hin. Sie sind eng mit den Namen Borr-mann [3, 4], Feige [8, 9], Adam [1, 2] und Schröder [18, 19] verbunden, die die Begriffe „Bootsbeherrschung" und „Geschicklichkeit" in den Mittelpunkt des Anfängerunterrichts rückten. Speziell Schröder forderte den „Lehrweg Skiff" mit letzter Konsequenz und führte zahlreiche Lehrversuche zur empirischen Absicherung der sog. „kybernetischen Lehrweise" durch [20].

Beim (hoch)leistungssporttreibenden Athleten ist das ruderspezifische Gleichge-wichtsvermögen zwar kein primär leistungsbegrenzender Faktor, wie z. B. die Kraftausdauer; das gleichgewichtsregulatorische Verhalten kann aber dennoch von – u. U. sogar wettkampfentscheidender – Bedeutung als Grundvoraussetzung für eine optimale Technikausführung und einen ökonomischen Energieeinsatz zur Erzielung eines möglichst großen und geradlinig verlaufenden Bootsvortriebs sein. Bewegungen um die Bootslängsachse (x), die im folgenden vorrangig zu betrachten sind, werden als „Rollen", Bewegungen um die Bootsquerachse (y) als „Stampfen" und Bewegungen um die Bootshochachse (z) als „Gieren" bezeichnet (Abb. 1). Die spezifische Anordnung der labyrinthären Bogengänge, die für die Registrierung von Winkelbeschleunigungen zuständig sind, in den drei Raumebenen führt dazu, daß bei Bewegungen des Systems „Ruderer/Boot" um eine der drei Raumachsen mindestens jeweils zwei Bogengänge gereizt werden: bei Rollbewegungen sind das vorwiegend die beiden vertikalen Bogengänge. Gleichgewichtskontrollierende Informationen

---

* Die durchgeführten Untersuchungen erfolgten im Rahmen eines durch den Minister für Wissenschaft und Forschung des Landes Nordrhein-Westfalen geförderten Projekts

J. M. Steinacker (Hrsg.)
Rudern
© Springer-Verlag Berlin Heidelberg 1988

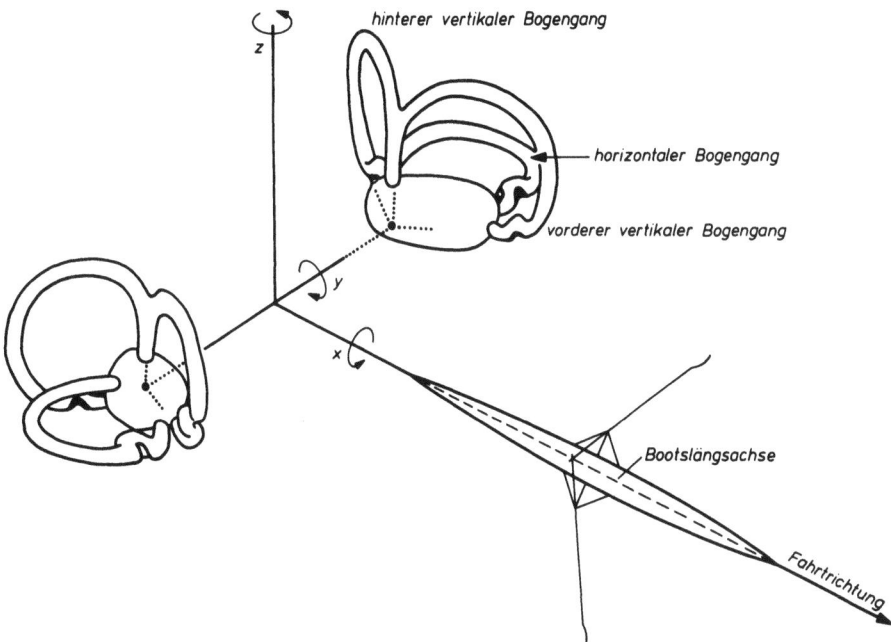

Abb. 1. Drehachsen im Ruderboot (mod. nach [6, 16]. Bewegungen um die Bootslängsachse *(x)*: „Rollen"; Bewegungen um die Bootsquerachse *(y)*: „Stampfen"; Bewegungen um die Bootshochachse *(z)*: „Gieren"

stammen neben den vestibulären Rezeptoren auch noch aus den Sinnesfeldern des visuellen Systems (die Bedeutung eines entsprechenden Blickverhaltens des Ruderers wird oft übersehen), den Mechanorezeptoren der Haut (Gesäß, Fußsohlen, Hände) sowie den Propriozeptoren von Gelenken und Muskulatur. Aussagen zum jeweiligen quantitativen Beitrag der einzelnen Rezeptorsysteme sind allerdings bei der momentanen Literaturlage kaum möglich. Unbestritten ist wohl, daß dem Vestibularapparat innerhalb dieses hochkomplexen Gesamtsystems eine führende Rolle zukommt [13, 21]. Als Beispiel für die noch zahlreichen offenen Fragen zur Funktionsweise des Gleichgewichtssystems sei nur auf die Haarzelle als vestibulärem Rezeptor hingewiesen. Die Umwandlung der Zilienbewegung in elektrische Information, die dann sensoneuronal weitergeleitet wird, ist noch weitgehend ungeklärt; ebenso der Funktionsmechanismus, über den eine efferente Faser in neurosensorialer Richtung wahrscheinlich empfindlichkeitsmodulierend und habituationsermöglichend auf den Rezeptor wirkt. Kaum umstritten ist, daß zur Aktivierung dieses Systems nur kleinste Zilienauslenkungen kinoziliopetal oder -fugal notwendig sind. Ein endlicher Schwellenwert der Mechanosensitivität der labyrinthären Haarzelle kann zur Zeit – selbst unter Einsatz der aufwendigsten Meßsysteme – nicht angegeben werden, was diese zum empfindlichsten Rezeptor im menschlichen Organismus macht [23].

Die durchgeführten Untersuchungen zum Gleichgewichtsverhalten von Ruderanfängern und Leistungsruderern sollten die Frage klären, ob sich Leistungsruderer und Ruderanfänger im Niveau ihres ruderspezifischen Gleichgewichtsvermögens unter

Laborbedingungen und auf dem Wasser unterscheiden. Weiterhin stellte sich die Frage, ob sich durch ein ruderspezifisches Laborübungsprogramm die Gleichgewichtsregulation verbessert und ob sich eine mögliche Verbesserung bei Ruderanfängern positiv auf eine anschließende Ausbildung im Skiff auswirkt.

Methodik

Zur Erfassung des gleichgewichtsregulatorischen Verhaltens im Labor wurde ein in der eigenen Arbeitsgruppe entwickeltes Testgerät („Rudersitz") eingesetzt, das eine möglichst exakte Reproduktion der im Skiff auf dem Wasser für den Ruderer vorliegenden labilen Gleichgewichtsbedingungen erlauben sollte. Die Seitkippungen dieses Rudersitzes werden mit Hilfe eines Drehpotentiometers erfaßt, das in Verlängerung der Längsachse angebracht ist. Die in proportionale Spannungsschwankungen umgesetzten Winkelauslenkungen werden als Winkel-Zeit-Kurve aufgezeichnet. Zusätzlich wird das Meßsignal über die jeweilige Versuchsdauer elektrisch integriert. Dadurch ergibt sich als resultierende Meßgröße je ein Summenwert für Backbord- und Steuerbordauslenkungen. Die Addition dieser beiden Werte für die beiden Testsituationen (s. unten) führt dann zum sog. „Gesamtintegral", das als Summenmaß des gleichgewichtsregulatorischen Verhaltens interpretiert wird. Eine weitere verwendete Meßgröße stellt die „Anzahl der Nulldurchgänge", d. h. die Anzahl der Wechsel zwischen Backbord- und Steuerbordauslenkungen, dar, die sich aus der Winkel-Zeit-Kurve ergeben (Abb. 2).

Die Erfassung klinischer Parameter zur Beschreibung des Funktionszustandes des vestibulären Systems – wie z. B. des postrotatorischen Nystagmus – wurde in unserer Arbeitsgruppe nach anfänglicher Erprobung nicht mehr fortgesetzt. Zwischen Lei-

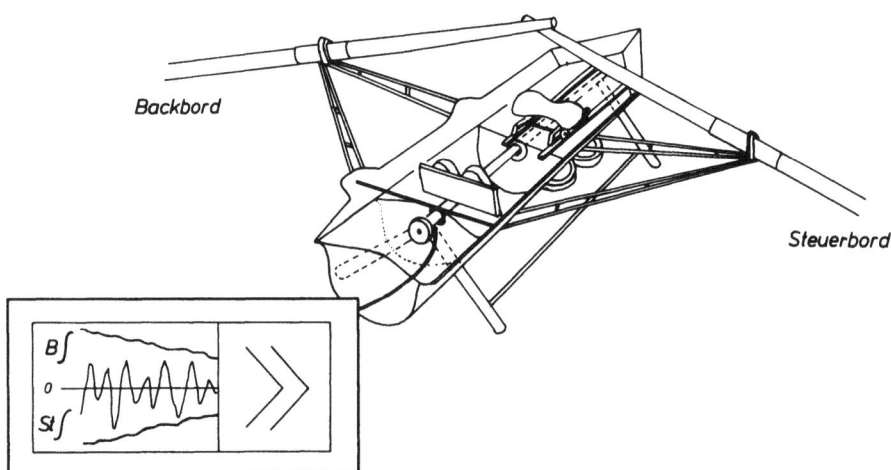

Abb. 2. Schematische Darstellung der Meßgrößenregistrierung im Labor. Auf einem Kompensationsschreiber werden sowohl die Originalkurve der Winkelauslenkungen des Rudersitzes wie auch die Integrale „Backbord" und „Steuerbord" als Summation der entsprechenden Auslenkungen über den Meßzeitraum von 30 s kontinuierlich aufgezeichnet

stungsruderern und Ruderanfängern konnte zwar ein signifikanter Mittelwertunterschied festgestellt werden, eine weitergehende Diskrimination innerhalb dieser Extremgruppen war allerdings nicht möglich [15].

Die Erfassung der entsprechenden Parameter auf dem Wasser erweist sich als wesentlich komplizierter. In einigen Versuchsreihen wurde zunächst ein flüssigkeitsgedämpftes Schwerkraftpendel als Neigungsmesser erprobt [10, 15], weiterhin ein kombiniertes System von Winkel- und Linearbeschleunigungsaufnehmern bis schließlich zur dynamischen Neigungsmessung mit Hilfe eines in Nähe der vermuteten Bootsdrehachse positionierten Linearbeschleunigungsaufnehmers, dessen Meßsignale mit Hilfe einer PCM-Telemetrieanlage (Firma Glonner-Electronic, München) zur an Land befindlichen Aufzeichnungseinheit übertragen wurden.

Das Untersuchungskollektiv bestand aus 38 Sportstudierenden ohne ruderspezifische Vorerfahrungen und 39 Leistungsruderern. Die Ruderanfänger wurden per Zufallsauswahl einer Versuchs- sowie einer Kontrollgruppe zugewiesen. Von den Leistungsruderern waren 61% erfolgreich bei internationalen und nationalen Meisterschaften.

Die Prüfung des ruderspezifischen gleichgewichtsregulatorischen Verhaltens erfolgte im Labor und auf dem Wasser in den statischen Situationen „Rücklage" und „Auslage", also den beiden Umkehrpunkten der Ruderbewegung. Aufgabe war es dabei, den Rudersitz bzw. das Meßskiff über 30 s möglichst in der Horizontalen zu halten.

Untersuchungsablauf: Versuchsgruppe und Leistungsruderer absolvierten im Labor ein 2tägiges ruderspezifisches Gleichgewichtsübungsprogramm auf dem Rudersitz mit insgesamt 10 Einheiten à 8 min. Die Kontrollgruppe nahm nur am Eingangs- und Ausgangstest teil. Im Anschluß an diesen Laborteil wurde mit beiden Ruderanfängerkollektiven ein 3tägiges Ausbildungsprogramm im Skiff durchgeführt, das 6 Einheiten à 90–120 min umfaßte. Am Anfang und am Ende dieses Kompaktkurses wurde neben der Überprüfung des Gleichgewichtsverhaltens auch eine Beurteilung der Rudertechnik anhand eines sequentiellen Analysebogens vorgenommen. Die Leistungsruderer absolvierten auf dem Wasser nur den Eingangstest im Sinne eines Querschnittvergleichs.

Bei der Datenauswertung kamen im analytischen Bereich nachstehende statistische Verfahren zur Anwendung: Prüfung der Gleichheit zweier Varianzen abhängiger Stichproben, t-Test für abhängige und unabhängige Stichproben, eindimensionale Varianzanalyse. Die Prüfung erfolgte jeweils auf dem 5%-Signifikanzniveau.

Ergebnisse

Versuchs- und Kontrollgruppe weisen im *Laboreingangstest* im Gesamtintegral ein nahezu identisches Niveau auf. Die Leistungsruderer zeigen dagegen einen um 42% geringeren Wert. Die Betrachtung der Ergebnisse des *Laborausgangstests* zeigt bei der Versuchsgruppe und den Leistungsruderern im Gegensatz zur Kontrollgruppe eine signifikante mittlere Abnahme des Gesamtintegrals um 28% bzw. um 43%. Bei den Ruderanfängern läßt sich im Verlauf des Laborprogramms eine signifikante Zunahme, bei den Leistungsruderern dagegen eine signifikante Abnahme der Varianz feststellen (Abb. 3).

Gesamtintegral

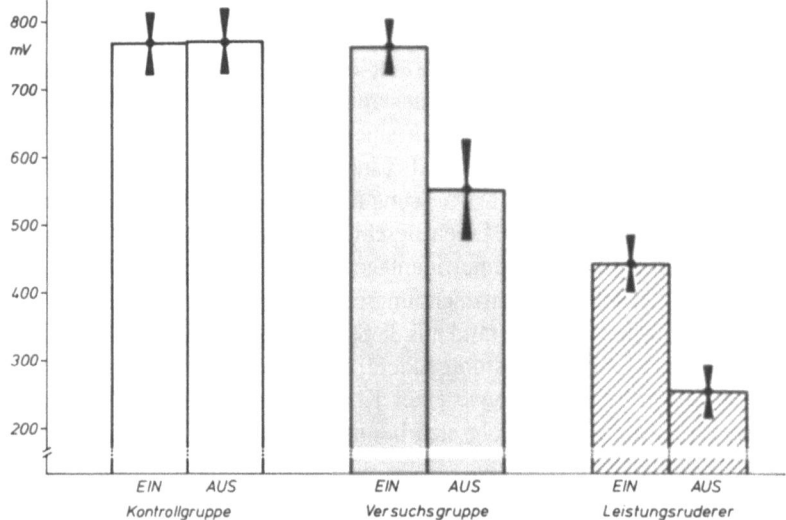

Abb. 3. Verhalten der Gleichgewichtsregulation (Gesamtintegral) auf dem Rudersitz im Eingangs-
und Ausgangstest. *Abszisse:* Untersuchungskollektiv (Kontrollgruppe, Versuchsgruppe, Leistungsruderer), *Ein* Eingangstest, *Aus* Ausgangstest. *Ordinate:* Gesamtintegral der Winkel-Zeit-Abwei-
chungen aus der Horizontallage in mV über 30 s

: $\bar{x} \pm t_{0.05} \cdot s_{\bar{x}}$

(Mittelwert und 95%-Vertrauensbereich)

Die bei dem Parameter „Anzahl der Nulldurchgänge" durchgängig vorhandenen
signifikanten Mittelwertunterschiede (Leistungsruderer > Ruderanfänger) spiegeln
sich in einem jeweils grundlegend anderen Regulationsmuster wider (Abb. 4); oben
ist die Winkel-Zeit-Kurve eines Ruderanfängers, unten die eines Leistungsruderers
im Laborausgangstest dargestellt. Der Leistungsruderer weist genau doppelt so viele
Nulldurchgänge auf wie der Ruderanfänger.

Zwischen Kontrollgruppe und Versuchsgruppe ergeben sich im *Eingangstest auf
dem Wasser* keine signifikanten Unterschiede im Gesamtintegral. Die Werte der
Leistungsruderer liegen dagegen um 30% signifikant niedriger. Die Ergebnisse des
Ausgangstests nach 3tägiger Ruderausbildung zeigen eine signifikante Verbesserung
im Gleichgewichtsverhalten bei beiden Anfängerkollektiven (Kontrollgruppe: 20%,
Versuchsgruppe: 28%). Versuchs- und Kontrollgruppe unterscheiden sich nun signifikant voneinander (18%), wobei die Versuchsgruppe fast das Niveau der Leistungsruderer erreicht (Abb. 5).

Die Versuchsgruppe weist sowohl zu Beginn als auch am Ende der Ruderausbildung einen signifikant höheren, d.h. besseren, mittleren Technikpunktwert auf als
die Kontrollgruppe. Die Technikentwicklung im Verlauf des Kurses ergibt für die
Versuchsgruppe eine signifikante Verbesserung um 23%, bei der Kontrollgruppe
eine um 38%. Die Kontrollgruppe erreicht damit im Mittel am Kursende einen

Auslenkung

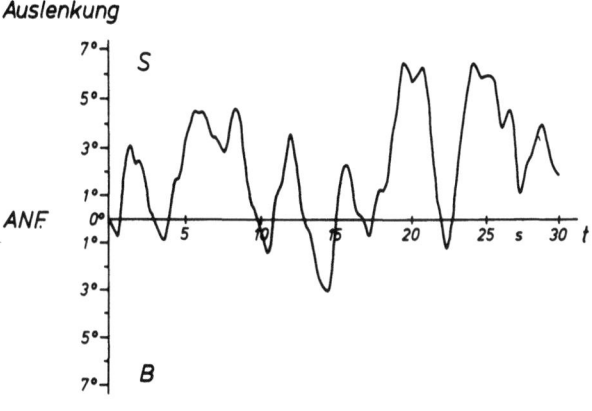

Auslenkung

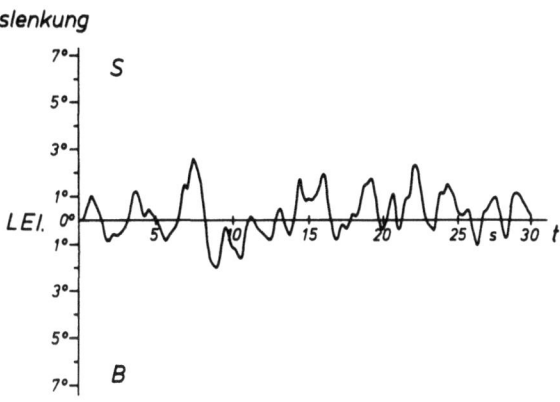

Abb. 4. Winkel-Zeit-Kurve eines Ruderanfängers *(oben)* und eines Leistungsruderers *(unten)* in der Testsituation „Auslage" im Laborausgangstest. *Abszisse:* Zeit in s, *Ordinate:* Winkelauslenkungen von der Horizontallage in Grad, *S* Steuerbord, *B* Backbord, *Anf.* Ruderanfänger, *Lei.* Leistungsruderer

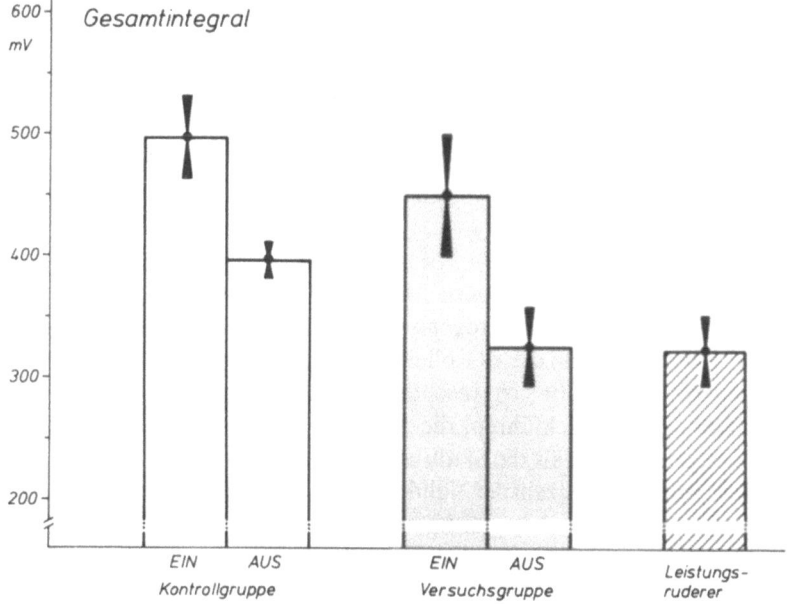

Abb. 5. Verhalten der Gleichgewichtsregulation (Gesamtintegral) im Skiff im Eingangs- und Ausgangstest (Legende: s. Abb. 3)

Technikpunktwert, der nur wenig über dem Eingangstestwert der Versuchsgruppe liegt.

Diskussion

Die bei der Versuchsgruppe im Verlauf des Laborübungsprogramms gefundene signifikante Verbesserung im ruderspezifischen Gleichgewichtsverhalten kann als Habituationseffekt gedeutet werden, der auch für andere Sportarten [17, 24, 25] als Resultat spezifischer Trainingsreize auf den Vestibularapparat beschrieben wird. Dabei scheint es sich nicht um eine Anpassung im peripheren Vestibularbereich, d. h. auf der Rezeptorebene, sondern um einen zentralen Hemmechanismus zu handeln, der über die Vestibulariskerne und ihre Verbindungen mit der Formatio reticularis und dem Kleinhirn gesteuert wird [5]. Dieser Mechanismus äußert sich in einer Reaktionsabnahme bzw. einer erhöhten Resistenz – speziell der Bogengangsorgane – gegenüber Beschleunigungsreizen [11]. Gleichzeitig kann auf der Effektorseite von einer verbesserten intra- und intermuskulären Koordination ausgegangen werden, die es ermöglicht, bei wahrgenommenen Seitneigungen des Bootes frühzeitige und situationsadäquate Korrekturbewegungen vorzunehmen.

Die im Vergleich zu den Ruderanfängern im Mittel um etwa 42% niedrigeren und damit signifikant besseren Laboreingangswerte für die Leistungsruderer lassen sich primär als Resultat langjähriger Trainings- und Wettkampfaktivität mit ständiger Beanspruchung des Gleichgewichtssystems deuten, wobei genetische Effekte nicht ausgeschlossen werden können. Zusätzlich weist diese Differenz darauf hin, daß mit dem verwendeten Testinstrumentarium „Rudersitz" tatsächlich ruderspezifisches Gleichgewicht abgeprüft wird.

Für die bemerkenswerte (signifikante) Verbesserung der Leistungsruderer im Verlauf des Laborübungsprogramms (43%) gibt es folgende Interpretationsmöglichkeiten:

1. Die im Labor vorliegende Testsituation entspricht nicht vollständig den Wasserbedingungen, was beträchtliche Gewöhnungsschwierigkeiten mit sich bringt.
2. Es besteht ein wirkliches Defizit bezüglich der Ausprägung der ruderspezifischen Gleichgewichtsfähigkeit – besonders bei den Ruderern aus lagestabileren Mannschaftsbooten.

Die bei den Ruderanfängern im Verlauf des Laborprogramms festzustellende Zunahme der Varianz (Heterogenisierungseffekt) spiegelt die unterschiedliche Lernentwicklung innerhalb dieses Kollektivs wider. Der Homogenisierungseffekt bei den Leistungsruderern läßt sich wesentlich auf die überproportionale Verbesserung der Riemenruderer zurückführen, die zunächst größere Anpassungsschwierigkeiten an das Testgerät hatten als die Skullruderer.

Die Meßgröße „Anzahl der Nulldurchgänge" erlaubt eine differenziertere Beurteilung des ruderspezifischen gleichgewichtsregulatorischen Verhaltens. Die Leistungsruderer versuchen, eine möglichst stabile Gleichgewichtslage durch kleinamplitudige, hochfrequente Ausgleichsbewegungen („Einstellbewegungen") um die Horizontale zu realisieren. Im Gegensatz dazu zeigen die Anfänger deutlich großamplitudigere, meist niederfrequentere Schwankungen. Diese kommen aufgrund einer Reaktion – mit teilweise langer Latenzzeit – auf die Wahrnehmung von Seitneigungen des Bootes zustande, während die Leistungsruderer durch kurze Latenzzeiten und quasi antizipatorisches Regulationsverhalten auffallen. Bei der Aufrechterhaltung der Horizontallage spielt sicher eine Rolle, daß die vestibulären Rezeptoren für kleinste Reizstärken eine maximale Empfindlichkeit aufweisen, d. h., die Kennlinie der Transformation von Reiz in Erregung im Bereich der Null-Lage ihre größte Steilheit zeigt [22].

Der angestrebte Transfer des im Labor bei der Versuchsgruppe erzielten Habituationseffektes in die Ausbildung auf dem Wasser deutet sich im Eingangstest nur tendenziell an. Dies läßt sich mit den für alle Ruderanfänger ungewohnten, Vorsicht auslösenden Bedingungen auf dem Medium Wasser erklären, durch die interindividuelle Unterschiede im ruderspezifischen Gleichgewichtsverhalten zunächst nivelliert wurden.

Deutlicher wird der positive Einfluß des vorgeschalteten Laborübungsprogramms bei der Betrachtung der technomotorischen Leistungsfähigkeit der beiden Anfängerkollektive, dem primären Ausbildungsziel. Hier weist die Versuchsgruppe sowohl im Eingangs- als auch im Ausgangstest einen signifikant höheren, d. h. besseren, mittleren Technikpunktwert auf als die Kontrollgruppe. Die Kontrollgruppe erreicht im Ausgangstest einen Wert, der nur wenig über dem Eingangstestwert der Versuchsgruppe liegt.

Aus den gefundenen Ergebnissen sind folgende Konsequenzen und Empfehlungen ableitbar:

– Eine ruderspezifische gleichgewichtsorientierte Vorschulung unter Laborbedingungen kann (auch in motivationaler Hinsicht) dazu beitragen, daß der „Lehrweg Skiff" auch von nicht mehr dem „Geschicklichkeitsalter" [18] angehörenden Ruderanfängern erfolgreich zu bewältigen ist. Anzustreben wäre die empirische Erarbeitung eines laborbezogenen Soll-Wertes, dessen Erreichen die Prognose eines weitgehend problemlosen und erfolgversprechenden Unterrichtsbeginns im Skiff erlaubt.

– Das ruderspezifische Gleichgewichtsvermögen scheint im Bereich des Leistungsruderns eine Komponente darzustellen, der zwar relativ wenig Beachtung geschenkt wird – zumindest was deren quantitative Erfassung betrifft –, die aber noch offensichtliche Leistungsreserven erkennen läßt. Obwohl beim Training auf dem Wasser eine ständige Reizung des Gleichgewichtssystems vorliegt, stellt sich die Frage, ob es nicht erforderlich ist, häufiger stärkere Reizsituationen zu schaffen, um die Gleichgewichtsfähigkeit auf diese Weise auf ein höheres Niveau zu heben.

– Befunde bei Sportlern verschiedener Sportarten (u. a. [17, 25]) zeigen, daß sportartspezifische Habituationseffekte, die das Gleichgewichtssystem betreffen, nur begrenzte Zeit (im Mehrwochenbereich) anhalten. Gerade unter diesem Aspekt erscheint es sinnvoll, wenn der Ruderer im Rahmen des Wintertrainings, wo die im Boot verbrachte Trainingszeit in der Regel stark reduziert wird, kompensatorische „Gleichgewichtseinheiten" absolviert; diese könnten auf einem Gerät wie dem Rudersitz durchgeführt werden. Auf diese Weise wäre es möglich, den gleichgewichtsregulatorischen Leistungsstand in etwa zu konservieren, um nicht erst, wenn sich bei den ersten Frühjahrswettkämpfen Probleme ergeben, das Boot zu „stellen", vermehrt gleichgewichtsbeanspruchende Übungsformen in das Training einbauen zu müssen.

– In bezug auf meßmethodische Verbesserungen erscheint es wünschenswert, ein kompatibles Meßsystem zu entwickeln, das ohne großen Aufwand in jedes Boot eingebaut werden könnte. Dies würde besonders Untersuchungen zum Gleichgewichtsverhalten im Training und evtl. sogar Wettkampf erleichtern. Dabei würde auch das Problem der Anpassung an ein ungewohntes Meßboot entfallen und damit die Aussagekraft der gewonnenen Ergebnisse erhöht. Vor diesem Hintergrund konnte der leistungssportorientierte Teil der vorliegenden Untersuchung nur einen ersten Einstieg in den Problembereich „Gleichgewichtsverhalten im Rennrudern" bieten. Meßtechnische Schwierigkeiten sollten dabei nicht davon abhalten, sich solchen Einflußgrößen zuzuwenden, die zwar nur einen relativ geringen prozentualen Beitrag für die Gesamtleistung liefern, aber nichtsdestoweniger größere potentielle Reserven beinhalten mögen als die, die z. B. im Ausdauer- oder Kraftbereich noch vorhanden sind.

Zusammenfassung

Zur ruderspezifischen Gleichgewichtsfähigkeit von Ruderanfängern und besonders Leistungsruderern liegen bislang kaum empirisch-quantitative Befunde vor, obwohl deren Bedeutung häufig hervorgehoben wird. Das gleichgewichtsregulatorische Verhalten von 38 Ruderanfängern (Sportstudenten) und 39 Leistungsruderern wurde in einer standardisierten Laborsituation mit Hilfe eines selbstentwickelten Testgerätes („Rudersitz") sowie im Feldversuch auf dem Wasser im Skiff in den Testsituationen „Rücklage" und „Auslage" erfaßt. Folgende Ergebnisse wurden gefunden:
1. Ruderanfänger und Leistungsruderer zeigen im Verlauf eines gleichgewichtsbezogenen Laborübungsprogramms eine signifikante Verbesserung im ruderspezifischen Gleichgewichtsverhalten.
2. Leistungsruderer und Ruderanfänger weisen ein signifikant unterschiedliches Regulationsmuster auf.
3. Die Versuchsgruppe zeigt sowohl zu Beginn als auch am Ende eines 3tägigen Kompaktkurses im Anschluß an ein Laborübungsprogramm eine signifikant höhere technomotorische Leistungsfähigkeit als eine Kontrollgruppe ohne Laborvorschulung.
Sowohl für Ruderanfänger als auch für Leistungsruderer kann ein gleichgewichtsorientiertes Laborprogramm zur Verbesserung der ruderspezifischen Gleichgewichtsfähigkeit beitragen.

Literatur

1. Adam K (1959) Ein ganz radikaler Vorschlag. Rudersport 77:716–717
2. Adam K (1962) Verhältnis Jugend- und Schülerrudern – Leistungsrudern. Rudersport 80:44–45
3. Borrmann H (1937) Einige Grundsätze für die Anfängerausbildung. Wassersport 55:387–388
4. Borrmann H (1937) Wir brauchen ein billiges und haltbares Volksskiff! Wassersport 55:1130–1132
5. Collins WE (1974) Habituation of vestibular responses with and without visual stimulation. In: Kornhuber HH (ed) Vestibular system, part 2: Psychophysics, applied aspects and general

interpretations. Springer, Berlin Heidelberg New York (Handbook of sensory physiology, vol VI/2, pp 369–388)

6. Cratty BJ (1979) Motorisches Lernen und Bewegungsverhalten, 2. Aufl. Bad Homburg
7. Fairbairn I (ed) (1951) Steve Fairbairn on rowing. Nicolas Kaye, London
8. Feige K (1939) Riemen, Skull und Paddel. Weidmann, Berlin
9. Feige K (1952) Natürliches Rudern, 2. Aufl. Limpert, Frankfurt am Main
10. Grabow V (1982) Leistungsbeeinflussende Faktoren der Gleichgewichtsregulation beim Rudern aus physiologischer und physikalischer Sicht. Unveröffentlichte Examensarbeit, Bochum
11. Gramowski KH (1964) Das trainierte Labyrinth. Wiss Z Martin Luther Univ Halle Wittenberg Math Naturwiss Reihe 13/11:927–931
12. Herberger E (Ltg Autorenkollektiv) (1977) Rudern, 4. Aufl. Sportverlag, Berlin/DDR
13. Jongkees LBW (1979) Physiologie und Untersuchungsmethoden des Vestibularsystems. In: Berendes J, Link R, Zöllner F (Hrsg) Hals-Nasen-Ohren-Heilkunde in Praxis und Klinik, Bd 5: Ohr I, 2. Aufl. Thieme Stuttgart, S 16.1–16.103
14. Körner T, Schwanitz P (Ltg. Autorenkollektiv) (1985) Rudern. Sportverlag, Berlin/DDR
15. Mester J, Grabow V, Marées H de (1982) Physiologic and anthropometric aspects of vestibular regulation in rowing. Int J Sports Med 3/3:174–176
16. Nolte V (1985) Die Effektivität des Ruderschlages. Bartels & Wernitz, Berlin
17. Rossberg G, Talsky D (1970) Untersuchungen zur Trainierbarkeit des Gleichgewichtssystems. Sportarzt Sportmed 21:136–141
18. Schröder W (1964) Ruderanfängerausbildung in kybernetischer Sicht. Rudersport 82, Lehrbeilage des Rudersport 2:1–8
19. Schröder W (1965) Frischer Gegenwind vom Stilrudern. Rudersport 83:38–41
20. Schröder W (1977) Untersuchungen zur Optimierung des Ruderanfängerunterrichts. In: Lenk H (Hrsg) Handlungsmuster Leistungssport. Hofmann, Schorndorf, S 283–298
21. Trincker D (1965) Physiologie des Gleichgewichtsorgans. In: Berendes J, Link R, Zöllner F (Hrsg) Hals-Nasen-Ohrenheilkunde, Bd 3/1: Ohr. Thieme, Stuttgart, S 311–361
22. Trincker D (1974) Taschenbuch der Physiologie, Bd 3/1: Zentralnervensystem I, Sensomotorik. Gustav Fischer, Stuttgart
23. Trincker DEW (1982) Die labyrinthäre Haarzelle als mechano-elektrischer Wandler. Funkt Biol Med 1/1:16–29
24. Walkstein R (1971) Der Nachweis vestibulär bedingter Schwankungsreaktionen und ihrer durch Habituation bedingten Veränderungen mit Hilfe kinematographischer Verfahren. Theor Prax Körperkultur 20:222–231
25. Wilke J, Fuchs H (1969) Untersuchungen über die Veränderungen der vestibulären Erregbarkeit durch sportliche Übungen und über die Habituation als Methode zum vestibulären Training von Turnern. In: Oeken FW, Wilke J (Hrsg) Hör- und Gleichgewichtsorgan. Barth, Leipzig, S 1–40

Trainingsplanung und Trainingssteuerung

Zur Selektion und Führung von Nationalmannschaften – einige Erfahrungen und Erkenntnisse

W. Fritsch

Selektion als Führungsproblem des Verbandes

In diesem Beitrag geht es um eine bisher wenig diskutierte Perspektive im Hochleistungsrudern, dem Problem der Führung und Selektion von Rudermannschaften für internationale Aufgaben. Der Unmut der am Hochleistungsrudern Beteiligten in diesem Zusammenhang ist sehr groß. Es vergeht keine Saison, nach der nicht in der Tages- oder Fachpresse dieses Thema aufgenommen wird, der Frage nach einer effektiven und effizienten Auswahl der Spitzenruderer aber in Form akzeptabler Lösungsansätze nicht nachgegangen wird. Es war und ist ein Problem der Ruderer, Trainer und allenfalls der Bundestrainer. Die bisherige Praxis der Selektion von Spitzenruderern erscheint – vergleicht man es mit dem Aufwand trainingsmethodischer und medizinischer Forschung – unreflektiert, wenig professionell und uneffizient.

Die nachfolgenden Ausführungen gehen davon aus, daß

1. kontinuierliche internationale Erfolge – und nur diese rechtfertigen die hohen finanziellen wie personellen Investitionen – abhängig sind von einem Selektionskonzept, das das Vertrauen und die Anerkennung aller beteiligten und betroffenen Ruderer, Trainer und Vereine besitzen muß,
2. die Selektion von Spitzenruderern für internationale Aufgaben eine der zentralen Führungsaufgaben des Verbandes ist, der Ziele, Charakter und Durchführung der Selektion bestimmt und
3. aufgrund der vielfältigen Abhängigkeiten und wechselseitigen Einflüsse im Spitzensport Rudern dies nicht durch Regelwerke und formale Strukturvorgaben gelingt, sondern die entscheidenden Ziele durch Wertvorstellungen abgedeckt werden müssen.

Zur Lösung des Führungsproblems, das gleichermaßen individuelle Bedürfnisse der Athleten und Ziele des Verbandes in Einklang bringen muß, bedarf es gewisser Schaltstellen, sog. Manager, die gleichsam vertrauensvoll, effektiv und mit hinreichender Flexibilität arbeiten können [1, 3].

Das ist im Spitzensport von der Idee her nichts Neues, der Gedanke erfährt in regelmäßigen Abständen auch immer neue Nahrung, dennoch ist zu vermerken, daß eine wie auch immer geartete Managementtheorie oder -lehre sowohl auf der Trainer- und Funktionärsebene nicht existiert [3]. Dabei müssen im Spitzensport

a) Ziele gesetzt und auf den entsprechenden Entscheidungsebenen eine Ordnung innerhalb eines komplexen sozialen Spannungsfeld gegeben,

J.M. Steinacker (Hrsg.)
Rudern
© Springer-Verlag Berlin Heidelberg 1988

b) Pläne zur Verwirklichung der Ziele erstellt,
c) harte und z. T. umstrittene Entscheidungen getroffen,
d) Ausführungen organisiert und aktuell eingewirkt werden, und es müssen
e) effektive und effiziente Kontrollen durchgeführt werden.

Selektion und internationaler Erfolg

Den Begriff der Selektion im Hochleistungsrudern sollte man gegenüber den Begriffen „Qualifikation" – ein unter bestimmten Vorgaben positiv ausfallender Soll-Ist-Vergleich mit dem internationalen Standard – und „Nominierung", ein eher formaler, teilweise symbolischer Akt, der die beste qualifizierte Mannschaft für eine WM benennt, abgrenzen. Unter „Selektion" im Spitzenrudern wird im folgenden verstanden:
1. Die Auswahl und Heranführung der Athleten an ein für internationale Ziele und Erfolge erforderliches Hochleistungstraining, das an ein Grundlagen- und Aufbautraining anschließt,
2. eine jährlich bedingte Auswahl der Athleten mit dem Ziel des größtmöglichen Erfolges zum Termin der Weltmeisterschaft, basierend auf einer prinzipiellen Wahlmöglichkeit und -situation mit personellen Alternativen.

In diesem Verständnis gab es bisher keine Selektion, bestenfalls eine nach verbandsextern orientierten Kriterien festgelegte Qualifikation, die auf Dauer prekäre Folgen nach sich zog. Viele hervorragende Ruderer und mit ihnen die Trainer verlieren das Vertrauen in das Leistunsprinzip, da nur die besten, nicht die bestmöglichen Mannschaften sich qualifizieren brauchten. Es bedarf wohl keiner weiteren Ausführungen, daß bei der internationalen Leistungsdichte jeder Verband auf die besten Ruderer zurückgreifen muß, andererseits ist auch bekannt, daß es sehr schwierig bis unmöglich ist, Ruderer und -innen aus den national besten Booten auszutauschen. Hinsichtlich dieses Selektionsverständnisses gibt es keine planende, koordinierende und kontrollierende Tätigkeit seitens des Verbandes, demnach auch keine Führung.

Eine zentrale, verbandsgesteuerte Führung in dieser Frage erscheint jedoch aus zwei Gründen zwingend erforderlich:
1. Obwohl man allgemeine gesellschaftliche und politische Interessen und deren Vertreter im Spitzensport beachten und akzeptieren sollte, müssen deren Vorgaben hinsichtlich sportart- und verbandsspezifischer Bedingungen relativiert werden. Jene Vorgaben sind allgemeine, oft nur am aktuellen Leistungsstand des Athleten oder der Mannschaften orientierte, rein formale Kriterien. Sie greifen deshalb oft nicht in der erwarteten Weise, weil mit der Einhaltung der Kriterien bereits schon der individuelle Erfolg verbucht werden kann (z. B. Sporthilfe, Erfolgsprämien etc.), eine Identifikation und ein verstärktes Engagement mit höchsten sportlichen Zielen nicht unbedingt zwingend ist. Diese Strukturen bedingen, daß die Identifikation vieler Spitzenruderer mit den Leistungskriterien der externen Institutionen sehr groß ist, die Selbstbestätigung über die Belohnungssysteme dieser Institutionen erfolgt, sportliche Spitzenleistungen jedoch eher ein Nebenprodukt oder -ergebnis darstellen.

2. Die Verlegung der Führung in der Frage der Selektion auf die Trainer- oder Vereinsebene wiederum verspricht keine kontinuierlichen Erfolge bei dem momentanen internationalen Standard. Eher zufällig, dazu personen- und persönlichkeitsabhängig, läßt es keine zwingende strukturelle Chance für alle hervorragenden Nachwuchsruderer erkennen. Zudem besteht die Gefahr der Abschottung, es entsteht der Eindruck von Ungleichheiten und Ungerechtigkeiten; der Austausch von Ruderern und Mannschaftsteilen kommt Katastrophen gleich bzw. stellt den negativen Sonderfall dar. Ein relativ erfolgreiches, aber durchaus nicht optimal besetztes Boot wirkt auf andere gute Ruderer leistungslähmend und motivationshemmend.

Kontinuität und Leistungsanreize sind deshalb sinnvollerweise auf dieser mittleren Ebene, der Verbandsebene zu strukturieren, damit
a) der Nachwuchs Perspektiven erkennt und
b) durch interne Konkurrenz Risikobereitschaft und Eigeniniative, als herausstechende Eigenschaften erfolgreicher Spitzensportler – entwickelt werden [1], die durch die Gewißheit, mit persönlichem Engagement Einfluß nehmen zu können, Vertrauen in das System und in sich selbst als Spitzenruderer ermöglicht.

Anleihen aus der Management- und Wirtschaftsforschung

Diese Ziele sind allerdings nicht nur auf der formal-administrativen Ebene des Verbandes zu erreichen. Vor ähnlichen Problemen stehen Wirtschafts- und Industrieunternehmen. Wenngleich die Zielsetzungen dieser Organisationen weitaus vielfältiger sind, lassen sich gewisse Parallelen ziehen. Auch sie sind darauf angewiesen, daß ihr Service und ihre Produkte Spitzenleistungen darstellen müssen. Um konkurrenzfähig zu sein, versuchen die erfolgreichsten unter den modernen Industrieunternehmen die Bedürfnisse und Ziele derjenigen, die diese Leistungen erarbeiten, nämlich die Mitarbeiter, in das Management, die Zielvorgaben, die Organisation und Kontrolle mit einzubeziehen, damit Spitzenleistungen dauerhaft erreichbar werden und bleiben [4, 5]. Erforderlich ist, daß sie bei ihren Mitarbeitern eine größtmögliche Übereinstimmung mit den Unternehmenszielen erwirken, eine Identifikation mit der Firma, dem Konzern und seinen Produkten, wohlwissend, daß dies nur möglich ist, wenn man den Mitarbeitern die Chance zu Selbstverwirklichung und Selbstdarstellung bietet. Eine hohe Motivation und Identifikation mit den Unternehmenszielen erreichen sie, indem sie im wesentlichen folgenden Grundbedürfnissen nachgeben:
1. Um sich engagieren und für Höchstleistungen motivieren zu können, muß der Mitarbeiter eine Aufgabe als sinnvoll ansehen (Sinnbedürftigkeit des Menschen).
2. Mitarbeiter verfolgen ihre jeweilige Aufgabe beharrlich weiter, leisten und engagieren sich mehr, wenn sie an ein Mindestmaß an persönlichem Einfluß glauben.
3. Die Befriedigung eines wie auch immer gearteten Erfolgsgefühls durch positive Verstärkungen trägt neben der Erkenntnis auch zur Stärkung des Selbsgefühls bei.

Die zur effektiven und effizienten Führung eingangs erwähnten formalen Strukturen, bedürfen im speziellen Fall des Selektionsproblems, also auch der Einbindung emotionaler Steuerungsmechanismen, die die individuellen Grundbedürfnisse der

Athleten, z. B. das Bedürfnis nach Erfolg, Selbstdarstellung und -verwirklichung, in besonderer Weise berücksichtigen, damit die Chance zur Identifikation und vertrauensvollen Bindung mit den Verbandszielen eröffnet wird.

Die Führungsaufgabe weitsichtiger Funktionäre und verantwortlicher Trainer muß folglich darin bestehen, daß sie die nicht zu leugnenden quantifizierbaren physiologischen und rudertechnischen Anforderungen im Spitzenrudern und die Leistungsbereitschaft einerseits mit Hilfe formaler Strukturen, andererseits aber auch durch gewisse Wertvorstellungen, die sich an den Grundbedürfnissen der Athleten orientieren, vereinbaren können [1, 2, 3]. Die Hereinnahme spezifischer Wertvorstellungen entlastet die formalen Führungs- und Kontrollstrukturen enorm. Die praktische Umsetzung solcher Wertvorstellungen manifestiert sich in einigen Grundtugenden und ihren organisatorischen Konsequenzen, die im folgenden am Beispiel des Leichtgewichtprojekts ausgeführt werden, das seit 2 Jahren mit dem Ziel besteht, internationale Spitzenleistungen in den Großbooten, Vierer ohne und Achter zu erreichen.

Das Leichtgewichtsprojekt

Dieses Projekt und seine zur Durchführung erforderlichen Strukturen werden durch folgende Wertvorstellungen und Überzeugungen der Mitglieder gesteuert:
1. Die beteiligten Ruderer sind der Überzeugung, national die besten zu sein und international die besten zu werden – wenn sie es nicht schon sind,
2. daß die wie auch immer quantifizierbaren physiologischen und rudertechnischen Voraussetzungen wichtig und die für deren Entwicklung anzuwendenden Methoden richtig sind,
3. daß jeder einzelne zu dem Ziel wesentliches beitragen kann und muß, sowohl hinsichtlich seiner ruderischen und außerruderischen Fähigkeiten und Möglichkeiten,
4. daß der Leistungs- und Mannschaftssport Rudern auch oder gerade die Präsentation und Diskussion der individuellen Leistungsfähigkeit verlangt und fordert,
5. daß neben der Verfolgung persönlicher Ziele auch die Sache, das Leichtgewichtsrudern und das Projekt, vorangetrieben werden muß, und
6. daß gelegentliche, unvermeidbare Fehlschläge und Schwierigkeiten aus eigener Kraft behoben werden können.

Die praktischen, organisatorischen und strukturellen Konsequenzen aus diesen Grundtugenden und Wertvorstellungen beziehen sich auf
– die Auswahl der Ruderer,
– die Festlegung von Leistungszielen,
– die Leitlinien der Trainingsplanung und -steuerung,
– die internen Kontrollen,
– die Entscheidungsstrukturen.

Identifikation und Engagement sind nur zu erwarten, wenn man den Ruderern glaubhaft machen kann, daß man für die jeweiligen Aufgaben die besten benötigt und auch tatsächlich auswählt. Für die 12 + 3 WM-Plätze können sich ca. 25–28 Ruderer bewerben. Die Selektion erfolgt über eine Reihe von Kriterien, wie z. B. Rennergebnisse in Klein- und Großbooten, Ergometerleistungen, Erfahrung etc. durch einen verantwortlichen Leiter. Den Ruderern muß das Risiko des Scheiterns bewußt sein, frühzeitige Mannschaftsfestlegungen zerstören das Vertrauen in die prinzipielle Offenheit der Selektionsstrukturen. Zur Philosophie des Projekts gehört es also, daß in jedem Fall deutlich mehr Ruderer als Plätze vorhanden sind und eine Auswahl in mehreren Schritten über die gesamte Saison erfolgt (vgl. Galster u. Fritsch in diesem Band, S. 299).

Eine zentrale Trainingsplanung, die jedoch individuellen Gegebenheiten Rechnung trägt, wird auf der Grundlage getesteter Leistungsparameter vorgenommen. Die Ruderer müssen wissen, daß die zum Erfolg statistisch notwendigen Vorausetzungen vorhanden sind oder zumindest angestrebt werden, wie z.B.
- die international notwendige physiologische Leistungsfähigkeit,
- Boots- und Rudermaterial,
- Trainingsplanung und -methodik nach neuesten Erkenntnissen, aber auch unter Berücksichtigung gruppeninterner Erfahrungen,
- das dezentral angelegte medizinische Betreuungssystem genutzt wird,
- wissenschaftliche Begleituntersuchungen das Bemühen um permanente Wissens- und Informationserweiterung dokumentieren.

Das Trainingssystem ist ein sog. „hartes" Trainingssystem: ein hohes Maß an Eigenverantwortung und Rusiko – sicherlich auch bedingt durch die begrenzten Geldmittel – erfordern Kontrolle. Durch eine geordnete und genaue Bestimmung der Ziele, die dann relativ selbständig bearbeitet werden, sowie einer offenen, ehrlichen Rückmeldung über die Kontrollergebnisse, werden häufige Ergometertests und interne Leistungsvergleiche zur Selektion herangezogen. Vergleichsweise enorme Trainingsumfänge und hohe Intensitäten sorgen – neben einer großen Zahl von Rennen, während der Regatten und zentralen Zusammenführungen für eine effektive und äußerst effiziente Leistungsüberprüfung. Die Ruderer müssen bereit sein, auch kurzfristig in jeder Mannschaftskombination, Bootsgattung und auch Ruderart (Skull und Riemen) mit- und gegeneinander zu starten.

Hinsichtlich der Erfahrungen und Erkenntnisse ist – wenn man eine 2jährige Durchführung zugrunde legen darf – positiv zu vermerken, daß das Projekt, gemessen am finanziellen und personellen Aufwand, äußerst effektiv arbeitet. Die Ruderer anerkennen die Funktion der mehr oder weniger explizit gemachten, aber durchwirkenden Grundwerte an. Als Ordnungs- und Steuerungsfaktoren ermöglichen sie enorme Zeiteinsparungen – der Aufwand an gemeinsamen Veranstaltungen liegt (ohne die Regatten, aber mit dem WM-Vorbereitungslager) bei 30 Tagen im Jahr –, damit Geldeinsparungen und bieten den in diesem Projekt nur in Ausnahmefällen berücksichtigten B-Ruderern klare Perspektiven. Im Gegensatz zu früheren Praktiken der „Selektion" erhöht sich die Chance sehr guter Ruderer, berücksichtigt zu werden, andererseits ist ein „Verstecken" in relativ guten Mannschaften kaum möglich. Die zentrale Planung und die Fähigkeit der Ruderer, kurzfristig in verschiedenen Mannschaften an der Start gehen zu können, eröffnet zudem die Wahrnehmung besonderer Aufgaben (z.B. Universiade) und attraktiver Regattabesuche. Mit zunehmender Dauer des Projekts ist ein deutlicher Rückgang in der Behauptung regionaler und Vereinsinteressen festzustellen.

Probleme ergeben sich durch diese Strukturen aus der erforderlichen Zentrierung auf den Leiter, was bei einigen Heimtrainern zu Identifikationsproblemen führen kann, zum anderen ist damit eine hohe zeitliche und psychische Belastung des Leiters verbunden. Des weiteren sei vermerkt, daß die Diskussion mit den Athleten bezüglich der Zielsetzungen und den damit verbundenen strukturellen Konsequenzen ständig zu führen ist.

Literatur

1. Beck E (1987) Motivation + Mut = Sieg. Leistungssport 17:12–16
2. Becker P (1987) Steigerung und Knappheit. Zur Kontingenzformel des Sportsystems und ihren Folgen. In: Becker P (Hrsg) Sport und Höchstleistung. Rororo, Reinbeck, S 17
3. Haase H (1986) Management von Spitzenleistungen. Leistungssport 16:32–38
4. Pascale RT, Athos AG (1982) Geheimnis und Kunst des japanischen Managements. Heyne, München
5. Peters TJ, Waterman RH (1986) Auf der Suche nach Spitzenleistungen. Verlag Moderne Industrie, Landsberg am Lech

Zum Problem der Rahmenplanung und Selektion von Mannschaften im Spitzenrudern

H. Galster und *W. Fritsch*

Einleitung

Die Absicht, die besten Ruderer und Mannschaften für eine Ruderweltmeisterschaft zu finden, erfordert nach Meinung vieler Trainer langfristige Zusammenführungen und – sind Ruderer und Mannschaften für die große Aufgabe zusammengestellt – eine Spezialisierung, d. h. das nahezu ausschließliche Starten in der vorgesehenen Bootsgattung und Mannschaftszusammensetzung.

Ziel des Artikels ist es, eine abweichende Position zu dieser weitverbreiteten Trainer- und Funktionärsmeinung zu vertreten und eine mögliche Durchführung zu skizzieren. Dabei ist zu bemerken, daß mit diesem Vorgehen bereits sehr gute Erfahrungen in einem Leichtgewichtsprojekt, das seit 2 Jahren im DRV durchgeführt wird, gemacht wurden (vgl. [3]).

Im Rahmen des Projekts werden verschiedene Anforderungen an die Organisation, die Teilnehmer und an die Mannschaftsführung gestellt. Wesentliche Vorbedingung ist, daß mehr Ruderer als zu vergebende WM-Fahrkarten zur Verfügung stehen. Da aus diesem Projekt 15 Ruderer an der Weltmeisterschaft teilnehmen – Achter, Vierer, drei Ersatzruderer –, sollten ca. 25 Bewerber möglich sein. Pflichtcharakter haben – neben den regelmäßig stattfindenden Ergometertests – zwei Trainingslager über ca. 8–10 Tage. Eine weitere Voraussetzung ist, daß mindestens zwei Achter, drei bis vier Vierer und mehrere Kleinboote (Einer, Doppelzweier, Zweier-ohne) gestellt werden, um hinreichend Bootsplätze im Trainingslager und Wettkampf zur Verfügung zu haben.

Der sportliche Leiter dieses Unternehmens entscheidet allein über die Einteilung der Mannschaften und Boote für die Regatten sowie auch für die Weltmeisterschaft und legt die Trainingsplanung nach einem bestimmten Konzept fest [2].

Der Ablauf des Projekts kennzeichnet sich durch fünf Phasen, welche sich hinsichtlich folgender Faktoren unterscheiden (Tabelle 1):
- Dauer der Phasen,
- Anzahl der Regatten und Trainingslager,
- Anzahl der freiwilligen Regatten,
- Selektionskriterien,
- Anzahl und Art der Leistungstests (vgl. [1]).

J.M. Steinacker (Hrsg.)
Rudern
© Springer-Verlag Berlin Heidelberg 1988

Tabelle 1. Durchführung des Projekts

Phase Maßnahme	I	II	III	IV	V
Zeitraum (Monat)	12–3	35	5–6	6–7	7–8
Anzahl der Ruderer	24–26	24–26	16–18	15–16	12 +3
Zentrale Maßnahmen Trainings- lager	–	10 Tage	–	5–6 Tage	16 Tage und 10 Tage WM
Regatten	–	1	2–3	1 (Luzern)	1 (WM)
Ergometer: Maximaltest:	2	1	1	–	1
Stufentest	3	1	1	–	2
Freiwilliger Regattabesuch	2	1–2	1	1	–
Auswahl- kriterien	Ergebnisse des Vorjahres: WM, MdS, Luzern	Ergometer- test mit mindestens 340 W	Ergometer- test mit 345 W, Technik, Frühjahres- test	Renner- gebnisse, Ergometer- test mit mindestens 350 W	–
Trainings- schwerpunkte	Grundlagen- training, Kraft- und aerobe Ausdauer	Kraft- ausdauer und aerobe Ausdauer	Aerobe und spezielle Ausdauer	Spezielle Ausdauer	Grundlagen- training, spezielle Ausdauer

Erfassung der Teilnehmer

Die erste Phase von Dezember bis Ende März gilt der Erfassung der Teilnehmer und der Aufstellung individueller Trainingsprogramme. Ruderer, die sich auf internationalen Regatten bewährt haben, können berücksichtigt werden, so daß die Gruppe zunächst auf etwa 25–28 Personen anwachsen kann. In dieser als Heimtraining stattfindenden 4monatigen Vorbereitungszeit erhalten die Ruderer ihre individuellen Trainingspläne mit dem Schwerpunkt im aeroben Ausdauer- und Kraftausdauerbereich. Die Durchführung von Skilanglauftrainingslager wird empfohlen, ebenso die Teilnahme an zwei regionalen Langstreckenregatten. Verpflichtend für alle dagegen ist in der ersten Phase die Durchführung von drei Stufen- sowie zwei Maximaltests [4]; dabei werden mindestens 340 W erwartet.

Vorbereitung bis zur ersten Selektion

Die zweite Phase von April bis Mai beinhaltet ein gemeinsames Trainingslager und die erste Selektion. Mit Beginn des Trainingslagers werden die Trainingspläne vereinheitlicht. Individualisierungen werden in Einzelfällen vorgenommen, z. B. wenn bei Ergometertests größere Abweichungen vom Sollwert – insbesondere der aerob-anaeroben Schwelle – deutlich werden.

Ziel des Trainingslagers ist es, eine Vereinheitlichung der Rudertechnik anzustreben. Daneben soll den jüngeren Ruderern auch eine gewisse Trainingseinstellung vermittelt werden. Es wird versucht, hohe Trainingsbelastungen zu absolvieren, die teilweise im intensiven Ausdauerbereich gefahren werden. Auf diese Weise werden unterschiedliche, jedoch rennfähige Mannschaften in Vierern und Achtern zusammengesetzt und getestet. Nach diesem Trainingslager können als weitere Maßnahmen zwei Regatten besucht werden. In der letzten Woche dieser Phase werden zusätzlich ein Stufen- und ein Maximaltest durchgeführt.

Verpflichtend ist für alle der DRV-Frühjahrstest in Duisburg. Hier soll unter Wettkampfbedingungen ein erster Vergleich im Kleinboot und in jenen Viererbesetzungen stattfinden, die bereits regional existierten oder im Trainingslager zusammengesetzt wurden.

Nach diesem Test in Duisburg wird die erste Selektion vorgenommen. Der Kreis der Ruderer wird auf 16–18 Ruderer reduziert. Dabei wird aufgrund folgender Kriterien ausgewählt: Wesentliche Grundlage bilden in erster Linie die Klein- und Großbootleistungen in Duisburg. Neben der Rudertechnik ist eine Mindestleistung von 345 W auf dem Ergometer Voraussetzung zum Verbleib in dieser Gruppe. Ruderer, die diese Anforderungen nicht erfüllen können, werden von nun an mit einem eigenen, weiterführenden Trainingsplan versorgt. Für sie wird die Teilnahme an einer Regatta im Herbst, z. B. Villach, angestrebt. Ansonsten ist ein weitgehend ähnlicher Saisonverlauf vorgesehen. Dadurch wird auch von diesen Ruderern (ähnlich der verbleibenden Gruppe) eine lange Saison absolviert. Die Ruderer der Villach-Gruppe sind keinen weiteren Selektionen unterworfen. Wie bisher haben sie die Möglichkeit, an den Ergometertests teilzunehmen.

Die zweite Selektion

Am Ende der dritten Phase von Mai bis Ende Juni findet – nachdem verschiedene Mannschaften getestet wurden – die zweite Selektion statt. Die verbleibenden 16–18 Ruderer besuchen nun gemeinsam vier Regatten, wovon eine freiwilligen Charakter besitzt. Auf diesen Regatten wird in verschiedenen Bootsbesetzungen und Bootsgattungen und Ruderarten gestartet. Es wird eine gewisse Flexibilität gefordert, die dann endgültige Besetzungen nach der zweiten Selektion erleichtern soll.

Die Trainingsschwerpunkte in der dritten Phase liegen in der aeroben sowie in der speziellen Ausdauerschulung. Ein Stufen- und ein Maximaltest (Mindestanforderung ca. 350 W) sowie die Ergebnisse der Deutschen Meisterschaft sind Grundlage für die zweite Selektion.

Qualifikation für die Weltmeisterschaft

In der vierten Phase zwischen der Deutschen Meisterschaft und Luzern werden die Mannschaften für die Qualifikation festgelegt. Zu diesem Zweck findet ein 5–6tägiges Trainingslager statt. Trainingsschwerpunkt ist dabei die Entwicklung der speziellen Ausdauer.

Die Entscheidung, in welcher Mannschaftszusammensetzung in Luzern, dem Qualifikationszeitpunkt, gestartet wird, hängt von den Erkenntnissen aus den Rennen der bisherigen Saison ab. Daneben sind Rudertechnik, Leistung und das mögliche Renngewicht wichtige Entscheidungskriterien. Nach Luzern ist noch ein Regattabesuch auf freiwilliger Basis in Rücksprache mit den Projektleitern möglich, z.B. das „Match des Seniors" oder die Universiade.

Die unmittelbare WM-Vorbereitung

In der fünften Phase zwischen Luzern und der Weltmeisterschaft erfolgt die spezielle WM-Vorbereitung. Während eines ca. 14–16tägigen Trainingslagers, zu dem die qualifizierten und nominierten 15 Ruderer eingeladen werden, kann die Besetzung der Boote noch variieren und gegenüber Luzern auch Veränderungen erfahren.

Trainingsschwerpunkte stellen die Anhebung aerober Leistungsfähigkeit und die spezielle Ausdauer dar. Die Entwicklung wird durch zwei Stufentests (jeweils zu Beginn und am Ende) sowie einem Maximaltest am Ende des Trainingslagers verfolgt, der im Zweifelsfall auch über die endgültige Bootsbesatzung entscheiden kann. Die „Ersatzruderer" kommen regelmäßig im Achter, wenn nötig im Vierer zum Einsatz. Sie sind neben den 12 Mitgliedern der festen Bootsbesetzung im Training integriert, so daß sie bis zum Wettkampf einen vollwertigen Ersatz darstellen (Abb. 1).

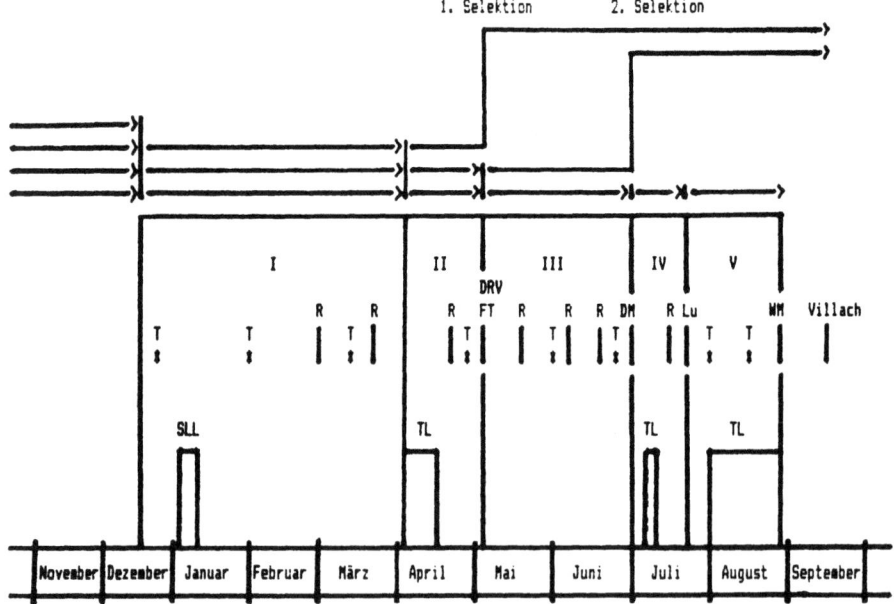

SLL = Skilanglauf Trainingslager / T = Ergometertest / R = Regatta / DRV FT = DRV Frühjahrstest in Duisburg / DM = Deutsche Meisterschaft / Lu = Regatta Luzern / TL = Trainingslager / WM = Weltmeisterschaft

Abb. 1. Schema der Saisonplanung für die Ruderer des Leichtgewichtprojekts im DRV (MdS = Match des Seniors)

Literatur

1. Birkner W, Fritsch W (1988) Zur Bedeutung der Ruderergometrie als Auswahlkriterium bei Leichtgewichtsruderern. (In diesem Buch, S 304)
2. Fritsch W (1985) Trainingssteuerung im Rudern. Rudersport, Trainerjournal 80:I–XI
3. Fritsch W (1988) Zur Selektion und Führung von Nationalmannschaften – einige Erfahrungen und Erkenntnisse. (In diesem Buch, S 293)
4. Steinacker J, Grünert M, Lormes W, Wodick RE (1985) Die sportartspezifische Leistungsdiagnostik mit dem Ruderergometer. Rudersport, Trainerjournal 81:I–VI

Zur Bedeutung der Ruderergometrie als Auswahlkriterium bei Leichtgewichtsruderern

W. Birkner und *W. Fritsch*

Eine regelmäßig durchgeführte Ruderergometrie stellt einen wesentlichen Bestandteil zur Einschätzung der Leistungsfähigkeit dar, und sie kann als Mittel der Selektion von Nationalmannschaften dienen. Die Ergometrie ist dabei als zusätzliche Information zu den Kriterien „aktuelle Rennleistung" in Klein- und Großbooten, „Rudertechnik", sowie den errungenen Erfolgen bei internationalen Meisterschaften zu sehen.

Bei der Bildung von Großbootmannschaften geht die Entwicklung dahin, aus einer anfänglich größeren Anzahl von Ruderern erst kurz vor der Qualifikationsregatta oder kurz vor der Weltmeisterschaft die endgültigen Mannschaften zu besetzen, um damit die besten Ruderer eines Verbandes selektieren zu können. Im Rahmen eines Leichtgewichts (LG)-Projektes wurden 1986 und 1987 für die Weltmeisterschaften der bundesdeutsche LG-Vierer und LG-Achter aus 16 bzw. 25 Ruderern gebildet, wobei jeweils 7 Ergometertests von Dezember bis August im Abstand von 4–6 Wochen durchgeführt wurden. Jedesmal wurde die aerob-anaerobe Schwelle (AAS) mit einem 3 min-Stufentest bestimmt, 5mal wurde 1,5–3 h später ein 6minütiger Maximaltest angeschlossen.

Betrachtet man die Ergebnisse des Maximaltests von 1982–1987, so kann ein Zusammenhang zwischen maximaler Leistung auf dem Ergometer und ruderischem Erfolg auf der Weltmeisterschaft festgestellt werden (Abb. 1). Aus diesen Erkenntnissen heraus kann als Mindestleistung für eine Selektion in die Leichtgewichtsnationalmannschaft ein Ergebnis von 350 W vorausgesetzt werden. Um eine Medaille zu erreichen, ist wahrscheinlich im Mannschaftsdurchschnitt eine Leistung von 360 W erforderlich. Von anderen erfolgreichen Nationen sind ähnliche Werte bekannt. Es besteht somit für den Trainer die Möglichkeit, frühzeitig in der Saison abzuschätzen –

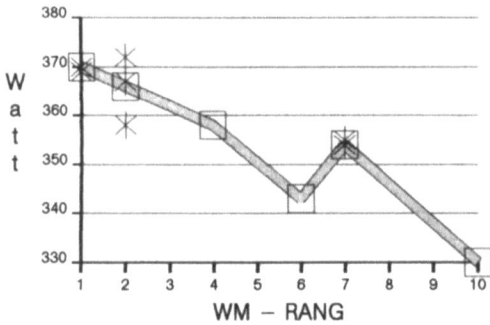

Abb. 1. Der Zusammenhang zwischen Ergometerleistung (6-min-Maximaltest im Mannschaftsdurchschnitt) und der Plazierung auf den Ruderweltmeisterschaften von Leichtgewichtsmannschaften des DRV on 1982–1987

J.M. Steinacker (Hrsg.)
Rudern
© Springer-Verlag Berlin Heidelberg 1988

ohne einen direkten ruderischen Vergleich mit anderen Nationen – ob ein hinreichendes Potential an leistungsfähigen Ruderern vorhanden ist, um z. B. einen Vierer und einen Achter zu besetzen, oder ob es sinnvoll erscheint, sich auf ein Boot zu konzentrieren. Zudem kann man die Erwartungen hinsichtlich der Ergebnisse auf den Weltmeisterschaften realistischer einschätzen.

Die Abb. 2 zeigt die Ergebnisse des Maximaltests eines Ruderers über einen Zeitraum von 5 Jahren. Zu erkennen ist, daß Schwankungen von ca. 10 W durchaus im Normbereich liegen. Es hat demnach keinen Sinn, zwischen zwei Ruderern mit z. B. 365 und 370 W aufgrund der Ruderergometrie auszuwählen.

In Abb. 3 sind die Ergebnisse der AAS der Boote von 1986 und 1987 dargestellt. Sie sollte nach dem aeroben und spezifischen Ausdauertraining der Vorbereitungsperiode deutlich ansteigen und auch im Verlauf der Saison nicht zu sehr absinken, damit die ca. 3–4 Rennen auf den Regatten oder der Weltmeisterschaft optimal gerudert werden können. Anhand der Ergometrie ist somit auch überprüfbar, ob ein ausreichend intensives Ausdauertraining absolviert wird. Ein deutliches Absinken der AAS beobachteten wir 1987 bei einigen Ruderern nach vier harten Rennwochenenden, mit

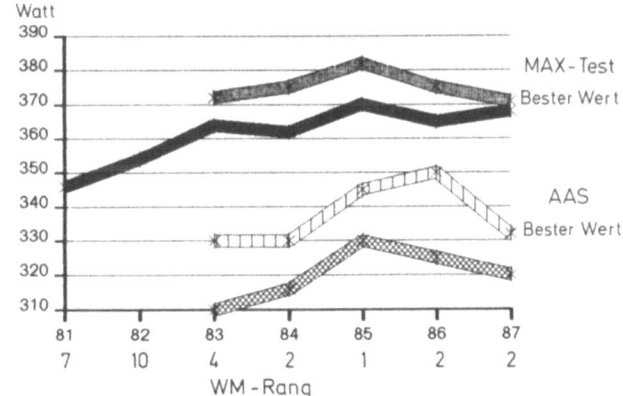

Abb. 2. Entwicklung der Ergometerleistung (6-min-Maximaltest und AAS) eines Leichtgewichtsruderers von 1981–1987. Dargestellt sind die Jahresdurchschnitts- und die Jahresbestleistung

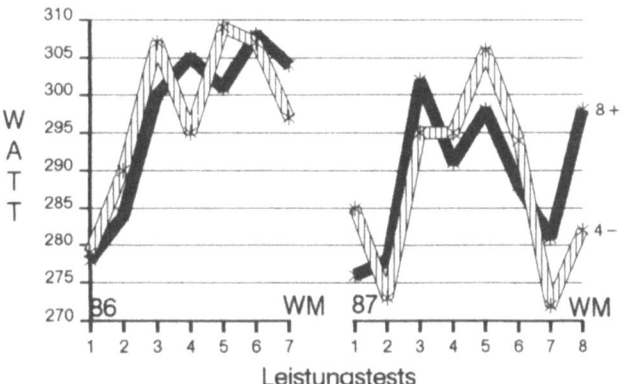

Abb. 3. Entwicklung der AAS der DRV-Boote (LG-Vierer und LG-Achter) von 1986 und 1987

der Deutschen Meisterschaft, Luzern und der Universiade. Zu Beginn des WM-Trainingslagers konnte durch gezielte Maßnahmen, z. B. durch extensives Dauertraining, z. T. auch in Kleinbooten, diese negative Entwicklung aufgefangen werden. Die individuelle Streubreite ist jedoch sehr groß; es gibt verschiedene Typen von Ruderern. Für eine Selektion eignet sich der absolute Wert des AAS nicht in dem Maße wie der Maximaltest. Die AAS dient eher zur Trainingssteuerung.

Die Leistungsentwicklung im Verlaufe der Saison läßt sich aus den Ergebnissen der Maximaltests ablesen. Es ist festzustellen, ob der Athlet für eine Mannschaft hinreichend leistungsfähig ist, und mit welcher Zielsetzung bzw. Erwartung diese Mannschaft bei den Weltmeisterschaften antreten kann. Die Abb. 4 zeigt den Vergleich zwischen LG-Vierer und LG-Achter von 1986 und 1987. Beide Boote lagen nach den Rennen in Luzern noch auf Medaillenrängen; auf der Weltmeisterschaft 1986 verpaßte der Vierer jedoch das Finale, der Achter wurde Vizeweltmeister. Der Vierer konnte seine physiologischen Fähigkeiten nicht mehr verbessern, sie fielen sogar weiter ab, während die Durchschnittsleistung im Achter noch anstieg.

1987 standen wieder beide Boote auf Medaillenrängen nach Luzern. Durch einen etwas anderen Trainingsaufbau in der Saison konnte die maximale physiologische Leistungsfähigkeit in beiden Booten auf das für Medaillenränge notwendige Niveau gebracht werden, so daß die Goldmedaille im Vierer und die Silbermedaille im Achter errungen werden konnten.

Durch regelmäßige Ruderergometrie wird der Athlet gezwungen, mehrmals im Jahr zu einem vorgegebenen Termin seine individuelle Leistungsfähigkeit unter Beweis zu stellen. Damit kann vermieden werden, daß sich ein Ruderer – oft gerade gegen Ende der Saison – in einem Großboot versteckt. Häufiges Fehlen beim Test oder Abbrechen des Maximaltests läßt oftmals auf mangelndes Engagement schließen, falls keine Krankheiten etc. vorliegen.

Anzumerken bleibt, daß für die Sportpraxis die Methodik des Tests in gewisser Hinsicht zweitrangig ist. Entscheidend ist, daß bei Untersuchungen in verschiedenen Zentren eine Standardisierung erfolgt, daß die Ergebnisse sofort verfügbar sind und daß möglichst viele Informationen geliefert werden, weshalb die Bestimmung der AAS durch einen Stufentest und – in größeren Abständen – einen Maximaltest erfordert.

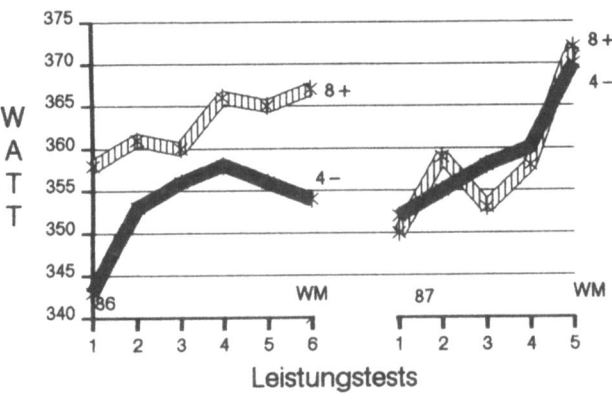

Abb. 4. Entwicklung der 6-min-Maximalleistung auf dem Ruderergometer der DRV-Boote (LG-Vierer und LG-Achter) von 1986 und 1987

Die Leistungsentwicklung von Ruderern im Längsschnitt

R. J. W. Michalsky, W. Lormes, M. Grünert-Fuchs, R. E. Wodick
und *J. M. Steinacker*

Einleitung

Durch die Einführung der sportartspezifischen Leistungsdiagnostik erfolgt eine immer exaktere Beratung und Führung des Athleten [1, 3, 5, 6]. Dabei sind jedoch meist nur Kurzzeiteffekte von Trainingsberatung und Trainingssteuerung dokumentiert [2, 3, 6, 7], es fehlen Untersuchungen über den Verlauf über längere Zeiträume.

Methoden

Wir untersuchten Ruderer verschiedener Leistungsklassen auf dem Gjessing-Ruderergometer in regelmäßigen Abständen, um Veränderungen physiologischer Parameter zu verfolgen. Dies wurde in den letzten 3 Jahren mit einem 3-min-Stufentest auf dem Gjessing-Ruderergometer untersucht [7]. Bei jeder Belastungsstufe wurden Herzfrequenz und Leistung gemessen und die Laktatkonzentration in Blutproben aus dem hyperämisierten Ohrläppchen elektrochemisch bestimmt. Aus diesen Werten wurde ein Laktat-Leistungs-Diagramm erstellt und die aerob-anaerobe Schwelle als fixe Schwelle entsprechend 4 mmol/l Vollblutlaktat berechnet [1, 6]. Mit dem Ruderer wurden die Ergebnisse an Hand des von ihm selbst geführten Trainingsprotokolls analysiert. Bei möglichst drei Ergometeruntersuchungen im Jahr wurde eine Spirometrie zur Bestimmung von Atemminutenvolumen und Sauerstoffaufnahme durchgeführt. An durchschnittlich drei weiteren Terminen erfolgten Maximaltests über 6 min [2, 3]. Diese Untersuchungsreihe wurde bei 40 Ruderern durchgeführt, maximal bei einem Ruderer 19 Untersuchungen über 3 Jahre. Aus diesen Untersuchungen werden typische Ergebnisse vorgestellt.

Ergebnisse

In der Abb. 1 ist die Leistungsentwicklung an der aerob-anaeroben Schwelle bei 7 Leichtgewichtsruderern der Nationalmannschaft dargestellt. Im Mittel aller untersuchten Ruderer dieser Gruppe (n = 12) lag dieser Wert bei 282 W, die obere Quartile lag bei 310 W, der beste Wert bei 345 W. Maximalwerte fanden sich im April bis Mai, ein Minimum im Juli, ein weiteres im September. Die Leistung im Maximaltest über 6 min lag im Mittel bei 360 W, das Maximum bei 383 W, die obere Quartile bei 367 W.

J. M. Steinacker (Hrsg.)
Rudern
© Springer-Verlag Berlin Heidelberg 1988

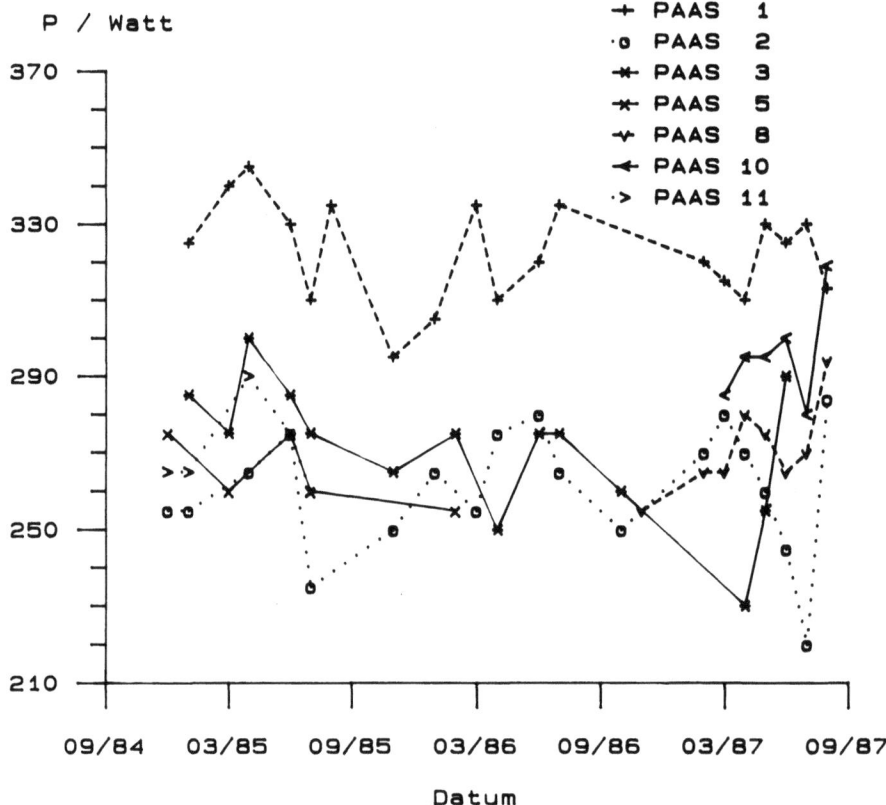

Abb. 1. Leistung an der aerob-anaeroben Schwelle *(PAAS)* bei 7 international erfolgreichen Leicht-gewichtsruderern im Längsschnitt über 3 Jahre (die Kennzahlen bezeichnen den Sportler)

Der Verlauf der relativen maximalen Sauerstoffaufnahme ist bei einem Teil der Leichtgewichtsruderer in Abb. 2 aufgetragen. Dabei lag der Gesamtgruppe die durchschnittliche $\dot{V}O_{2max}$ bei 66 ml/kg · min, der Maximalwert bei 76,6, die obere Quartile bei 70,6 ml/kg · min. Im Durchschnitt lag die $\dot{V}O_2$ an der aerob-anaeroben Schwelle bei 57 ml/kg · min, das sind 86,3% der $\dot{V}O_{2max}$.

In der Abb. 3 wird die Entwicklung bei einem Nachwuchsruderer während zweier Jahre mit erfolgreicher Teilnahme an der Junioren-Weltmeisterschaft und in seinem ersten Jahr als Senior dargestellt. Die $\dot{V}O_2$ erreichte ihre Maximalwerte in den Monaten Juni oder Juli mit 68,5 (1985) und 72,2 (1986) ml/kg · min, Minimalwerte im Januar. Die Leistung an der aerob-anaeroben Schwelle stieg von etwa 300 W auf 330 W, zeigte aber in den ersten beiden Jahren einen leichten Abfall im Sommer und einen deutlichen Abfall im Herbst. Das Körpergewicht war in der Tendenz gleichblei-bend, im Gegensatz zu einem international erfolgreichen Leichtgewichtsruderer (Abb. 4). Dieser Ruderer zeigte seine beste Sauerstoffaufnahme von 76,6 ml/kg · min im Juli 1985 und erreichte weitere Maxima 1986 im Juli mit 71,2 und 1987 mit 72,4 ml/kg · min. Entsprechend verhielt sich auch der Maximalwert der Leistung über 6 min, die von 383 W 1985 über 370 W 1986 bis 372 W 1987 verlief. Die aerob-anaerobe

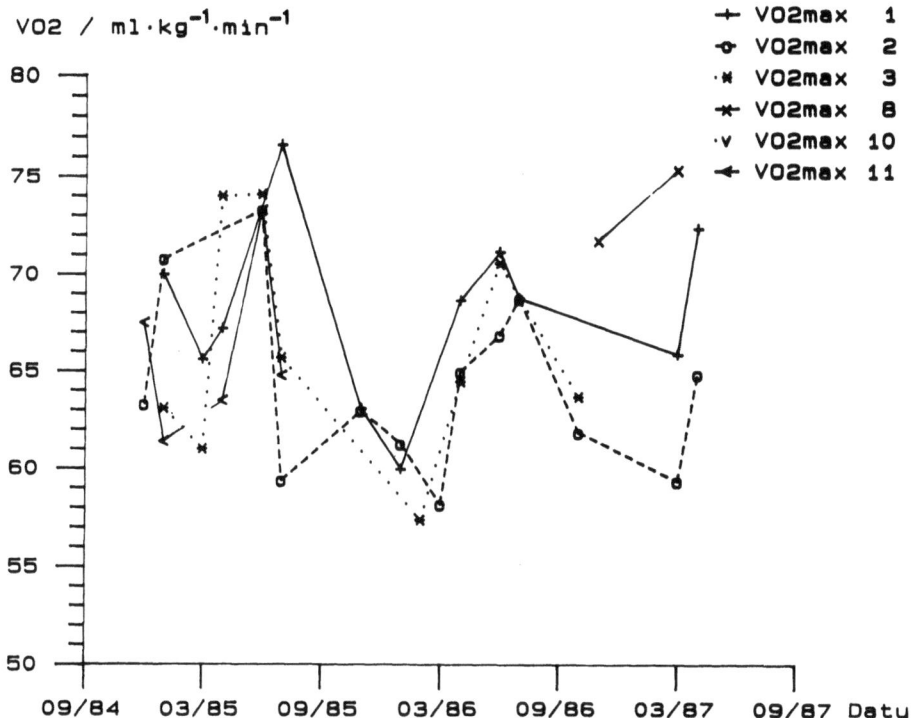

Abb. 2. Relative maximale Sauerstoffaufnahme $\dot{V}O_2$ bei 6 international erfolgreichen Leichtge-wichtsruderern im Längsschnitt über 3 Jahre (die Kennzahlen bezeichnen den Sportler)

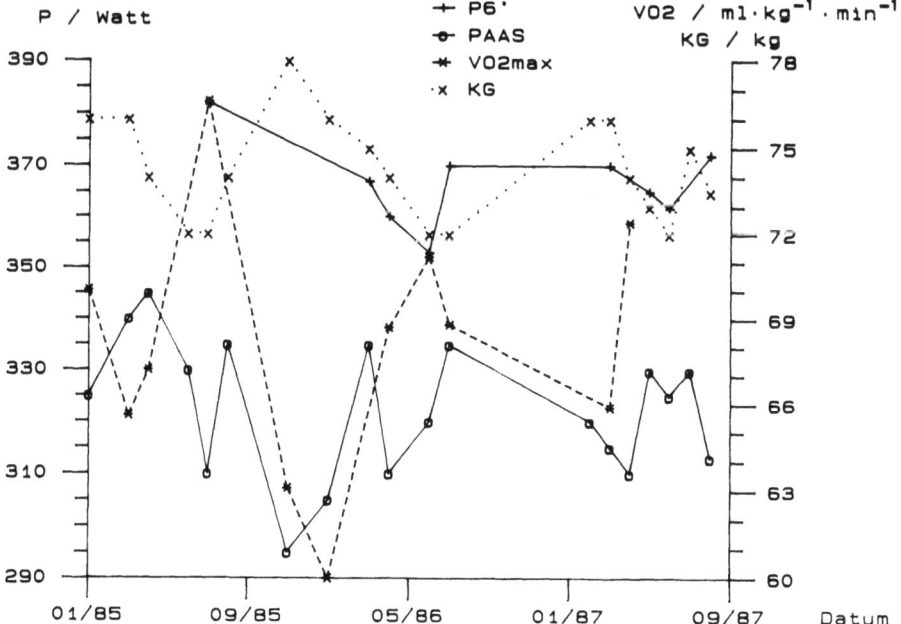

Abb. 3. Leistung an der aerob-anaeroben Schwelle *(PAAS)*, relative maximale Sauerstoffaufnahme $\dot{V}O_{2max}$ und das Körpergewicht *(KG)* bei einem international erfolgreichen Juniorenruderer im Längsschnitt über 2½ Jahre

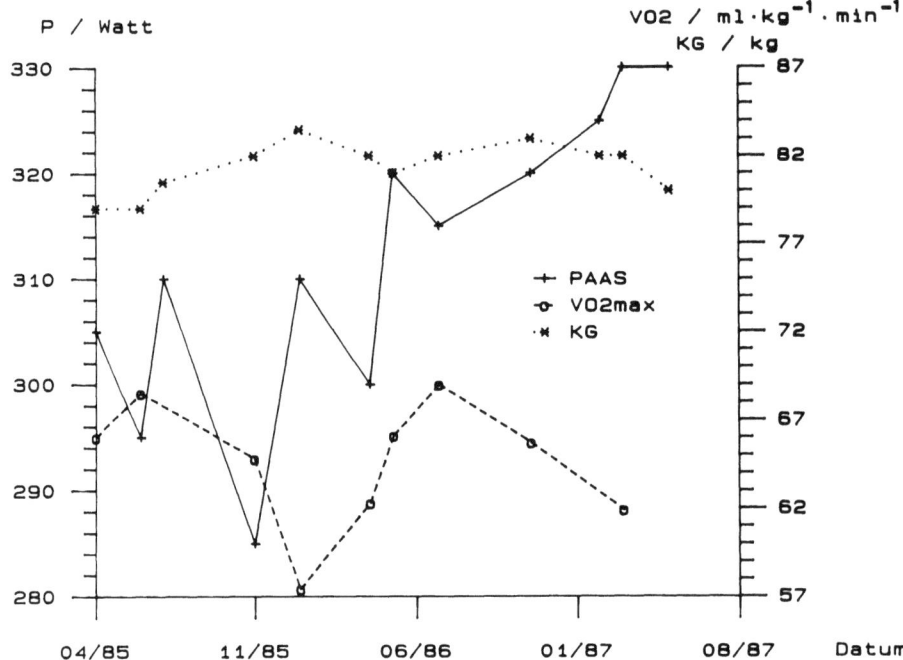

Abb. 4. Leistung an der aerob-anaeroben Schwelle *(PAAS)*, relative maximale Sauerstoffaufnahme V̇O$_{2max}$ und das Körpergewicht *(KG)* bei einem international erfolgreichen Leichtgewichtsruderer im Längsschnitt über 3 Jahre

Schwelle zeigte auch hier zwei Minima, im Juli und im Oktober, das Maximum im April und einen Wiederanstieg im August. Der Maximalwert wurde auch hier 1985 mit 345 W erreicht.

Diskussion

Bei jugendlichen Ruderern zeigt sich bei befriedigender Leistungsentwicklung eine harmonische Zunahme der gemessenen Parameter in Abhängigkeit von der Trainingserfahrung. Der Längsschnitt ist bei erfahrenen, älteren Athleten zur Analyse besonders wichtig. Bei diesen Ruderern ist über die Zeit oft nur noch eine geringe absolute Zunahme oder sogar eine Abnahme von maximaler Sauerstoffaufnahme, maximaler Leistung oder Leistung an der aerob-anaeroben Schwelle zu verzeichnen. Eine unterschiedliche Leistungsentwicklung zeigt sich im Vergleich der Abb. 3 und 4.

Die maximale Leistung über 6 min ist meist wenig verändert und auch stark motivationsabhängig [6, 7]. Die Leistung an der aerob-anaeroben Schwelle schwankt abhängig von Trainingsintensität und -umfang. Sie steigt vor allem in der Vorbereitungsperiode und fällt in der Wettkampfsaison oft ab. Dies ist auf den hohen Anteil anaerober Belastungseinheiten im Training zurückzuführen [7]. Der Wiederanstieg

ist durch die praktizierte Regelung des Trainings nach den Ergebnissen der Leistungsdiagnostik bedingt. In der Zeit nach der Qualifikationsregatta bis zur Weltmeisterschaft wird der Anteil an aeroben Trainingseinheiten nochmals erhöht.

Deutlich ist eine jahreszeitliche Schwankung der maximalen relativen Sauerstoffaufnahme mit einem Anstieg bis in die Wettkampfsaison um bis zu 15 ml/min · kg.
Diese Änderungen erfolgen parallel zu denen des Körpergewichts bei Leichtgewichtsruderern, so daß man dies auf Veränderungen des Körperfettgehalts zurückführen könnte (Abb. 4). Zyklische Schwankungen der maximalen Sauerstoffaufnahme finden sich aber auch bei konstantem Körpergewicht (Abb. 3). Eine Zunahme
der maximalen Sauerstoffaufnahme in der Saison ist von anderen Autoren schon
gefunden worden [2–5], nicht gezeigt wurde jedoch ein zyklischer Verlauf über
mehrere Jahre. Die maximale $\dot{V}O_2$ hängt vom Trainingsumfang ab [5]. Durch das
spezielle Ausdauertraining wird der Anteil an Typ-I-Fasern in der Muskulatur vermehrt [2, 4]. Somit ist der Verlauf der $\dot{V}O_2$ vor allem als muskuläre Adaptation zu
erklären. Die Schwankungen der Sauerstoffaufnahme lassen sich bei der Trainings-
analyse mit den Änderungen des Gesamtumfanges erklären. Die von uns untersuchten Ruderer periodisieren aus diesem Gesichtspunkt also zu stark ihre Saison und
sollten versuchen, einen im Trainingsjahr eher konstanten Trainingsumfang durchzu-
halten, wie in der Saison 1987 in Abb. 3.

Wenn der Gesamtjahresumfang des Trainings abnimmt, wie bei dem Ruderer in
Abb. 4, wird auch die maximale Sauerstoffaufnahme und auch die allgemeine Leistungsfähigkeit leicht abnehmen [5].

Schwankungen der aerob-anaeroben Schwelle sind mit Veränderungen des Anteils
an aerober Trainingsarbeit zu erklären, wobei bei erhöhter anaerober Belastung auch
der Gesamtumfang vermindert wird [1, 6, 7]. Die damit einhergehende Verlagerung
der Laktatleistungskurve führt über längere Zeit dann zu einer Verschlechterung der
relativen Ausdauerleistungsfähigkeit, diese Verschlechterung führt auch zu einer
Abnahme der maximalen aeroben Kapazität [1, 2, 5].

Das anaerobe Training erhöht zwar die Gesamtkapazität der Muskulatur, besonders beim Ruderer den Anteil der IIa-Fasern [4] und damit die Bewegungsschnelligkeit [3, 4], darüber hinaus wird die Laktattoleranz gesteigert [2, 5, 7]. Mit erhöhter
Muskelmasse steigt auch die $\dot{V}O_2$ an [2, 4]. Für anaerobe Trainingsarbeit sollten aber
aerobe Belastungsanteile möglichst wenig reduziert werden. Die Belastungsstruktur
und die Anforderungen der Wettkampfperiode machen es oft schwierig, diese
Erkenntnisse zu berücksichtigen.

Nur mit der Längsschnittuntersuchung von Sportlern ist die Leistungsentwicklung
gut zu beurteilen. Dabei ist eine hohe Untersuchungsfrequenz notwendig, um Aussagen treffen zu können. Wichtig ist dabei eine genaue Dokumentation und Analyse des
Trainings mit Hilfe von Trainingsprotokollen [5, 7]. Die Analyse der Trainingswirkung im Bild der leistungsdiagnostischen Daten im Längsschnitt ist dabei ein wichtiger Bestandteil der Trainingsplanung geworden.

Literatur

1. Hagberg JM (1984) Physiological implications of the lactate threshold. Int J Sports Med [Suppl]
   5:106–109

2. Hagerman FC (1984) Applied phhysiology of rowing. Sports Med 1:303–326
3. Hagerman FC, Staron RS (1983) Seasonal variations among physiological variables in elite oarsmen. Can J Appl Spt Sci 8:143–148
4. Larson L, Forsberg A (1980) Morphological muscle charakteristics in rowers. Can J Appl Sports Sci 5:239–244
5. Roth W (1985) Physiologische Grundlagen und Prinzipien der Vervollkommnung der konditionellen Fähigkeiten. In: Körner T, Schwanitz P (Hrsg) Rudern. Sportverlag, Berlin/DDR, S 151–159
6. Steinacker JM (1983) Die Ruderspiroergometrie als eine Methode der sportartspezifischen Leistungsdiagnostik. Dtsch Z Sportmed 34:333–342
7. Steinacker JM, Marx U, Grünert M, Lormes W, Wodick RE (1985) Vergleichsuntersuchungen über den Zweistufentest und den Mehrstufentest bei der Ruderspiroergometrie. Leistungssport 15:47–51

Computergestützte Trainingsdokumentation*

H.-M. Stork, V. Grabow und *T. Friedhoff*

Funktion der Trainingsdokumentation im Rahmen der Leistungssteuerung Rudern

Wer Leistung durch Training steuern will, muß überzeugt sein, daß die eingesetzten Trainingsmaßnahmen die beabsichtigte Wirkung auf die sportliche Leistung (Leistungsfaktoren) ausüben. Dazu benötigt er Informationen aus unterschiedlichen Systemen:

- Informationen aus dem Trainingssystem (z. B. über die Trainingsmaßnahmen und ihre Belastungskennziffern),
- Informationen aus dem System der personalen Leistungsvoraussetzungen (z. B. Beanspruchungsreaktionen als individuelle Anpassungen des Organismus auf definierte Trainingsbelastungen),
- Informationen über die wesentlichen Faktoren der Leistungsstruktur und Wettkampfstruktur einer Sportart oder Disziplin sowie ihre leistungsdiagnostischen Parameter,

und er benötigt – und das ist das wichtigste –

- Informationen über funktionale Beziehungen zwischen den drei Systemen, die wir als Basis für Trainings-Wirkungs-Analysen bezeichnen können.

Wir gehen davon aus, daß erfolgreiche Athleten und Trainer diese Analysen zumindest ausschnitthaft und mehr oder weniger systematisch beherrschen. Der Athlet erlebt, erfährt und spürt diese Informationen an sich selbst und mißt sie an seinen persönlichen Erfahrungswerten. Der Trainer ahnt sie, kennt sie oder glaubt sie zu kennen; er besitzt ein subjektives, privates „Expertensystem", das er intuitiv, aber auf empirischer Basis, konstruiert und anpaßt. Und das macht den Vorteil aus: sein System beruht auf Meßwerten mit geringem Skalenniveau (Nominal, Ordinal), ist dadurch sehr schnell und individuell veränderbar [5].

Wir als Trainingswissenschaftler vermuten solche „Expertensysteme" auch; wir versuchen nachzuvollziehen, was der gute und erfolgreiche Trainer kennt, seine Analyse jedoch auf einer höheren Beschreibungsebene (Intervall-, Rationalskalenniveau) abzubilden und die vermuteten gesetzmäßigen oder zumindest regelhaften Beziehungen zwischen den Maßnahmen des Trainingsinput und den diagnostizierten Meßwerten des Leistungsoutput möglichst in einem mathematischen System zu formulieren [1, 3].

* Aus einem Forschungsauftrag des Bundesinstituts für Sportwissenschaft, Köln, der mit Mitteln des BA-L, Frankfurt, unterstützt wird

J. M. Steinacker (Hrsg.)
Rudern
© Springer-Verlag Berlin Heidelberg 1988

Zur Erstellung von Trainings-Wirkungs-Analysen werden somit zwei Datensysteme benötigt:
- die Trainingsdokumentation als Pool von Inputdaten,
- die Leistungsdokumentation als Pool von Outputdaten.

Die komplexen Beziehungen zwischen Trainingsinput und Leistungsoutput sind wissenschaftlich bisher nicht systematisch erfaßt, auch wenn vereinzelt sportartspezifische Ansätze, z.B. im Wasserball [3] und auch im Rudern [6], gemacht wurden, die die Beziehungen zwischen Trainingsmaßnahmen und angestrebter Trainingswirkung individuell überprüfen. Längsschnittanordnungen mit periodischen Meßwiederholungen im Rahmen einer individuellen Trainingssteuerung gehören im Leistungsrudern schon seit längerem zu den routinemäßigen Prozeduren; diese Arbeiten bleiben jedoch auf die Erhebung leistungsdiagnostischer Meßwerte beschränkt, es fehlt ihnen der komplementäre Teil der Inputdaten des Trainings.

Mit diesem Teil – der Protokollierung von Trainingsdaten in einer systematischen Trainingsdokumentation – befassen wir uns im folgenden näher. Wir verstehen darunter den Einsatz rechnergestützter Systeme, um die Vorteile der Datenverarbeitung zu nutzen; solche Systeme erlauben die Protokollierung individueller Daten in standardisierter Form sowie die schnelle Auswertung und Rückmeldung für beliebig definierbare Trainingsabschnitte.

Bei der Konstruktion von Dokumentationssystemen zur Erfassung und Auswertung von Trainingsdaten unterscheiden wir zwei alternative Optionen. Die erste Systemoption arbeitet auf der Basis „aggregierter" Daten, sie reduziert die Trainingsinformationen pro Trainingseinheit auf (wenige) ausgewählte, als wesentlich erachtete, vordefinierte Kategorien. Bei dem Dokumentationsansatz nach Fritsch [2] werden Trainingseinheiten bestimmten Trainingskategorien zugeordnet, und der Ruderer oder Trainer nimmt schon beim Ausfüllen eine Reduktion der Datenmenge vor.

Der Vorteil dieser Option liegt offensichtlich in dem minimierten Protokollierungsaufwand für den Athleten pro Trainingseinheit; ihr möglicher Nachteil bezieht sich auf die Kodierungs- oder Zuordnungsleistung, die der Athlet bei der Kategorisierung der Trainingseinheiten vornehmen muß; individuelle Zuordnungsfehler sind hier systembedingt.

Unsere Arbeitsgruppe bevorzugt die zweite Systemoption, die sog. Realdatendokumentation; diese bildet die einzelnen Trainingsformen jeder Trainingseinheit in ihrer zeitlichen Verteilung und Abfolge ab. Der Vorteil dieser Option besteht darin, daß weder Athlet noch Trainer eine Kodierungsleistung vollbringen müssen, die Zuordnungen von Belastungsformen zu Belastungskategorien erfolgen automatisch im Systemhintergrund; individuelle Zuordnungsfehler sind damit systembedingt ausgeschaltet, ein hohes Maß an Objektivität im Sinne von intersubjektiver Übereinstimmung ist programmiert. Einen weiteren Vorteil sehen wir darin, daß sowohl Trainings-Soll wie Trainings-Ist mit dem gleichen Editor erstellt werden, so daß langfristig eine Bibliothek individueller Trainingspläne mit allen dokumentierten Belastungskennziffern und Beanspruchungsreaktionen aufgebaut werden kann. Dieser Datenpool ermöglicht darüber hinaus eine Reanalyse von Trainingsdaten, die wir für unverzichtbar halten, bis die gesuchten regelhaften Beziehungen zwischen Trainingsinput und Leistungsoutput aufgeklärt sind. Dieser Aspekt gilt auch und besonders für die von uns gewählte Form der Skalierung der Belastungsintensität in vier

Kategorien, die in Abstimmung mit dem Leistungszentrum Rudern in Dortmund gebildet wurden. Da die originären Trainingsdaten und Belastungsformen in unserem System gespeichert sind, ist eine Änderung dieses Kategorienansatzes bei wissenschaftlichem Bedarf jederzeit möglich.

Unabhängig von der gewählten Systemoption benötigt eine computergestützte Trainingsdokumentation bestimmbare Konstruktionselemente, um in der Trainingspraxis akzeptiert zu werden. Ein praktikables System sollte die Erstellung von Trainingsplänen am Personalcomputer erlauben, eine komfortable, ökonomische Handhabung und Verfügbarkeit gewährleisten; eine objektive Abbildung der Belastungskennziffern, schnelle Auswerteoptionen und Rückmeldevereinbarungen gehören ebenso zum Standard wie der Schutz personenbezogener Daten gegen Fremdzugriff unberechtigter Dritter.

So verstanden ist computergestützte Trainingsdokumentation für uns ein Werkzeug zur Erstellung von wissenschaftlich fundierten Trainings-Wirkungs-Analysen als Voraussetzung für eine zuverlässige Trainingssteuerung; dazu benötigen wir eine systematische Sammlung von individuellen Längsschnittdaten aus Trainingsprozeß (Input) und Leistungsdiagnostik (Output), um folgende Forschungsfragen angemessen behandeln zu können [4, 5, 6]:

– Analyse und Diagnose individueller Beanspruchungsreaktionen auf objektiv vorgegebene Belastungen;
– Trainings-Wirkungs-Analysen, d.h. Analyse definierter Trainingsformen auf a) isolierte Trainingsziele, b) komplexe Leistungen;
– Dokumentation der Belastungen zur Verkürzung von Ermüdungsphasen;
– Dokumentation von Belastungskennziffern zur medizinischen Prophylaxe;
– Auswertung von Trainingsdaten zum Vergleich alternativer Trainingsansätze;
– Auswertung von Trainingsdaten zur Analyse langfristiger Entwicklungen;
– Durchführung von Einzelfall- und Zeitreihenanalysen.

Praktische Umsetzung des ruderspezifischen Dokumentationsansatzes

Die Trainingsdokumentation umfaßt sowohl die Erstellung und statistische Analyse von Trainingsplänen für einzelne Ruderer bzw. Mannschaften, als auch die individuelle Protokollierung von Realdaten aus dem täglichen Training, den Wettkämpfen, Tests sowie trainingsbegleitenden Maßnahmen (Physiotherapie, Sauna etc.). Um eine in hohem Maße objektive und detaillierte Auswertung nach verschiedensten Kriterien zu ermöglichen, werden die erhobenen Daten nicht im Sinne einer Kategorisierung durch Einstufung in bestimmte Intensitätsbereiche vorstrukturiert. Vielmehr soll durch die Erfassung von Realdaten unter Benutzung einer ruderspezifischen Terminologie ein möglichst genaues Abbild der Belastungsstruktur in jeder einzelnen Trainingseinheit ermittelt werden.

Die Erstellung von Trainingsplänen mittels Computer wird wesentlich erleichtert durch Implementierung einer Kopierfunktion, die es erlaubt, bereits editierte Pläne zu modifizieren und mit einer anderen zeitlichen Zuordnung versehen wieder abzuspeichern. Das bedeutet in der Praxis, daß ähnliche Trainingszyklen, wie etwa ein Zweiwochenrhythmus in der Wettkampfperiode, durch etwaige kleine Änderungen eines einmal erstellten Planes schnell editiert werden können. Weitere zeitliche

Vorteile ergeben sich bei der Dateneingabe von Protokollen eines Großbootes: hier unterscheiden sich die Istwerte innerhalb einer Mannschaft i. allg. nur bei einigen individuellen Parametern, wie etwa „Langstreckenherzfrequenz" oder „subjektive Belastungsempfindung".

Der gespeicherte Trainingsplan wird durch ein spezielles Ausgabeprogramm in einen Trainingsprotokollbogen eingearbeitet und jedem betreuten Aktiven übergeben. Dieser muß nun lediglich Abweichungen vom vorgegebenen Sollwert verzeichnen, womit die Schreibarbeit für den Athleten wesentlich vereinfacht und verkürzt wird. Der Trainingsprotokollbogen enthält jeweils den Trainingsplan für eine Woche (Tabelle 1).

Die in der Kopfzeile auftretenden individuellen Parameter „LS-HF ext" bzw. „LS-HF int" (empfohlene Herzfrequenz für extensives bzw. intensives Langstreckenrudern) sind die im Rahmen einer regelmäßigen Leistungsdiagnostik ermittelten Herzfrequenzen bei einer Laktatbildung von 2 mmol/l bzw. 4 mmol/l unter ruderspezifischer Belastung (zweistufiger Ruderergometertest auf dem Gjessing-Ergometer).

Das erste Feld des Protokollbogens enthält Wochentag und Datum. Dies erlaubt eine beliebige Anzahl von Trainingseinheiten pro Tag und ermöglicht eine flexiblere Handhabung als starre Protokollierungsschemata, die etwa nur zwei Belastungseinheiten (vormittags, nachmittags) vorsehen.

Das zweite Feld enthält bei „Wassertraining" die Bootsgattung bzw. bei „Landtraining" die Sportart oder die konkrete Umschreibung des Trainingsinhalts (etwa Ski-LL, Radfahren, Bergsteigen, KA-Land, MK-Land usw.). Der Trainingsort kann wahlweise angegeben werden.

Desweiteren wird das „Wassertraining" in einen Langstrecken- und einen Programmteil aufgeschlüsselt. Die Spalte „LS-Arbeit/Allg. Ausdauer" bezieht sich lediglich auf den Belastungszeitraum, in dem kein ruderspezifisches Programm durchgeführt wird. Der Trainer trägt hier die durchschnittlich im Langstreckenbereich angesteuerte Herzfrequenz und Schlagfrequenz ein. Angaben wie „ext" bei LS-HF sind möglich und werden intern im Rechner durch die individuell empfohlenen Herzfrequenzen ersetzt.

Das Feld „Ruderprogramm" enthält die Trainingsform in ruderspezifischer Terminologie mit Angaben über die Anzahl der Wiederholungen, der Dauer des Einzelreizes, der Dichte (Pausenlänge) und der Schlagfrequenz. Folgende Programme sind bisher implementiert und können vom Rechner mittels verschiedener Auswertegeneratoren interpretiert werden:

Streckenfahren	z.B.:	3 · 1000 m (SF38, 10′)
Minutenfahren	z.B.:	4 · 7′ (SF28, 14′)
SF-Wechsel	z.B.:	2′ (SF24) + 2′ (SF26) + 2′ (SF28) + 2′ (SF30)
Schläge	z.B.:	3 · 40S (SF38, 40S) + 2 · 50S (SF36, 50S)
KA-Wasser	z.B.:	4 · 60S (SF24, 60S)
Rennen	z.B.:	2000 m (SF36)

Es besteht außerdem die Möglichkeit, beliebige Kommentare einzufügen, etwa Körpergewicht, Ruhepuls, Medikamenteneinnahme, gefahrene Zeiten, Laktatwerte etc.

Das letzte Feld enthält die optionalen Vorgaben von Belastungskategorien eines frei definierbaren Systems (etwa Kategoriensystem nach Fritsch [2]) für Langstrek-

Tabelle 1. Trainingsprotokollbogen einschließlich Indizierungen für Trainingsplanänderungen

| Trainingsprotokoll | Trainer:
Ruderer: | Datum: vom 26.10.87 bis 1.11.87
LS-HF ext: 150 int: 160 | | Kalenderwoche 44 | |

Tag	Bootsg./ Sportart Train. ort	Gesamt- Umfang	LS-Arbeit/ Allg. Ausd.	Ruderprogramm (SF, Pause) nachgestellt !Kommentar am Ende!	Kat.: LS/Prog Bel. empfind. WP-Land Ausführung/ Med. Maßnah.
Mo. 26.10.	KA-Land	120 min 3×370 Wh	LS-HF: ____ SF: ____	!Kraftausdauerprogramm IV!	Kateg.: / s. hart 5 4 3 2 1
		____ min ____ Wh ____ km	LS-HF: ____ SF: ____		WP-Land: min Änderung: __ Name: o Mass o Rennm o Arzt o Sauna
Di. 27.10.	4-	90 min 20 km	LS-HF: ext SF: 22	WP + Streckenfahren 3 × 1000 m (SF 38,10′)	Kateg.: / s. hart 5 4 3 2 1 WP-Land: 10 min Änderung: __ Name:
		____ min ____ Wh ____ km	LS-HF: ____ SF: ____		o Mass o Rennm o Arzt o Sauna
Mi. 28.10.	Radfahren	120 min	LS-HF: 150 SF:		Kateg.: / s. hart 5 4 3 2 1
		____ min ____ Wh ____ km	LS-HF: ____ SF: ____		WP-Land: min Änderung: __ Name: o Mass o Rennm o Arzt o Sauna

Gründe für Trainingsplan-Änderungen/-Ausfälle

1 **Ohne Angaben von Gründen**
   11 geringfügige Änderungen
   12 Programmtausch
   13 neue Trainervorgaben

2 **Schule, Uni, Ausbildung, Beruf**

3 **Wetter, Wellen, Behinderung durch Schiffe**

4 **Kurzfristige Maßnahmen**
   41 sportmedizinische Untersuchung
   42 DRV-Maßnahmen
   43 Sporthilfe
   44 Öffentlichkeitsarbeit (Ehrungen)
   45 Regeneration

5 **Regatta, Trainingslager**
   51 An-/Abreise
   52 zusätzliches Rennen
   53 ausgefallenes Rennen
   54 Finale nicht erreicht

6 **Trainingsgerät und Umgebung**
   61 Boot einstellen, neues Boot (Zubehör)
      Bootsschaden, kein Boot zur Verfügung
   62 Defekt an Trainingsgeräten (außer Boot)
   63 Mangelhafte Trainingsstätte, -gelegenheit, -gerät

8 **Krankheit**
   81 orthopädische Schäden (Zerrungen, Prellungen,
      Brüche, Sehnenscheidenentzündungen)
   82 Wirbelsäule, Bandscheibe, Ischias
   83 Erkältung mit Fieber/Virusinfekt
   84 Erkältung ohne Fieber
   85 Magen-Darm
   86 Haut (Gesäß, Hände)
   87 Insektenstiche
   88 allgemeine Schlappheit
   89 Unfall
   90
   91

   98 keine Lust
   99 **Sonstiges**

ken- und Programmteil. Weiterhin sollen das subjektive Belastungsempfinden und die Dauer eines eventuell an Land durchgeführten Aufwärmprogramms protokolliert werden.

Eine noch zu überarbeitende Tabelle mit einer Indizierung häufig vorkommender Gründe für Trainingsplanänderungen oder -ausfälle (Tabelle 1) ermöglicht zum einen eine vereinfachte Protokollierung bei Abweichungen vom vorgegebenen Sollwert und zum anderen innerhalb der Auswertung eine detaillierte Analyse von Soll-Ist-Differenzen. Letztlich können noch physiotherapeutische und medizinische Maßnahmen angekreuzt werden (Massage, Rennmassage, Arztbesuch, Sauna).

Exemplarische Auswertungsmöglichkeiten

Die vom Aktiven nach bestimmten Vorgaben ausgefüllten Protokolle werden nach vorher definierten Zeiträumen gesammelt und zur Auswertung in den Computer übertragen. Die Daten stehen dann dem Trainer zur Interpretation nach relativ kurzer Zeit zur Verfügung. Die Daten können über beliebige Zeiträume ausgewertet werden, Kurzinformationen über Wochentrainingspläne stehen Auswertungen von Makrozyklen oder ganzen Trainingsjahren gegenüber. Ein Soll-Ist-Vergleich der Trainingsvorgaben und der tatsächlichen Trainingsleistungen ist jederzeit möglich.

Momentan stehen verschiedene Auswertungen zur Verfügung, die je nach entstehenden Bedürfnissen individuell angepaßt werden können.

Bei der *Auswertung 1* werden die Trainingsinhalte beliebiger Zeiträume summarisch dargestellt. Der Trainer erhält Informationen über Anzahl und Umfänge der unterschiedlichen Trainingseinheiten und -inhalte. Zusätzlich werden Tabellen über Verteilungen von Belastungseinheiten, die Anwendung medizinischer Maßnahmen (Saune, Massage usw.), Arten und Dauer von Krafttraining und Umfänge in den jeweiligen Bootsgattungen ausgedruckt.

Besonders bei Soll-Ist-Vergleichen ganzer Trainingsperioden oder Jahresauswertungen erhält der Trainer interessante Informationen (Tabelle 2).

Bei der *Auswertung 2* werden Umfang und Intensität des Trainings in einer übersichtlichen graphischen Form dargestellt. Die Umfänge werden über die Länge, die Intensitäten über die Schraffur der jeweiligen Graphik sichtbar. Grundlage der 4 dargestellten Intensitätskategorien ist ein leistungsdiagnostischer Ansatz, bei dem Trainingsbeanspruchungen durch die Kategorien I (Laktat > 8), II (Laktat 4–8), III (Laktat 2–4) und IV (Laktat < 2) abgebildet werden.

Daneben wird in einer Kurzform der Trainingsinhalt der jeweiligen Einheit ausgedruckt. Für den Trainer werden auf diese Weise zeitliche und Belastungsdynamik des Trainings deutlich sichtbar.

Zusätzlich werden in Tabellenform die Anteile unterschiedlicher Trainingsparameter dargestellt. So können z.B. die Trainingsanteile in den unterschiedlichen Intensitätskategorien, die durchschnittliche subjektive Belastungsempfindung oder durchschnittliche Herzfrequenzen abgelesen werden. Diese Auswertung eignet sich besonders für eine kurzfristige Trainingssteuerung. Da der Trainer eine solche Auswertung im Zweiwochenrhythmus erhält, kann er z.B. auf zu geringe oder zu hohe Trainingsbelastungen differenziert reagieren (Tabelle 3).

Tabelle 2. Auswertung 1: Beispiel einer Jahresauswertung für einen Aktiven

Zeitabschnitt:	06.10.86 bis 30.08.87 (329 Kalendertage)
Bel.einheiten:	366 Bel.einh./Tag: 1.11 Bel.umfang/Tag: 82'

Trainingsinhalte und -umfänge:

Trainingsinhalt Übungen	Bel.einheiten Anzahl	Bel.einheiten Prozent	Bel.-umfang Minuten	Prog-umfang Minuten	Prog-Anteil Prozent	Bel.umf/ Einheit Minuten	Prg.umf/ Einheit Minuten
LS	95	25,96	6317	2	0,0	66	0,02
Streckenfahren	40	10,93	2413	477	19,8	60	11,93
Minuten fahren	17	4,65	1291	272	21,1	76	16,00
SF-Wechsel	2	0,55	168	28	16,9	84	14,23
Schläge fahren	19	5,19	1248	121	9,7	66	6,38
Pyramide	0						
KA-Wasser	4	1,09	322	74	23,1	81	18,59
Rennen	20	5,46	1019	175	17,1	51	8,73
Ruderergometer	5	1,37	380	0		76	
Minuten fahren	8	2,19	204	71	34,9	26	8,90
SF-Wechsel	1	0,27	40	16	40,0	40	16,00
KA-Wasser	1	0,27	75	13	17,8	75	13,33
Windrad	1	0,27	65	0		65	
Ruderbecken	0						
KA-Land	45	12,30	2985	0		66	
MK-Land	38	10,38	3960	0		104	
Laufen	17	4,65	1055	0		62	
Radfahren	18	4,92	1822	0		101	
Ski-LL	35	9,56	3640	0		104	
insgesamt	366	100,00	27004	1251	4,6	74	3,42

ohne Bel.Einheit:	29 Tage (8,8%)	Arztbesuch:	0mal
1 Bel.Einheit:	240 Tage (72,9%)	Massage:	47mal; 7,0 Tage/Ther.
2 Bel.Einheiten:	54 Tage (16,4%)	Rennmassage:	9mal; 36,6 Tage/Ther.
3 Bel.Einheiten:	6 Tage (1,8%)	Sauna:	25mal; 13,2 Tage/Ther.
4 Bel.Einheiten	0 Tage (0,0%)		
5 ++ Bel.Einheiten	0 Tage (0,0%)		

km- und Wh-Umfänge:

1×:	0 km		
2×:	0 km		
2−:	839 km	→	18 km pro Woche
2+:	0 km		
4×:	0 km		
4−:	1988 km	→	42 km pro Woche
4+:	0 km		
8+:	38 km	→	1 km pro Woche
Ges.:	2865 km	→	61 km pro Woche

WP:	96 mal	→	2,04 pro Woche
KA-Land:	156 Runden (59920 Wh)	→	3 Runden (1275 Wh) pro Woche
MK-Land:	174 Runden (15731 Wh)	→	4 Runden (335 Wh) pro Woche

Tabelle 3. Auswertung für einen Ruderer: Beispiel einer Auswertung nach Umfang und Intensität

Auswertung der Trainingsprotokolle	Ruderer:	Woche 30–31, Juni 1987

	0'	30'	60'	90'	120'	150'

01.   *frei* ausgefallen wegen: 84

02.   4- WP + 310S (Sf38) !sehr anstrengend!

03.   *Ruderergometer* 3×8' (Sf24) !3×275 Watt!

04.   *KA-Land* 4 × 370 Wh !KA-IV!

05.   4– !Intensive LS!

06.   4– WP + 3× 500 m (Sf39) !1,27, 1,28, 1,30!
      4– WP + 3×1000 m (Sf35) !3,09, 3,05, 3,11!

07.   4– WP + 1×1500 m (Sf36) + 1×1000 m (Sf37)
      !4,41, 3,08!

08.   *KA-Land* 3×370 Wh !KA-IV!

09.   4– WP + 240S (Sf38)

10.   4– WP + 1 × 1000 m (Sf39)

11.   *frei* !Anreise Ratzeburg! ausgefallen wegen: 51

12. Ratzeb   4– WP !Einrudern!

13. Ratzeb   4– WP + 1×1000 m (Sf38)
             4– WP + 2000 m (Sf38)

14. Ratzeb   4–WP + 1×1000 m (Sf38)
             4– WP + 2000 m (Sf38)

	0'	30'	60'	90'	120'	150'

Legende:
Kategorien:	IV	III	II	I
Laktatbildung:	n.b.	kl. 2	2–4	4–8	gr. 8

Summation: insgesamt 1198' = 599'/Wo

Wassertraining:
974'   = 487'/Wo. (81,3%)
238 km = 119 km/Wo

I:	59' =	29'/Wo. (4,9%)
II:	0' =	0'/Wo. (0,0%)
III:	396' =	198'/Wo. (33,1%)
IV:	519' =	259'/Wo. (43,3%)
n.b.:	0' =	0'/Wo. (0,0%)

Durchschnittl. LS-HF : 146/min
Durchschnittl. GA-HF: 152/min

KA-Land: Kraftausdauertraining an Land
MK-Land: Maximalkrafttraining an Land
GA: Grundlagen-Ausdauertraining

Landtraining:
224' = 112'/Wo. (18,7%)

KA-Land:	186' = 93'/Wo. (15,5%)
MK-Land:	0' = 0'/Wo. (0,0%)
GA:	38' = 19'/Wo. (3,1%)

WP-Land:	18' = 9' /Wo.
Bel-Empf:	3.6
Massage:	3 = 1.5/Wo.
Rennmass.:	2 = 1 /Wo.
Arzt:	0 = 0 /Wo.
Sauna:	1 = 0,5/Wo.

Literatur

1. Bortz J, Bongers D (1984) Lehrbuch der empirischen Forschung für Sozialwissenschaftler. Springer, Berlin Heidelberg New York
2. Fritsch W (1985) Trainingssteuerung im Rudern. Rudersport 103:I–XI
3. Hohmann A (1986) Trainingswissenschaftliche Analyse eines einjährigen Trainingsprozesses im Sportspiel Wasserball. Leistungssport 16:5–10
4. Kalus V (1986) Trainingsplanung leicht(er) gemacht. Rudersport 104:680–681
5. Mechling H (1987) Auswertung von Lehr- und Lernprozessen im Sport: motorische Fähigkeiten und sportmotorische Fertigkeiten. In: ADL (Hrsg) Sport planen, durchführen, auswerten. Hofmann, Schorndorf, S 77–89
6. Urhausen A, Müller M, Förster HJ, Weiler B, Kindermann W (1986) Trainingsteuerung im Rudern. Dtsch Z Sportmed 37:340–346

Trainingsprotokollierung – Für wen? Und wie? Welche Konsequenzen werden daraus gezogen?

V. Nolte

Einleitung

Soll ein Trainingsprozeß den gewünschten Fortschritt bringen, so ist eine – wie auch immer gestaltete – Steuerung unerläßlich. Entscheidet sich ein Sportler zum Hochleistungstraining, macht dies hierfür eine an die Sportart angepaßte Trainingsprotokollierung notwendig, in der die wesentlichen Informationen des absolvierten Trainings notiert werden. Wichtig ist dabei, daß diese Protokollierung wenig Aufwand erfordert, übersichtlich gestaltet ist und und so an sich schon einen gewissen Aufforderungsgehalt für den Sportler bietet. Die Auswertung der Protokollierung wird dann mit den im gesamten Trainingsprozeß durchgeführten Leistungskontrollen (z.B. Krafttests, Ergometertests) verglichen, so daß auftretende Entwicklungen mit dem absolvierten Training in Verbindung gesetzt werden können. Es ist als wesentlich anzusehen, daß die Protokollierung tatsächlich genutzt wird und so dem Sportler der Sinn seines Aufwandes klar wird.

Die Informationen aus der Protokollierung können vom bloßen Ansehen und Gegenüberstellen (z.B.: „Was wurde vor 6 Wochen gegenüber der letzten Woche trainiert?" bzw. „Was wurde im letzten Jahr zur gleichen Zeit getan?") bis hin zur EDV-gestützten Auswertung reichen. Im folgenden soll über die vom Deutschen Ruderverband initiierte Protokollierung gesprochen werden (s. [2]).

Für Wen?

Die Protokollierung wie sie vom Verfasser vorgeschlagen wird, ist für jeden Ruderer geeignet, der ein längerfristiges und hochwertiges Trainingsziel verfolgt. Die Auswertung ist mehrschichtig. In der Anfangszeit und solange noch kein Spitzenniveau erreicht ist, genügt eine Auswertung, die der Ruderer bzw. Trainer per Hand durchführen kann. Später sollte auf eine rechnergestützte Auswertung übergegangen werden.

Wie?

Es wird das Kategoriensystem für die Trainingsbelastungen von Fritsch [1] zugrundegelegt. Damit wird jedes Training in Stichworten und mit den entsprechenden Kennzeichnungen (zeitliche Dauer, Wiederholungszahl der Übungen, zurückgelegte Strecke, Belastungskategorie, Bemerkungen) auf Wochenbögen protokolliert. Am

J. M. Steinacker (Hrsg.)
Rudern
© Springer-Verlag Berlin Heidelberg 1988

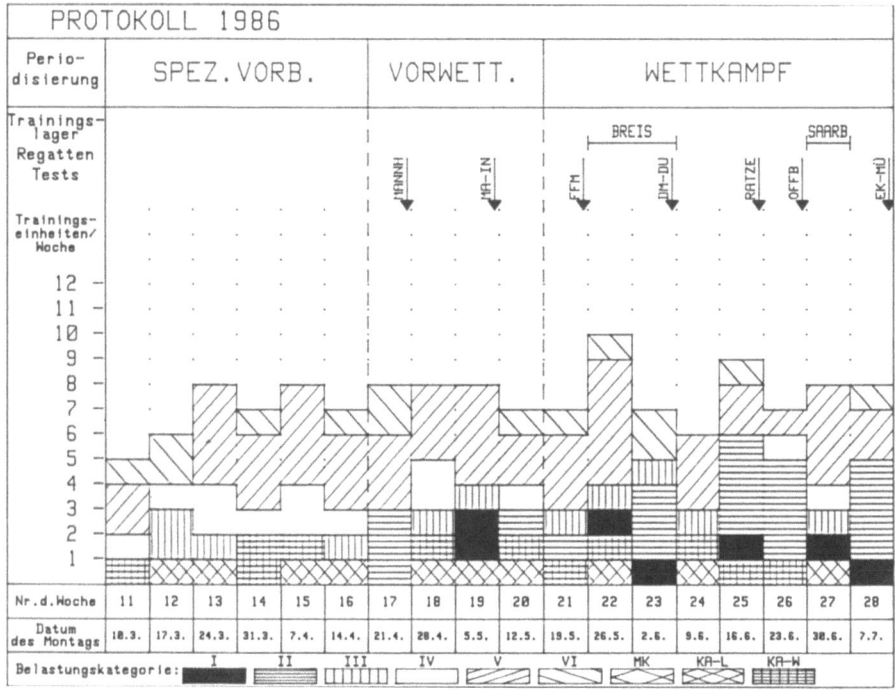

Abb. 1. Darstellung des tatsächlich absolvierten Trainings während der speziellen Vorbereitungsperiode, der Vorwettkampfperiode und der Wettkampfperiode eines erfolgreichen Ruderers der Senior-B-Klasse bis zur Jahrgangsmeisterschaft (Eichkranz, EK-MÜ). Die wichtigsten Zielregatten sind mit Pfeil und Abkürzung angegeben, ebenso die Trainingslager als Balken. Die Anzahl der Trainingseinheiten ist für die jeweiligen Wochen aufsummiert und entsprechend der Belastungskategorien dargestellt. Bedingt durch die Zielwettkämpfe Deutsche Meisterschaft (DM-DU) und Eichkranz und die dazwischenliegenden wichtigen Regatten wurde eine 2wöchige Periodisierung gewählt

Ende der Woche erfolgt eine Aufsummierung. Damit lassen sich folgende Informationen gewinnen:

– langfristige Übersicht der durchgeführten Trainingseinheiten bzgl. ihrer Belastungskategorie (Abb. 1),
– langfristige Übersicht über den absolvierten Zeitumfang, die Anzahl der Wiederholungen im Krafttraining und der geruderten Strecken,
– prozentuale Verteilung der Belastungskategorien in einzelnen Perioden (Abb. 2),
– prozentuale Verteilung der Trainingszeit, der Kraft-Wiederholungen und der geruderten Strecken in einzelnen Perioden,
– Vergleich des durchgeführten Trainings mit dem Trainingsplan.

Welche Konsequenzen können gezogen werden?

Zuerst zeigt der Vergleich des Protokolls mit dem Plan wo hier Abweichungen sind. Dann kann das Protokoll mit Standards der jeweiligen Leistungsklasse verglichen

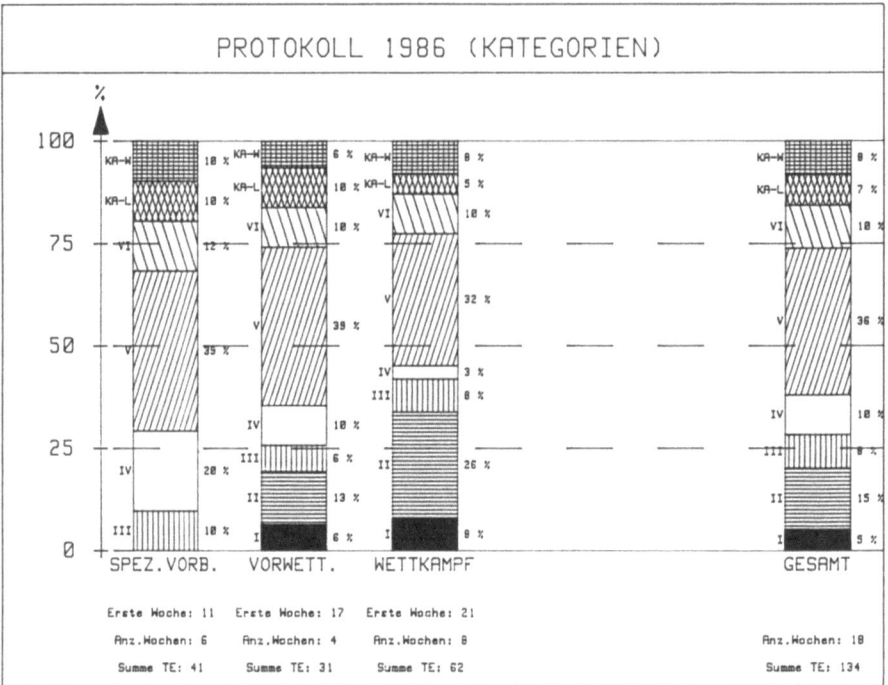

Abb. 2. Darstellung der Trainingsbelastungen nach Kategorien; bei dem in Abb. 1 protokollierten Trainingsplan dargestellt für die spezielle Vorbereitungsphase, die Vorwettkampfphase und die Wettkampfphase, sowie als Gesamtübersicht über die gesamten 18 Wochen. Mit dieser Analyse können der Ruderer und der Trainer retrospektiv betrachten, welche Belastungskategorien vorherrschend angewendet wurden

werden und die Leistungsentwicklung des Sportlers mit dem absolvierten Training in Verbindung gebracht werden. Dabei werden Fehlentwicklungen, Schwachstellen, aber auch Hinweise auf besonders effektive Trainingsmaßnahmen sichtbar. Diese Informationen fließen kurz- und langfristig in den nächsten Trainingsplan ein und gewährleisten so ein verbessertes, individuell angepaßtes Training [3].

Literatur

1. Fritsch F (1985) Trainingssteuerung im Rudern. Rudersport 34: Trainerjournal 80:I–XI
2. Nolte V (1985) Wie wichtig ist die Trainingsprotokollierung? Rudersport 34: Trainerjournal 81:VII–VIII
3. Nolte V (1986) Trainingssteuerung – Voraussetzungen, Anwendung, Grenzen. Leistungssport 5:39–43

Auswirkungen eines „Wintertrainings" auf Kraft- und Ausdauerkomponenten von Nachwuchsleistungsruderern

W. Birkner, D. Jeschke und *H.-C. Heitkamp*

Einleitung, Fragestellung

Seit den Trainingsempfehlungen von Karl Adam, die er in den 60iger Jahren entwikkelte [1, 2] wird im Winter eine Verbesserung der Kraftausdauer durch nichtsportartspezifische Maßnahmen angestrebt. Die Effektivität derartiger Trainingsprogramme wurde unseres Wissens bisher anhand von physiologischen Komponenten der Kraft und Ausdauer noch nicht untersucht. Zu Beginn und gegen Ende eines 15wöchigen Wintertrainings führten wir deshalb bei Nachwuchsleistungsruderern und zeitgleich an einem nichttrainierenden Kollektiv Spiroergometrien und Kraftmessungen mit EMG-Analysen durch.

Probanden, Methode

Von den insgesamt 31 männlichen Jugendlichen im Alter von 15–17 Jahren (anthropometrische Daten s. Tabelle 1) gehörten 16 einem Ruderverein an. 6 befanden sich im 4. Trainingsjahr und hatten bereits 3mal ein Wintertraining und 3 Regattasaisons absolviert. Sie hatten mindestens eine Endlaufteilnahme bei Dt. Jugendmeisterschaften erreicht (Gruppe R I). Die 10 anderen Ruderer waren einmal beim Wettbewerb „Jugend trainiert für Olympia" gestartet und nahmen das erste Wintertraining auf (Gruppe R II). Die Kontrollgruppe aus 15 Jugendlichen (Gruppe K) betrieb Breiten- und Freizeitsport.

Spiroergometrie: Bei allen Probanden wurde eine bei 50 W beginnende, stufenweise nach 2 min um 50 W gesteigerte Fahrradergometerbelastung im Sitzen (Ergometer Siemens-Elema 380 B) bis zur Erschöpfung durchgeführt. Die spirometrischen Daten wurden mit Hilfe des Ergopneumotest-Dataspir der Fa. Jaeger erhoben. Am Ende jeder Stufe, 1, 3 und 5 min nach der Belastung wurde Blut aus dem hyperämisierten Ohrläppchen zur Laktatbestimmung (Laktat-UV-Test, Fa. Boehringer) entnommen.

Kraft- und EMG-Analysen: Zur Kraftanalyse diente der Kraftmeßstuhl nach Hettinger (ELAG-Isometer, Fa. Embrich mit Meßfühler der Fa. Interface und Wägeindikator UMC der Fa. Ziegler). Gemessen wurden maximale statische Unterschenkelstreck- und Unterarmbeugekräfte jeweils der rechten Extremität. Weiterhin wurden submaximale Kraftbelastungen bei 15, 30, 50 und 75% der individuellen maximalen Kraft durchgeführt.

J. M. Steinacker (Hrsg.)
Rudern
© Springer-Verlag Berlin Heidelberg 1988

Tabelle 1. Anthropometrische und Trainingsdaten

	R I (n = 6)		R II (n = 10)		K (n = 15)	
	vor	nach	vor	nach	vor	nach
Alter (Jahre)	16,8 ± 0,5		15,3 ± 0,5		15,9 ± 0,8	
K.-Größe (cm)	181 ± 7,2	182 ± 6,9	180 ± 6,7	180 ± 6,8	177 ± 6,9	178 ± 7,0
K.-Gewicht (kg)	72,0 ± 6,1	72,0 ± 5,2	65,6 ± 8,6	66,4 ± 9,0	63,7 ± 5,9	65,9 ± 6,3
Kraft-AD Wiederholg.	18933 ± 372		4970 ± 2836		—	
Rudern (km)	350 ± 62,7		86,7 ± 105,7		—	
Lauftr. (min)	1221 ± 119		410 ± 290			
Ergometertr. (min)	200 ± 48		—		—	

An definierten Punkten über dem M. biceps brachii, M. rectus femoris und vastus medialis wurde das EMG abgeleitet und integriert (2-Kanal-EMG-Gerät der Fa. Toennies mit Myointegrator). Kraftwerte, EMG und iEMG wurden simultan registriert (Cardirex 6 T, Fa. Siemens-Elema).

Untersuchungsablauf: Kraft- und EMG-Analysen wurden zuerst am Arm, danach am Bein vorgenommen. Die Probanden wurden aufgefordert, zunächst 15 s lang eine maximale statische Kraft zu entwickeln. Nach einer 3minütigen Pause waren über jeweils 7 s submaximale Kräfte o. g. Intensität zu halten, denen jeweils 23 s Pause folgten. An diese Untersuchungen schloß sich nach Erholungsphasen von mindestens ½ h die spiroergometrische Untersuchung an.

Statistik: Die statistische Bearbeitung der Meßwerte erfolgte mit dem Wilcoxon-Test für Stichproben bzw. Paardifferenzen.

Training

Tabelle 2 stellt den Inhalt des Kraftausdauerprogramms dar. Je nach Witterung kam Lauftraining und Rudertraining im Boot oder auf dem Ergometer hinzu. Das Training wurde protokolliert. Tabelle 1 zeigt die in den 15 Wochen erreichte Gesamtwiederholungszahl bei Kraftausdauerzirkeln, die geruderten Kilometer und die für Lauf- und Ruderergometertraining aufgewendete Zeit.

Ergebnisse

Spiroergometrie: Die maximale Leistung stieg bei R I um 5,5% und bei R II um 4,4% signifikant an (Abb. 1). R I wies zu allen Zeitpunkten signifikant höhere maximale

Tabelle 2. Kraftausdauerprogramm

1. Lauf: 15 min   2. Gymnastik: 5 min
3. Circuit: 4 Durchgänge, ohne Pause zwischen Stationen, Bankziehen (40–50 kg) 40 ×, Streck-sprünge mit 15 kg 30 ×, Sit ups mit 10 kg 30×, Ergometerrudern 40 ×, Adlerschwingen 20 ×, Liegestütze und Strecksprung 20 ×, Klimmzüge 10 ×, Med.ball an Wand Bauchlage 30 ×, Kniebeugen mit Armziehen (2 × 10 kg) 30 ×, → 280 Wiederholungen
4. Auslaufen: 5 min

Leistungen als die Kontrollgruppe auf. Durch das Training konnte R II eine signifi-kant bessere Leistung als K erreichen. Die maximale Sauerstoffaufnahme ließ nur tendenziell eine Verbesserung bei den Ruderern, bei R I um 3,5%, bei R II um 5,4%, erkennen (Abb. 1). Die anaerobe Kapazität, gemessen an der maximalen Laktatdif-ferenz, erhöhte sich um 22% bei R I und um 18% bei R II, wobei nur letztere Werte zu sichern waren.

Maximale statische Kraft: Im Durchschnitt wies R I gegenüber den anderen Grup-pen höhere Kraftwerte für Unterarmbeugung und Unterschenkelstreckung auf, wobei eine gesicherte Differenz aber nur für die Unterarmbeugekraft gegenüber K vorlag. Eine Verbesserung durch Training konnte nur für R II in der Unterschenkel-streckkraft gesichert werden. Im Untersuchungszeitraum nahm auch die Kraft bei K gesichert für die Unterarmbeugung zu (Abb. 2).

EMG: Das iEMG stieg in allen Kollektiven an der untersuchten Muskulatur mit steigender Kraft angedeutet exponentiell zu einem Maximalwert an. Differenzen bestanden auch nach Training nicht. Untersuchte man den Quotienten iEMG/Kraft, so zeigte sich für den M. biceps, nicht jedoch für die Muskel des Unterschenkels, daß R I zu Beginn des Trainings im submaximalen und maximalen Kraftbereich gegen-über R II eine gesichert geringere neuromuskuläre Aktivität entwickelte (Abb. 3). Im Laufe des Trainings blieb dieser Unterschied bestehen, war jedoch im mittleren Kraftbereich nicht mehr zu sichern.

Diskussion

Wenn es das Ziel ist, mit nichtsportartspezifischen Trainingsmaßnahmen bestimmte Grundkomponenten der Kondition zu verbessern, sollte es auch möglich sein, diese mit nichtsportartspezifischen Untersuchungsmethoden, wie in unserem Fall der Fahr-radspiroergometrie und der Analyse statischer Kräfte, an sportartrelevanten Muskel-gruppen nachzuweisen.

Die signifikante Zunahme der maximalen Leistung, die tendenzielle der maxima-len Sauerstoffaufnahme und die deutliche, teilweise signifikante Zunahme der Lak-tatdifferenz bei den Ruderern sprachen für eine Zunahme von aeroben und anaero-ben Ausdauerkomponenten.

Obwohl die Unterschenkelstreckkraft bei R II nach Training signifikant besser war, läßt die auch bei Kontrollpersonen feststellbare, bei der Unterarmbeugung sogar signifikante, Kraftzunahme Zweifel an Krafttrainingseffekten aufkommen.

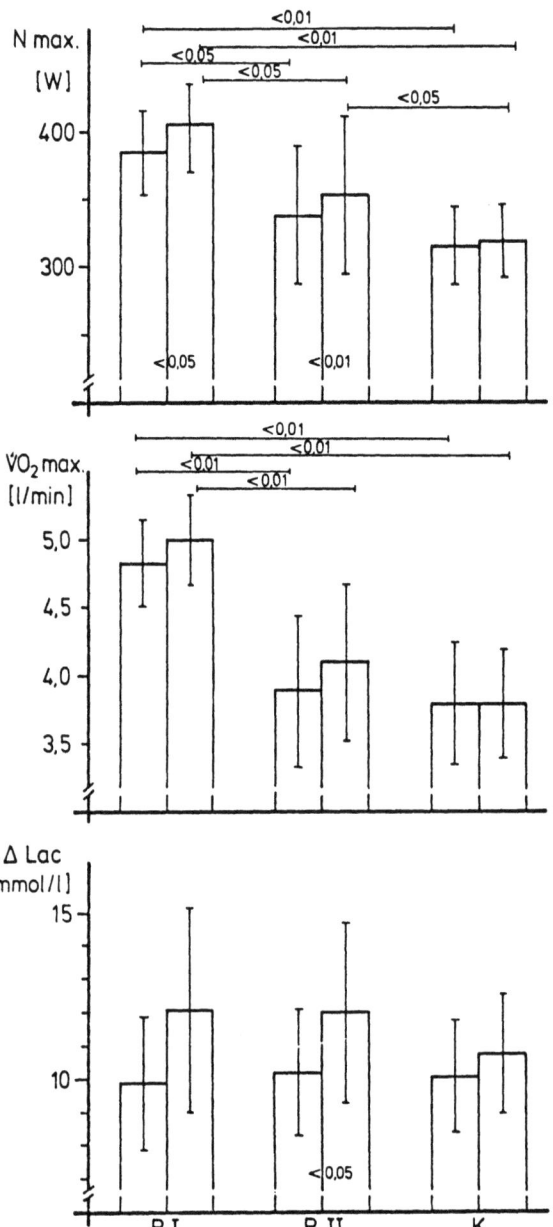

Abb. 1. Maximale Leistung, Sauerstoffaufnahme und Laktatdifferenz vor (1. Säule) und nach (2. Säule) Wintertrainingsperiode bei R I, R II und K

Sowohl altersbedingte wie auch motivationale Faktoren sind mit zu berücksichtigen [5, 6]. R I verfügte zwar durchschnittlich über höhere Kraftwerte am Arm und Bein, was aber durch das vorausgegangene 4jährige Training und nicht durch das Wintertraining erklärbar ist.

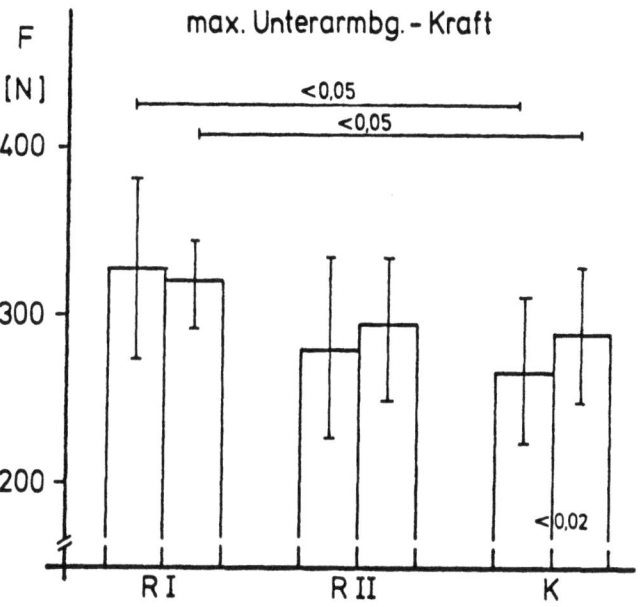

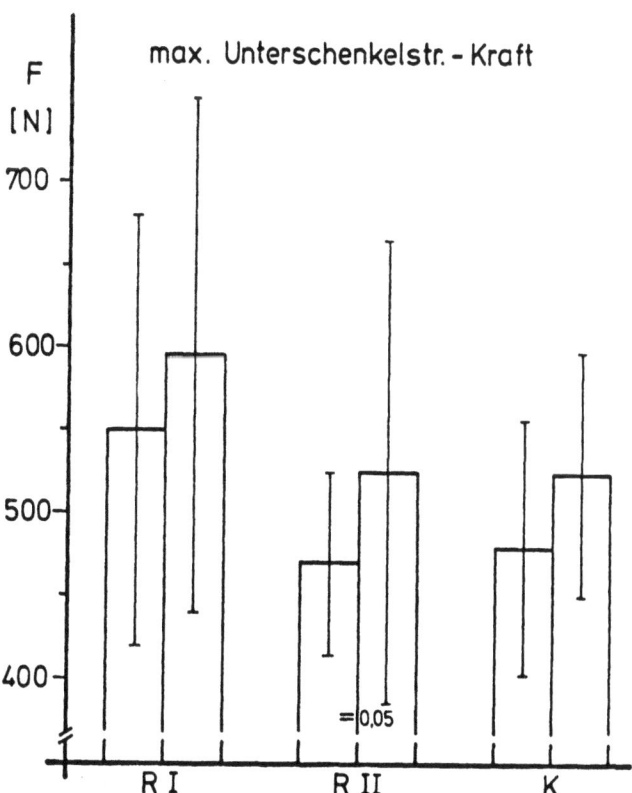

Abb. 2. Maximale statische Unterarmbeuge- und Unterschenkelstreckkraft

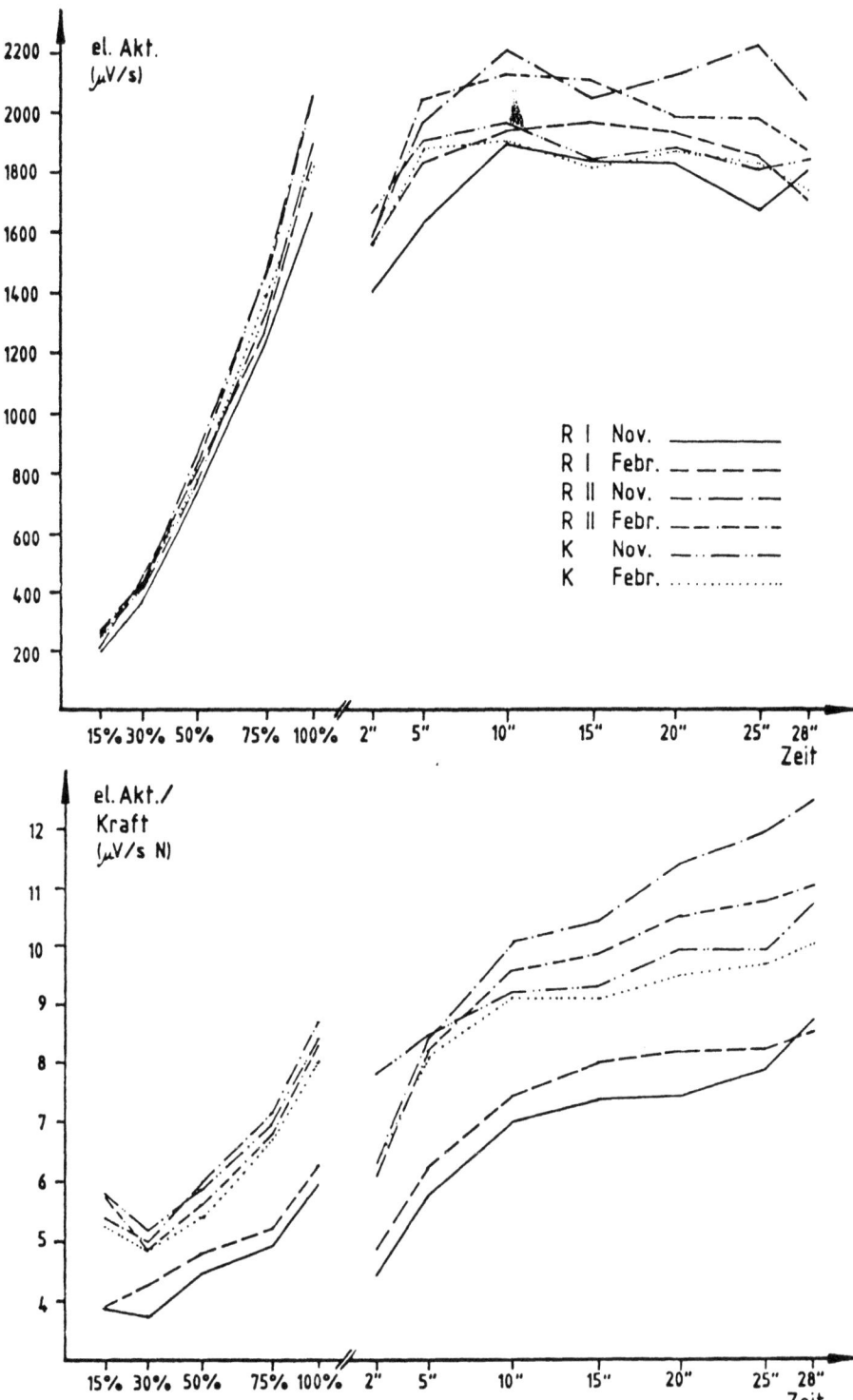

Abb. 3. Mittelwerte des iEMG *(oben)* und iEMG/Kraft *(unten)* des M. biceps bei relativ gleichen Kraftbelastungen über 7" (links) und bei Halten einer Maximalkraft über 30" (rechts)

Die neuromuskuläre Aktivierung mittels integriertem EMG sollte dazu dienen, mögliche Trainingsadaptationen im koordinativen Bereich aufzudecken. Das Oberflächen-EMG ist zum interindividuellen Vergleich zwar nicht geeignet [5, 7], wohl aber zur intraindividuellen Analytik, wenn auf identische Ableitpunkte geachtet wird. Ähnlich wie andere Autoren [3, 4, 8, 9] konnte eine enge Korrelation (r > 0,95) zwischen ansteigender, relativ gleicher Kraft und iEMG festgestellt werden. Beim Vergleich der Kollektive war lediglich für den M. biceps auffällig, daß R I für gleiche relative Kräfte eine geringere neuromuskuläre Aktivität entwickeln mußte, was als Trainingsadaptation zu deuten ist. Dieser Unterschied verbesserte sich aber nicht im Rahmen des Trainings, sondern verschlechterte sich.

Aus diesen Ergebnissen kann gefolgert werden, daß das auf Kraft und Ausdauer angelegte Wintertraining in erster Linie ein Ausdauertraining mit hohen Intensitäten war. Verbesserungen der Kraft waren gerade bei Hochtrainierten so gut wie nicht vorhanden. Wenn ein Wintertraining eine unspezifische Verbesserung der Muskelkraft bezwecken soll, müßten Trainingsmethoden angewandt werden, die nicht, wie das von uns überprüfte Konzept, mit hohen Wiederholungszahlen im niedrigen Kraftbereich durchgeführt wird, sondern es muß sich um ein Maximalkrafttraining handeln.

Literatur

1. Adam K, Werschoshanskij UV (1975) Modernes Krafttraining im Sport, 2. Aufl. Bartels & Wernitz, Berlin München Frankfurt am Main (Schriftenreihe des BAL, Trainerbibliothek, Bd 4)
2. Adam K (1982) Kleine Schriften zum Rudertraining, 1. Aufl. Bartels & Wernitz, Berlin (Schriftenreihe des Bundesausschusses Leistungssport, Trainerbibliothek, Bd 22)
3. Bigland B, Lippold OCJ (1954) The relation between force, velocity and integrated electrical activity in human muscle. J Physiol (London) 123:214–224
4. Bouisset S, Goubel F (1973) Integrated electromyographical activity and muscle work. J Appl Physiol 35:695–702
5. Hettinger T (1983) Isometrisches Muskeltraining, 5. Aufl. Thieme, Stuttgart New York
6. Hollmann W, Hettinger T (1980) Sportmedizin – Arbeits- und Trainingsgrundlagen, 2. Aufl. Schattauer, Stuttgart
7. Komi PV (1975) Faktoren der Muskelkraft und Prinzipien des Krafttrainings. Leistungssport 1:3–16
8. Lippold OCJ (1952) The relation between integrated actionpotentials in a human muscle and its isometrictension. J Physiol 117:492–499
9. Rau G, Vredenberg J (1973) EMG-Force relationship during voluntary static contraction (M. biceps). In: Cerquigli S, Venerando A, Wartenweiler J (eds) Medicine and sport, vol 8: Biomechanics III. Karger, Basel

Belastung und Beanspruchungsempfinden im Rudern

W. Lormes, R. J. W. Michalsky, M. Grünert-Fuchs und *J. M. Steinacker*

Einleitung

Um im Rudern international erfolgreich zu sein, müssen die Sportler immer höher werdenden Anforderungen gerecht werden. Zur Unterstützung der Aktiven und zur Optimierung ihres Trainings wurden sportartspezifische Tests zur Leistungsdiagnostik unter standardisierten Bedingungen im Labor entwickelt [3, 4]. Die hierbei gemessenen Parameter spiegeln die physiologische Leistungsfähigkeit des Sportlers in der spezifischen Beanspruchung Rudern wider und lassen sich auch auf das Rudern im Boot übertragen [3, 5]. Aus den Laktat-Leistungs- und Laktat-Herzfrequenz-Beziehungen können Belastungsintensitäten für eine Steuerung des Trainings abgeleitet werden [1, 2, 4, 5, 6].

Die Frage, inwieweit erfahrene und erfolgreiche Rennruderer die ihnen vorgegebenen Trainingsintensitäten erfüllen, wurde bei Feldtests im Ruderboot untersucht.

Methoden

32 männliche Rennruderer der bundesdeutschen und der internationalen Spitzenklasse beteiligten sich an den in den letzten 3 Jahren von uns durchgeführten Feldtests [3, 5]. Die Ruderer führten einen bis maximal drei Tage vor den Tests im Ruderboot jeweils einen Mehrstufentest MST auf dem Ruderergometer (RE) durch. Gemessen wurden dabei Leistung, Schlagfrequenz, Herzfrequenz (HF), Laktatkonzentration im Kapillarblut und teilweise spirometrische Daten. Aus den Ergebnissen des Labortests ermittelten wir für jeden Ruderer die individuelle Laktat-Herzfrequenz-Kurve [5] und die aerob-anaerobe Schwelle (AAS). Gerudert wurde jeweils in der „Stammbootsgattung". Untersucht wurde das Training der aeroben Kapazität der Kategorien III, IV und V nach Fritsch [1]. Gemessen wurden die Herzfrequenz bei der Belastung entweder telemetrisch oder mit dem Sporttester (Fa. Polar Elektronik, Kempele, Finnland) und die Laktatkonzentrationen nach einer Belastung. Die Laktatmessung erfolgte im Plasma nach der elektrochemischen Methode. Die AAS wurde dabei als fixe Schwelle bei 2,8 mmol/l Plasmalaktat berechnet, die der 4 mmol/l AAS im Vollblut entspricht [5].

Ergebnisse

Die bei den submaximalen Belastungen gemessenen Herzfrequenzen zeigen unterschiedliche Abweichungen vom Sollwert. Bei Kategorie V, das ist extensive Aus-

J. M. Steinacker (Hrsg.)
Rudern
© Springer-Verlag Berlin Heidelberg 1988

dauerarbeit von 30–100 min Umfang [1], fanden sich 83 von 128 Bestimmungen der Laktatkonzentration unter dem Sollwert von 1,9–2,6 mmol/l Plasmalaktat, 33 Werte waren niedriger als die aerobe Schwelle von 1,4 mmol/l (2 mmol/l Vollblut [4]). Bei 10 Ruderern erfolgte die Herzfrequenzmessung bei Belastung der Kategorie IV (8,5 km Rudern auf Zeit im Kleinboot). Dabei lag die Herzfrequenz schon nach kurzer Zeit deutlich über der jeweiligen individuellen Soll-Herzfrequenz. Trainingsbelastungen der Kategorie III (z. B. 3–4mal 6 oder 7 min) als intensive aerobe Belastungen mit anaeroben Anteilen sollen mit etwa 90% der Leistung eines Rennens gerudert werden [1]. Abb. 1 und 2 zeigen Beispiele aus Trainingseinheiten der Kategorie III. In Abb. 1 sind die Werte eines Schlagmannes dargestellt, der wie alle Ruderer auf den Schlagplätzen anderer Boote vergleichsweise höher als das Soll und meist auch intensiver als die Mannschaftskameraden beansprucht ist. Der Ruderer in Abb. 2 versteht es offensichtlich, die geforderte Intensität genau zu erbringen. Abb. 3 zeigt die gemessenen Laktatkonzentrationen bei den Kategorien V, IV und III. Es wurden folgende Mediane ermittelt: Kat. V 1,5 (n = 128), Kat. IV 4,35 (n = 10) und Kat. III 5,0 mmol/l (n = 14). Die Werte der Kategorien IV und III unterscheiden sich statistisch nicht. Bei Kategorie IV liegen die Laktatkonzentrationen deutlich über dem Soll von 2,6–3,0 mmol/l Plasmalaktat. Die relativen Abweichungen der Laktatkonzentrationen sind in Abb. 4 dagestellt.

Die für die Belastungsintensität im Training erwarteten und umgerechneten Laktatwerte [1] wurden nach [5] in Plasmalaktatkonzentrationen umgerechnet und die Mittelpunkte der Bereiche als 100% angenommen.

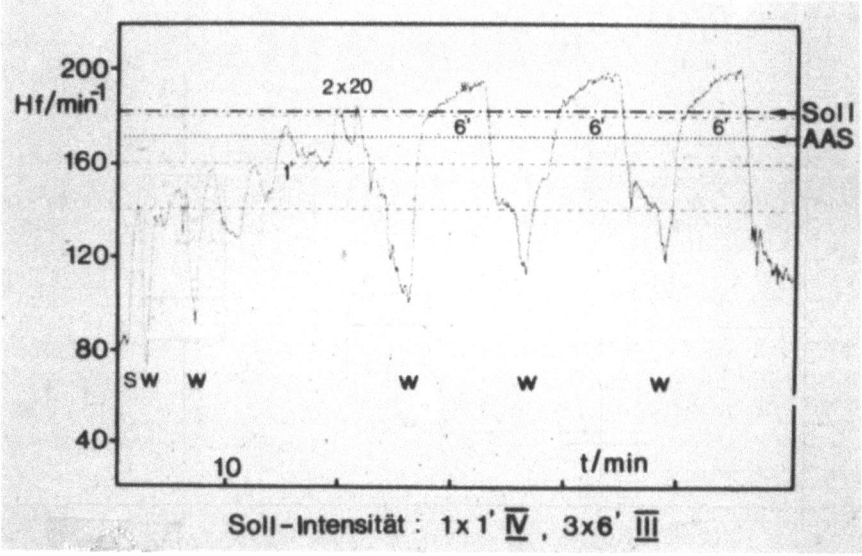

Abb. 1. Mit dem Aufzeichnungsgerät Sporttester gemessene Herzfrequenz *(Hf)* des Schlagmannes eines Vierer-ohne-Steuermann der Leichtgewichtsnationalmannschaft während einer Trainingseinheit der Kategorie III. Die Soll-Herzfrequenz ist aus der Laktat-Herzfrequenzbeziehung des Mehrstufentests auf dem Ruderergometer bestimmt worden,

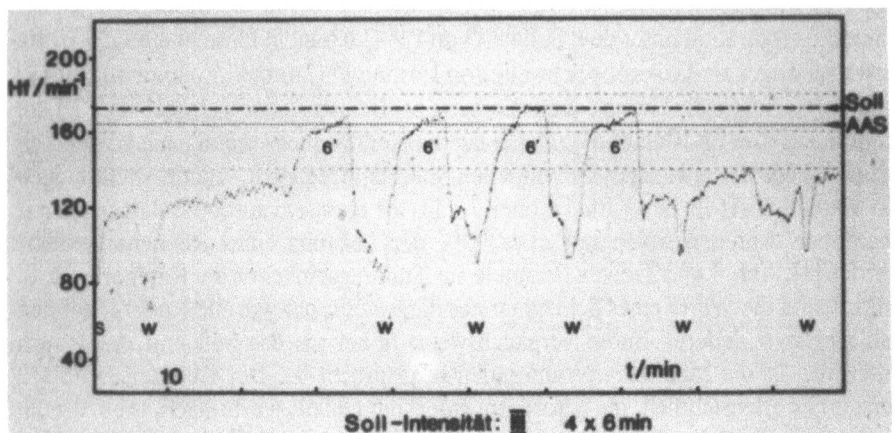

Abb. 2. Mit dem Sporttester gemessene Herzfrequenz *(Hf)* bei einem Leichtgewichtsruderer aus dem Mittelschiff eines Achters. Soll-Intensität war Kategorie III (Legende wie Abb. 1)

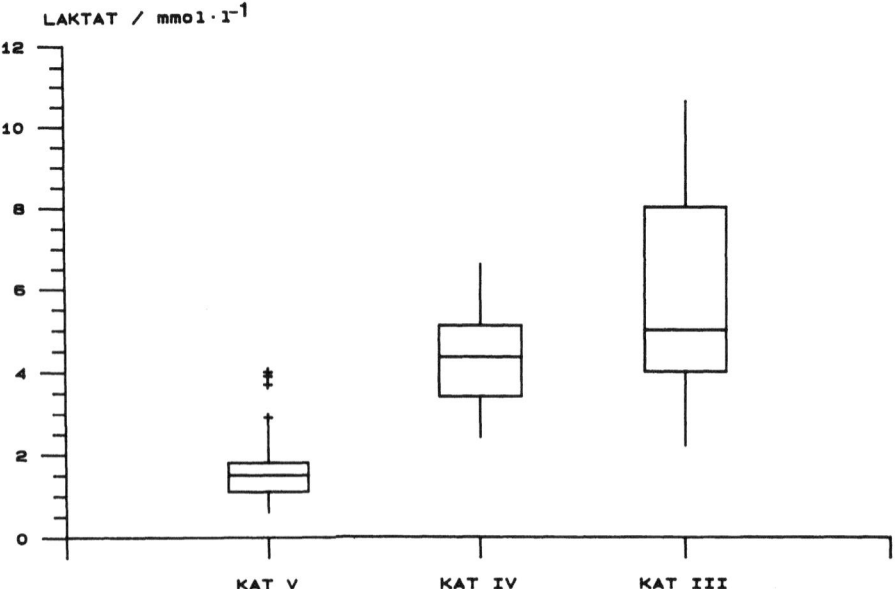

Abb. 3. Gemessene Laktatkonzentrationen bei den vorgegebenen Trainingskategorien V, IV und III. Darstellung als Box and Whisker-Plot, der Median ist die Mittellinie zwischen den Rechtecken, die die 2. und 3. Quartile kennzeichnen, die senkrechten Linien darauf sind die 1. und 4. Quartile (Kreuze sind Einzelwerte).

PROZENT DES SOLLS

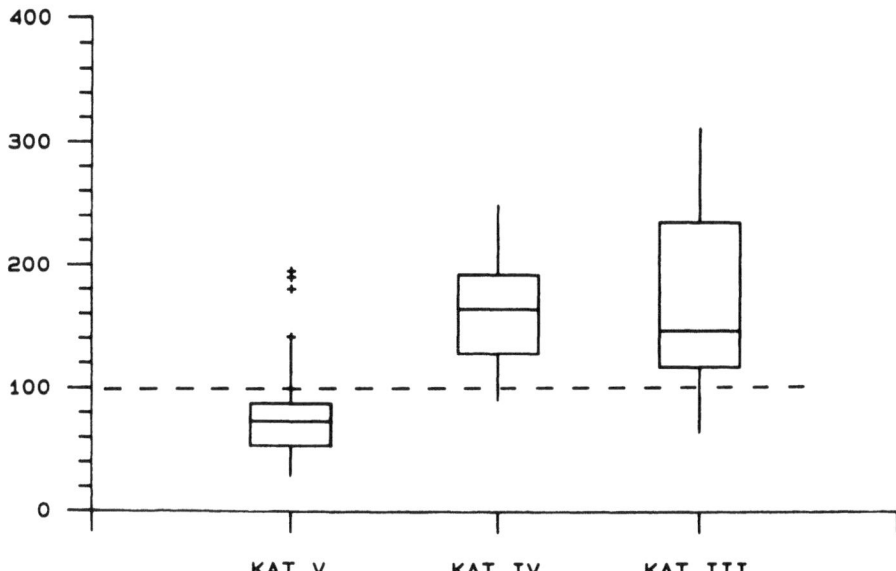

Abb. 4. Relative Darstellung der Laktatkonzentrationen aus Abb. 3 für Trainingsbelastungen der Kategorien V, IV und III. Der Mittelpunkt der Soll-Bereiche wurde jeweils als 100% angenommen (Box and Whisker-Plot, Legende s. Abb. 3)

Diskussion

Die Ergebnisse zeigen, daß die Mehrzahl der untersuchten Ruderer die geforderten Belastungen nicht genau getroffen haben. Die Trainingseinheiten der extensiven Ausdauer (Kategorie V), wurden überwiegend mit zu geringer Intensität geleistet (vgl. dazu auch [6]). Es ist zwar möglich, daß bei den bei dieser Kategorie relativ niedrigen Laktatkonzentrationen in der Zeit zwischen Belastungsende und Blutabnahme ein Teil des Laktats bereits wieder abgebaut wurde. Die ebenfalls unter den Sollwerten liegenden Herzfrequenzwerte sprechen aber für die überwiegend zu geringe Beanspruchung.

Daß die Belastungen in Kategorie IV mit zu hoher Intensität gerudert wurden, kann auch an der Definition dieser Kategorie als Kraftausdauertrainingseinheit oder Langstreckentraining auf Zeit im Bereich der AAS liegen. Ruderer, bei denen die Laktattoleranz besonders ausgeprägt ist, können Langzeitausdauereinheiten mit höheren Laktatkonzentrationen während des gesamten Trainings durchhalten [4]. Durch ein ungenügend differenziertes Beanspruchungsgefühl belasten sich die Ruderer zu hoch. Dies findet sich auch bei der Kategorie III, die dann oft schon in Rennintensität gerudert wird (Abb. 3 und 4), abweichend zu den Belastungsvorgaben [1]. Andere, leistungsphysiologische Parameter, wie eine teilweise von der hier bestimmten AAS abweichende individuelle AAS oder Abweichungen der im Labor bestimmten AAS erklären die Befunde unzureichend [5, 6].

Interessant ist die Beobachtung, daß im Einzelfall das bessere Beanspruchungs-empfinden trainingswirksam nachzuweisen ist. So haben die Ruderer aus den Abb. 1 und 2 sich in einem Trainingslager leistungsphysiologisch unterschiedlich entwickelt. Der Ruderer, dessen Herzfrequenz in Abb. 1 dargestellt ist, verbesserte seine Lei-stung an der AAS um 19 W, der Athlet, dessen Herzfrequenz in Abb. 2 aufgezeichnet ist, steigerte sich an der AAS um 57 W.

Wenn die Trainingsplanung auf Belastungskategorien aufgebaut ist [1], ist es von besonderer Wichtigkeit, die tatsächliche metabolische Beanspruchung der Sportler zu kennen, um Fehleinschätzungen des Trainings und seiner Wirkungen zu ver-meiden.

Der Sportler empfindet und reguliert die sportliche Belastung in Training und Wettkampf durch sein persönliches Beanspruchungsempfinden. Dabei gehen in die-ses Gefühl viele in Wechselbeziehung zueinander stehende Faktoren ein: die physio-logisch-metabolische Belastung ebenso wie die sportmotorischen Anforderungen und die psychische Verfassung. Zur Optimierung des Trainings muß der Athlet in einem längeren Prozeß lernen, auch bei nichtstandardisierten Bedingungen die durch Trainer oder Trainingsplan vorgegebene metabolische Belastung möglichst genau zu treffen. Diese Entwicklung eines inneren, differenzierten Beanspruchungsempfin-dens wird unterstützt durch regelmäßig durchgeführte standardisierte Laborbelastun-gen oder Feldtests [1, 5, 6]. Trainingserfahrung ist z.T. durch dieses verbesserte Beanspruchungsempfinden erklärbar.

Literatur

1. Fritsch W (1985) Trainingssteuerung im Rudern. Rudersport 103 Trainerjournal 80: I–XI
2. Kindermann W, Simon G, Keul J (1978) Dauertraining – Ermittlung der optimalen Traingsherz-freqenz und Leistungsfähigkeit. Leistungssport 1:34–39
3. Lormes W, Steinacker JM, Michalsky R, Grünert-Fuchs M, Wodick RE (1986) Vergleich des Mehrstufentestes auf dem Ruderergometer mit einem Feldtest im Ruderboot. In: Rieckert H (Hrsg) Sportmedizin – Kursbestimmung (Dtsch Sportärztekongreß Kiel 1986). Springer, Berlin Heidelberg New York Tokyo, S 533–536
4. Mader A, Hollman W (1977) Zur Bedeutung der Stoffwechselleistungsfähigkeit des Eliteruderers in Trainings und Wettkampf. Leistungssport [Beiheft] 9:8–62
5. Steinacker JM, Michalsky R, Grünert-Fuchs M, Lormes W (1987) Feldtests im Rudern. Dtsch Z Sportmed [Sonderheft] 38:19–26
6. Urhausen A, Müller M, Förster HJ, Weiler B, Kindermann W (1986) Trainingssteuerung im Rudern. Dtsch Z Sportmed 37:340–346

Sachverzeichnis

MIX
Papier aus verantwortungsvollen Quellen
Paper from responsible sources
FSC® C105338

If you have any concerns about our products,
you can contact us on
ProductSafety@springernature.com

In case Publisher is established outside the EU,
the EU authorized representative is:
Springer Nature Customer Service Center GmbH
Europaplatz 3, 69115 Heidelberg, Germany

Printed by Libri Plureos GmbH
in Hamburg, Germany